Altium
Designer

原理图与 PCB 设计

附微课视频

◎黄智伟 黄国玉 主编
◎王旭东 李月华 杨思源 副主编

人民邮电出版社
北　京

图书在版编目（CIP）数据

Altium Designer 原理图与PCB设计：附微课视频 / 黄智伟，黄国玉主编. -- 北京：人民邮电出版社，2016.8（2024.1重印）
ISBN 978-7-115-42009-1

Ⅰ．①A… Ⅱ．①黄… ②黄… Ⅲ．①印刷电路－计算机辅助设计－应用软件－高等学校－教材 Ⅳ．①TN410.2

中国版本图书馆CIP数据核字（2016）第065276号

内 容 提 要

全书共分 11 章，以 Altium Designer15.x 软件为基础，介绍了 Altium Designer 15 基本操作，原理图的设计基础、绘制和高级编辑方法，层次化原理图设计，PCB 设计基础，PCB 设计环境、基本操作和高级编辑方法，以及电路仿真、信号完整性分析、元器件绘制的基本方法，并利用一定数量的原理图和 PCB 设计示例，图文并茂地说明原理图和 PCB 设计中的一些方法和技巧，以及应该注意的问题。本书内容丰富实用，叙述详尽清晰，便于自学，具有很好的工程性和实用性。

本书是为本科和职业院校电子信息工程、通信工程、电气、自动化、测控、计算机等专业编写的介绍电路原理图与 PCB 设计基础知识、方法和技巧的专业教材，也可以作为从事电子系统设计的工程技术人员学习原理图和 PCB 设计的自学参考书。

◆ 主　编　黄智伟　黄国玉
　　副主编　王旭东　李月华　杨思源
　　责任编辑　税梦玲
　　责任印制　沈　蓉　彭志环
◆ 人民邮电出版社出版发行　　北京市丰台区成寿寺路 11 号
　　邮编　100164　　电子邮件　315@ptpress.com.cn
　　网址　http://www.ptpress.com.cn
　　北京七彩京通数码快印有限公司印刷
◆ 开本：787×1092　1/16
　　印张：27　　　　　　　　2016 年 8 月第 1 版
　　字数：709 千字　　　　　2024 年 1 月北京第 12 次印刷

定价：59.80 元
读者服务热线：(010)81055256　印装质量热线：(010)81055316
反盗版热线：(010)81055315

　　电路原理图与 PCB（印制电路板）设计是本科和职业院校电子信息工程、通信工程、电气、自动化、测控、计算机等专业的重要专业基础课程。Altium Designer 是一款在国内外享有盛名的 PCB 辅助设计软件，它集 PCB 设计系统、电路仿真系统、FPGA 设计系统于一体，可以实现从芯片级到 PCB 级的全套电路设计。Altium Designer 15.x 是 Altium 公司新一代的板级电路设计系统，在继承了之前版本各项优点的基础上，又做出了许多改进，它几乎具备了当前所有先进的电路辅助设计软件的主要优点。

　　全书共分 11 章，第 1 章为 Altium Designer 15 操作基础，介绍了 Altium Designer 15 的运行环境要求，软件的安装和卸载，Altium Designer 15 的主窗口、菜单栏、工具栏和工作区面板，以及文件管理系统和开发环境。

　　第 2 章为原理图设计基础，介绍了原理图的组成和设计流程，原理图编辑器的操作、主菜单、工具栏、工作窗口和工作面板，原理图的图纸参数设置，绘图工具的使用，原理图设计环境参数设置。

　　第 3 章为原理图的绘制，介绍了 Altium Designer 15 元器件库的元器件的查找、元器件库的加载与卸载，元器件放置、属性编辑、删除和编号，元器件的选取、移动、旋转、复制与粘贴、排列与对齐，绘制原理图的工具的使用，以及原理图绘制示例。

　　第 4 章为原理图的高级编辑，介绍了工作窗口操作，对象的复制、剪切和粘贴，查找与替换操作，元器件的编号管理，元器件的过滤，PCB 设计规则和标志的添加和放置，原理图的快速浏览、查错、编译和修正，以及原理图设计示例。

　　第 5 章为层次化原理图设计，介绍了层次化原理图设计的基本概念和组成，“自上而下”和“自下而上”的层次化原理图设计方法，层次原理图之间的切换，原理图的网络表、元器件报表和层次设计表，电路图的打印和 PDF 文档的输出，以及“自上而下”和“自下而上”层次电路设计示例。

　　第 6 章为 PCB 设计基础，介绍了元器件在 PCB 上的安装形式，焊盘类型和尺寸要求，过孔类型、电流模型、过孔焊盘与孔径的尺寸设置，PCB 的叠层设计一般原则，四层板到十层板的设计示例，PCB 的 RLC，PCB 布线的一般原则，PCB 地线设计，去耦滤波器电路的 PCB 设计，电源电路、模数混合系统、放大器电路和射频电路的 PCB 设计，PCB 的散热设计。

　　第 7 章为 PCB 设计环境和基本操作，介绍了 PCB 编辑器的菜单栏和工具栏，利用“PCB 板向导”、菜单命令和模板创建 PCB 文件的方法，PCB 板型、图纸、层面、板层颜色、布线框等 PCB 结构及环境参数设置，PCB 图与原理图的同步和更新，PCB 视图的移动、放大或缩小、整体显示等操作，PCB 元器件的手动布局，3D 效果图，网络密度分析，以及 PCB 设计示例。

第 8 章为 PCB 的高级编辑，介绍了 PCB 规则及约束编辑器和设计规则，PCB 的"自动布线"策略和"自动布线"操作，PCB 的覆铜、补泪滴、添加安装孔和测量，DRC（设计规则检查），PCB 的网络表、信息、元器件等报表输出，PCB 的打印输出和 Gerber 文件生成。

第 9 章为电路仿真，介绍了电路仿真的基本概念，仿真元件的模式及参数设置，电路仿真分析方式选择和参数设置，电路仿真的基本方法和步骤，以及电路仿真示例。

第 10 章为信号完整性分析，介绍了信号完整性分析基础，Altium Designer 信号完整性分析工具和信号完整性分析规则，元件的信号完整性模型设定，信号完整性分析器设置，以及 PCB 信号完整性分析示例。

第 11 章为绘制元器件，介绍了原理图库元件的绘制方法，PCB 库元件的绘制方法。

本书在编写过程中，参考了大量的国内外著作和文献资料，引用了一些国内外著作和文献资料中的经典结论，参考并引用了 Altium Limited，Texas Instruments，Analog Devices，Maxim，Microchip Technology，Linear Technology，National Semiconductor 等公司提供的技术资料和应用笔记，得到了许多专家和学者的大力支持，听取了多方面的意见和建议。南华大学黄国玉、王旭东、李月华、杨思源、邓贤君、李铖、周宇、姚磊、傅彦哲、张丽杰等人为本书的编写也做了大量的工作，在此一并表示衷心的感谢。同时感谢"国家级大学生创新创业训练计划项目——基于无线传感器网络的城市空气质量监测系统设计"课题组对本书编写所做的大量工作和支持。

为了帮助读者快速入门，本书录制了微课，包含 Altium Designer 的汉化、工作区面板介绍、原理图编辑器介绍、元器件操作、电路原理图绘制、电路设计、信号完整性分析等视频，读者可扫描书中二维码打开在线视频进行学习。另外，本书还将提供 PPT 课件、原理图和 PCB 图设计示例的源文件等配套资源，读者可登录人邮教育社区 www.ryjiaoyu.com 进行下载。

黄智伟　于南华大学
2015 年 12 月 18 日

第 1 章　Altium Designer 15 操作基础

1.1　Altium Designer 15 简介

Altium Designer 是一个一体化的电子设计平台，可以提供强大的印制电路板（PCB）板级设计工具，同时也提供了 FPGA（Field-Programmable Gate Array，现场可编程门阵列）与嵌入式软件设计环境，并辅以各种仿真分析以及设计数据管理功能，真正实现电子设计一体化，可以有效地帮助用户提高设计效率和可靠性。

Altium Designer 从 1985 年的 DOS 版 Protel 发展到今天，一直是众多原理图和 PCB 设计者的首选软件。从最早的 Protel 99SE（1985 年）到后续的 Protel DXP（2002 年），从 2006 年 Altium Designer 6.0 推出，再到最新版本的 Altium Designer 15.x（2015 年），Altium Designer 的功能变得越来越强大，越来越完善。

Altium Designer 15.x 是 Altium 公司最新一代的板级电路设计系统，在继承了之前版本各项优点的基础上，又做了许多改进。它几乎具备了当前所有先进的电路辅助设计软件的优点，具体举例如下。

（1）支持柔性电路和刚性电路结合设计。柔性电路和刚性电路结合设计利用了刚性电路处理功能以及柔性电路的多样性。设计时大部分元件可以放置在刚性电路中，然后与柔性电路相连接。利用柔性电路，它们可以扭转、弯曲、折叠成小型或独特的形状。

（2）Altium Designer 层堆栈管理支持 4～32 层。层与层中间有单一的主栈，以此来定义任意数量的子栈。它们可以放置在软、硬电路不同的区域，促进堆栈之间的合作和沟通。利用层堆栈管理器，可以快速直观地定义主、副堆栈。

（3）Altium Designer 包括了一系列增强的电路板设计技术。例如，简化的差分对布线设计规则，交互式或自动选择的差分对宽度，即间隙设置；利用差分对布线工具，可以跟踪间距变化时的阻抗等。

（4）Altium Designe 的 PCB 编辑器有很好的栅格定义系统。通过可视栅格、捕获栅格、元件栅格和电气栅格等，都可以帮助用户有效地放置设计对象到 PCB 文档中。

（5）对于那些需要用到 RF（Radio Frequency，射频）和几吉赫频率数字信号的 PCB 设计，可以直接从 PCB 编辑器导出 PCB 文档到 Ansoft Neutral 文件格式，这种格式可以被直接导入并使用 Ansys' ANSOFT HFSS™3D Full-wave Electromagnetic Field Simulation 软件来进行仿真。Ansoft 与 Altium 的合作，增强了用户在 PCB 设计以及电磁场分析方面的能力。

（6）Altium Designer 的 PCB 编辑器支持保存 PCB 设计时同时包括详细的层栈信息以及过孔和焊盘的几何信息，并保存为*.csv 文件，该文件可用于 SiSoft Quantum-SI™ 系列信号完整性分析软件工具。SiSoft 与 Altium 的合作，为 Altium Designer 的用户提供了最理想的

Quantum-SI 可接受的导入格式。

（7）利用 PCB 层堆叠内嵌的元件，可以减少空间占用，支持更高的信号频率，减少信号噪声，提高电路信号的完整性。Altium Designer 支持嵌入式分立元件，在装配过程中，可以作为个体制造，并放置于内层电路中。

（8）Altium Designer 导入/导出器支持 AutoCAD 文件导入和导出，*.dwg 和*.dxf 等格式的文件都可以导入/导出到 Altium Designer 中，而且对于各种类型的对象也提供了支持。

（9）Altium Designer 可以直接使用 IC 引脚的 IBIS 模型，使用 Altium Designer 进行信号完整性分析。为了支持需要在信号完整性仿真中用到专门 IBIS 模型的第三方工具，而不用 Altium Designer 自己的模型格式，Altium Designer 提供了专门的 IBIS 模型编辑器。

（10）早期的 Altium Designer 版本，在 FPGA 的构建过程中，软件将使用在计算机上安装的该器件商的最新版本设计工具。改进的 Altium Designer，可以选择每个原厂的任一工具链。这样可以使得用户在不同的设计中，完全自由掌控用户计算机里安装的各种版本的原厂工具。

（11）Altium Designer 支持使用 Xilinx Vivado，Xilinx Vivado 是 Xilinx ISE 的继任者，它为 7 系列 Xilinx 器件提供服务。

（12）利用 Altium Designer 和 Altium Vault，数据可以可靠地从一个 Altium Vault 中直接复制到另一个。它不仅可以补充还可以修改，基本足迹层集和符号都能自动进行转换。

（13）Altium Designer 可以提供基于浏览器的 Altium 文档资源，即 Altium Designer Resource Reference。

（14）利用自带的 Altium Designer Installer，Altium Designer 的安装直观、便捷。当选择初始安装时，基于 Wizard 的安装包流水线式地执行初始化安装进程，按照安装功能，安装文件现在源于安全的云端 Altium Vault。此外，核心安装的修改以及卸载，现在已移至 Windows 7 标准的 Programs and Features 内（可以通过控制面板访问）。

为了推广 Altium Designer 系统的应用，Altium Limited 公司提供了强大的技术支持，在 Altium Limited 公司的资源中心（http://www.altium.com.cn/resource-center），Altium Limited 公司可以提供有关 Altium Designer 系统应用的培训视频、技术文档、设计诀窍和免费的软件下载。

伴随着 Altium Designer 的改进与升级，出现了一系列关于 Altium Designer 著作和教材[1~10]，其中有许多优秀的作品，有力地推进了 Altium Designer 学习和应用。

1.2 Altium Designer 15 的运行环境要求

Altium Limited 公司可以提供免费的 Altium Designer 15 系统的试用版本，用户可以通过网上下载（http://www.altium.com.cn/resource-center）。

Altium Designer 15 系统运行要求采用 Windows XP 操作系统或 Windows 2000 以上操作系统。Altium Limited 公司推荐的系统配置要求如下。

（1）Windows XP SP2 Professional 或更新版本。

（2）英特尔酷睿 2 双核/四核 2.66 GHz 或同等以及更快的处理器。

（3）2GB RAM。

（4）10GB 硬盘空间（系统安装 + 用户文件）。

（5）显示器屏幕分辨率至少为 1 680 像素×1 050 像素（宽屏）或 1 600 像素×1 200 像素（4∶3）。

（6）NVIDIA、GeForce、80003 系列，256MB 或更高显卡以及同等显卡。

（7）并行端口（连接 NanoBoard-NB1）。

（8）USB2.0 端口（连接 NanoBoard-NB2）。

（9）Adobe Reader 8 或更高版本。

（10）DVD 驱动器。

（11）因特网连接，以获取更新和在线技术支持。

1.3　Altium Designer 15 软件的安装和卸载

1.3.1　Altium Designer 15 的安装

Altium Designer 15 系统的安装是简单的，安装步骤如下所述。

（1）将安装光盘装入光驱后，打开该光盘，从中找到并双击"AltiumInstaller.exe"文件，弹出 Altium Designer 15 系统的安装界面，如图 1.3.1 所示。通过网上下载的试用版本，可以直接从文件夹中找到"AltiumInstaller.exe"文件。

图 1.3.1　Altium Designer 15 的安装界面

（2）单击"Next（下一步）"按钮，弹出 Altium Designer 15 系统的安装协议对话框。无需选择语言，选择同意安装"I accept the agreement（同意以上协议）"选项，如图 1.3.2 所示。

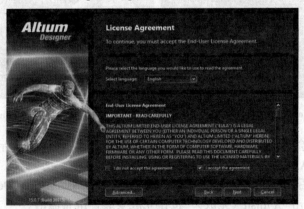

图 1.3.2　Altium Designer 15 的安装协议对话框

（3）单击左下角"Advanced（高级）"按钮，弹出"Advanced Setting（高级设置）"对话框，可以选择文件安装路径。通过网上下载的试用版本，弹出的"Advanced Setting（高级设置）"对话框如图 1.3.3 所示。单击"OK"按钮，退出该对话框。

（4）单击"Next（下一步）"按钮进入下一个画面，出现安装类型信息的对话框，有 5 种类型，如 1.3.4 所示，系统默认全选。通常采用全选，也可以根据需要做什么设计，选择对应的类型。例如，如果只做 PCB 设计，可以只选第 1 个。

图 1.3.3　"Advanced Setting（高级设置）"对话框　　　　图 1.3.4　选择 Altium Designer 15 的安装类型

（5）填写完成后，单击"Next（下一步）"按钮，进入安装路径对话框，如图 1.3.5 所示。在该对话框中，系统默认的安装路径为 C:\Program Files(x86)\Altium \AD15。用户也可以通过单击"Default（默认）"按钮来自定义（改变）其安装路径。

（6）选择确定好安装路径后，单击"Next（下一步）"按钮弹出确定选项以进行安装，如图 1.3.6 所示。单击对话框中的"Next（下一步）"按钮，如图 1.3.7 所示，此时对话框内会显示安装进度。软件安装时间大约需要几分钟。

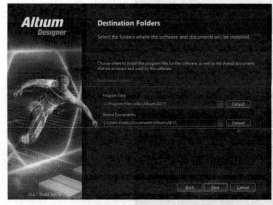
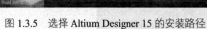

图 1.3.5　选择 Altium Designer 15 的安装路径　　　　图 1.3.6　确定安装 Altium Designer 15

（7）安装结束后会出现一个"Finish（完成）"对话框，如图 1.3.8 所示。单击"Finish（完成）"按钮即可完成 Altium Designer 15 的安装工作。

注意：安装完成后，先不要运行软件，去掉对话框中的"Run Altium Designer（运行 Altium Designer）"选项，单击"Finish（完成）"按钮完成安装，准备激活。

（8）开始激活。对于通过网上下载的试用版本，首先运行 Altium Designer 15 软件，进入"Home（主）"界面，单击"Admin（管理）"选项，出现图 1.3.9 所示"License Management"对话框，然后单击"Add standalone license file"，如图 1.3.10 所示，在安装文件夹里找到"Altium Designer License…"文件，单击"打开"按钮即完成软件激活。

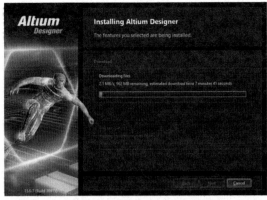

图 1.3.7　安装进度对话框　　　　　　　　　　图 1.3.8　"Finish（完成）"对话框

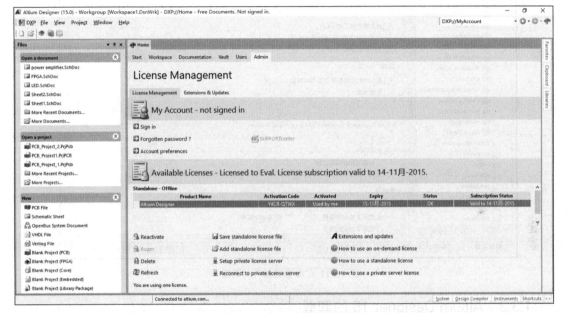

图 1.3.9　"License Management"对话框

图 1.3.10　单击"Altium Designer License…"文件完成激活

在安装过程中，单击"Cancel（取消）"按钮可以随时终止安装过程。

安装完成以后，会在 Windows 的"开始"→"所有程序"菜单中自动创建一个 Altium 级联子菜单，并在桌面上建立 Altium Designer 15 系统的快捷启动方式。

1.3.2　Altium Designer 15 的汉化

Altium Designer 15 系统安装完成后的界面是英文形式的，调成中文界面的方法为：选择菜单栏中的"DXP"→"参数选择"；在打开的"参数选择"对话框中选择"System"→"General"→"本地化"；选中"使用本地资源"，如图 1.3.11 所示。保存设置后，重新启动程序就为中文菜单形式了。

汉化

图 1.3.11　"参数选择"对话框

1.3.3　Altium Designer 15 的卸载

Altium Designer 15 软件卸载方法如下。

（1）选择"开始"→"控制面板"选项，显示"控制面板"窗口。

（2）双击"添加/删除程序"图标后，选择"Altium Designer"选项。

（3）单击"删除"按钮，开始卸载程序，直至卸载完成。

1.4　Altium Designer 15 的主窗口

与其他 Windows 程序没有什么区别，启动运行 Altium Designer 15 的方法很简单，在 Windows "开始"→"所有程序"菜单栏中找到"Altium Designer"程序并单击打开，或在桌面上双击"Altium Designer"快捷方式，即可启动 Altium Designer 15。

启动 Altium Designer 15 时，将出现一个 Altium Designer 的启动画面，不同 Altium 版本的启动画面有所不同。

Altium Designer 15 成功启动后，便可进入主窗口。主窗口如图 1.4.1 所示，主要包括菜单栏、工具栏、工作窗口区、工作区面板、状态栏及导航栏 6 个部分，用户可以使用该窗口进行项目文件的操作，如创建新项目、打开文件等。

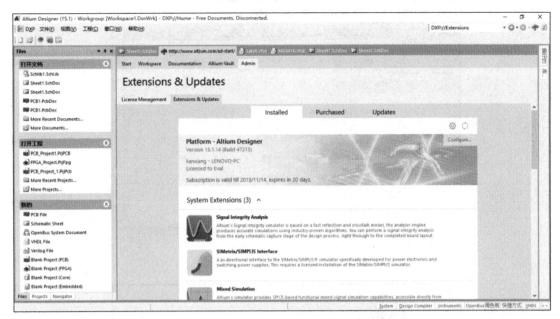

图 1.4.1　Altium Designer 15 的主窗口

1.5　Altium Designer 15 的菜单栏和工具栏

Altium Designer 15 的菜单栏包括用户配置按钮 "" 和 "文件" "视图" "工程" "窗口" "帮助" 5 个菜单按钮。

1.5.1　用户配置按钮

单击用户配置按钮 " DXP" 会弹出图 1.5.1 所示的配置菜单。该菜单中包括一些用户配置选项。

（1）"我的账户"命令：用于管理用户授权协议，如设置授权许可的方式和数量等。

（2）"参数选择"命令：如图 1.3.11 所示，用于设置 Altium Designer 的工作状态。

（3）"连接的器件"命令：单击该命令，在主窗口右侧弹出图 1.5.2 所示的 "Devices（器件）" 对话框，其中显示要连接的器件。

单击对话框右上角 "设置" 按钮，弹出 "参数选择" 对话框，自动弹出 "FPGA Devices View（FPGA 器件视图）" 对话框，如图 1.5.3 所示。

（4）"Extensions and Updates（扩展与更新）"命令：用于检查软件更新，单击该命令，在主窗口右侧弹出图 1.5.4 所示的 "Extensions & Updates（扩展与更新）" 对话框。

图 1.5.1　用户配置菜单

（5）"Sign in Altium Vault"命令：注明在 Altium 的标志。

（6）"数据保险库浏览器"命令：用于打开 "Value（值）" 对话框连接浏览器，显示数据保险库。

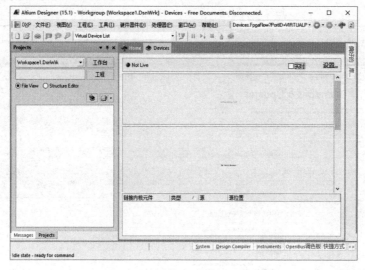

图 1.5.2　"Devices（器件）"对话框

图 1.5.3　"FPGA Devices View（FPGA 器件视图）"对话框

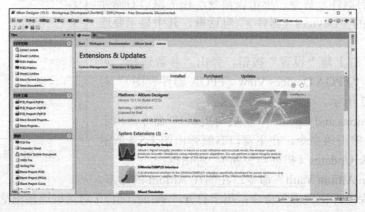

图 1.5.4　"Extensions & Updates（扩展与更新）"对话框

（7）"出版的目的文件"命令：单击该命令，弹出"参数选择"对话框，可以设置用于出版的目的文件的参数。

（8）"设计储存库"命令：单击该命令，弹出"参数选择"对话框，设置对应选项卡。

（9）"设计发布"命令：单击该命令，在主窗口右侧弹出"PCB Release（印制电路板发布）"选项卡。

（10）"Altium 论坛"命令：单击该命令，在主窗口右侧弹出"Altium 论坛"网页，显示关于 Altium 的讨论内容。

（11）"Altium Wiki"命令：单击该命令，在主窗口右侧弹出"Altium Wiki"网页，显示关于 Altium 的内容。

（12）"自定制"命令：用于自定义用户界面，如移动、删除、修改菜单栏或菜单选项，创建或修改快捷键等。单击该命令，弹出的"Customizing PickATask Editor（定制原理图编辑器）"对话框，如图 1.5.5 所示。

（13）"运行进程"命令：提供了以命令行方式启动某个进程的功能，可以启动系统提供的任何进程。单击该命令，弹出"运行过程"对话框，如图 1.5.6 所示，单击其中的"浏览"按钮，弹出"处理浏览"对话框，如图 1.5.7 所示。

图 1.5.5 "Customizing PickATask Editor（定制原理图编辑器）"对话框

图 1.5.7 "处理浏览"对话框

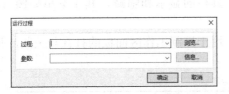

图 1.5.6 "运行过程"对话框

（14）"运行脚本"命令：用于运行各种脚本文件，如用 Delphi、VB、Java 等语言编写的脚本文件。

1.5.2 "文件"菜单

"文件"菜单主要用于文件的新建、打开和保存等操作，如图 1.5.8 所示，包括如下命令项。

（1）"New（新建）"命令：用于新建一个文件，其子菜单如图 1.5.8 所示。

（2）"打开"命令：用于打开已有的 Altium Designer 15 可以识别的各种文件。

（3）"打开工程"命令：用于打开各种工程文件。

（4）"打开设计工作区"命令：用于打开设计工作区。

（5）"检出"命令：用于从设计存储库中选择模板。

（6）"保存工程"命令：用于保存当前的工程文件。

图 1.5.8 "文件"菜单

（7）"保存工程为"命令：另存当前的工程文件。

（8）"保存设计工作区"命令：用于保存当前的设计工作区。

（9）"保存设计工作区为"命令：另存当前的设计工作区。

（10）"全部保存"命令：用于保存所有文件。

（11）"智能 PDF"命令：用于生成 PDF 格式设计文件。

（12）"导入向导"命令：用于将其他 EDA 软件的设计文档及库文件导入 Altium Designer，如 Protel99SE，CADSTAR，Orcad，P-CAD 等设计软件生成的设计文件。

（13）"元件发布管理器"命令：用于设置发布文件参数及发布文件。

（14）"当前文档"命令：用于列出最近打开过的文件。

（15）"最近的工程"命令：用于列出最近打开过的工程文件。

（16）"当前工作区"命令：用于列出最近打开过的设计工作区。

（17）"退出"命令：用于退出 Altium Designer 15。

1.5.3 "视图"菜单

"视图"菜单主要用于工具栏、工作区面板、命令行及状态栏的显示和隐藏，如图 1.5.9 所示。

（1）"Toolbars（工具栏）"命令：用于控制工具栏的显示和隐藏，其子菜单如图 1.5.9 所示。

（2）"Workspace Panels（工作区面板）"命令：用于控制工作区面板的打开与关闭，其子菜单如图 1.5.10 所示。

图 1.5.9 "视图"菜单

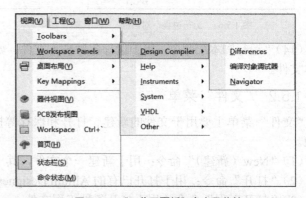

图 1.5.10 "工作区面板"命令子菜单

① "Design Compiler（设计编译器）"命令：用于控制设计编译器相关面板的打开与关闭，包括编译过程中的差异、编译错误信息、编译对象调试器及编译导航等面板。

②"Help（帮助）"命令：用于控制帮助面板的打开与关闭。

③"Instruments（设备）"命令：用于控制设备机架面板的打开与关闭，其中包括 Nanoboard 控制器、软件设备和硬件设备 3 个部分。

④"System（系统）"命令：用于控制系统工作区面板的打开和隐藏。"System（系统）"命令子菜单如图 1.5.11 所示。其中比较常用有"库""Messages（信息）""Files（文件）"和"Projects（工程）"等。

⑤"Other（其他）"命令：介绍其他命令，如"OpenBus 调色板"命令。

（3）"桌面布局"命令：用于控制桌面的显示布局，其子菜单如图 1.5.12 所示。

图 1.5.11 "System"命令子菜单   图 1.5.12 "桌面布局"命令子菜单

①"Default（默认）"命令：用于设置 Altium Designer 15 为默认桌面布局。

②"Startup（启动）"命令：用于当前保存的桌面布局。

③"Load layout（载入布局）"命令：用于从布局配置文件中打开一个 Altium Designer 15 已有的桌面布局。

④"Save layout（保存布局）"命令：用于保存当前的桌面布局。

（4）"Key Mappings（映射）"命令：用于快捷键与软件功能的映射，提供了两种映射方式供用户选择。

（5）"器件视图"命令：用于打开器件视图窗口。

（6）"PCB 发布视图"命令：用于发布 PCB 文件。

（7）"首页"命令：用于打开首页窗口，一般与默认的窗口布局相同。

（8）"状态栏"命令：用于控制工作窗口下方状态栏上标签的显示与隐藏。

（9）"命令状态"命令：用于控制命令行的显示与隐藏。

1.5.4 "工程"菜单

"工程"菜单主要用于工程文件的管理，包括工程文件的编译、添加、删除、差异显示和版本控制等，如图 1.5.13 所示。这里主要介绍"显示差异"和"版本控制"两个命令。

（1）"显示差异"命令：单击该命令，将弹出图 1.5.14 所示的"选择文档比较"对话框。"√"勾选"高级模式"选项，可以进行文件之间、文件与工程之间、工程之间的比较。

（2）"版本控制"命令：单击该命令，可以查看版本信息，可以将文件添加到"版本控制"数据库中，并对数据库中的各种文件进行管理。

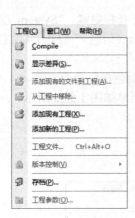
图 1.5.13 "工程"菜单

图 1.5.14 "选择文档比较"对话框

1.5.5 "窗口"和"帮助"菜单

（1）"窗口"菜单：用于对窗口进行纵向排列、横向排列、打开、隐藏及关闭等操作。
（2）"帮助"菜单：用于打开各种帮助信息。

1.5.6 工具栏

工具栏中有" 🗋 📄 | 💠 🖥 🖥 "5 个按钮，分别用于新建文件、打开已存在的文件、打开设备视图页面、打开 PCB 发布视图和打开工作区控制面板。其功能与菜单命令相同。

1.6 工作区面板

工作区面板

在 Altium Designer 15 系统中，可以使用系统型面板和编辑器面板两种类型的面板。系统型面板在任何时候都可以使用，而编辑器面板只有在相应的文件被打开时才可以使用。

使用工作区面板是为了便于设计过程中的快捷操作。Altium Designer 15 系统被启动后，系统将自动激活"Files（文件）"面板、"Projects（工程）"面板和"Navigator（导航）"面板，可以单击面板底部的标签，在不同的面板之间切换。

下面简单介绍"Files（文件）"面板，其余面板将在随后的原理图设计和 PCB 设计中详细讲解。展开的"Files（文件）"面板如图 1.6.1 所示。

"Files（文件）"面板主要用于打开、新建各种文件和工程，分为"打开文档""打开工程""新的""从已有文件新建文件"和"从模板新建文件"5 个选项栏，单击每一部分右上角的"双箭头"按钮即可打开或隐藏里面的各项命令。

工作区面板有自动隐藏显示、浮动显示和锁定显示 3 种显示方式。每个面板的右上角都有 3 个按钮，" ▼ "按钮用于在各种面板之间进行切换操作，" ⊞ "按钮用于改变面板的显示方式，" ✖ "按钮用于关闭当前面板。

图 1.6.1 展开的
"Files（文件）"面板

1.7　Altium Designer 15 的文件管理系统

Altium Designer 15 系统的"工程"面板提供了 2 种文件，即项目文件和自由文件。设计时生成的文件可以放在项目文件中，也可以移出，放入自由文件中。在文件存盘时，文件将以单个文件的形式存入，而不是以项目文件的形式整体存盘，被称为存盘文件。下面简单介绍一下这 3 种文件类型。

1.7.1　项目文件

Altium Designer 15 系统支持项目级别的文件管理，在一个项目文件中包括设计中生成的一切文件。例如，要设计一个无线收发机电路板，则可将无线收发机的电路图文件、PCB 图文件、设计中生成的各种报表文件，以及元件的集成库文件等放在一个项目文件中，这样非常便于文件的管理。

一个项目文件类似于 Windows 系统中的"文件夹"，在项目文件中可以执行对文件的各种操作，如新建、打开、关闭、复制与删除等。但需要注意的是，项目文件只是起到管理的作用，在保存文件时，项目中的各个文件是以单个文件的形式保存的。

图 1.7.1 所示为任意打开的一个".PrjPcb"项目文件。图中可以看出该项目文件包含了与整个设计相关的所有文件。包括打开但没有进行过任何操作或已保存好的文件，以及编辑过但没有保存的文件。

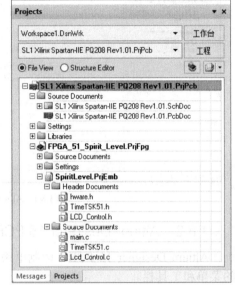

图 1.7.1　项目文件

1.7.2　自由文件

自由文件是指游离于文件之外的文件，Altium Designer 15 通常将这些文件存放在唯一的"Free Document"文件夹中。自由文件有以下两个来源。

（1）当将某文件从项目文件夹中删除时，该文件并没有从"Project"面板消失，而是出现在"Free Document"中，成为自由文件。

（2）打开 Altium Designer 15 的存盘文件（非项目文件）时，该文件将出现在"Free Document"中而成为自由文件。

自由文件的存在方便了设计的进行，当将文件从自由文件夹中删除时，文件将会彻底删除。

1.7.3　存盘文件

存盘文件即是在将项目文件存盘时生成的文件。Altium Designer 15 保存文件时并不是将整个项目文件保存，而是单个保存，项目文件只起到管理的作用。这样的保存方法有利于进行大型电路的设计。

1.8　Altium Designer 15 的开发环境

Altium Designer 15 包含有原理图、印制板电路、仿真编辑和 VHDL 编辑等几种主要开发环境。

1.8.1 Altium Designer 15 原理图开发环境

Altium Designer 15 原理图开发环境如图 1.8.1 所示，在操作界面上有相应的菜单和工具栏。

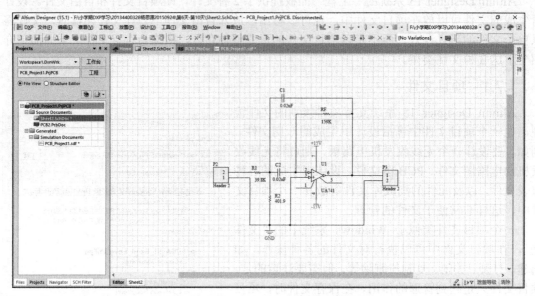

图 1.8.1　Altium Designer 15 原理图开发环境

1.8.2 Altium Designer 15 PCB 开发环境

Altium Designer 15 PCB（印制电路板）开发环境如图 1.8.2 所示，在操作界面上有相应的菜单和工具栏。

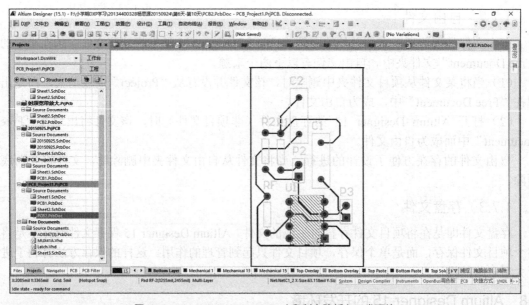

图 1.8.2　Altium Designer 15 PCB（印制电路板）开发环境

1.8.3 Altium Designer 15 仿真编辑环境

Altium Designer 15 仿真编辑环境如图 1.8.3 所示，在操作界面上有相应的菜单和工具栏。

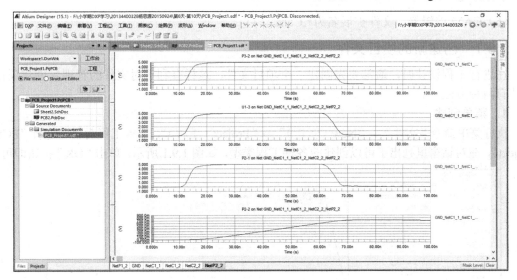

图 1.8.3　Altium Designer 15 仿真编辑环境

1.8.4　Altium Designer 15 VHDL 编辑环境

Altium Designer 15 的 VHDL 编辑环境如图 1.8.4 所示，在操作界面上有相应的菜单和工具栏。

图 1.8.4　Altium Designer 15 VHDL 编辑环境

1.9　编辑器的启动

Altium Designer 15 的常用编辑器有以下 6 种。

（1）原理图编辑器，文件扩展名为*.SchDoc。

（2）PCB 编辑器，文件扩展名为*.PcbDoc。

（3）原理图库文件编辑器，文件扩展名为*.SchLib。

（4）PCB 库文件编辑器，文件扩展名为*.PcbLib。

（5）VHDL 编辑器，文件扩展名为*.Hhd。

CB 编辑器的启动

（6）CAM 编辑器，文件扩展名为*.Cam.

1.9.1　创建新的项目文件

在进行工程设计时，通常要先创建一个项目文件，这样有利于对文件的管理。创建项目文件有两种方法。

1. 菜单创建

执行菜单命令"文件"→"New（新建）"→"Project（工程）"，进入工程对话窗选择"PCB Project"，在对话窗里列出了可以创建的各种工程类型，如图 1.9.1 所示，单击"OK"按钮即可。

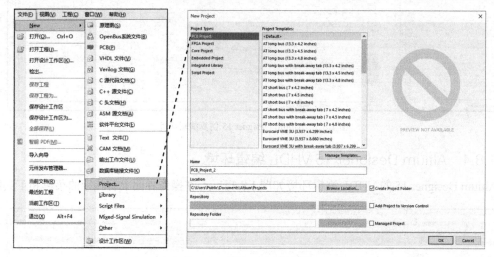

图 1.9.1　创建工程文件菜单

2. "Files（文件）"面板创建

打开"Files（文件）"面板，在"新的"栏中列出了各种空白工程，如图 1.9.2 所示，单击选择即可创建工程文件。

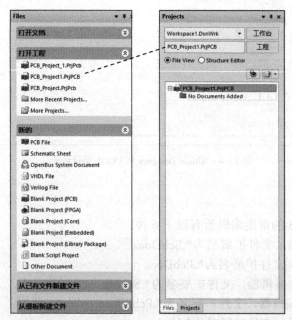

图 1.9.2　利用"Files（文件）"面板创建工程文件

用户要新建一个自己的工程，必须将默认的工程另存为其他的名称，如"MyProject"。执行文件命令菜单中的"保存工程为"，则弹出工程保存对话框。选择保存路径并键入工程名，单击"保存"按钮后，即可建立自己的 PCB 工程"My Project .PrjPCB"。

1.9.2　原理图编辑器的启动

新建一个原理图文件即可同时打开原理图编辑器，具体操作步骤如下所述。

1. 菜单创建

执行菜单命令"文件"→"New（新建）"→"原理图"，"Projects（工程）"面板中将出现一个新的原理图文件，如图 1.9.3 所示。"Sheet 1.SchDoc"为新建文件的默认名称，系统自动将其保存在已打开的工程文件中，同时整个窗口新添加了许多菜单项和工具项。

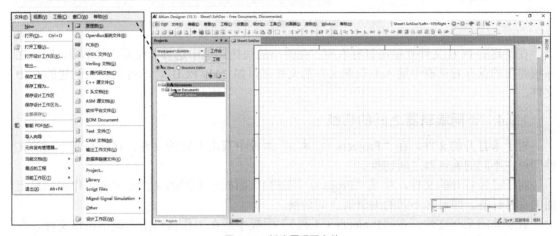

图 1.9.3　新建原理图文件

2."Files（文件）"面板创建

打开"Files（文件）"面板，在"新的"栏中列出了各种空白工程，单击选择"Schematic Sheet（原理图）"选项即可创建原理图文件。

在新建的原理图文件处单击鼠标右键，在弹出的右键快捷菜单中选择"保存"菜单项，然后在系统弹出的"保存"对话框中键入原理图文件的文件名，如"My Schematic"，即可保存新创建的原理图文件。

1.9.3　PCB 编辑器的启动

新建一个 PCB 文件即可同时打开 PCB 编辑器，具体操作步骤如下所述。

1. 菜单创建

执行菜单命令"文件"→"New（新建）"→"PCB（印制电路板）"，在"Projects（工程）"面板中将出现一个新的 PCB 文件，如图 1.9.4 所示。"PCB1.PcbDoc"为新建 PCB 文件的默认名称，系统自动将其保存在已打开的工程文件中，同时整个窗口新添加了许多菜单项和工具项。

2."Files（文件）"面板创建

打开"Files（文件）"面板，在"新的"栏中列出了各种空白工程，单击选择"PCB File（印制电路板文件）"选项即可创建 PCB 文件。

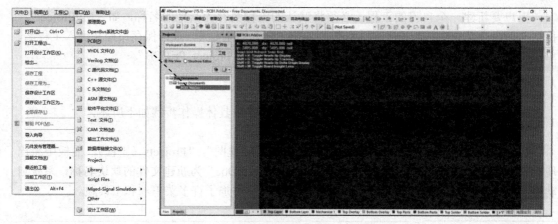

图 1.9.4　新建 PCB 文件

　　在新建的 PCB 文件处单击鼠标右键，在弹出的快捷菜单中选择"保存"菜单项，然后在系统弹出的保存对话框中键入原理图文件的文件名，如"My PCB"，即可保存新创建的 PCB 文件。

1.9.4　不同编辑器之间的切换

　　对于未打开的文件，在"Projects（工程）"面板中双击不同的文件，这样打开不同的文件即可在不同的编辑器之间切换。

　　对于已经打开的文件，单击"Projects（工程）"面板中不同的文件或单击工作窗口最上面的文件标签，即可在不同的编辑器之间切换。

　　若要关闭某一文件，在"Projects（工程）"面板中或在工作窗口上右键单击该文件，在弹出的菜单中选择"Close Sheet1.SchDoc"菜单项即可，如图 1.9.5 所示。

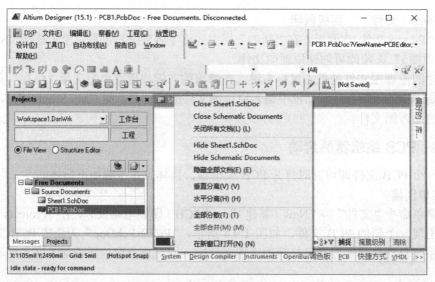

图 1.9.5　工作窗口界面

第2章　原理图设计基础

2.1　原理图简介

2.1.1　原理图的组成

图纸是工程设计的基础，是工程师交流和沟通的重要语言和工具。电路原理图（以下简称原理图）主要由元器件（以下也简称元件）符号、连线、结点、注释4个部分组成。

（1）元器件符号：表示实际电路中的元器件，它的形状与实际的元器件不一定相似，甚至完全不一样，但它一般都能够表示出元器件的特点，通常引脚的数目和实际元器件是保持一致的。

（2）连线：表示的是实际电路中的连接导线，在原理图中虽然是1根线，但在实际的PCB（印制电路板）中往往可能不是1根导线，而是各种形状的铜箔块。

（3）结点：表示几个元器件引脚或几条导线之间相互的连接关系。所有和结点相连的元器件引脚、导线，不论数目多少，都是连通的。

（4）注释：用来说明元器件的型号、名称等，在原理图中是十分重要的。原理图中所有的文字都可以归入注释一类。

一个采用 Altium Designer 15 绘制的电路原理图示例，如图 2.1.1 所示。

原理图是绘制在一张图纸上的图，在绘制过程中采用的全部是符号，没有涉及实物，因此原理图上没有任何实物尺寸的概念。

原理图能够帮助用户更好地理解电路的设计原理，而更重要的用途就是为 PCB（印制电路板）设计提供元件信息、电气连接和网络信息等。

在原理图上所设计的电路，通常需要安装在 PCB 上，实现电路功能。

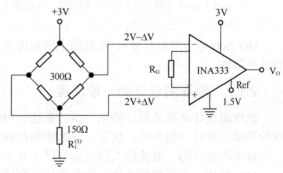

图 2.1.1　电路原理图示例

在原理图上用符号表示的各个组成部分与 PCB（印制电路板）各个组成部分的对应关系具体如下所述。

(a) 符号　　　　(b) 实物图

图 2.1.2　元件符号与元件实物

（1）Component（元件）：在原理图设计中，元件将以元件符号的形式出现。元件符号主要由元件引脚和边框组成，其中元件引脚需要和实际的元件一一对应。例如图 2.1.2 所示的晶体三极管符号，在 PCB（印制电路板）上对应安装的是 1 个晶体三极管。

（2）PCB Copper（PCB 铜箔）：在原理图设计中与 PCB 铜箔相对应的分别有以下 4 种。

① 导线：原理图设计中导线也有自己的符号，它以线段的形式出现，在 PCB（印制电路板）上将对应 1 根（或者 1 块）铜箔组成的导线。在 Altium Designer 15 中还提供了总线连接形式，用于表示 1 组信号的连接，它在 PCB（印制电路板）上将对应 1 组由铜箔组成的导线（分离的多根导线）。

② 焊盘：在 PCB（印制电路板）上，元件的引脚通常需要有对应的焊盘。焊盘与元器件的封装有关。一个元件符号和封装、焊盘关系如图 2.1.3 所示。

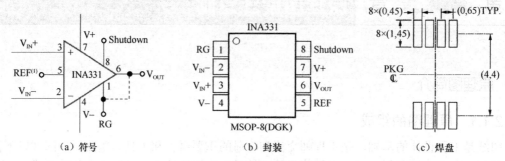

（a）符号　　　　　　　　　（b）封装　　　　　　　　（c）焊盘

图 2.1.3　元件符号、封装与焊盘

③ 过孔：在原理图上不涉及多层 PCB（印制电路板）的走线，因此没有过孔。

④ 覆铜：在原理图上不涉及 PCB（印制电路板）的覆铜，因此没有覆铜的对应物。

（3）Silkscreen Level（丝印层）：在 PCB（印制电路板）上的丝印层，其文字或者符号对应于在原理图上元件的文字说明及元件外形。

（4）Port（端口）：在原理图编辑器中引入的端口不是指硬件端口，而是为了建立跨原理图（在不同原理图之间）电气连接而引入的具有电气特性的符号。原理图中采用了一个端口，该端口就可以和其他原理图中同名的端口建立一个跨原理图（不同原理图之间）的电气连接。

（5）Net Label（网络标号）：网络标号和端口类似，通过网络标号也可以建立电气连接。原理图中网络标号必须附加在导线、总线或元件引脚上。

（6）Supply（电源符号）：原理图上的电源符号只是标注原理图上的电源网络，并非实际的供电器件。

2.1.2　原理图设计的一般流程

原理图设计是电路设计的第一步，是进行电路仿真、PCB（印制电路板）制板等后续步骤的基础。设计一幅正确、规范、清晰和美观的原理图是十分重要的。

原理图设计的一般流程大致可分为以下 9 个步骤。

（1）新建一个原理图文件：这是设计一幅原理图的第一个步骤。

（2）图纸设置：图纸设置就是要设置图纸的大小、方向等信息。图纸设置要根据需要绘制电路图的内容和标准化要求来进行。

（3）装载元件库：装载元件库就是将绘制电路图需要用到的元件库添加到系统中。

（4）放置元件：从装入的元件库中，选择需要的元件放置到原理图中。

（5）元件位置调整：根据设计的需要，将已经放置的元件调整到合适的位置和方向，以便连线。

（6）连线：根据所要设计的电气关系，用导线和网络将各个元件连接起来。

（7）注释：为了设计得美观、清晰，可以对原理图进行必要的文字注释和图片修饰，这些都对后来的 PCB 设计没有影响，只是为了方便自己和他人读图。

（8）检查修改：设计基本完成后，应该使用设计系统（例如 Altium Designer 15）提供的各种校验工具，根据各种校验规则对设计进行检查，发现错误后进行修改。

（9）打印输出：设计完成后，根据需要，可选择对原理图进行打印，或制作各种输出文件。

2.2　原理图编辑器

原理图编辑器

2.2.1　打开原理图编辑器

在打开一个原理图设计文件或创建了一个新的原理图文件的同时，将打开 Altium Designer 15 的原理图编辑器。

如图 2.2.1 所示，Altium Designer 15 的原理图编辑器主要由菜单栏、工具栏、工作窗口和工作面板等 4 部分组成部分。

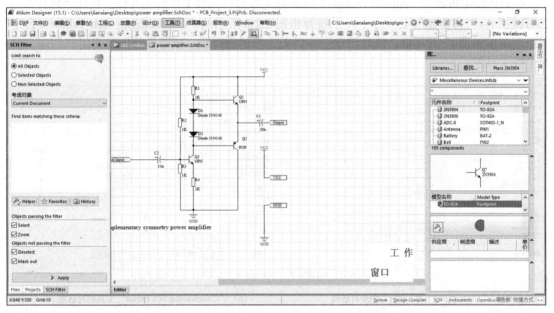

图 2.2.1　原理图编辑器

2.2.2　原理图编辑器主菜单

Altium Designer 15 设计系统对于不同类型的文件进行操作时，主菜单的内容会发生相应的改变。在原理图编辑环境中，主菜单栏如图 2.2.2 所示。在设计过程中，对原理图的各种编辑操作都可以通过菜单中的相应命令来完成。

图 2.2.2　原理图编辑器主菜单栏

在原理图编辑器主菜单栏中有以下菜单。

（1）"文件"菜单：主要用于文件的新建、打开、关闭、保存与打印等操作。

（2）"编辑"菜单：用于对象的选取、复制、粘贴与查找等编辑操作。

（3）"察看"菜单：用于视图的各种管理，如工作窗口的放大与缩小，各种工具、面板、状态栏及结点的显示与隐藏等。

（4）"工程"菜单：用于与工程有关的各种操作，如工程文件的打开与关闭、工程文件的编译及比较等。

（5）"放置"菜单：用于放置原理图中的各种组成部分。

（6）"设计"菜单：用于对元件库进行操作、生成网络报表等操作。

（7）"仿真器"菜单：可对原理图文件进行仿真分析，同时生成分析文件。

（8）"工具"菜单：可为原理图设计提供各种工具，如元件快速定位等操作。

（9）"报告"菜单：可进行生成原理图中各种报表操作。

（10）"窗口"菜单：可对窗口进行各种操作。

（11）"帮助"菜单：帮助菜单。

2.2.3　原理图编辑器工具栏

在原理图编辑器中，Altium Designer 15 系统可以提供内容丰富的工具栏。执行"察看"→"工具栏"→"自定制"菜单命令，系统弹出图 2.2.3 所示的"Customizing Sch Editor（自定制原理图编辑器）"对话框，该对话框中可以对工具栏进行增、减等操作，以便用户创建自己的个性工具栏。

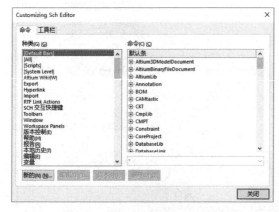

(a)　"Customizing Sch Editor"命令对话框　　　　(b)　"Customizing Sch Editor"工具栏对话框

图 2.2.3　"Customizing Sch Editor"设置对话框

在原理图编辑器中，绘制原理图常用的工具栏介绍如下所述。

1．"标准"工具栏

"标准"工具栏如图 2.2.4 所示，主要为用户提供了一些常用的文件操作快捷方式，如打印、缩放、复制和粘贴等，并以按钮图标的形式表示出来。如果将指针悬停在某个按钮图标上，则该按钮所要完成的功能就会在图标下方显示出来，便于用户操作。

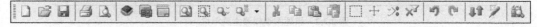

图 2.2.4　原理图编辑器中的"标准"工具栏

2．"连线"工具栏

"连线"工具栏如图 2.2.5 所示，主要用于放置原理图中的元件、电源、接地、端口、图纸符号和未用引脚标志等，同时完成连线操作。

图 2.2.5 原理图编辑器中的"连线"工具栏

3."绘图"工具栏

"绘图"工具栏如图 2.2.6 所示,主要用于在原理图中绘制所需要的标注信息,不代表电气连接。

4.其他工具栏

如图 2.2.7 所示,在"察看"菜单下"工具栏"命令的子菜单中列出了所有原理图设计中的工具栏,在工具栏名称左侧有"√"标记则表示该工具栏已经被打开了,否则该工具栏是被关闭的。用户可以尝试操作其他的工具栏。

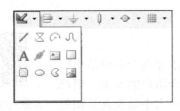

图 2.2.6 "绘图"工具栏   图 2.2.7 "工具栏"命令子菜单

2.2.4 工作窗口和工作面板

工作窗口是进行电路原理图设计的工作平台。在此窗口内,用户可以新画一个原理图,也可以对现有的原理图进行编辑和修改。

在原理图设计中经常用到的工作面板有"Projects(工程)"面板、"库"面板及"Navigator(导航)"面板。

1."Projects(工程)"面板

"Projects(工程)"面板如图 2.2.8 所示,其中列出了当前打开工程的文件列表及所有的临时文件,提供了所有关于工程的操作功能,如打开、关闭和新建各种文件,以及在工程中导入文件、比较工程中的文件等。

2."库"面板

"库"面板如图 2.2.9 所示。这是一个浮动面板,当指针移动到其标签上时,就会显示该面板,也可以通过单击标签在几个浮动面板间进行切换。在该面板中可以浏览当前加载的所有元件库,也可以在原理图上放置元件,还可以对元件的封装、3D 模型、SPICE 模型和 SI(信号完整性)模型进行预览,同时还能够查看元件供应商、单价、生产厂商等信息。

3."Navigator(导航)"面板

"Navigator(导航)"面板能够在分析和编译原理图后提供关于原理图的所有信息,通常用于检查原理图。

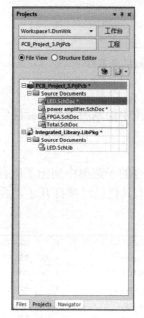

图 2.2.8　"Projects（工程）"面板

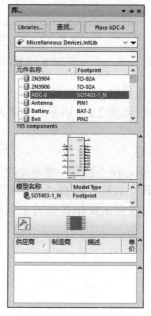

图 2.2.9　"库"面板

2.3　原理图的图纸参数设置

在进入电路原理图编辑环境时，Altium Designer 15 系统会自动给出默认的图纸相关参数。但是，这些默认的参数不一定适合用户的要求。用户可以根据自己设计原理图的复杂程度，来对图纸的尺寸大小以及其他相关参数重新定义。

原理图的图纸参数
设置

单击菜单栏中的"设计"→"文档选项"命令，或在编辑窗口中右键单击，在弹出的快捷菜单中选择"选项"→"文档选项"命令，系统将弹出"文档选项"对话框，如图 2.3.1 所示。在"文档选项"对话框中，利用"方块电路选项""参数"和"单位"3 个选项组，可以对图纸中的有关参数进行设置。

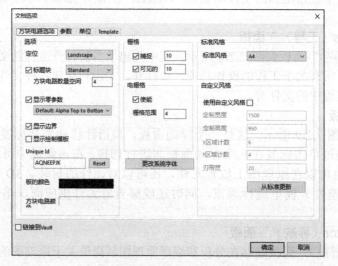

图 2.3.1　"文档选项"对话框

1. 设置图纸尺寸

单击"方块电路选项",这个选项的右半部分为图纸尺寸的设置区域。Altium Designer15 给出了 2 种图纸尺寸的设置方式,一种是"标准风格",另一种是"自定义风格",用户可以根据设计需要选择这 2 种设置方式,默认的格式为"标准风格"。

使用"标准风格"方式设置图纸,可以在"标准风格"下拉列表框中选择已定义好的图纸标准尺寸,包括公制图纸尺寸(A0~A4)、英制图纸尺寸(A~E)、CAD 标准尺寸(CAD A~CAD E)及其他格式(Letter,Legal,Tabloid 等)的尺寸,然后单击对话框右下方的"从标准更新"按钮,对目前编辑窗口中的图纸尺寸进行更新。

使用"自定义风格"方式设置图纸,"√"勾选"使用自定义风格"选项,则自定义功能被激活,在"定制宽度""定制高度""X 区域计数""Y 区域计数"及"刃带宽"5 个文本框中可以分别输入自定义的图纸尺寸。

在设计过程中,除了对图纸的尺寸进行设置外,往往还需要对图纸的其他选项进行设置,如图纸的方向、标题栏样式和图纸的颜色等。这些设置可以在"方块电路选项"左侧的"选项"选项组中完成。

2. 设置图纸方向

图纸方向可以通过"定位"下拉列表框设置,可以设置为水平方向(如"Landscape"),即横向;也可以设置为垂直方向(如"Portrait"),即纵向。一般在绘制和显示时设为横向,在打印输出时可根据需要设为横向或纵向。

3. 设置图纸标题栏

图纸标题栏是对设计图纸的附加说明,可以在该标题栏中对图纸进行简单的描述,也可以作为以后图纸标准化时的信息。Altium Designer 15 系统中提供了 2 种预先定义好的标题块,即"Standard(标准)"格式和"ANSI(美国国家标准学会)"格式。

4. 设置图纸参考说明区域

在"方块电路选项"中,通过"显示零参数"选项可以设置是否显示图纸参考说明区域。"√"勾选该选项表示显示参考说明区域,否则不显示。一般情况下应该选择显示参考说明区域。

5. 设置图纸边框

在"方块电路选项"中,通过"显示边界"选项可以设置是否显示图纸边框。"√"勾选该选项表示显示边框,否则不显示。

6. 设置显示模板图形

在"方块电路选项"中,"√"勾选"显示绘制模板"选项可以设置是否显示模板图形。"√"勾选该选项显示模板图形,否则不显示。

所谓显示模板图形,就是显示模板内的文字、图形和专用字符串等,如自己定义的标志区块或公司标志。

7. 设置边框颜色

在"方块电路选项"中,单击"板的颜色"显示框,然后在弹出的"选择颜色"对话框中选择边框的颜色,如图 2.3.2 所示,单击"确定"按钮即可完成修改。

8. 设置图纸颜色

在"方块电路选项"中,单击"方块电路颜色"显示框,然后在弹出的"选择颜色"对话框中选择图纸的颜色,如图 2.3.2 所示,单击"确定"按钮即可完成修改。

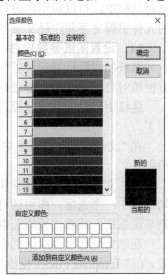

图 2.3.2 "选择颜色"对话框

9. 设置图纸网格点

进入原理图编辑环境后，编辑窗口的背景是网格型的。网格为元件的放置和线路的连接带来了极大的方便，使用户可以整齐地排列元件和走线。网格的形式是可以改变的，Altium Designer 15 可以提供"捕捉""可见的"和"电栅格"3 种网格形式。

在图 2.3.1 所示的"文档选项"对话框中，"栅格"和"电栅格"选项组用于对网格进行具体设置。

（1）"捕捉"选项：所谓"捕捉"网格，就是确定指针每次移动时的间隔距离。"√"勾选该选项后，指针移动时，以右侧文本框的设置值为基本单位移动。系统默认值为 10 个像素点，用户可根据设计的要求输入新的数值来改变指针每次移动的最小间隔距离。

（2）"可见的"选项：用于控制在图纸上是否可以看到网格。"√"勾选该选项后，可以对图纸上网格间的距离进行设置，系统默认值为 10 个像素点。取消"√"勾选该选项，则在图纸上将不显示网格。

（3）"使能"选项：如果"√"勾选了该选项，则在绘制连线时，系统会以指针所在位置为中心，以"栅格范围"文本框中的设置值为半径，向四周搜索电气结点。如果在搜索半径内有电气结点，则指针将自动移到该结点上，并在该结点上显示一个圆亮点，搜索半径的数值可以自行设定。取消"√"勾选该选项，则取消了系统自动寻找电气结点的功能。

单击菜单栏中的 "察看"→"栅格"命令，其子菜单中有用于切换 3 种网格启用状态的命令，如图 2.3.3 所示。单击其中的"设置跳转栅格"命令，系统将弹出图 2.3.4 所示的"Choose a snap grid size（选择捕获网格尺寸）"对话框。在该对话框中可以输入捕获网格的参数值。

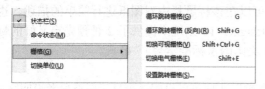
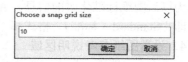

图 2.3.3 "栅格"命令子菜单   图 2.3.4 "Choose a snap grid size"对话框

10. 设置图纸所用字体

在"方块电路选项"中，单击"更改系统字体"按钮，系统将弹出"字体"对话框。在该对话框中，可以对字体进行设置，设置将会改变整个原理图中的所有文字，包括原理图中的元件引脚文字和注释文字等。图纸所用字体通常采用默认设置。

11. 设置图纸参数信息

图纸的参数信息记录了电路原理图的参数信息和更新记录。使用这项功能可以使用户更方便地对自己设计的图纸进行管理。

建议用户对此项进行设置。当设计项目中包含很多图纸时，图纸参数信息就显得非常有用了。

在"文档选项"对话框中，单击"参数"选项，即可对图纸参数信息进行设置，如图 2.3.5 所示。

在"文档选项"对话框中，单击"单位"选项，系统将弹出"单位"选择对话框，"√"勾选其中一个选项，即可选择不同单位系统，对图纸单位系统进行设置，可以选择"使用英制单位系统"或者"使用公制单位系统"。

在"文档选项"对话框中，单击"Template（模板）"选项，即可对图纸单位系统进行设置。在"Template Files（模板文件）"选项组下拉菜单中选择"A""A0"等模板，单击"Update From Template"按钮，更新模板文件。

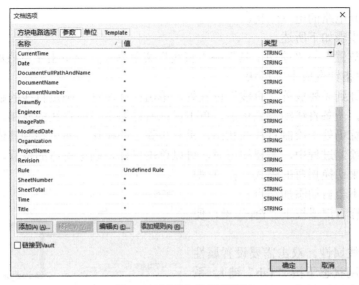

图 2.3.5 "参数"选项对话框

完成图纸参数设置后，单击"文档选项"对话框中的"确定"按钮，即可进入原理图绘制的程序。

2.4 绘图工具的使用

在原理图编辑环境中，有一个图形工具栏，用于在原理图中绘制各种图形。该图形工具栏中的各种图元均不具有电气连接特性，系统在做 ERC 检查及转换成网络表时，它们不会产生任何影响，也不会附加在网络表数据中。

绘图工具的使用

2.4.1 绘图工具命令和按钮

执行"放置"→"绘图工具"菜单命令，图形工具子菜单中的各项命令如图 2.4.1 所示，或者单击图形工具图标""，各种绘图工具按钮如图 2.4.2 所示。图形工具菜单命令与绘图工具按钮的功能是一一对应的。

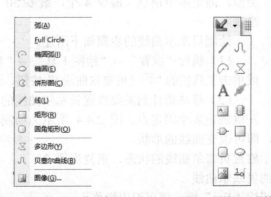

图 2.4.1 绘图工具子菜单命令　　图 2.4.2 绘图工具按钮

2.4.2 绘制直线

在原理图中，直线可以用来绘制一些注释性的图形，如表格、箭头和虚线等，或在编辑元器件时绘制元器件的外形。直线在功能上完全不同于前面所说的导线，它不具有电气连接特性，不会影响到电路的电气结构。

绘制直线的步骤如下所述。

（1）执行"放置"→"绘图工具"→"直线"菜单命令，或单击工具栏的"☑（绘制直线）"按钮，这时指针变成十字形状。

（2）移动指针到需要放置"直线"位置处，单击鼠标左键，确定直线的起点，多次单击确定多个固定点，一条直线绘制完毕后，单击鼠标右键退出当前直线的绘制。

（3）此时鼠标仍处于绘制直线的状态，重复步骤 2 的操作，即可绘制其他的直线。

（4）在直线绘制过程中，需要拐弯时，可以单击鼠标，确定拐弯的位置，同时通过按下"Shift+空格键"来切换拐弯的模式。在 T 型交叉点处，系统不会自动添加结点。

（5）单击鼠标右键或按下"Esc"键，便可退出操作。

（6）设置直线属性。双击需要设置属性的直线（或在绘制状态下按"Tab"键），系统将弹出相应的直线属性设置对话框，如图 2.4.3 所示。在该对话框中可以对线宽、类型和直线的颜色等属性进行设置。

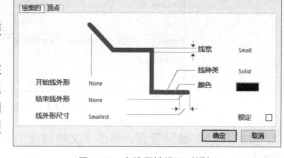

图 2.4.3　直线属性设置对话框

① "线宽"：用于设置直线的线宽。有"Smallest（最小）""Small（小）""Medium（中等）"和"Large（大）"4 种线宽供用户选择。

② "线种类"：用于设置直线的线型。有"Solid（实线）""Dashed（虚线）"和"Dotted（点画线）"3 种线型可供选择。

③ "颜色"：用于设置直线的颜色。

属性设置完毕后，单击"确定"按钮，关闭直线属性设置对话框。

2.4.3　绘制贝塞尔曲线

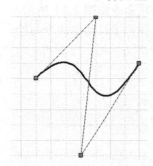

图 2.4.4　绘制好的贝塞尔曲线

贝塞尔曲线是一种表现力非常丰富的曲线，主要用来描述各种波形曲线，如正弦和余弦曲线等。贝塞尔曲线的绘制与直线的绘制类似，固定多个顶点（最少 4 个，最多 50 个）后即可完成曲线的绘制。

绘制贝塞尔曲线的步骤如下所述。

（1）执行"放置"→"绘图工具"→"贝塞尔曲线"菜单命令，或单击工具栏的"∿（贝塞尔曲线）"按钮，这时光标变成十字形状。

（2）移动指针到需要放置贝塞尔曲线的位置处，多次单击鼠标左键确定多个固定点。图 2.4.4 所示为绘制完成的余弦曲线的选中状态，移动 4 个固定点，即可改变曲线的形状。

（3）此时鼠标仍处于放置贝塞尔曲线的状态，重复步骤 2 的操作，即可放置其他的贝塞尔曲线。

（4）单击鼠标右键或按"Esc"键，便可退出操作。

（5）设置贝塞尔曲线属性。双击需要设置属性的贝塞尔曲线（或在绘制状态下按"Tab"键），系统将弹出相应的贝塞尔曲线属性设置对话框，如图 2.4.5 所示。在该对话框中可以对贝塞尔曲线的线宽和颜色进行设置。

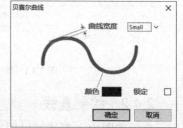

图 2.4.5　贝塞尔曲线设置对话框

属性设置完毕后，单击"确定"按钮，关闭贝塞尔曲线属性设置对话框。

2.4.4 绘制椭圆弧线

绘制椭圆弧线的步骤如下所述。

（1）执行"放置"→"绘图工具"→"椭圆弧"菜单命令，或单击工具栏的" （椭圆弧）"按钮，这时光标变成十字形状。

（2）移动指针到需要放置椭圆弧的位置处，单击鼠标左键，第 1 次确定椭圆弧的中心，第 2 次确定椭圆弧长轴的长度，第 3 次确定椭圆弧短轴的长度，第 4 次确定椭圆弧的起点，第 5 次确定椭圆弧的终点，从而完成椭圆弧的绘制。

（3）此时鼠标仍处于绘制椭圆弧的状态，重复步骤 2 的操作，即可绘制其他的椭圆弧。

（4）单击鼠标右键或按下"Esc"键便可退出操作。

（5）设置椭圆弧属性。双击需要设置属性的椭圆弧（或在绘制状态下按"Tab"键），系统将弹出相应的椭圆弧属性设置对话框，如图 2.4.6 所示。

① "线宽"下拉列表框：设置弧线的线宽，有"Smallest（最小）""Small（小）""Medium（中等）"和"Large（大）"4 种线宽可供用户选择。

② "X 半径"：设置椭圆弧 x 方向的半径长度。

③ "Y 半径"：设置椭圆弧 y 方向的半径长度。

④ "起始角度"：设置椭圆弧的起始角度。

⑤ "终止角度"：设置椭圆弧的结束角度。

⑥ "颜色"：设置椭圆弧的颜色。

⑦ "位置"：设置椭圆弧的位置。

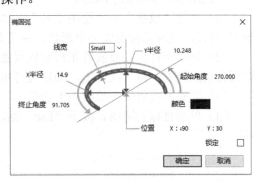

图 2.4.6 椭圆弧线属性设置对话框

属性设置完毕后，单击"确定"按钮，关闭椭圆弧属性设置对话框。

对于有严格要求的椭圆弧线的绘制，一般应先在该对话框中进行设置，然后再放置。这样在原理图中不移动指针，连续单击 5 次即可完成放置操作。

圆弧线实际上是椭圆弧线的一种特殊形式，圆弧线的绘制与椭圆弧线绘制相同。

2.4.5 绘制多边形

绘制多边形的步骤如下所述。

（1）单击"放置"→"绘图工具"→"多边形"菜单命令，或单击工具栏的" （绘制多边形）"按钮，这时指针变成十字形状。

（2）移动指针到需要放置多边形的位置处，单击鼠标左键，确定多边形的一个定点，接着每单击一次鼠标左键，就确定一个顶点，绘制完毕后，单击鼠标右键，退出当前多边形的绘制。

（3）此时系统仍处于绘制多边形的状态，重复步骤 2 的操作，即可绘制其他的多边形。

（4）单击鼠标右键或按下"Esc"键，便可退出操作。

（5）设置多边形属性。双击需要设置属性的多边形（或在绘制状态下按"Tab"键），系统将弹出相应的多边形属性设置对话框，如图 2.4.7 所示。

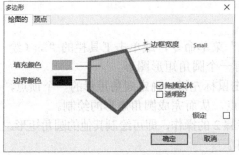

图 2.4.7 多边形属性设置对话框

①"填充颜色"：设置多边形的填充颜色。

②"边界颜色"：设置多边形的边框颜色。

③"边框宽度"下拉列表框：设置多边形的边框粗细，有"Smallest（最小）""Small（小）""Medium（中等）"和"Large（大）"4 种线宽可供用户选择。

④"拖拽实体"："√"勾选此选项，则多边形将以"填充色"中的颜色填充多边形，此时单击多边形边框或填充部分，都可以选中该多边形。

⑤"透明的"："√"勾选此选项，则多边形为透明的，内无填充颜色。

属性设置完毕后，单击"确定"按钮，关闭多边形属性设置对话框。

2.4.6 绘制矩形

绘制矩形的步骤如下所述。

（1）执行"放置"→"绘图工具"→"矩形"菜单命令，或单击工具栏的"□（绘制矩形）"按钮，这时光标变成十字形状，并带有一个矩形图形。

（2）移动指针到需要放置矩形的位置处，单击鼠标左键，确定矩形的一个顶点，移动指针到合适的位置，再一次单击，确定其对角顶点，从而完成矩形的绘制。

（3）此时系统仍处于绘制矩形的状态，重复步骤 2 的操作，即可绘制其他的矩形。

（4）单击鼠标右键或者按下"Esc"键，便可退出操作。

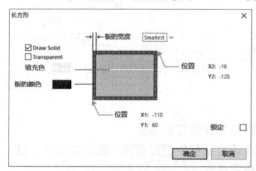

图 2.4.8　矩形属性设置对话框

（5）设置矩形属性。双击需要设置属性的矩形（或在绘制状态下按"Tab"键），系统将弹出相应的矩形属性设置对话框，如图 2.4.8 所示。

①"板的宽度"下拉列表框：设置矩形边框的线宽，有"Smallest（最小）""Small（小）""Medium（中等）"和"Large（大）"4 种线宽可供用户选择。

②"Draw Solid（拖拽实体）"："√"勾选此选项，将以"填充色"中的颜色填充矩形框，此时单击边框或填充部分都可以选中该矩形。

③"Transparent（透明的）"："√"勾选此选项，则矩形框为透明的，内无填充颜色。

④"填充色"：设置矩形的填充颜色。

⑤"板的颜色"：设置矩形边框的颜色。

⑥"位置"：设置矩形起始与终止顶点的位置。

属性设置完毕后，单击"确定"按钮，关闭矩形属性设置对话框。

2.4.7 绘制圆角矩形

绘制圆角矩形的步骤如下所述。

（1）执行"放置"→"绘图工具"→"圆角矩形"菜单命令，或单击工具栏的"□（绘制圆角矩形）"按钮，这时光标变成十字形状，并带有一个圆角矩形图形。

（2）移动指针到需要放置圆角矩形的位置处，单击鼠标左键，确定圆角矩形的一个顶点，移动指针到合适的位置，再一次单击，确定其对角顶点，从而完成圆角矩形的绘制。

（3）此时系统仍处于绘制圆角矩形的状态，重复步骤 2 的操作，即可绘制其他的圆角矩形。

（4）单击鼠标右键或按"Esc"键，便可退出操作。

（5）设置圆角矩形属性。双击需要设置属性的圆角矩形（或在绘制状态下按"Tab"键），

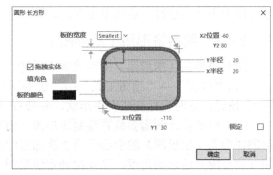

系统将弹出相应的圆角矩形属性设置对话框，如图 2.4.9 所示。

①"板的宽度"下拉列表框：设置圆角矩形边框的线宽，有"Smallest（最小）""Small（小）""Medium（中等）"和"Large（大）"4种线宽可供用户选择。

②"X 半径"：设置 1/4 圆角 x 方向的半径长度。

③"Y 半径"：设置 1/4 圆角 y 方向的半径长度。

图 2.4.9　圆角矩形属性设置对话框

④"拖拽实体"："√"勾选此选项，将以"填充色"中的颜色填充圆角矩形框，此时单击边框或填充部分，都可以选中该圆角矩形。

⑤"填充色"：设置圆角矩形的填充颜色。

⑥"板的颜色"：设置圆角矩形边框的颜色。

⑦"位置"：设置圆角矩形起始与终止顶点的位置。

属性设置完毕后，单击"确定"按钮，关闭圆角矩形属性设置对话框。

2.4.8　绘制椭圆

绘制椭圆的步骤如下所述。

（1）执行"放置"→"绘图工具"→"椭圆"菜单命令，或单击工具栏的"◯（绘制椭圆）"按钮，这时指针变成十字形状，并带有一个椭圆图形。

（2）移动指针到需要放置椭圆的位置处，单击鼠标左键，第 1 次确定椭圆的中心，第 2 次确定椭圆长轴的长度，第 3 次确定椭圆短轴的长度，从而完成椭圆的绘制。

（3）此时系统仍处于绘制椭圆的状态，重复步骤 2 的操作，即可绘制其他的椭圆。

（4）单击鼠标右键或者按"Esc"键，便可退出操作。

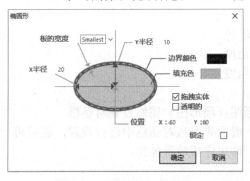

图 2.4.10　椭圆属性设置对话框

（5）设置椭圆属性。双击需要设置属性的椭圆（或在绘制状态下按"Tab"键），系统将弹出相应的椭圆属性设置对话框，如图 2.4.10 所示。

①"Border Width"下拉列表框：设置椭圆边框的线宽，有"Smallest（最小）""Small（小）""Medium（中等）"和"Large（大）"4 种线宽可供用户选择。

②"X 半径"：设置椭圆 x 方向的半径长度。

③"Y 半径"：设置椭圆 y 方向的半径长度。

④"拖拽实体"："√"勾选此选项，将以"填充色"中的颜色填充椭圆框，此时单击边框或填充部分都可以选中该椭圆。

⑤"透明的"："√"勾选此选项，则矩形框为透明的，内无填充颜色。

⑥"填充色"：设置椭圆的填充颜色。

⑦"板的颜色"：设置椭圆边框的颜色。

⑧"位置"：设置椭圆中心的位置。

属性设置完毕后，单击"确定"按钮，关闭椭圆属性设置对话框。

对于有严格要求的椭圆的绘制，一般应先在该对话框中进行设置，然后再放置。这样在原理图中不移动指针，连续单击 3 次，即可完成放置操作。

2.4.9 绘制饼形图（扇形图）

绘制饼形图（扇形图）的步骤如下所述。

（1）"放置"→"绘图工具"→"饼形图"菜单命令，或单击工具栏的"⊙（绘制饼形图）"按钮，这时光标变成十字形状，并带有一个绘制饼形图（扇形图）图形。

（2）移动指针到需要放置绘制饼形图（扇形图）的位置处，单击鼠标左键，第 1 次确定绘制饼形图（扇形图）的中心，第 2 次确定绘制饼形图（扇形图）的半径，第 3 次确定饼形图（扇形图）的起始角度，第 4 次确定饼形图（扇形图）的终止角度，从而完成饼形图（扇形图）的绘制。

（3）此时系统仍处于绘制饼形图（扇形图）的状态，重复步骤 2 的操作，即可绘制其他的饼形图（扇形图）。

（4）单击鼠标右键或者按"Esc"键，便可退出操作。

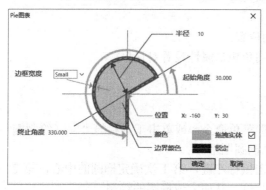

图 2.4.11 饼形图（扇形图）属性设置对话框

（5）设置饼形图（扇形图）属性。双击需要设置属性的饼形图（扇形图）（或在绘制状态下按"Tab"键），系统将弹出相应的饼形图（扇形图）属性设置对话框，如图 2.4.11 所示。

① "板的宽度"下拉列表框：设置饼形图（扇形图）弧线的线宽，有"Smallest（最小）""Small（小）""Medium（中等）"和"Large（大）"4 种线宽可供用户选择。

② "拖拽实体"："√"勾选此选项，将以"填充色"中的颜色填充饼形图（扇形图），此时单击边框或填充部分，都可以选中该饼形图（扇形图）。

③ "颜色"：设置饼形图（扇形图）的填充颜色。

④ "板的颜色"：设置饼形图（扇形图）弧线的颜色。

⑤ "起始角度"：设置饼形图（扇形图）的起始角度。

⑥ "终止角度"：设置饼形图（扇形图）的终止角度。

⑦ "位置"：设置饼形图（扇形图）中心的位置。

属性设置完毕后，单击"确定"按钮，关闭饼形图（扇形图）属性设置对话框。

对于有严格要求的饼形图（扇形图）的绘制，一般应先在该对话框中进行设置，然后再放置。这样在原理图中不移动指针，连续单击 4 次，即可完成放置操作。

2.4.10 添加说明文字

1. 添加文本字符串

为了增加原理图的可读性，可以在原理图的一些关键的位置处，添加一些文字说明。

添加说明文字（字符串）的步骤如下所述。

（1）执行"放置"→"文本字符串"菜单命令，或单击工具栏的"Ａ（添加文本字符串）。"按钮，这时光标变成十字形状，并带有一个文本字符串"Text"标志。

（2）移动指针到需要放置文本字符串的位置处，单击鼠标左键，即可放置该文本字符串。

（3）此时系统仍处于放置文本字符串的状态，重复步骤（2）的操作，即可放置其他的文本字符串。

（4）单击鼠标右键或按"Esc"键，便可退出操作。

（5）设置文本字符串属性。双击需要设置属性的文本字符串（或在绘制状态下按"Tab"键），系统将弹出相应的文本字符串属性设置对话框，如图 2.4.12 所示。

①"颜色"：设置文本字符串的颜色。

②"位置"：设置文本字符串的位置。

③"定位"下拉列表：设置文本字符串在原理图中的放置方向，有"0 Degrees（0°）""90 Degrees（90°）""180 Degrees（180°）"和"270 Degrees（270°）"4 个选项。

④"水平正确"下拉列表：调整文本字符串在水平方向上的位置，有"Left（左）""Center（中间）"和"Right（右）"3 个选项。

⑤"竖直正确"下拉列表：调整文本字符串在竖直方向上的位置，有"Top（顶部）""Center（中间）"和"Bottom（底部）"3 个选项。

图 2.4.12　文本字符串属性设置对话框

⑥"文本"输入框：用来输入文本字符串的具体内容，也可以在放置完毕后选中该对象，然后直接单击，即可直接在窗口输入文本内容。

⑦"字体"：设置文本字符串字体。

属性设置完毕后，单击"确定"按钮，关闭文本字符串属性设置对话框。

2．添加文本框

文本字符串只能放置简单的单行文字。如果原理图中需要大段的文字说明，就需要使用文本框。使用文本框可以放置多行文本，并且字数没有限制，文本框仅仅是对用户所设计的电路进行说明，本身不具有电气意义。

放置文本框的步骤如下所述。

（1）执行"放置"→"文本框"菜单命令，或单击工具栏的"▣（放置文本框）"按钮，这时光标变成十字形状。

（2）光标指针到需要放置文本框的位置处，单击鼠标左键，确定文本框的一个顶点，移动光标到合适位置，再单击一次，确定其对角顶点，完成文本框的放置。

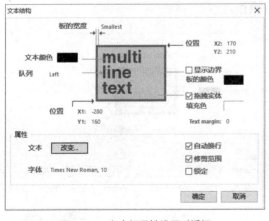

图 2.4.13　文本框属性设置对话框

（3）此时系统仍处于放置文本框的状态，重复步骤 2 的操作，即可放置其他的文本框。

（4）单击鼠标右键或者按"Esc"键，便可退出操作。

（5）设置文本框属性。双击需要设置属性的文本字符串（或在绘制状态下按"Tab"键），系统将弹出相应的文本框属性设置对话框，如图 2.4.13 所示。

文本框属性设置和文本字符串属性设置大致相同，这里不再赘述。

属性设置完毕后，单击"确定"按钮，关闭文本框属性设置对话框。

2.4.11 添加图像

有时在原理图中需要放置一些如厂家标志、广告等图像文件，这可以通过使用"图像"命令在原理图上实现图像的添加。

图像（Picture）有多种含义，其中最常见的定义是各种图形和影像的总称。在原理图中添加的图像文件通常是一些图形文件，以下简称为图形。

添加图形的步骤如下所述。

（1）执行"放置"→"绘图工具"→"图像"菜单命令，或单击工具栏的"■（图像）"按钮，这时光标变成十字形状，并带有一个矩形框。

（2）移动光标到需要放置图形的位置处，单击鼠标左键，确定图形放置位置的一个顶点，移动指针到合适的位置，再次单击鼠标左键，此时将弹出如图 2.4.14 所示的浏览对话框，从中选择要添加的图形文件。移动指针到工作窗口中，然后单击左键，这时所选的图形将被添加到原理图窗口中。

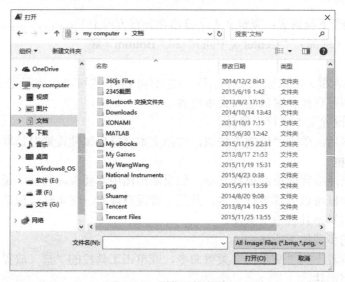

图 2.4.14　浏览图形对话框

（3）此时系统仍处于放置图形的状态，重复步骤 2 的操作，即可放置其他的图形。

（4）单击鼠标右键或按"Esc"键，便可退出操作。

（5）设置放置图形属性。双击需要设置属性的图形（或在放置状态下按"Tab"键），系统将弹出相应的图形属性设置对话框，如图2.4.15 所示。

①"边界颜色"：设置图形边框的颜色。

②"边框宽度"下拉列表框：设置图形边框的线宽，有"Smallest（最小）""Small（小）""Medium（中等）"和"Large（大）"4 种线宽可供用户选择。

③"位置"：设置图形框的对角顶点位置。

④"文件名"文本框：选择图片所在的文件路径名。

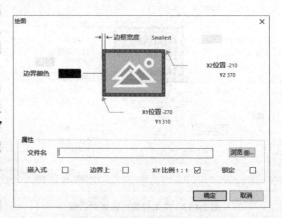

图 2.4.15　图形属性设置对话框

⑤"边界上"选项：是否显示图片的边框。

⑥"嵌入式"选项："√"勾选此选项，图片将被嵌入到原理图文件中，这样可以方便文件的转移。如果取消对该选项的选中状态，则在文件传递时需要将图片的链接也转移过去，否则将无法显示该图片。

⑦"X：Y 比例 1：1"："√"勾选此选项，则以 1：1 的比例显示图片。

属性设置完毕后，单击"确定"按钮，关闭图形属性设置对话框。

2.5　原理图设计环境参数设置

原理图设计环境
参数设置

在原理图绘制过程中，其工作效率和正确性，往往与原理图设计环境参数的设置有着密切的关系。原理图设计环境参数设置合理与否，将直接影响到设计过程中，设计软件的功能是否能充分发挥。

在 Altium Designer 15 系统中，原理图编辑器的工作环境设置是由原理图"参数选择"设定对话框来完成的。

执行"工具"→"设置原理图参数"菜单命令，或在编辑窗口内单击鼠标右键，在弹出的右键快捷菜单中执行"选项"→"设置原理图优选参数"命令，将会打开原理图优先设定对话框。

"参数选择"对话框中主要有 11 个标签页，分别为"General（常规）""Graphical Editing（图形编辑）""Mouse Wheel Configuration（鼠标滚轮配置）""Compiler（编译器）""AutoFocus（自动获得焦点）""Library AutoZoom（库扩充方式）""Grids（栅格）""Break Wire（断开连线）""Default Units（默认单位）""Default Primitives（默认图元）""Orcad （tm）（Orcad 端口操作）"。

2.5.1　"General"参数设置

在"参数选择"对话框中，单击"General（常规）"标签，弹出的"General（常规）"参数设置对话框如图 2.5.1 所示，可以用来设置电路原理图设计的常规环境参数。

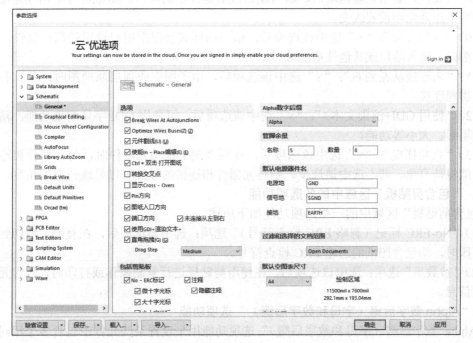

图 2.5.1　"General（常规）"设置对话框

1. "选项"区域中的各选项功能

"选项"区域中的一些选项功能如下所述。

（1）"Break Wires At Autojunctions（自动连接处断线）"："√"选中该选项后，在自动连接处断线。

（2）"Optimize Wire Buses（最优连线路径）"："√"选中该选项后，在进行导线和总线的连接时，系统将自动选择最优路径，并且可以避免各种电气连线和非电气连线的相互重叠。此时，下面的"元件割线"选项也呈现可选状态。若不选中该复选框，则用户可以自己进行连线路径的选择。

（3）"元件割线"："√"选中该选项后，会启动使用元器件切割导线的功能，即当放置 1 个元器件时，若元器件的 2 个引脚同时落在 1 根导线上，则该导线将被切割成 2 段，2 个端点自动分别与元器件的 2 个引脚相连。

（4）"使能 In-Place 编辑"："√"选中该选项后，在选中原理图中的文本对象时，如元器件的序号、标注等，双击后可以直接进行编辑、修改，而不必打开相应的对话框。

（5）"Ctrl+双击打开图纸"："√"选中该选项后，按下 Ctrl 键，同时双击原理图文档图标，即可打开该原理图。

（6）"转换交叉点"："√"选中该选项后，用户在画导线时，在重复的导线处自动连接并产生结点，同时终结本次画线操作。若没有选择此复选框，则用户可以随意覆盖已经存在的连线，并可以继续进行画线操作。

（7）"显示 Cross-Overs（显示交叉点）"："√"选中此选项后，非电气连线的交叉处会以半圆弧显示出横跨状态。

（8）"Pin 方向（引脚方向）"："√"选中该选项后，单击元器件某一引脚时，会自动显示该引脚的编号及输入、输出特性等。

（9）"图纸入口方向"："√"选中该选项后，在顶层原理图的图纸符号中，会根据子图中设置的端口属性，显示是输出端口、输入端口或其他性质的端口。图纸符号中相互连接的端口部分则不跟随此项设置改变。

（10）"端口方向"："√"选中该选项后，端口的样式会根据用户设置的端口属性，显示是输出端口、输入端口或其他性质的端口。

（11）"未连接从左到右"："√"选中该选项后，由子图生成顶层原理图时，左、右可以不进行物理连接。

（12）"使用 GDI+渲染文本+"："√"选中该选项后，可使用 GDI 字体渲染功能，精细到字体的粗细、大小等功能。

（13）"直角拖曳"："√"选中该选项后，在原理图上拖动元器件时，与元器件相连接的导线只能保持直角。若不选中该选项，则与元器件相连接的导线可以呈现任意的角度。

2. "包含剪贴板"区域中的各选项功能

"包含剪贴板"区域中的一些选项功能如下所述。

（1）"No-ERC 标记（忽略 ERC 检查符号）"选项：选中该选项后，在复制、剪切到剪贴板或打印时，均包含图纸的忽略 ERC 检查符号。

（2）"参数集"选项：选中该选项后，在使用剪贴板进行复制操作或打印时，包含元器件的参数信息。

3. "Alpha 数字后缀（字母和数字后缀）"选项功能

"Alpha 数字后缀（字母和数字后缀）"选项功能用来设置某些元件中包含多个相同子部件的标识后缀，每个子部件都具有独立的物理功能。在放置这种复合元件时，其内部的多个子部件通常采用"元件标识：后缀"的形式来加以区别。

（1）"字母"选项：选中该单选按钮，子部件的后缀以字母表示，如 U：A，U：B 等。

（2）"数字"选项：选中该单选按钮，子部件的后缀以数字表示，如 U：1，U：2 等。

4."管脚余量"选项功能

"管脚余量"选项功能包含以下文本框选项。

（1）"名称"文本框：用来设置元器件的引脚名称与元器件符号边缘之间的距离，系统默认值为 5mil（1mil=0.254cm）。

（2）"数量"文本框：用来设置元器件的引脚编号与元器件符号边缘之间的距离，系统默认值为 8mil。

5."默认电源零件名"选项功能

"默认电源零件名"选项功能包含以下文本框选项。

（1）"电源地"文本框：用来设置电源地的网络标签名称，系统默认为"GND"。

（2）"信号地"文本框：用来设置信号地的网络标签名称，系统默认为"SGND"。

（3）"接地"文本框：用来设置大地的网络标签名称，系统默认为"EARTH"。

6."过滤和选择的文档范围"下拉列表

"过滤和选择的文档范围"下拉列表用来设置过滤器和执行选择功能时默认的文件范围，有两个选项。

（1）"Current Document（当前文件）"选项：表示仅在当前打开的文档中使用。

（2）"Open Document（打开文件）"选项：表示在所有打开的文档中都可以使用。

7."默认空图表尺寸"选项功能

"默认空图表尺寸"选项功能用来设置默认的空白原理图的尺寸大小，可以单击"∨"按钮选择设置，在"绘制区域"同时给出相应的尺寸范围。

8."分段放置"区域中的各选项功能

"分段放置"区域中的各选项功能用来设置元件标识序号及引脚号的自动增量数。

（1）"首要的"文本框：用来设置在原理图上连续放置同一种元件时，元件标识序号的自动增量数，系统默认值为 1。

（2）"次要的"文本框：用来设定创建原理图符号时，引脚号的自动增量数，系统默认值为 1。

9."默认"选项

"默认"选项用来设置默认的模板文件。可以单击右边的"模板"下拉列表中选择模板文件，选择后，模板文件名称将出现在"模板"文本框中，每次创建一个新文件时，系统将自动套用该模板。也可以单击"清除"按钮，清除已经选择的模板文件。如果不需要模板文件，则"模板"文本框中显示"No Default Template Name（没有默认模板名称）"。

2.5.2 "Graphical Editing"参数设置

在"参数选择"对话框中，单击"Graphical Editing（图形编辑）"标签，弹出的"Graphical Editing（图形编辑）"对话框如图 2.5.2 所示，主要用来设置与绘图有关的一些参数。

1."选项"区域中的各选项功能

"选项"区域中的一些选项功能如下所述。

（1）"剪贴板参数"：剪贴板参数用于设置将选取的元器件复制或剪切到剪贴板时，是否要指定参考点。"√"选中该选项后，进行复制或剪切操作时，系统会要求指定参考点，对于复制一个将要粘贴回原来位置的原理图部分非常重要，该参考点是粘贴时被保留部分的点，建议选定此项。

图 2.5.2 Graphical Editing（图形编辑）对话框

（2）"添加模板到剪贴板"：添加模板到剪贴板上。"√"选中该选项后，当执行复制或剪切操作时，系统会把模板文件添加到剪贴板上。若不选定该复选项，可以直接将原理图复制到 Word 文档中。建议用户取消选定该复选项。

（3）"转化特殊字符"：用于设置将特殊字符串转换成相应的内容。"√"选中该选项后，则在电路原理图中使用特殊字符串时，显示时会转换成实际字符串；否则，将保持原样。

（4）"对象的中心"：对象的中心复选项的功能是用来设置当移动元器件时，指针捕捉的是元器件的参考点还是元器件的中心。要想实现该选项的功能，必须取消"对象电气热点"选项的选定。

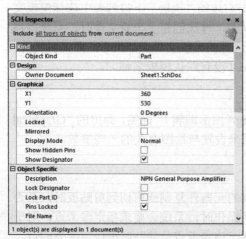

图 2.5.3 "SCH Inspector"对话框

（5）"对象电气热点"："√"选中该选项后，将可以通过距离对象最近的电气点移动或拖动对象。建议用户选定该复选项。

（6）"自动缩放"：用于设置插入组件时，原理图是否可以自动调整视图显示比例，以适合显示该组件。建议用户选定该选项。

（7）"否定信号'\'"："√"选中该选项后，只要在网络标签名称的第 1 个字符前加一个'\'，就可以将该网络标签名称全部加上横线。

（8）"双击运行检查"："√"选中该选项后，则在原理图上双击一个对象时，弹出的不是"Properties for Schematic Component in Sheet（原理图元件属性）"对话框，而是如图 2.5.3 所示"SCH Inspector"

对话框。建议用户不选该选项。

（9）"确定备选存储清除"："√"选中该选项后，在清除选择存储器时，系统将会出现一个确认对话框；否则，确认对话框不会出现。通过这项功能可以防止由于疏忽而清除选择存储器，建议用户选定此选项。

（10）"掩膜手册参数"：标记手动参数，用来设置是否显示参数自动定位被取消的标记点。

（11）"单击清除选择"：单击取消选择对象，该选项用于单击原理图编辑窗口内的任意位置，以取消对象的选取状态。不选定此项时，取消元器件被选中状态需要执行菜单命令"编辑"→"取消选中"→"所有打开的当前文件"，或单击工具栏图标按钮"▨"来取消元器件的选中状态。

"√"选中该选项后，取消元器件的选取状态可以有2种方法：其一是，直接在原理图编辑窗口的任意位置单击鼠标左键，即可取消元器件的选取状态。其二是，执行菜单命令"编辑"→"取消选中"→"所有打开的当前文件"，或单击工具栏图标按钮"▨"来取消元器件的选定状态。

（12）"Shift+单击选择"："√"选中该选项后，只有在按下"Shift"键时，单击鼠标左键才能选中元器件。使用此功能会使原理图编辑很不方便，建议用户不要选择。

（13）"一直拖曳"：总是拖动，选中该选项后，当移动某一元器件时，与其相连的导线也会被随之拖动，保持连接关系；否则，移动元器件时，与其相连的导线不会被拖动。

（14）"自动放置图纸入口"："√"选中该选项后，系统会自动放置图纸入。

（15）"保护锁定的对象"："√"选中该选项后，系统会对锁定的图元进行保护；取消"√"选中该选项，则锁定对象不会被保护。

2．"自动扫描选项"区域中的各选项功能

"自动扫描选项"区域主要用于设置系统的自动平移功能。自动平移是指当鼠标处于放置图纸元件的状态时，如果将指针移动到编辑区边界上，图纸边界自动向窗口中心移动。"自动扫描选项"区域主要包括如下设置。

（1）"类型"下拉菜单：单击该选项右边的下拉按钮，弹出如图2.5.4所示下拉列表，其各项功能如下。

① Auto Pan Off：取消自动平移功能。

② Auto Pan Fixed Jump：以"步进步长"和"Shift步进步长"所设置的值进行自动移动。系统默认为"Auto Pan Fixed Jump"。

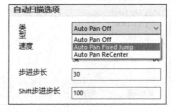

③ Auto Pan ReCenter：重新定位编辑区的中心位置，即以 指针所指的边为新的编辑区中心。

图2.5.4 "类型"下拉列表

（2）"速度"：速度用于调节滑块设定自动移动速度。滑块越向右，移动速度越快。

（3）"步进步长"：用于设置滑块每一步移动的距离值。系统默认值为30。

（4）"Shift步进步长"：用来设置在按下"Shift"键时，原理图自动移动的步长。一般该栏的值大于"步进步长"中的值，这样按下"Shift"键后，可以加速原理图图纸的移动速度。系统默认值为100。

3．"撤销/取消撤销"选项区

"撤销/取消撤销"选项区域中的"堆栈尺寸"框，用于设置的堆栈次数。

4．"颜色选项"选项区

"颜色选项"选项区用来设置所选对象的颜色。单击后面的颜色选择栏，即可自行设置。

5. "光标"选项

"光标"选项主要用来设置指针的类型。

"指针类型"下拉列表：指针的类型有 4 种选择，即"Large Cursor 90（长十字形指针）""Small Cursor 90（短十字形指针）""Small Cursor 45（短 45°交错指针）""Tiny Cursor 45（小45°交错指针）"。系统默认为"Small Cursor 90"。

2.5.3 "Mouse Wheel Configuration" 参数设置

在"参数选择"对话框中，单击"Mouse Wheel Configuration（鼠标滚轮配置）"标签，弹出"Mouse Wheel Configuration（鼠标滚轮配置）"对话框，如图 2.5.5 所示，主要用来设置鼠标滚轮的功能，具体包括以下 4 种。

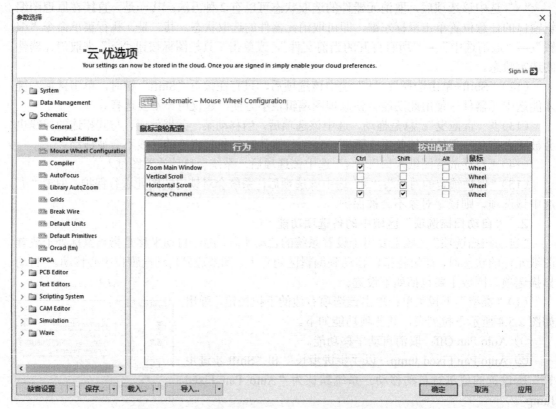

图 2.5.5 "Mouse Wheel Configuration（鼠标滚轮配置）"对话框

1. Zoom Main Window（缩放主窗口）

在"Zoom Main Window（缩放主窗口）"后面有 3 个选项可供选择，即"Ctrl""Shift"和"Alt"。当选中某一个后，按下此键，滚动鼠标滚轮就可以缩放电路原理图了。系统默认选择"Ctrl"。

2. Vertical Scroll（垂直滚动）

"Vertical Scroll（垂直滚动）"同样有 3 个选项供选择。系统默认不选择，因为在不做任何设置时，滚轮本身就可以实现垂直滚动。

3. Horizontal Scroll（水平滚动）

"Horizontal Scroll（水平滚动）"选项系统默认选择"Shift"。

4．Change Channel（转换通道）

"Change Channel（转换通道）"选项用来转换通道。

2.5.4 "Compiler"参数设置

为了检查原理图设计中的一些错误或疏漏之处，Altium Designer 15 提供了一个"Compiler（编译器）"工具。系统根据用户的设置，会对整个电路图进行电气检查，对检测出的错误生成各种报表和统计信息，帮助用户进一步修改和完善自己的设计工作。

在"参数选择"对话框中，单击"Compiler（编译器）"标签，弹出"Compiler（编译器）"对话框如图 2.5.6 所示，主要用来设置"Compiler（编译器）"的环境参数。

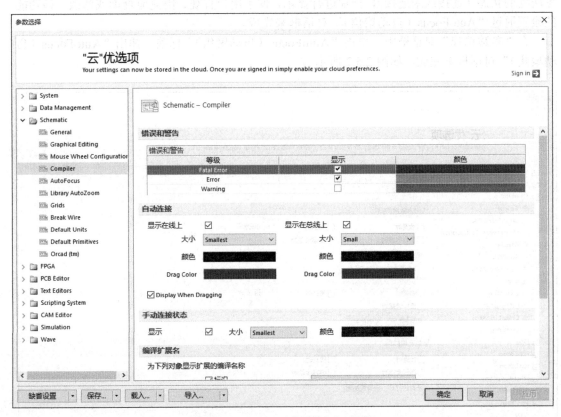

图 2.5.6 "Compiler（编译器）"对话框

1."错误和警告"选项区

"错误和警告"选项区用来设置对于编译过程中出现的错误，是否显示出来，并可以选择颜色加以标记。系统错误有 3 种，分别是"Fatal Error（致命错误）""Error（错误）"和"Warning（警告）"。此选项区域采用系统默认即可。

2."自动链接"选项区

"自动链接"选项区主要用来设置在电路原理图连线时，在导线的 T 字型连接处，系统自动添加电气结点的显示方式，有 2 个选项供选择。

（1）"显示在线上"：在导线上显示，若选中此复选框，导线上的 T 字型连接处会显示电气结点。电气结点的大小用"大小"设置，有"Smallest（最小）""Small（小）""Medium（中等）"和"Large（大）"4 种选择。在"颜色"中可以设置电气结点的颜色。

（2）"显示在总线上"：在总线上显示，若选中此复选框，总线上的 T 字型连接处会显示电气结点。电气结点的大小与颜色设置操作与前面相同。

3．"编译扩展名"选项区

"编译扩展名"选项区主要用来设置要显示对象的扩展名。若选中"标识"选项后，在电路原理图上会显示标志的扩展名。其他对象的设置操作同上。

2.5.5 "AutoFocus"参数设置

在 Altium Designer 15 系统中，提供了一种自动聚焦功能，能够根据原理图中的元件或对象所处的状态（连接或未连接），分别进行显示，便于用户直观、快捷地查询或修改。该功能的设置通过"AutoFocus（自动聚焦）"对话框来完成。

在"参数选择"对话框中，单击"AutoFocus（自动聚焦）"标签，弹出"AutoFocus（自动聚焦）"对话框来完成，如图 2.5.7 所示。

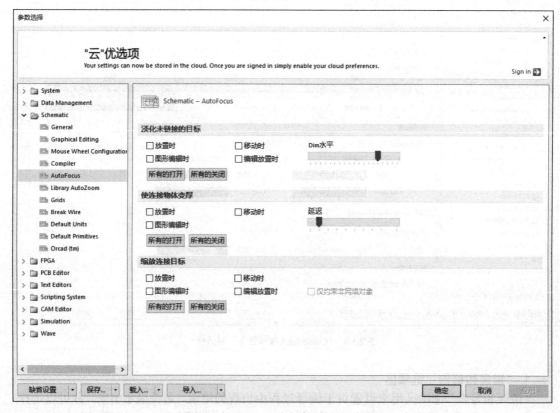

图 2.5.7 "AutoFocus（自动聚焦）"对话框

1．"淡化未链接的目标"选项区

"淡化未链接的目标"选项区用来设置对未连接的对象的淡化显示。有 4 个选项可供选择，分别是"放置时""移动时""图形编辑时"和"编辑放置时"。单击"所有的打开"按钮，可以全部选中，单击"所有的关闭"按钮，可以全部取消选择。淡化显示的程度，可以由右面的滑块来调节。

2.　"使连接物体变厚"选项区

"使连接物体变厚"选项区用来设置对连接对象的加强显示。有 3 个选项可供选择，分别是"放置时""移动时"和"图形编辑时"。其他的设置同上。

3.　"缩放连接目标"选项区

"缩放连接目标"选项区用来设置对连接对象的缩放。有 5 个选项供选择，分别是"放置时""移动时""图形编辑时""编辑放置时"和"仅约束非网络对象"。第 5 个选项在选择了"编辑放置时"复选框后，才能进行选择。其他设置同上。

2.5.6　"Library AutoZoom"参数设置

在原理图中可以设置元件的自动缩放形式，主要通过"Library AutoZoom（元件自动缩放）"对话框。

在"参数选择"对话框中，单击"Library AutoZoom（元件自动缩放）"标签，弹出"Library AutoZoom（元件自动缩放）"对话框如图 2.5.8 所示。

在对话框中，有 3 个选择项可供用户选择，即"在元件切换间不更改""记忆最后的缩放值"和"元件居中"，用户根据自己的实际情况选择。系统默认"元件居中"选项。

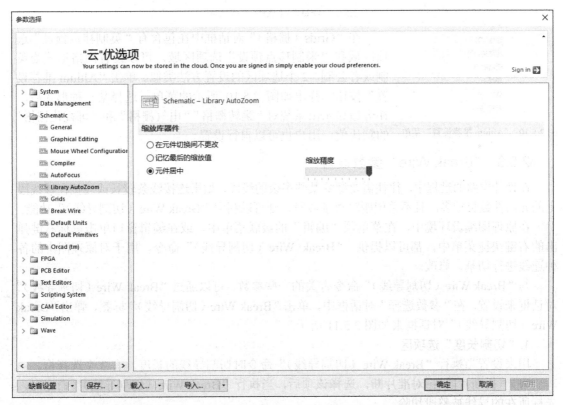

图 2.5.8　"Library AutoZoom（元件自动缩放）"对话框

2.5.7　"Grids"参数设置

在"参数选择"对话框中，单击"Grids（栅格）"标签，弹出"Grids（栅格）"对话框如图 2.5.9 所示。在原理图中的各种网格，可以通过"Grids"（栅格）"对话框来设置数值大小、形状、颜色等。

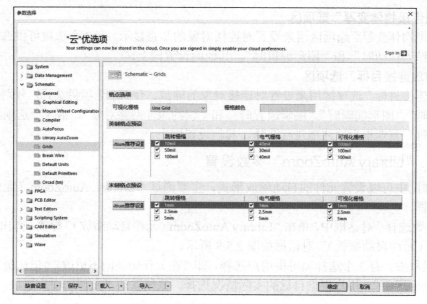

图 2.5.9 "Grids"（栅格）"对话框

图 2.5.10 "Altium 推荐设置"菜单

　　在"Grids（栅格）"对话框中在包含有"英制移点预设"选项区域和"米制移点预设"选项区域，可以设置网格形式为英制或者公制。2 个选项区的设置方法类似。单击"Altium 推荐设置"按钮，弹出如图 2.5.10 所示的菜单。选择某一种形式后，在旁边显示出系统对"跳转栅格""电气栅格"和"可视化栅格"的默认值。用户也可以自行设置。

2.5.8 "Break Wire"参数设置

　　在设计电路的过程中，往往需要擦除某些多余的线段，如果连接线条较长或连接在该线段上的元器件数目较多，且不希望删除整条线段，则可以利用"Break Wire（切割导线）"功能。

　　在原理图编辑环境中，在菜单项"编辑"的级联菜单中，或在编辑窗口单击鼠标右键弹出的右键快捷菜单中，都可以提供 "Break Wire（切割导线）"命令，用于对原理图中的各种连线进行切割、修改。

　　与"Break Wire（切割导线）"命令有关的一些参数，可以通过"Break Wire（切割导线）"对话框来设置。在"参数选择"对话框中，单击"Break Wire（切割导线）"标签，弹出"Break Wire（切割导线）"对话框来如图 2.5.11 所示。

1. "切割长度"选项区

　　用来设置当执行"Break Wire（切割导线）"命令时切割导线的长度，有 3 个选择框。

　　（1）"折断片段"：对准片断，选择该项后，当执行"Break Wire（切割导线）"命令时，光标所在的导线被整段切除。

　　（2）"折断多重栅格尺寸"：捕获网格的倍数，选择该项后，当执行"Break Wire（切割导线）"命令时，每次切割导线的长度都是网格的整数倍。用户可以在右边的数字栏中设置倍数，倍数的大小为 2～10。

　　（3）"固定长度"：固定长度，选择该项后，当执行"Break Wire（切割导线）"命令时，每次切割导线的长度是固定的。用户可以在右边的数字栏中设置每次切割导线的固定长度值。

2. **"显示切割框"选项区**

有"从不""总是"和"线上"3 个选项供选择，用来设置当执行"Break Wire（切割导线）"命令时，是否显示切割框。

3. **"显示"选项区**

有"从不""总是"和"线上"3 个选项供选择，用来设置当执行"Break Wire（切割导线）"命令时，是否显示导线的末端标记。

图 2.5.11 "Break Wire（切割导线）"对话框

2.5.9 "Default Units"参数设置

在原理图绘制中，可以使用英制单位系统，也可以所有公制单位系统，具体设置通过"Default Units（默认单位）"对话框完成。在"参数选择"对话框中，单击"Default Units（默认单位）"标签，弹出"Default Units（默认单位）"对话框如图 2.5.12 所示。

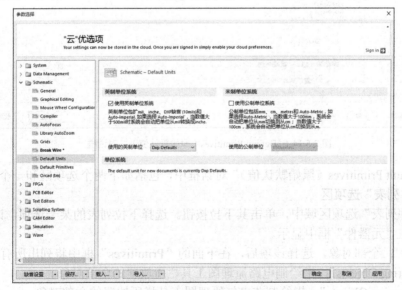

图 2.5.12 "Default Units（默认单位）"对话框

1."英制单位系统"选项区

当"√"选中"使用英制单位系统"选项后，下面的"使用的英制单位"下拉菜单被激活，在下拉菜单中有 4 种选择，如图 2.5.13 所示。对于每一种选择，在下面"单位系统"都有相应的说明。

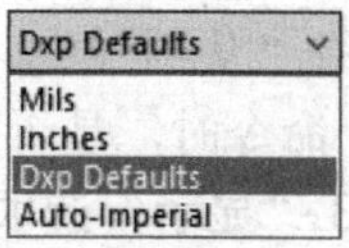

2."米制单位系统"选项区

当"√"选中"使用公制单位系统"选项后，下面的"使用的公制单位"下拉菜单被激活，其设置方法同上。

图 2.5.13 "使用的英制单位"下拉菜单

2.5.10 "Default Primitives"参数设置

在"参数选择"对话框中，单击"Default Primitives（原始默认值）"标签，弹出"Default Primitives（原始默认值）"对话框如图 2.5.14 所示。"Default Primitives（原始默认值）"对话框用来设定原理图编辑时，常用图元的原始默认值。这样，在执行各种操作时，如图形绘制、元器件插入等，就会以所设置的原始默认值为基准进行操作。

图 2.5.14 "Default Primitives（原始默认值）"对话框

在"Default Primitives（原始默认值）"对话框中，包括如下两个选项区和一个功能按钮。

1."元件列表"选项区

在"元件列表"选项区域中，单击其下拉按钮。选择下拉列表的某一选项，该类型所包括的对象将在"元器件"框中显示。

（1）"All"：全部对象，选择该项后，在下面的"Primitives"框中将列出所有的对象。

（2）"Wiring Objects"：指绘制电路原理图工具栏所放置的全部对象。

（3）"Drawing Objects"：指绘制非电气原理图工具栏所放置的全部对象。

（4）"Sheet Symbol Objects"：指绘制层次图时与子图有关的对象。

（5）"Library Objects"：指与元件库有关的对象。

（6）"Other"：指上述类别所没有包括的对象。

2．"元器件"选项区

可以选择"元器件"列表框中显示的对象，并对所选的对象进行属性设置或者复位到初始状态。

在"元器件"列表框中选定某个对象，例如选中"Pin（引脚）"，单击"编辑 E"按钮或者双击对象，弹出"管脚"属性设置对话框，如图 2.5.15 所示。修改相应的参数设置，单击"确定"按钮，即可返回。

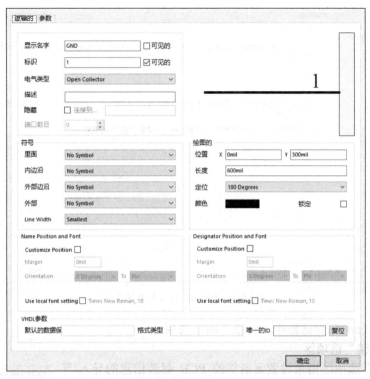

图 2.5.15 "管脚"属性设置对话框

如果在此处修改相关的参数，那么在原理图上绘制引脚时，默认的引脚属性就是修改过的"管脚"属性设置。

在原始值列表框选中某一对象，单击"复位"按钮，则该对象的属性复位到初始状态。

3．功能按钮

（1）"保存为…"：保存默认的原始设置，当所有需要设置的对象全部设置完毕，单击"保存为…"按钮，弹出文件保存对话框，保存默认的原始设置。默认的文件扩展名为*.dft，以后可以重新进行加载。

（2）"装载…"：加载默认的原始设置，要使用以前曾经保存过的原始设置，单击"装载…"按钮，弹出打开文件对话框，选择一个默认的原始设置档，就可以加载默认的原始设置。

（3）"复位所有"：恢复默认的原始设置。单击"复位所有"按钮，所有对象的属性都回到初始状态。

2.5.11 "Orcad（tm）"参数设置

在"参数选择"对话框中，单击"Orcad（tm）"标签，弹出"Orcad（tm）"对话框，如图 2.5.16 所示。与 Orcad 文件选项有关的参数设置，可以通过"Orcad（tm）"对话框完成。

图 2.5.16 "Orcad（tm）"对话框

在"Orcad（tm）"对话框中，有以下两个选项区。

1."复制封装"选项区

"复制封装"选项区用来设置元器件的 PCB 封装信息的导入/导出。在下拉列表框中有 9 个选项供选择，如图 2.5.17 所示。

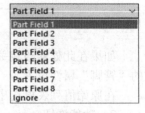

若选中"Part Field 1～Part Field 8"中的任意一个，则导入时，将相应的零件域中的内容复制到 Altium Designer 15 系统的封装域中，在输出时，将 Altium Designer 15 系统的封装域中的内容复制到相应的零件域中。

若选择"Ignore"，则不进行内容的复制。

图 2.5.17 下拉菜单

2. "Orcad 端口"选项区

"Orcad 端口"选项区域中的选项，用来设置端口的长度是否由端口名称的字符串长度来决定。若选中此选项，现有端口将以它们的名称的字符串长度为基础，重新计算端口的长度，并且它们将不能改变图形尺寸。

第**3**章 原理图的绘制

3.1 元器件库的操作

元器件库的操作

Altium Designer 15 为用户提供了包含大量元器件的元器件库。在绘制电路原理图之前，首先要学会如何使用这些元器件库，查找自己需要的元器件，以及元器件库的加载和卸载。

3.1.1 Altium Designer 15 的元器件库

执行"设计"→"浏览库"命令，或在电路原理图编辑环境的右下角单击"System（系统）"，在弹出的菜单中选择"库"选项，即可打开"库"面板，如图 3.1.1 所示。

利用"库"面板可以完成元器件的查找、元器件库的加载和卸载等功能。

3.1.2 查找元器件

设计时，如果不知道元器件在哪个库中时，可以通过"发现器件"命令，查找到所需要的元器件。查找元器件的过程如下所述。

（1）单击"库"面板的"查找（Search）"按钮，或执行"工具"→"发现器件"命令，弹出如图 3.1.2 所示的元器件搜索对话框。

①"范围"设置区：用于设置查找范围。若选中"可用库"，则在目前已经加载的元器件库中查找；若选中"库文件路径"，则按照设置的路径进行查找。

在"范围"设置区，有一个下拉列表框。"在…中搜索"下拉列表框用来设置查找类型，有 4 种选择，分别是"Components（元器件）""Protel Footprints（Protel 封装）""3DModels（3D 模型）"和"Database components（库元件）"。

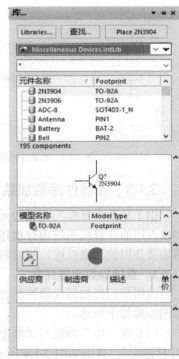

图 3.1.1　"库"面板

②"路径"设置区：用于设置查找元器件的路径。由"路径"和"文件面具"选项组成，只有在选择了"库路径"时，才能进行路径设置。单击"路径"右边的打开文件按钮，弹出浏览文件夹对话框，可以选中相应的搜索路径。一般情况下"√"勾选中"路径"下方的"包括子目录"。"文件面具"是文件过滤器，默认采用通配符。如果对搜索的库比较了解，可以键入相应的符号以减少搜索范围。

③ 文本栏：用来输入要查找的元器件的名称。若文本框中有内容，单击对话框下面的"清除"按钮，可以将里面的内容清空，然后再输入要查找的元器件的名称。

（2）将元器件搜索对话框设置好后，单击"查找…（S）"按钮即可开始查找。

例如，要查找"AT89S52-24AC"这个元器件，步骤如下所述。

① 在文本栏里输入"AT89S52-24AC（或简化输入 89S52）"。

② 在"在…中搜索"下拉列表框中选择"Components（元件）"。

③ 在"范围"设置区选择"库文件路径"。

④ 在"路径"设置区，路径为系统提供的默认路径"D:\Documents and Settings\Altium\AD 151Library 1"。

⑤ 单击"Search…（S）"按钮即可。查找到的结果如图 3.1.3 所示。

图 3.1.2　元器件搜索对话框

图 3.1.3　查找到的元器件

3.1.3　元器件库的加载与卸载

由于加载到"库"面板的元器件库要占用计算机系统内存，所以用户加载的元器件库越多，占用的计算机系统内存也越多，这样通常会影响到系统的运行速度。建议用户只加载当前需要使用的元器件库，同时将不需要使用的元器件库卸载掉。

1．直接加载元器件库

当用户已经知道元器件所在的库时，就可以直接将其添加到"库"面板中。加载元器件库的步骤如下所述。

（1）在"库"面板对话框中单击"Libraries（库）"按钮或执行菜单命令"设计"→"添加/移除库"，弹出如图 3.1.4 所示对话框。在此对话框中有 3 个选项，"工程"列出的是用户为当前设计项目自己创建的库文件；"Installed（安装）"中列出的是当前安装的系统库文件；"搜索路径"列出的是查找路径。

（2）加载元器件库。单击"安装（I）"按钮，弹出查找库文件夹对话框，如图 3.1.5 所示。然后根据设计项目需要决定安装哪些库就可以了。元器件库在列表中的位置影响了元器件的搜索速度，通常是将常用元器件库放在较高位置，以便对其先进行搜索。可以利用"上移"和"下移"2 个按钮来调节元器件库在列表中的位置。

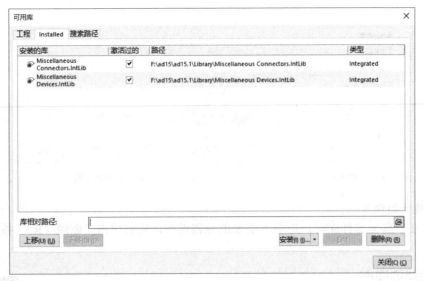

图 3.1.4　加载、卸载元器件库对话框

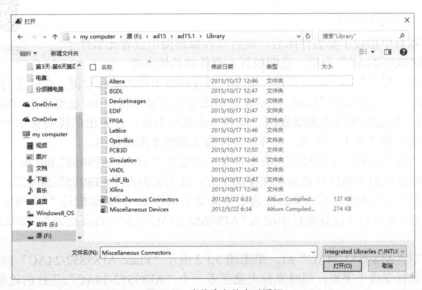

图 3.1.5　查找库文件夹对话框

2. 查找到元器件后，加载其所在的库

如何将查找到的元器件所在的库加载到"库"面板中，有 3 种方法，在这里以查找到的元器件"AT89S52-24AC"为例。

（1）选中所需的元器件"AT89S52-24AC"，单击鼠标右键，弹出如图 3.1.6 所示的菜单。选择执行"安装当前库"命令，即可将元器件"AT89S52-24AC"所在的库加载到"库"面板。

（2）在如图 3.1.6 所示的菜单中选择执行"AT89S52-24AC"命令，系统弹出如图 3.1.7 所示的提示框，单击"是（Y）"按钮，即可将元器件"AT89S52-24AC"所在的库加载到"库"面板。

（3）单击图 3.1.3 所示"库"面板右上方的"Place AT89S52-24AC"按钮，弹出如图 3.1.7 所示的提示框，单击"是（Y）"按钮，也可以将元器件"AT89S52-24AC"所在的库加载到"库"面板。

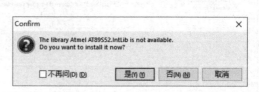

图 3.1.6 右键单击菜单　　　　　　　　图 3.1.7 加载库文件提示框

3．卸载元器件库

当不需要一些元器件库时，选中不需要的元器件库，然后单击"删除（R）"按钮就可以将其卸载。

3.2 元器件的操作

元器件的操作

3.2.1 放置元器件

在当前项目中加载了元器件库后，就可以在原理图中放置元器件了。下面以"AT89S52-24AC"为例，说明放置元器件的具体步骤。

（1）执行"察看"→"适合文件"命令，或在图纸上单击鼠标右键，在弹出的快捷菜单中选择"察看"→"适合文件"选项，使原理图图纸显示在整个窗口中。也可以按"Page Down"和"Page Up"键缩小和放大图纸视图。或者单击鼠标右键，在弹出的快捷菜单中选择"察看"→"放大"和"缩小"选项，同样也可以放大和缩小图纸视图。

（2）在"库"面板的元器件库列表下拉菜单中选择"Atmel AT89S52.IntLib"，使之成为当前库，同时库中的元器件列表显示在库的下方，找到元器件"AT89S52-24AC"。

（3）使用"库"面板上的过滤器快速定位需要的元器件，默认通配符"*"列出当前库中的所有元器件，也可以在过滤器栏中输入"AT89S52-24AC"，即可直接找到"AT89S52-24AC"这个器件。

（4）选中"AT89S52-24AC"后，单击图 3.1.3 所示"Place AT89S52-24AC"按钮或双击元器件名，光标变成十字形，同时光标上悬浮着一个"AT89S52-24AC"芯片的轮廓。

注意：若按"Tab"键，将弹出"Properties for Schematic Component in Sheet（原理图元件属性）"对话框，可以对元器件的属性进行编辑，如图 3.2.1 所示。

（5）移动光标到原理图中的合适位置，单击鼠标左键就可以把"AT89S52-24AC"放置在原理图上。按"Page Down"和"Page Up"键可以缩小和放大元器件，便于观察元器件放置的位置是否合适。按空格键可以使元器件旋转，每按一下旋转 90º，可以用来调整元器件放置的合适方向。

（6）放置完元器件后，单击鼠标右健或按"Esc"键，退出元器件放置状态，光标恢复为箭头形状。

3.2.2 编辑元器件属性

双击要编辑的元器件，打开"Properties for Schematic Component in Sheet（原理图元件属性）"对话框，例如，打开的"AT89S52-24AC"属性编辑对话框，如图 3.2.1 所示。

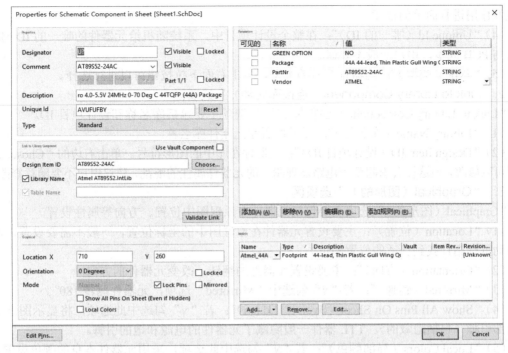

图 3.2.1 元器件属性对话框

下面以"AT89S52-24AC"的"Properties for Schematic Component in Sheet（原理图元件属性）"对话框为例，介绍原理图元件属性的设置。

1. "Properties（属性）"选项区

"Properties（属性）"选项区设置主要包括元器件标识和命令栏的设置等。

（1）"Designator（标识符）"：用来设置元器件序号。在"Designator（标识符）"文本框中输入元器件标识，例如 U1，R1 等。"Designator（标识符）"文本框右边的"Visible（可见的）"选项用来设置元器件标识在原理图上是否可见，若"√"勾选中"Visible（可见的）"选项，则元器件标识 U1 会出现在原理图上，否则，则元器件标识序号被隐藏。

图 3.2.2 "Comment"下拉对话框

（2）"Comment（注释）"：用来说明元器件的特征。单击命令栏的下拉按钮，弹出如图 3.2.2 所示对话框。

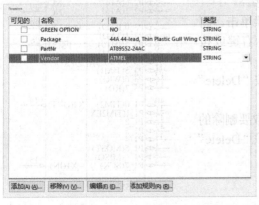

图 3.2.3 元件参数设置

"Comment（注释）"命令栏右边的"可见的"选项用来设置"Comment（注释）"的命令在图纸上是否可见，若"√"勾选中"可见的"选项，则"Comment（注释）"的内容会出现在原理图图纸上。在元器件属性对话框的右边可以看到与"Comment（注释）"命令栏的对应关系，如图 3.2.3 所示。"添加""移除""编辑"和"添加规则"按钮可用来实现对"Comment（注释）"参数的编译，在一般情况下，没有必要对元器件属性进行编译。

（3）"Description（描述）"：用来对元器件

功能及作用进行简单的描述。

（4）"Unique Id（唯一的 ID）"：在整个设计项目中，系统随机给元器件的唯一的 ID 号，用来与 PCB 同步，用户一般不要修改。

（5）"Type（类型）"：元器件符号的类型，单击右面下拉按钮可以进行选择。

2. "Link to Library Component（连接库元件）"选项区

"Link to Library Component（连接库元件）"选项主要包括库名称和设计项目 ID。

（1）"Library Name（库名称）"：元器件所在元器件库名称。

（2）"Design Item ID（设计项目 ID）"：元器件在库中的图形符号。单击右边的"Chose…"按钮可以修改，但这样会引起整个电路原理图上的元器件属性的混乱，建议用户不要随意修改。

3. "Graphical（图形的）"选项区

"Graphical（图形的）"选项主要包括元器件在原理图中位置、方向等属性设置。

（1）"Location（位置）"：主要设置元器件在原理图中的坐标位置，一般不需要设置，通过移动鼠标指针找到合适的位置即可。

（2）"Orientation（方向）"：主要设置元器件的翻转，改变元器件的方向。

（3）"Mirrored（镜像）"：若"√"勾选中"Mirrored"选项，元器件翻转 180°。

（4）"Show All Pins On Sheet（Even if Hidden）"：若"√"勾选中此选项，将显示图纸上的全部引脚（包括隐藏的）。TTL 器件一般隐藏了元器件的电源和地的引脚。

（5）"Local Colors（局部颜色）"：若"√"勾选中此选项，采用元器件本身的颜色设置。

（6）"Lock Pins（锁定引脚）"：若"√"勾选中此选项，元器件的引脚不可以单独移动和编辑。建议选择此项，以避免不必要的误操作。

一般情况下，对元器件属性设置只需设置元器件标识和"Comment（注释）"参数，其他采用默认设置即可。

3.2.3 元器件的删除

当在原理图上放置了一些错误的元器件时，就需要将其删除。在原理图上可以 1 次删除 1 个元器件，也可以 1 次删除多个元器件。下面以"AT89S52-24AC"为例，介绍删除元器件的具体步骤。

（1）执行"编辑"→"删除"命令，指针会变成十字形。将十字形指针移到要删除的"AT89S52-24AC"上，如图 3.2.4 所示。单击鼠标左键即可将其从电路原理图上删除。

（2）此时，指针仍处于十字形状态，可以继续单击，删除其他元器件。若不需要删除元器件，单击鼠标右键或按"Esc"键，即可退出删除元器件命令状态。

（3）也可以单击选取要删除的元器件，然后按"Delete"键，将其删除。

（4）若需要一次性删除多个元器件，用鼠标选取要删除的多个元器件后，执行"编辑"→"删除"命令，或按"Delete"键，即可以将选取的多个元器件删除。

3.2.4 元器件的编号

利用"注解"菜单命令，可以实现自动分配元件标号，

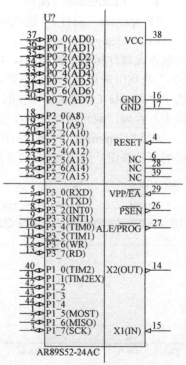

图 3.2.4 删除元器件

这不但可以减少手工分配元件标号的工作量，而且可以避免手工分配产生的错误。

执行"工具"→"注解"命令后，会弹出如图 4.4.1 所示的"元件重新编号对话框"。在该对话框里可以设置原理图编号的一些参数和样式，使得在原理图自动命名时符合用户的要求。更多的内容参考"4.4 元器件的编号管理"。

3.3 元器件的位置调整

利用各种元器件位置调整命令，可以实现将元器件移动到合适的位置，以及元器件的旋转、复制与粘贴、排列与对齐等操作。

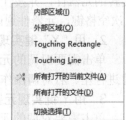

元器件的位置调整

3.3.1 元器件的选取和取消选取

1. 元器件的选取

要实现元器件位置的调整，首先要选取元器件。元器件的选取有多种方法，举例如下。

（1）用鼠标直接选取单个或多个元器件。

选取单个元器件，只需要将指针移到要选取的元器件上，单击该元器件即可。这时被选中的元器件周围会出现一个绿色框，表明该元器件已经被选取，如图 3.3.1 所示。

如果需要选取多个元器件，按住鼠标左键并拖动鼠标，鼠标指针会拖出一个矩形框，将要选取的多个元器件包含在该矩形框中，释放鼠标左键后即可选中多个元器件；或者按住"Shift"键，用鼠标逐一单击要选取的元器件，也可选中多个元器件。

（2）利用菜单命令选取。

执行菜单命令"编辑"→"选中"，弹出如图 3.3.2 所示的菜单。

图 3.3.1　选中的元器件　　　　图 3.3.2　"选中"菜单

① 内部区域：执行此命令后，指针变成十字形状，用鼠标选取一个区域，则区域内的元器件被选中。

② 外部区域：操作同上，区域外的元器件被选中。

③ 全部：执行此命令后，电路原理图上的所有元器件都被选中。

④ 连接：执行此命令后，若单击某一导线，则此导线以及与其相连的所有元器件都被选中。

⑤ 切换选择：执行该命令后，元器件的选取状态将被切换，即若该元器件原来处于未选中状态，则被选中；若处于选中状态，则取消选中状态。

2. 取消选取

取消选取也有多种方法，这里介绍 4 种常用的方法。

（1）直接用鼠标单击电路原理图的空白区域，即可取消选取。

（2）单击主工具栏中的"❌"按钮，可以将图纸上所有被选取的元器件取消选取。

（3）执行"编辑"→"取消选中"命令，弹出如图 3.3.3 所示菜单。

① 内部区域：取消区域内元器件的选取。

图 3.3.3　"取消选中"菜单

② 外部区域：取消区域外元器件的选取。

③ 所有打开的当前文件：取消当前原理图中所有处于选取状态的元器件的选取。

④ 所有打开的文件：取消当前所有打开的原理图中处于选取状态的元器件的选取。

⑤ 切换选择：与图 3.3.2 所示的此命令的作用相同。

（4）按住"Shift"键，逐一单击已被选取的元器件，可以将其取消选取。

3.3.2 元器件的移动

移动元器件可以改变元器件在电路原理图上的位置。移动元器件可以仅移动单个元器件，也可以同时移动多个元器件。

1. 移动单个元器件

分为移动单个未选中的元器件和移动单个已选中的元器件两种情况。

（1）移动单个未选中的元器件的方法。

将指针移到需要移动的元器件上（不需要选取），按住鼠标左键不放，拖动鼠标，元器件将会随指针一起移动，到达指定位置后，松开鼠标左键，即可完成移动；或执行"编辑"→"移动"→"移动选择"命令，指针变成十字形状，左键单击需要移动的元器件后，元器件将随指针一起移动，到达指定位置后，再次单击鼠标左键，完成移动。

（2）移动单个已选中的元器件的方法。

将指针移到需要移动的元器件上（该元器件已被选中），同样按住鼠标左键不放，拖动至指定位置后，松开鼠标左键；或执行"编辑"→"移动"→"移动选择"命令，将元器件移动到指定位置；或单击主工具栏中的"⊞"按钮，指针变成十字形状，左键单击需要移动的元器件后，元器件将随指针一起移动，到达指定位置后，再次单击鼠标左键，完成移动。

2. 移动多个元器件

需要同时移动多个元器件时，首先要将所有要移动的元器件选中。在其中任意一个元器件上按住鼠标左键不放，拖动鼠标，所有选中的元器件将随光标整体移动，到达指定位置后，松开鼠标左键；或者执行菜单命令"编辑"→"移动"→"移动选择"，将所有元器件整体移动到指定位置；或者单击主工具栏中的"⊞"按钮，将所有元器件整体移动到指定位置，完成移动。

3.3.3 元器件的旋转

在绘制原理图过程中，为了方便布线，往往要对元器件进行旋转操作。下面介绍几种常用的旋转方法。

1. 利用空格键旋转

单击选中需要旋转的元器件，然后按空格键，可以对元器件进行旋转操作；或单击需要旋转的元器件，并按住不放，等到指针变成十字形后，按空格键，同样可以进行旋转。每按1 次空格键，元器件逆时针旋转 90°。

2. 用"X"键实现元器件左、右对调

单击需要对调的元器件，并按住不放，等到指针变成十字形后，按"X"键可以对元器件进行左、右对调操作，如图 3.3.4 所示。

3. 用 Y 键实现元器件上、下对调

单击需要对调的元器件，并按住不放，等到指针变成十字形后，按"Y"键可以对元器件进行上、下对调操作，如图 3.3.5 所示。

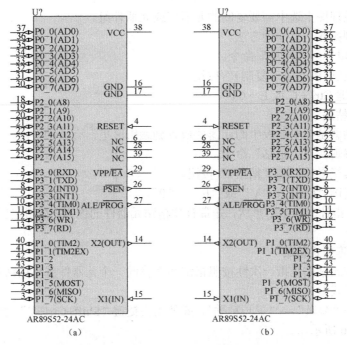

图 3.3.4　元器件左、右对调

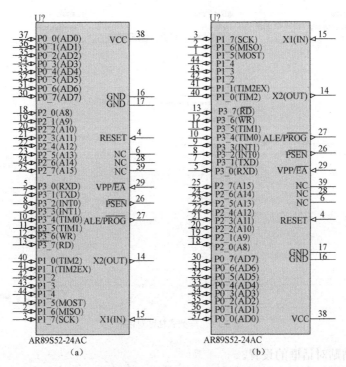

图 3.3.5　元器件上、下对调

3.3.4　元器件的复制与粘贴

1. 元器件的复制

元器件的复制是指将元器件复制到剪贴板中。

（1）在电路原理图上选中需要复制的元器件或元器件组。

（2）进行复制操作，有 3 种方法。

① 执行"编辑"→"拷贝"命令。

② 单击工具栏中的"▨（复制）"按钮。

③ 使用快捷键 Ctrl + C 或 E + C。

2．元器件的粘贴

元器件的粘贴就是把剪贴板中的元器件放置到编辑区里，有 3 种方法。

（1）执行"编辑"→"粘贴"命令。

（2）单击工具栏上的"▨（粘贴）"按钮。

（3）使用快捷键"Ctrl"+"V"或"E"+"P"。

执行粘贴后，指针变成十字形状，并带有欲粘贴元器件的虚影，在指定位置上单击左键，即可完成粘贴操作。

3．元器件的阵列式粘贴

元器件的阵列式粘贴是指一次性按照指定间距将同一个元器件重复粘贴到图纸上。

（1）启动阵列式粘贴。

执行菜单命令"编辑"→"灵巧粘贴"，或使用快捷键"Shift+Ctrl+V"，弹出"智能粘贴"对话框，如图 3.3.6 所示。

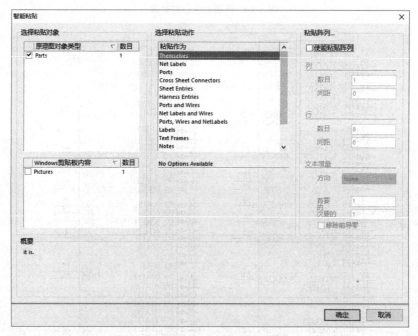

图 3.3.6　阵列式粘贴对话框

（2）阵列式粘贴对话框的设置。

"√"选中"使能粘贴阵列"选项框。

①"列"选项区域：用于设置列参数，"数目"用于设置每一列中所要粘贴的元器件个数；"间距"用于设置每一列中 2 个元器件的垂直间距。

②"行"选项区域：用于设置行参数，"数目"用于设置每一行中所要粘贴的元器件个数；"间距"用于设置每一行中 2 个元器件的水平间距。

（3）阵列式粘贴具体操作步骤。

首先，在每次使用阵列式粘贴前，必须通过复制操作，将选中的元器件复制至剪贴板中。然后，执行阵列式粘贴命令，设置阵列式粘贴对话框，即可以实现选定元器件的阵列式粘贴。放置一组 4×4 的阵列式电阻示例如图 3.3.7 所示。

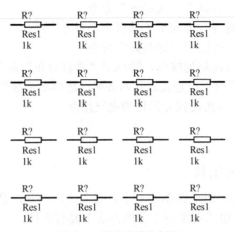

图 3.3.7　阵列式粘贴电阻

3.3.5　元器件的排列与对齐

1．元器件排列和对齐菜单命令

执行菜单命令"编辑"→"对齐"，弹出元器件排列和对齐菜单命令，如图 3.3.8 所示，其各项的功能如下所述。

（1）"左对齐"：将选中的元器件向最左端的元器件对齐。

（2）"右对齐"：将选中的元器件向最右端的元器件对齐。

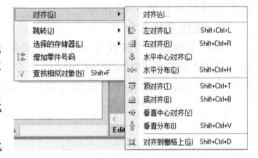

图 3.3.8　元器件对齐设置命令

（3）"水平中心对齐"：将选中的元器件向最左端元器件和最右端元器件的中间位置对齐。

（4）"水平分布"：将选中的元器件在最左端元器件和最右端元器件之间等距离放置。

（5）"顶对齐"：将选中的元器件向最上端的元器件对齐。

（6）"底对齐"：将选中的元器件向最下端的元器件对齐。

（7）"垂直中心对齐"：将选中的元器件向最上端元器件和最下端元器件的中间位置对齐。

图 3.3.9　"排列对象"设置对话框

（8）"垂直分布"：将选中的元器件在最上端元器件和最下端元器件之间等距离放置。

2．"排列对象"对话框

执行菜单命令"编辑"→"对齐（**G**）"→"对齐（**A**）…"，弹出"排列对象"对话框，如图 3.3.9 所示。

（1）"水平排列"选项区用来设置元器件组在水平方向的排列方式。

① "不改变"：水平方向上保持原状，不进行排列。

② "左边"：水平方向左对齐，等同于"左对齐"命令。

③ "居中"：水平中心对齐，等同于"水平中心对齐"命令。

④ "右边"：水平右对齐，等同于 "右对齐" 命令。

⑤ "平均分布"：水平方向均匀排列，等同于 "水平分布" 命令。

（2）"垂直排列" 选项区。

① "不改变"：垂直方向上保持原状，不进行排列。

② "置顶"：顶端对齐，等同于 "顶对齐" 命令。

③ "居中"：垂直中心对齐，等同于 "垂直中心对齐" 命令。

④ "置底"：底端对齐，等同于 "底对齐" 命令。

⑤ "平均分布"：垂直方向均匀排列，等同于 "垂直分布" 命令。

（3）"按栅格移动" 选项用于设定元器件对齐时，是否将元器件移动到网格上。建议用户 "√" 选中此项，以便于连线时捕捉到元器件的电气结点。

3.4　绘制电路原理图

绘制电路原理图

3.4.1　绘制原理图的工具

电路原理图的绘制主要利用电路图绘制工具来完成，因此，必须熟练使用电路图绘制工具。启动电路图绘制工具的方法主要有 2 种。

1．使用布线工具栏

执行 "察看" → "Toolbars（工具栏）" → "布线" 命令，如图 3.4.1 所示，即可打开 "布线" 工具栏，如图 3.4.2 所示。

2．使用菜单命令

执行菜单命令 "放置"，或在电路原理图的图纸上单击鼠标右键选择 "放置" 选项，将弹出 "放置" 菜单下的绘制电路图菜单命令，如图 3.4.3 所示。这些菜单命令与布线工具栏（如图 3.4.2 所示）中的各个按钮相互对应，功能完全相同。

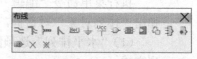

图 3.4.1　启动布线工具栏的菜单命令　　　　图 3.4.2　"布线" 工具栏　　　　图 3.4.3　"放置" 菜单命令

3.4.2　绘制导线

导线是电路原理图件图最基本的电气组件之一，原理图中的导线具有电气连接意义。下面介绍绘制导线的具体步骤和导线的属性设置。

1. 启动绘制导线命令

有多种方法可以启动绘制导线命令，举例如下。

（1）单击布线工具栏中的"⚊（线）"按钮，进入绘制导线状态。

（2）执行"放置"→"线"命令，进入绘制导线状态。

（3）在原理图图纸空白区域单击鼠标右键，在弹出的菜单中选择"放置"→"线"命令。

2. 绘制导线

进入绘制导线状态后，指针变成十字形，系统处于绘制导线状态。绘制导线的具体步骤如下所述。

（1）将指针移到要绘制导线的起点，若导线的起点是元器件的引脚，当指针靠近元器件引脚时，会自动移动到元器件的引脚上，同时出现一个红色的"×"表示电气连接的意义。单击鼠标左键确定导线起点。

（2）移动指针到导线折点或终点，在导线折点处或终点处单击鼠标左键，确定导线的位置，每转折 1 次都要单击鼠标左键 1 次。导线转折时，可以通过按"Shift"+空格键来切换选择导线转折的模式，如图 3.4.4 所示，有直角、45°角和任意角度 3 种模式。

（a）直角模式　　　　　　　（b）45°角模式　　　　　　（c）任意角度模式

图 3.4.4　导线的转折模式

（3）绘制完第 1 条导线后，单击鼠标右键，退出绘制第 1 根导线。此时系统仍处于绘制导线状态，将指针移动到新的导线的起点，按照上面的方法继续绘制其他导线。

（4）绘制完所有的导线后，单击鼠标右键，退出绘制导线状态，指针由十字形变成箭头。

3. 导线属性设置

在绘制导线状态下，按"Tab"键，弹出"线"属性对话框，如图 3.4.5 所示。或者在绘制导线完成后，双击导线，同样会弹出导线属性对话框。

在导线属性对话框中，主要对导线的颜色和宽度进行设置。单击"颜色"右边的颜色框，弹出颜色属性对话框，如图 3.4.6 所示。选中合适的颜色作为导线的颜色即可。

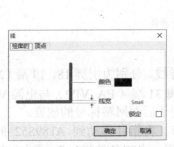

图 3.4.5　导线属性对话框

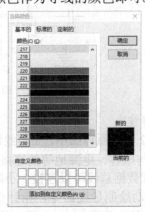

图 3.4.6　导线颜色选择对话框

导线的宽度设置是通过"线宽"右边的下拉按钮来实现的。有 4 种选择，即"Smallest（最细）""Small（细）""Medium（中等）""Large（粗）"。一般不需要设置导线属性，采用默认设置即可。

4．绘制导线示例

下面以 AT89S52 原理图为例，说明绘制导线工具的使用。AT89S52 电路原理图如图 3.4.7 所示。

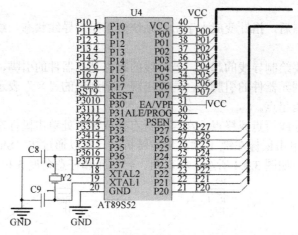

图 3.4.7　AT89S52 原理图

（1）放置元器件。

按照前面所介绍的方法在空白原理图上放置所需的元器件，如图 3.4.8 所示。

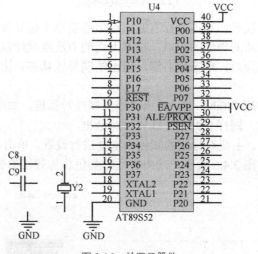

图 3.4.8　放置元器件

（2）连接导线。

在 AT89S52 电路原理图中，主要绘制两部分导线。分别为引脚 18，19 端（XTAL2 端口，XTAL1 端口）与电容、电源地等的连接，以及引脚 31 端（EA /VPP）与电源 VCC 的连接。其他地址总线和数据总线可以连接一小段导线，便于后面网络标号的放置。

① 首先启动绘制导线命令，指针变成十字形。将指针移动到 AT89S52 的引脚 19 端（XTAL1 端口）处，将在 XTAL1 端口的引脚上出现一个红色的"×"，单击鼠标左键确定。

拖动鼠标，将指针移动到合适位置，单击鼠标左键，将导线转折后，将指针拖至元器件 Y2 的引脚 1 处，此时指针上再次出现红色的"×"，单击鼠标左键确定，第 1 条导线绘制完成，单击鼠标右键，退出绘制第 1 根导线状态。

② 此时指针仍为十字形，采用同样的方法绘制其他导线。只要指针为十字形状，就处于绘制导线命令状态下。

③ 若想退出绘制导线状态，单击鼠标右键即可，指针变成箭头后，退出绘制导线命令状态。

导线绘制完成后的 AT89S52 电路原理图如图 3.4.9 所示。

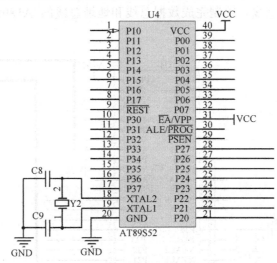

图 3.4.9 导线绘制完成后的 AT89S52 电路原理图

3.4.3 绘制总线

在微控制器中的数据总线、地址总线等由数条并行的导线组成。为了简化原理图，便于读图，在原理图绘制中可以用 1 条导线来表达数条并行的导线。

注意：在原理图中的总线本身没有实际的电气连接意义，必须由总线接出的各个单一导线上的网络名称来完成电气意义上的连接。由总线接出的各个单一导线上必须放置网络名称，具有相同网络名称的导线表示实际电气意义上的连接。

1. 启动绘制总线的命令

有多种方法可以启动绘制总线的命令，举例如下。

（1）单击电路图布线工具栏中的"![]（总线）"按钮。

（2）执行菜单命令"放置"→"总线"。

（3）在原理图图纸空白区域单击鼠标右键，在弹出的菜单中选择"放置"→"总线"命令。

2. 绘制总线

启动绘制总线命令后，指针变成十字形，在合适的位置单击鼠标左键，确定总线的起点，然后拖动鼠标指针，在转折处单击鼠标或在总线的末端单击鼠标确定，绘制总线的方法与绘制导线的方法基本相同。

3. 总线属性设置

在绘制总线状态下，按"Tab"键，弹出"总线"属性对话框，如图 3.4.10 所示。在绘制总线完成后，如果想要修改总线属性，双击总线，同样弹出总线属性对话框。

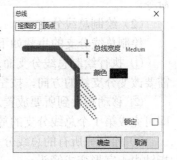

图 3.4.10 总线属性对话框

在总线属性对话框中可以对总线"颜色"和"总线宽度"进行设置，设置方法与导线设置方法相同。在一般情况下，采用默认设置即可。

4．绘制总线示例

绘制总线的方法与绘制导线基本相同。启动绘制总线命令后，指针变成十字形，进入绘制总线状态后，在恰当的位置（例如，图 3.4.11 所示 P06 端口引脚端（33 脚）处空一格的位置，空的位置是为了绘制总线分支），单击鼠标左键，确认总线的起点，然后在总线转折处单击鼠标左键，最后在总线的末端再次单击鼠标左键，完成第一条总线的绘制。采用同样的方法绘制剩余的总线。绘制完成数据总线和地址总线的 AT89S52 电路原理图如图3.4.11 所示。

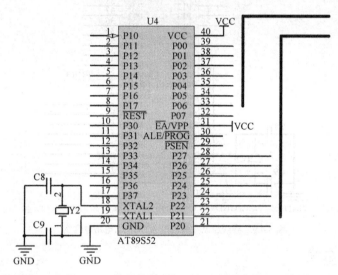

图 3.4.11　绘制总线后的 AT89S52 电路原理图

5．绘制总线分支

总线分支是单一导线进出总线的端点。导线与总线连接时必须使用总线分支，总线和总线分支没有任何的电气连接意义。电气连接功能要由网路标号来完成。

（1）启动总线分支命令。

有多种方法可以启动总线分支命令，举例如下。

① 单击电路图布线工具栏中的"![icon]（总线进口）"按钮。

② 执行菜单命令"放置"→"总线进口"。

③ 在原理图图纸空白区域单击鼠标右键，在弹出的菜单中选择"放置"→"总线进口"命令。

（2）绘制总线分支。

绘制总线分支的步骤如下所示。

① 执行绘制总线分支命令后，指针变成十字形，并有分支线"/"悬浮在指针上。如果需要改变分支线的方向，按空格键即可。

② 移动指针到所要放置总线分支的位置，指针上出现 2 个红色的十字叉，单击鼠标左键，即可完成第 1 个总线分支的放置。依次可以放置所有的总线分支。

③ 绘制完所有的总线分支后，单击鼠标右键或按"Esc"键，退出绘制总线分支状态。指针由十字形变成箭头。

（3）总线分支属性设置。

在绘制总线分支状态下，按"**Tab**"键，弹出"总线入口"属性对话框，如图 3.4.12 所示，或在退出绘制总线分支状态后，双击总线分支，同样弹出总线分支对话框。

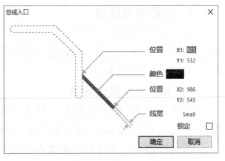

图 3.4.12　总线入口属性对话框

在总线分支属性对话框中，可以设置总线分支的"颜色"和"线宽"。"位置"一般不需要设置，采用默认设置即可。

（4）绘制总线分支的示例。

在放置总线分支的时候，总线分支倾斜的方向有时是不一样的，左边的总线分支向右倾斜"／"，而右边的总线分支向左倾斜"＼"。

进入绘制总线分支状态后，十字指针上出现分支线倾向"／"或"＼"，可以通过按空格键调整分支线的倾向。绘制分支线很简单，只需要将十字指针上的分支线移动到合适的位置，单击鼠标左键就可以了。完成了总线分支的绘制后，单击鼠标右键，退出总线分支绘制状态。绘制总线分支后的 AT89S52 电路原理图如图 3.4.13 所示。

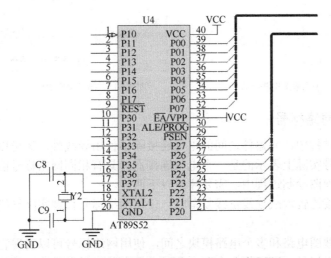

图 3.4.13　绘制总线分支后的 AT89S52 电路原理图

3.4.4　放置电路结点

电路结点是用来表示 2 条导线交叉处是否处于连接的状态。如果没有结点，表示 2 条导线在电气意义上是不相连接的，若有结点，则认为 2 条导线在电气意义上是连接的。

一般在布线时，系统会在 T 形交叉处自动加入电路结点。但在十字交叉处，系统无法判断 2 根导线是否相连，不会自动放置电路结点。如果导线确实是连接的，就需要采用手工方法放置电路结点。

1. 启动放置电路结点命令

有多种方法可以启动放置电路结点命令，举例如下。

（1）执行菜单命令"放置"→"手工接点"。

（2）在原理图图纸空白区域单击鼠标右键，在弹出的菜单中执行"放置"→"手工接点"命令。

2．放置电路结点

启动放置电路结点命令后，指针变成十字形，且指针上有一个红色的圆点，如图 3.4.14 所示。移动指针，在原理图的合适位置，单击鼠标左键，完成 1 个结点的放置。单击鼠标右键，退出放置结点状态。

3．电路节点属性设置

在放置电路结点状态下，单击"Tab"键，弹出"连接"对话框如图 3.4.15 所示，或者在退出放置结点状态后，双击结点，也可以打开结点属性对话框。

在对话框中，可以设置结点的颜色和大小。单击"颜色"选项可以改变结点的颜色；在"大小"下拉菜单中可以设置结点的大小；"位置"一般采用默认的设置即可。

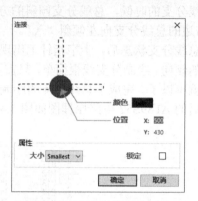

图 3.4.14　手工放置电路结点　　　　　图 3.4.15　结点属性对话框

3.4.5　设置网络标号

在原理图绘制过程中，元器件之间的电气连接除了使用导线外，还可以通过设置网络标号来实现。网络标号实际上表示的是一个电气连接点，具有相同网络标号的电气连接表明是连在一起的。在原理图绘制过程中，需要注意以下两点。

（1）在导线连接比较远或导线走线复杂时，使用网络标号代替实际导线走线会使电路图简单明了。

（2）在层次原理图电路和多个电路模块之间，使用网络标号可以实现它们之间的连接。通过命名相同的网络标号，可以将 2 个和 2 个以上的电路（或者模块）相互连接在一起，使它们在电气含义上属于同一网络，这在印制电路板布线时是非常重要的。

1．启动执行网络标号命令

有多种方法可以启动执行网络标号的命令，举例如下。

（1）执行菜单命令"放置"→"网络标号"。

（2）单击布线工具栏中的"Net（网络标号）"按钮。

（3）在原理图图纸空白区域单击鼠标右键，在弹出的菜单中执行"放置"→"网络标号"命令。

2．放置网络标号

放置网络标号的步骤如下所述。

（1）启动放置网络标号命令后，指针将变成十字形，并出现一个虚线方框悬浮在指针上。此方框的大小、长度和内容由上一次使用的网络标号决定。

（2）将指针移动到放置网络名称的位置（导线或总线），指针上出现红色的×，此时单击鼠标左键就可以放置 1 个网络标号了，但是一般情况下，为了避免以后修改网络标号的麻烦，在放置网络标号前，按"Tab"键，设置网络标号的属性。

（3）移动鼠标指针到其他位置，继续放置网络标号（放置完第 1 个网路标号后，不按鼠标右键）。在放置网络标号的过程中，如果网络标号的末尾为数字，那么这些数字会自动增加。

（4）单击鼠标右键或按"Esc"键，退出放置网络标号状态。

3．网络标号属性对话框

启动放置网络名称命令后，按"Tab"键打开"网络标签"对话框。或者在放置网络标号完成后，双击网络标号，打开网络标号属性对话框，如图 3.4.16 所示。

网络标号属性对话框主要用来设置以下选项。

（1）"Net（网络标号）"：定义网络标号。在"网络"文本栏中可以直接输入想要放置的网络标号，也可以单击右面的下拉三角按钮，选取前面使用过的网络标号。

（2）"颜色"：设置网络标号颜色。单击"颜色"选项，在弹出的"Choose Color（选择颜色）"对话框中，用户可以选择自己喜欢的颜色。

（3）"位置"：网络标号坐标位置设置。"位置"选项中的 X，Y 表明网络标号在电路原理图上的水平和垂直坐标。

（4）"定位"：网络标号方向设置。用来设置网络标号在原理图上的放置方向。单击"定位"栏中"Degrees"后面的下拉菜单，即可以选择网络标号的方向。也可以用空格键实现方向的调整，每按 1 次空格键，改变 90°。

（5）"字体"：网络标号字体设置：如图 3.4.17 所示，在弹出的"字体"对话框中，用户可以选择自己喜欢的字体等。

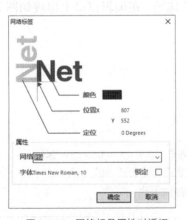

图 3.4.16　网络标号属性对话框

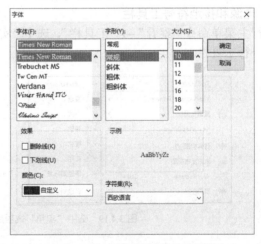

图 3.4.17　网络标号字体设置对话框

4．放置网络标号示例

在 AT89S52 电路原理图中，主要放置 I/O 接口的网络标号。

（1）进入放置网络标号状态，按"Tab"键将弹出网络名称属性对话框，在网络名称栏中键入"P00"，其他采用默认设置即可。移动鼠标指针到 AT89S52 的 P00 端口引脚端（39 脚），游标出现红色的"×"符号，单击鼠标左键，网络标号"P00"的设置完成。依次移动鼠标指针到 P01 端口引脚端（38 脚）～P07 端口引脚端（32 脚），放置"P01"～"P07"，可以看到网络标号的末位数字会自动增加。单击鼠标左键，完成 P01～P07 端口的网络标号的放置。

（2）用同样的方法完成其他 I/O 端口（P10～P17，P20～P27，P30～P37）的网络标号的放置。

（3）单击鼠标右健，退出放置网络标号状态。

完成放置网路标号后的 AT89S52 电路原理图如图 3.4.18 所示。

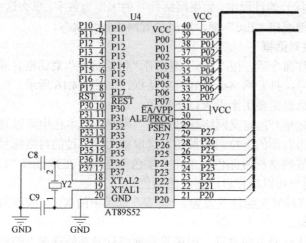

图 3.4.18　放置网络标号后的 AT89S52 电路原理图

3.4.6　放置电源和接地符号

放置电源和接地符号可以利用绘图工具栏中的放置电源和接地菜单命令，或者利用电源和接地符号工具栏来完成电源和接地符号的放置。

1．电源和接地符号工具栏

执行主菜单命令"察看"→"工具栏"，选中"实用"选项，在编辑窗口上出现如图 3.4.19 所示的一行工具栏。

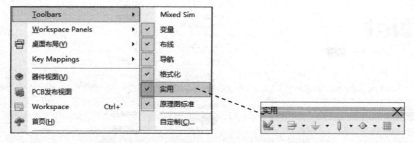

图 3.4.19　选中"实用"选项后出现的工具栏

单击工具栏中的"⊥·"按钮，弹出电源和接地符号工具栏菜单，如图 3.4.20 所示。在电源和接地工具栏中，单击图中的电源端口和接地端口图标，可以得到相应的电源和接地符号。

2．放置电源和接地符号

（1）有多种方法可以启动放置电源和接地符号命令，举例如下。

① 单击布线工具栏中的"⊥"或"ᵁᶜᶜ"按钮。

② 执行菜单命令"放置"→"电源端口"。

③ 在原理图图纸空白区域单击鼠标右健，在弹出的菜单中选择"放置"→"电源端口"命令。

图 3.4.20　电源和接地符号工具栏

④ 使用电源和接地符号工具栏。

（2）放置电源和接地符号的步骤如下所述。

① 启动放置电源和接地符号后，指针变成十字形，同时一个电源或接地符号悬浮在指针上。

② 在适合的位置单击鼠标或按"Enter"键，即可放置电源和接地符号。

③ 单击鼠标右键或按"Esc"键，退出电源和接地放置状态。

3．设置电源和接地符号的属性

启动放置电源和接地符号命令后，按"Tab"键，或在放置电源和接地符号完成后，双击需要设置的电源符号或接地符号，弹出"电源端口"对话框如图 3.4.21 所示。

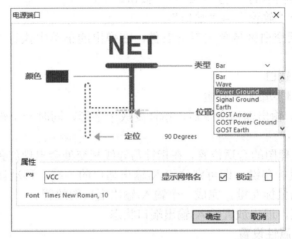

图 3.4.21　电源端口对话框

（1）颜色：用来设置电源和接地符号的颜色。单击右边的色块，可以选择颜色。

（2）定位：用来设置电源和接地符号的方向，在下拉菜单中可以选择需要的方向，有 0 Degrees（0°），90 Degrees（90°），180 Degrees（180°）和 270 Degrees（270°）。方向的设置，也可以通过在放置电源和接地符号时，按空格键实现，每按 1 次空格键就变化 90°。

（3）位置：可以定位 X，Y 的坐标，一般采用默认设置即可。

（4）类型：单击电源类型的下拉菜单按钮，出现 10 种不同的电源类型如图 3.4.20 所示，和电源与接地工具栏中的图示存在一一对应的关系。

（5）属性：在网络标号中键入所需要的名字，比如 VCC、GND 等。

4．放置电源与接地符号示例

在 AT89S52 电路原理图中，主要有电容、GND（引脚 20）与电源地连接，$\overline{EA}$/VPP（引脚 31）与 VCC（引脚 40）与电源连接。可以采用前面所说的多种方法放置电源与接地符号。

例如，利用电源和接地符号工具栏绘制电源和接地符号。单击电源和接地符号工具栏的"VCC"图标，指针变成十字形，同时有"VCC"图标悬浮在指针上，移动指针到合适的位置，单击鼠标，完成 VCC 图标的放置。

接地符号的放置方法与电源符号的放置方法完全相同。

3.4.7　放置输入/输出端口

在设计电路原理图时，一个电路网络与另一个电路网络的电气连接有如下 3 种形式。

① 直接通过导线连接。

② 通过设置相同的网络标号来实现 2 个网络之间的电气连接。

③ 采用相同网络标号的输入/输出端口，这在电气意义上也是连接的。

输入/输出端口是层次原理图设计中不可缺少的组件。

1．启动放置输入/输出端口的命令

有多种方法可以启动放置输入/输出端口命令，举例如下。

（1）单击布线工具栏中的" ⬦（端口）"按钮。

（2）执行菜单命令"放置"→"端口"。

（3）在原理图图纸空白区域单击鼠标右键，在弹出的菜单中执行"放置"→"端口"命令。

2．放置输入/输出端口

放置输入/输出端口步骤如下所述。

（1）启动放置输入/输出端口命令后，指针变成十字形，同时一个输入/输出端口图示悬浮在指针上。

（2）移动指针到原理图的合适位置，在指针与导线相交处会出现红色的"×"，这表明实现了电气连接。单击鼠标左键，即可定位输入/输出端口的一端，移动鼠标指针，使输入/输出端口大小合适，单击鼠标左键，完成一个输入/输出端口的放置。

（3）单击鼠标右键，退出放置输入/输出端口状态。

3．输入/输出端口属性设置

在放置输入/输出端口状态下，按"Tab"键，或者在退出放置输入/输出端口状态后，双击放置的输入/输出端口符号，弹出"端口属性"对话框如图 3.4.22 所示。

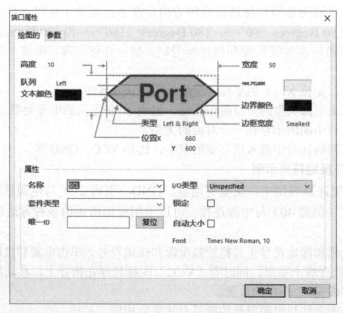

图 3.4.22　输入/输出端口属性设置对话框

（1）"高度"：用于设置输入/输出端口外形高度。

（2）"队列"：用于设置输入/输出端口名称在端口符号中的位置，有 3 种选择，可以设置为"Left（左）""Right（右）""Center（中间）"。

（3）"文本颜色"：用于设置端口内文字的颜色。单击后面的色块，可以进行端口颜色设置。

（4）"类型"：用于设置端口的外形。下拉列表中有"Left（左）""Right（右）""Left & Right（左&右）""None（Vertical）（垂直）""Top（顶部）""Bottom（底部）""Top & Bottom（顶部&底部）"等多种选择。系统默认的设置是"Left & Right"。

（5）"位置"：用于定位端口的水平和垂直坐标。

（6）"宽度"：用于设置端口的长度。

（7）"填充颜色"：用于设置端口内的填充色。

（8）"边界颜色"：用于设置端口边框的颜色。

（9）"名称"下拉列表：用于定义端口的名称，具有相同名称的输入/输出端口在电气意义上是连接在一起的。

（10）"I/O 类型"下拉列表：用于设置端口的电气特性，为系统的电气规则检查（ERC）提供依据。端口的类型设置有 4 种，即"Unspecified（未确定类型）""Output（输出端口）""Input（输入端口）""Bidirectional（双向端口）"。

（11）"唯一 ID"：在整个项目中，该输入/输出端口的唯一 ID 号，用来与 PCB 同步。由系统随机给出，用户一般不需要修改。

4．放置输入/输出端口示例

启动放置输入/输出端口命令后，指针变成十字形，同时输入/输出端口图标悬浮在指针上。移动指针到 AT89S52 原理图数据总线的终点，单击鼠标左键，确定输入/输出端口的一端，移动指针到输入/输出端口大小合适的位置，单击鼠标左键确认。单击鼠标右键，退出制作输入/输出端口状态。

此时放置的输入/输出端口图标里的内容是上一次放置输入/输出端口时的内容。双击放置输入/输出端口图标，弹出输入/输出端口属性对话框。在"名称"一栏键入所需要修改的端口名称，例如，P00～P07，P20～P27，P30～P37，其他采用默认设置即可。放置输入/输出端口后的 AT89S52 原理图如图 3.4.23 所示。

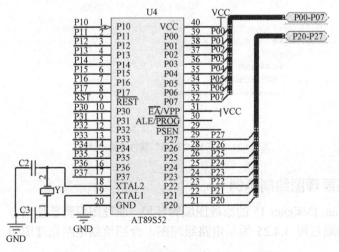

图 3.4.23　放置输入/输出端口后的 AT89S52 原理图

3.4.8 放置忽略 ERC 检查测试点

在电路原理图设计时，根据电路功能的需要，有一些芯片的引脚通常是不需要连接的。但 Altium Designer 15 系统默认输入型引脚是必须连接的，如果不放置忽略 ERC 检查测试点，那么系统在编译时就会生成错误信息，并在引脚上放置错误标记。

放置忽略 ERC 检查测试点的主要目的是让系统在进行电气规则检查（ERC）时，忽略对某些结点的检查。

1. 启动放置忽略 ERC 检查测试点命令

有多种方法可以启动放置忽略 ERC 检查测试点命令，举例如下。

（1）单击布线工具栏中的"×（放置忽略 ERC 检查测试点）"按钮。

（2）执行菜单命令"放置"→"指示"→"Generic No ERC（忽略 ERC 检查测试点）"。

（3）在原理图图纸空白区域单击鼠标右键，在弹出的菜单中执行"放置"→"指示"→"Generic No ERC（忽略 ERC 测试点）"。

2. 放置忽略 ERC 检查测试点

启动放置忽略 ERC 检查测试点命令后，指针变成十字形，并且在指针上悬浮一个红叉，将指针移动到需要放置"忽略 ERC 检查测试点"的结点上，单击鼠标左键，完成一个"忽略 ERC 检查测试点"的放置。单击鼠标右键或按 Esc 键，退出放置"忽略 ERC 检查测试点"状态。

3. "不 ERC 检查"属性设置

在放置"忽略 ERC 检查测试点"状态下按"Tab"键，或在放置"忽略 ERC 检查测试点"完成后，双击需要设置属性的"忽略 ERC 检查测试点"检查符号，弹出"不 ERC 检查"对话框，如图 3.4.24 所示。"不 ERC 检查"属性设置对话框主要用来设置"忽略 ERC 检查测试点"的颜色和坐标位置，采用默认设置即可。

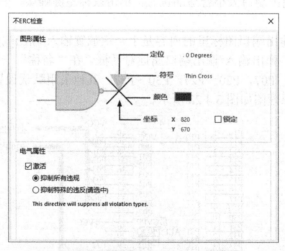

图 3.4.24 "不 ERC 检查"属性设置对话框

3.4.9 电路原理图绘制示例

在掌握了 Altium Designer 15 的原理图编辑环境、原理图编辑器使用方法的基础上，下面通过图 3.4.25 所示电路原理图，介绍绘制电路原理图的基本步骤。

电路原理图绘制示例

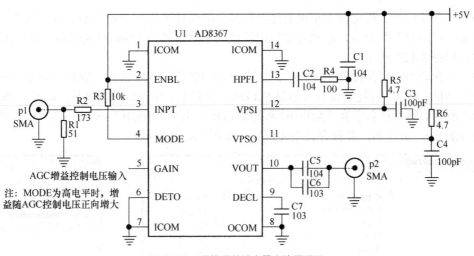

图 3.4.25 程控增益放大器电路原理图

1. 建立工作环境

建立工作环境步骤如下所述。

（1）在 Windows 操作系统下，双击桌面上"![DXP]"图标，启动 Altium Designer 15。

（2）执行"文件"→"New（新建）"→"Project（工程）"。在弹出"New Projects（新建工程）"对话框中（如图 3.4.26 所示）选择新建"PCB Project"，命名工程为"AD8367 程控增益放大电路.PrjPCB"，并选择保存路径，单击"OK"，即建立成功。

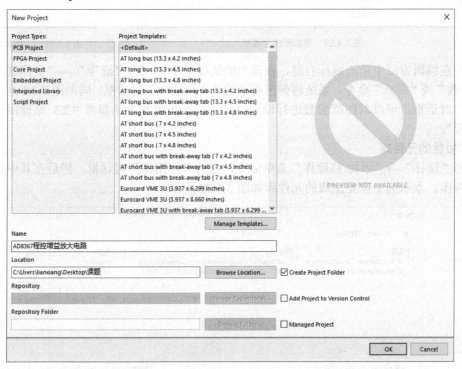

图 3.4.26 新建工程

（3）在新建的工程文件上单击右键，在弹出的快捷菜单中选择"保存工程"命令，完成项目文件保存。

（4）在保存后的工程文件上单击右键，在弹出的快捷菜单中选择"给工程添加新的"→"Schematic（原理图）"命令，在项目文件中新建一个默认名为"Sheet1.SchDoc"的电路原理图文件，如图 3.4.27 所示。

（5）在新建的原理图文件上单击右键，在弹出的快捷菜单中执行"保存"命令，弹出保存文件对话框，输入"程控增益放大电路.SchDoc"文件名，保存原理图文件。此时，"Projects（工程）"面板中的项目名字为"AD8367 程控增益放大电路.PrjPCB"，原理图为"程控增益放大电路.SchDoc"文件名，并保存在指定位置，如图 3.4.28 所示。

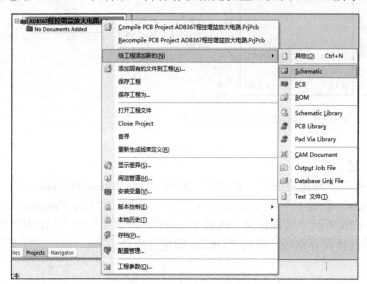

图 3.4.27　添加新的原理图

图 3.4.28　工程面板

（6）在编辑窗口中单击鼠标右键，在弹出的快捷菜单中执行"选项"→"文档选项"或"文件参数"或"图纸"命令，系统将弹出所示的"文档选项"对话框，同如图 2.3.1 所示"文档选项"对话框，可以对图纸参数进行设置，具体设置步骤和方法参考"2.3 原理图的图纸参数设置"。

2．加载的元件库

选择"设计"→"添加/移除库"菜单命令，打开"可用库"对话框，然后在其中加载需要的元件库。本示例中需要加载的元件库如图 3.4.29 所示。

图 3.4.29　本例中需要的元件库

在绘制电路原理图的过程中，元器件的放置可以根据信号的流向，或从左到右，或从右到左放置。一般首先放置电路中关键的元器件（例如 IC），之后放置电阻、电容等外围元器件。

3．查找和放置元器件

（1）查找元器件。

绘制电路原理图时，如果不知道设计中所用到的元器件所在的库位置，那么首先需要查找该元器件。查找元器件的方法参考"3.1.2 查找元器件"。

（2）绘制元器件库中没有的元器件。

在这个示例中，设计中所用到的 AD8367 芯片库里没有，因此，首先要绘制这个器件，如图 3.4.30 所示。具体如何绘制这个器件，将在后面"11.1 绘制原理图库元件"中讲述。

绘制完后，加载该器件所在库，如图 3.4.31 所示，并放置在原理图中。

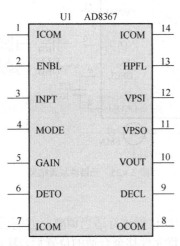

图 3.4.30　绘制 AD8367 器件　　　　图 3.4.31　找到器件 AD8367

（3）放置外围元件。

① 首先放置电阻、电容。打开"库"面板，在当前元器件库名称栏中选择 Miscellaneous Devices.IntLib，在元器件列表中分别选择如图 3.4.32、图 3.4.33 所示电阻和电容进行放置。

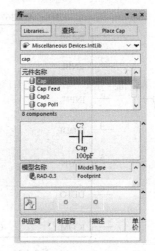

图 3.4.32　选择电阻元件　　　　图 3.4.33　选择电容元件

② 放置高频 BNC 接头。打开"库"面板，在当前元器件库名称栏中选择 Miscellaneous Connector.IntLib，在元器件列表中选择如图 3.4.34 所示的 BNC 接头进行放置。

最终元器件放置结果如图 3.4.35 所示。

图 3.4.34　选择 BNC 接头

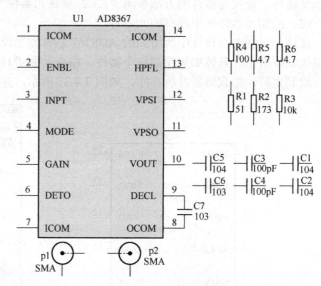

图 3.4.35　元器件放置结果

4．布局元件

元器件放置完成后，需要对元器件在原理图中的位置进行适当调整，方便后续的设计。

（1）单击选中元件，按住鼠标左键进行拖动，将元件移至合适的位置后，释放鼠标左键，即可对其完成移动操作。在移动对象时，可以通过按"Page Up"或"Page Down"键（或可直接按住拖动鼠标滚轮）来缩放视图，以便观察细节。

（2）选中元件的标注部分，按住鼠标左键进行拖动，可以移动元件标注的位置。

（3）采用同样的方法调整所有元件，效果如图 3.4.36 所示。

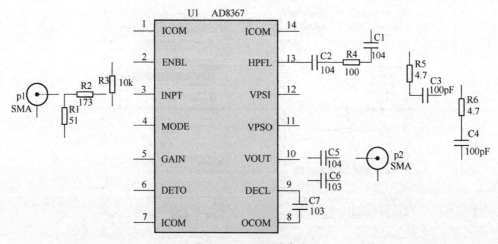

图 3.4.36　元件调整效果

5．设置元器件属性

在图纸上放置好元件之后，再对各个元件的属性进行设置，包括元件的标识、序号、型号、封装形式等。例如，设置 AD8367 芯片的属性，双击 AD8367，打开的属性对话框如图 3.4.37 所示。属性的设置方法参考"3.2.2 编辑元器件属性"。

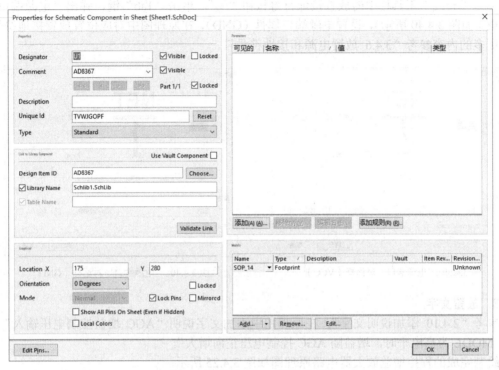

图 3.4.37 设置 AD8367 芯片的属性

6．连接导线和放置电气结点

根据电路设计的要求，将各个元器件用导线连接起来。

（1）单击布线工具栏中的绘制导线按钮"▦"，完成元器件之间的电气连接，结果如图 3.4.38 所示。

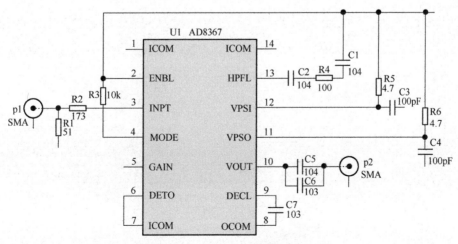

图 3.4.38 连接导线和放置电气结点后的结果

（2）在需要连接的位置，执行菜单命令"放置"→"手工接点"，放置电气结点。

7．放置电源和接地符号

单击"布线"工具栏中的放置电源按钮"^{VCC}"，单击"Tab"键，在弹出"电源端口"对话框（如图 3.4.39 所示），设置电源端口属性（VCC），在原理图中对应位置放置电源符号。

单击"布线"工具栏中的放置接地符号按钮"[⏚]"，单击"Tab"键，弹出"电源端口"对话框（如图 3.4.40 所示），设置电源端口属性（GND），在原理图中对应位置放置接地符号。

更多的内容参考"3.4.6 放置电源和接地符号"。

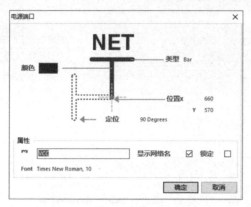

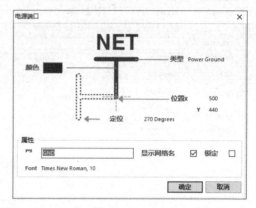

图 3.4.39 "电源端口"对话框（VCC）　　　　图 3.4.40 "电源端口"对话框（GND）

8．放置文字

参考"2.4.10 添加说明文字"，在原理图中添加文字说明"AGC 增益控制电压输入"和"注：MODE 为高电平时，增益随 AGC 控制电压正向增大"。

绘制完成的程控增益放大器电路原理图如图 3.4.25 所示。

第 4 章 原理图的高级编辑

4.1 工作窗口的操作

4.1.1 工作窗口的缩小和放大

在原理图绘制过程中，为了方便设计者进行观察，在原理图编辑器中，提供了电路原理图的缩放功能。单击菜单项"察看"，系统弹出如图4.1.1所示的下拉菜单，在该菜单中列出了多种能够对原理图画面进行缩放的命令。

在"察看"菜单中，有关窗口缩放的操作可以分为以下3种类型。

1. 在工作窗口中显示选择的内容

在"察看"菜单的第1栏，能够实现在工作窗口显示整个原理图、显示所有元件、显示选定区域、显示选定元件和选中的坐标附近区域等操作。

（1）"适合文件"：用来观察并调整整张原理图的布局。执行该命令后，编辑窗口内将以最大比例显示整张原理图的内容，包括图纸边框、标题栏等。

（2）"适合所有对象"：用来观察整张原理图的组成概况。执行该命令之后，编辑窗口内将以最大比例显示电路原理图上的所有元器件、布线时图纸的其他空白部分，使设计者更容易观察。

（3）"区域"：在工作窗口选中一个区域，用来放大该选中的区域。具体操作方法为，单击该菜单选项，指针将变成十字形状出现在工作窗口中，在工作窗口单击左键，确定区域的一个顶点，移动指针确定区域的对角顶点后可以确定一个区域，单击左键，在工作窗口中将只显示刚才选择的区域。

（4）"点周围"：在工作窗口显示一个坐标点附近的区域，同样是用来放大该选中的区域。具体的操作方法是，单击该菜单项，指针将变成十字形状出现在工作窗口中，移动鼠标指针到想要显示的点，单击左键后移动指针，在工作窗口将出现一个以该点为中心的虚线框；确定虚线框的范围后，单击左键，工作窗口将会显示虚线框所包含的范围。

（5）"被选中的对象"：用来放大显示选中的对象。执行该命令后，对选中的多个对象，将以合适的宽度放大显示。

图4.1.1 "察看"菜单

2．显示比例的缩放

在"察看"菜单的第 2 栏和第 3 栏，能够实现原理图按比例显示、原理图的放大和缩小显示，以及不改变比例地显示原理图上坐标点附近区域等操作。

（1）"50%～400%"：在工作窗口中，显示"50%～400%"大小的实际图纸。

（2）"放大"：用来以指针为中心放大画面。

（3）"缩小"：用来以指针为中心缩小画面。执行"放大"和"缩小"这 2 项命令时，最好将指针放在要观察的区域中，这样会使要观察的区域位于视图中心。

（4）"摇镜头"：在工作窗口中，保持比例不变地显示以指针所在点为中心的区域内的内容。具体操作为，移动鼠标指针确定想要显示的范围，单击该菜单项，工作窗口将显示以该点为中心的内容。该操作提供了快速的显示内容切换功能，与"点周围"中所提供的操作不同，这里的显示比例没有发生改变。

3．使用快捷键和工具栏按钮执行视图操作

Altium Designer 15 系统为大部分的视图显示操作提供了快捷键，有些还提供了工具栏按钮。

（1）快捷键。

① 快捷键"Ctrl+Page Down"：工作窗口显示整个原理图。

② 快捷键"Ctrl+5"：工作窗口中显示 50%大小的实际图纸。

③ 快捷键"Ctrl+1"：工作窗口中显示正常（100%）大小的实际图纸。

④ 快捷键"Ctrl+2"：工作窗口中显示 200%大小的实际图纸。

⑤ 快捷键"Ctrl+4"：工作窗口中显示 400%大小的实际图纸。

⑥ 快捷键"Page Up"：放大显示。

⑦ 快捷键"Page Down"：缩小显示。

⑧ 快捷键"Home"：保持比例不变地显示以指针所在点为中心的附近区域。

（2）工具栏按钮。

① "⬛"按钮：在工作窗口显示所有对象。

② "⬛"按钮：在工作窗口显示选定区域。

③ "⬛"按钮：在工作窗口显示选定元件。

4.1.2　原理图的刷新

在绘制原理图时，在滚动画面、移动元件等操作后，有时会出现画面显示残留的斑点、线段或图形变形等问题。用户可以利用"察看"→"刷新"菜单命令，或按"End"键刷新原理图。

4.1.3　打开/关闭工具栏和工作面板

工作面板和工具栏的打开/关闭操作是类似的，在面板名称前单击加上"√"表示该工作面板已经被打开，否则工作面板为关闭状态，如图 4.1.2 所示。

4.1.4　打开/关闭状态信息显示栏

Altium Designer 15 系统中有坐标显示和系统当前状态显示，它们位于 Altium Designer 15 工作窗口的底部，通过"察看"菜单可以设置是否显示它们，如图 4.1.3 所示。默认的设置是显示坐标，而不显示系统当前状态。

图 4.1.2 工作面板的打开和关闭   图 4.1.3 状态信息栏的打开和关闭

4.2 对象的复制、剪切和粘贴

Altium Designer 15 系统中提供了通用对象的复制、剪切和粘贴功能。考虑到原理图中可能存在多个类似的元件，Altium Designer 15 还提供了粘贴阵列功能。

1．对象的复制

在工作窗口中，选中对象后，即可执行对该对象的复制操作。

执行"编辑"→"拷贝"菜单命令，指针将变成十字形状出现在工作窗口中。移动指针到选中的对象上，单击左键，即可完成对象的复制。此时，对象仍处于选中状态。

对象复制后，复制的内容将保存在 Windows 的剪贴板中。

另外，按快捷键"Ctrl+C"，或单击工具栏中的"（复制）"按钮，也可以完成复制操作。

2．对象的剪切

在工作窗口选中对象后，即可执行对该对象的剪切操作。

执行"编辑"→"剪切"菜单命令，指针将变成十字形状出现在工作窗口中。移动指针到选中的对象上，单击左键，即可完成对象的剪切。此时，工作窗口中该对象被删除。

对象剪切后，剪切的内容将保存在 Windows 的剪贴板中。

另外，按快捷键"Ctrl+X"，或单击工具栏中的"（剪切）"按钮，也可以完成剪切操作。

3．对象的粘贴

在完成对象的复制或剪切之后，Windows 的剪贴板中已经有内容了，此时可以执行粘贴操作。粘贴操作的步骤如下所述。

（1）复制或剪切某个对象，使得 Windows 的剪贴板中有内容。

（2）单击执行"编辑"→"粘贴"菜单命令，指针将变成十字形状，并附带着剪贴板中的内容，出现在工作窗口中。

（3）移动鼠标指针到合适的位置，单击鼠标左键，剪贴板中的内容就被放置在原理图上。被粘贴的内容和复制或剪切的对象完全一样，它们具有相同的属性。

（4）单击鼠标左键或右键，退出对象粘贴操作。

除此之外，按快捷键"Ctrl+V"或单击工具栏上的" （粘贴）"按钮，也可以完成粘贴操作。

除了提供对剪贴板的内容的 1 次粘贴外，Altium Designer 15 还提供了多次粘贴的操作。执行"编辑"→"橡皮图章"菜单命令，即可执行该操作。和粘贴操作相同的是，粘贴的对象具有相同的属性。

在粘贴元件时，将出现若干个标号相同的元件，此时需要对元件属性进行编辑，使得它们有不同的标号。

4．对象的高级粘贴

在原理图中，某些同种元件可能有很多个，例如电阻、电容等，它们具有大致相同的属性。如果一个个地放置它们，设置它们的属性，工作量大而且繁琐。Altium Designer 15 提供了高级粘贴，大大方便了粘贴操作。该操作通过"编辑"菜单中的"灵巧粘贴"菜单命令完成。

（1）复制或剪切某个对象，使得 Windows 的剪贴板中有内容。

（2）执行"编辑"→"灵巧粘贴"菜单命令，系统弹出如图 4.2.1 所示的"智能粘贴"设置对话框。

（3）在图 4.2.1 所示的"智能粘贴"设置对话框中，可以对要粘贴的内容进行适当设置，然后再执行粘贴操作。

①"选择粘贴对象"选项组：用于选择要粘贴的对象。

②"选择粘贴动作"选项组：用于设置要粘贴对象的属性。

③"粘贴阵列"选项组：用于设置阵列粘贴。其中"使能粘贴阵列"选项用于控制阵列粘贴的功能。

阵列粘贴是一种特殊的粘贴方式，能够一次性地按照指定间距将同一个元件或元件组重复地粘贴到原理图图纸上。当原理图中需要放置多个相同对象时，该操作会很有用。

（4）选中"使能粘贴阵列"选项框，"粘贴阵列..."的参数设置如图 4.2.2 所示。

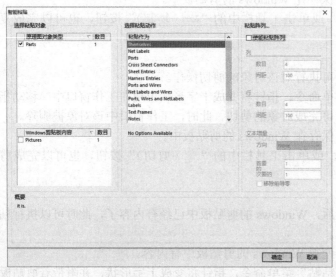

图 4.2.1 "智能粘贴"设置对话框

图 4.2.2 设置"粘贴阵列..."
的参数

在"使能粘贴阵列"选项对话框中，需要设置的粘贴队列参数如下。

① "行"：该设置栏中设置水平方向阵列粘贴的数量和间距，其中包括如下两个参数。

（a）"数目"：设置阵列粘贴水平方向的次数。

（b）"间距"：设置阵列粘贴水平方向的间距。

② "列"：该设置栏中设置竖直方向阵列粘贴的数量和间距，其中包括如下两个参数。

（a）"数目"：设置阵列粘贴竖直方向的次数。

（b）"间距"：设置阵列粘贴竖直方向的间距。

③ "文本增量"：该栏设置阵列粘贴中元件标号的增量，其中包括如下 3 个参数。

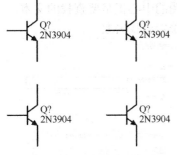

（a）"方向"下拉列表：有 3 种选择——"None""Horizontal First"和"Vertical First"。

（b）"首要的"：该文本框用来指定相邻 2 次粘贴之间元件标识的数字递增量，系统的默认设置为 1。

（c）"次要的"：该文本框用来指定相邻 2 次粘贴之间元件引脚号的数字递增量，系统的默认设置为 1。

如图 4.2.2 所示，设置完之后，单击"确定"按钮，移动鼠标指针到合适位置，单击左键，阵列粘贴的效果如图 4.2.3 所示。

图 4.2.3　执行阵列粘贴后的元件

4.3　查找与替换操作

4.3.1　文本的查找与替换

1. "查找文本"

"查找文本"命令可用于在电路图中查找指定的文本，运用"查找文本"命令可以迅速找到某一文字标识的图案。"查找文本"命令的使用方法介绍如下。

图 4.3.1　"发现原文"对话框

（1）首先打开"编辑"菜单，单击执行"查找文本"菜单命令，或按下"Ctrl+F"快捷键，屏幕上会出现如图 4.3.1 所示的"发现原文"对话框。

在"发现原文"对话框中，包含的各参数含义如下。

① "文本被发现"设置框：该文本栏用来输入需要查找的文本。

② "范围"设置框：包含"Sheet 范围（原理图文档范围）""选择"和"标识符"3 栏。

（a）"Sheet 范围（原理图文档范围）"下拉列表框用于设置查找的电路图范围，该下拉列表框包含 4 个选项，即"Current Document（当前文档）""Project Document（项目文档）""Open Document（打开的文档）"和"Document On Path（设置文档路径）"。

（b）"选择"下拉列表框用于设置需要查找的文本对象的范围，共包含"All Objects（所有项目）""Selected Objects（选择项目）"和"Deselected Objects（撤销选择项目）"3 个选项。

"All Objects"表示对所有的文本对象进行查找，"Selected Objects"表示对选中的文本对象进行查找，而"Deselected Objects"表示对没有选中的文本对象进行查找。

（c）"标识符"下拉列表框用于设置查找的电路图标识符范围，该下拉列表框包含 3 个选项，即"All Identifiers（所有 ID）""Net Identifiers Only（仅网络 ID）"和"Designators Only（仅标号）"。

③"选项"框：用于设置查找对象具有哪些特殊属性，包含"敏感案例""仅完全字"和"跳至结果"3 个选项框。"√"勾选中"敏感案例"选项框，表示查找时要注意大小写的区别；而"√"勾选中"仅安全字"选项框，表示只查找具有整个单词匹配的文本，这里的标识网络包含的内容有网络标号、电源端口、I/O 端口和方块电路 I/O 口；"√"勾选中"跳至结果"选项框，表示查找后跳到结果处。

（2）用户按照自己实际情况设置完对话框内容之后，单击"确定"按钮，开始查找。

如果查找成功，会发现原理图中的视图发生了变化，在视图的中心正是要查找的文本。如果没有找到需要查找的文本，屏幕上则会弹出提示对话框，警告查找失败。

2."替换文本"

"替换文本"命令用于将电路图中指定文本用新的文本替换掉，这项操作在需要将多处相同文本修改成另一文本时非常有用。首先单击"编辑"菜单，从中选择执行"替换文本"（菜单命令），或者按快捷键"Ctrl+H"，这时屏幕上就会出现如图 4.3.2 所示的"发现并替代原文"对话框。

从图 4.3.1 和图 4.3.2 所示可见，"发现原文"和"发现并替代原文"两个对话框非常相似，部分功能是相同的，其中不同的有以下 3 项。

（1）"文本被发现"文本框：用于输入需要查找的内容。

（2）"替代"文本框：用于输入替换原文本的新文本。

（3）"替代提示"选项框：用于设置是否显示确认替换提示对话框。如果"√"勾选中该选项框，表示在进行替换之前，显示确认替换提示对话框，反之不显示。

图 4.3.2 "发现并替代原文"对话框

3."发现下一处"

"发现下一处"命令用于查找下一处"发现下一处"对话框中指定的文本，也可以利用快捷键"F3"执行这项命令。这个命令比较简单，这里就不多介绍了。

4.3.2 相似对象的查找

在原理图编辑器中提供了寻找相似对象的功能。具体的操作步骤如下所述。

（1）执行"编辑"→"查找相似对象"菜单命令，指针将变成十字形状出现在工作窗口中。

（2）移动指针到某个对象上，单击鼠标左键，系统将弹出如图 4.3.3 所示的"发现相似目标"对话框，在该对话框中列出了该对象的一系列属性。通过对各项属性寻找中匹配程度的设置，可以决定搜索的结果。在"发现相似目标"对话框中，包括如下选项组。

①"Kind（种类）"选项组：用来显示对象类型。

图 4.3.3 "发现相似目标"对话框

② "Design（设计）"选项组：用来显示对象所在的文档。

③ "Graphical（图形）"选项组：用来显示对象图形属性。

（a）"X1"：x1 坐标值。

（b）"Y1"：y1 坐标值。

（c）"Orientation（方向）"：放置方向。

（d）"Locked（锁定）"：确定是否锁定。

（e）"Mirrored（镜像）"：确定是否镜像显示。

（f）"Show Hidden Pins（显示隐藏引脚）"：确定是否显示隐藏引脚。

（g）"Show Designator（显示标号）"：确定是否显示标号。

④ "Object Specific（对象特性）"选项组：用来设置对象特性。

（a）"Description（描述）"：对象的基本描述。

（b）"Lock Designator（锁定标号）"：确定是否锁定标号。

（c）"Lock Part ID（锁定元件 ID）"：确定是否锁定元件 ID。

（d）"Pins Locked（引脚锁定）"：确定是否锁定引脚。

（e）"File Name（文件名称）"：文件名称。

（f）"Configuration（配置）"：文件配置。

（g）"Library（元件库）"：库文件。

（h）"Symbol Reference（符号参考）"：符号参考说明。

（i）"Component Designator（组成标号）"：对象所在的元件标号。

（j）"Current Part（当前元件）"：对象当前包含的元件。

（k）"Part Comment（元件注释）"：关于元件的说明。

（l）"Current Footprint（当前封装）"：当前元件封装。

（m）"Current Type（当前类型）"：当前元件类型。

（n）"Database Table Name（数据库表的名称）"：数据库中表的名称。

（o）"Use Library Name（所用元件库的名称）"：所用元件库名称。

（p）"Use Database Table Name（所用数据库表的名称）"：当前对象所用的数据库表的名称。

（q）"Design Item ID（设计 ID）"：元件设计 ID。

在选中元件的每一栏属性后都另有一栏，在该栏上单击鼠标左键，将弹出下拉列表框，在下拉列表框中，可以选择搜索时对象和被选择的对象在该项属性上的匹配程度，包含以下 3 个选项。

（r）"Same（相同）"：被查找对象的该项属性必须与当前对象相同。

（s）"Different（不同）"：被查找对象的该项属性必须与当前对象不同。

（t）"Any（忽略）"：查找时忽略该项属性。

例如，这里以搜索和三极管类似的元件为例，搜索的目的是找到所有和三极管有相同取值和相同封装的元件。在设置匹配程度时，在"Part Comment（元件注释）"和"Current Footprint（当前封装）"属性上设置"Same（相同）"，其余保持默认设置即可。

（3）单击"应用（A）"按钮，在工作窗口中将屏蔽所有不符合搜索条件的对象，并跳转到最近的一个符合要求的对象上。此时可以逐个查看这些相似的对象。

4.4 元器件的编号管理

4.4.1 元器件的重新编号

为了方便用户管理，防止在原理图中元器件的编号错误和混乱，Altium Designer 15 系统提供了元件编号管理功能。

（1）执行菜单命令"工具"→"注释"，系统将弹出如图 4.4.1 所示"注释"对话框。在该对话框中，可以对元件进行重新编号。"注释"对话框分为两部分，左侧是"原理图注释配置"，右侧是"提议更改列表"。

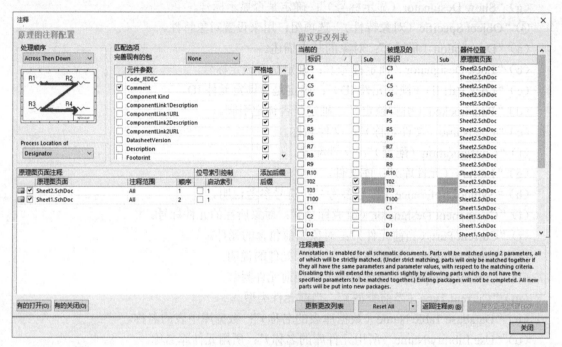

图 4.4.1　元件重新编号对话框

① 在左侧的"原理图页面注释"栏中列出了当前工程中的所有原理图文件。通过文件名前面的选项框，可以选择对哪些原理图进行重新编号。

在对话框左上角的"处理顺序"下拉列表框中列出了 4 种编号顺序，即"Up Then Across（先向上后左右）""Down Then Across（先向下后左右）""Across Then Up（先左右后向上）"和"Across Then Down（先左右后向下）"。

在"匹配选项"选项组中列出了元件的参数名称。通过"√"勾选参数名前面的选项框，用户可以选择是否根据这些参数进行编号。

② 在右侧的"当前的"栏中列出了当前的元件编号，在"被提及的"栏中列出了新的编号。

（2）重新编号的方法。对原理图中的元件进行重新编号的操作步骤如下所述。

① 选择要进行编号的原理图。

② 选择编号的顺序和参照的参数，在"注释"对话框中，单击"Reset All（全部重新编号）"按钮，对编号进行重置。系统将弹出"Information（信息）"对话框，如图 4.4.2 所示，提示用户编号发生了哪些变化。单击"OK（确定）"按钮，重置后，所有的元件编号将被消除。

③ 单击"更新更改列表"按钮，重新编号，系统将弹出如图 4.4.2 所示的"Information"（信息）对话框，提示用户相对前一次状态和相对初始状态发生的改变。

④ 在"工程更改顺序"中可以查看重新编号后的变化。如果对这种编号满意，则单击"接受更改"按钮，在弹出的"工程更改顺序"对话框中更新修改，如图 4.4.3 所示。

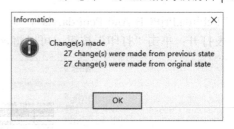

图 4.4.2 "Information"对话框

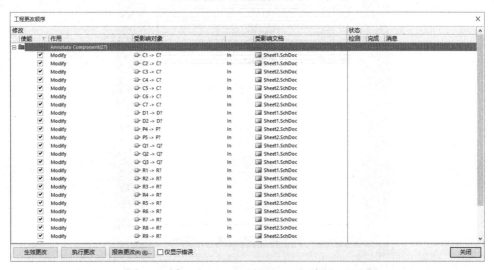

图 4.4.3 "工程更改顺序"对话框

⑤ 在"工程更改顺序"对话框中，单击"生效更改"按钮，可以验证修改的可行性，如图 4.4.4 所示。

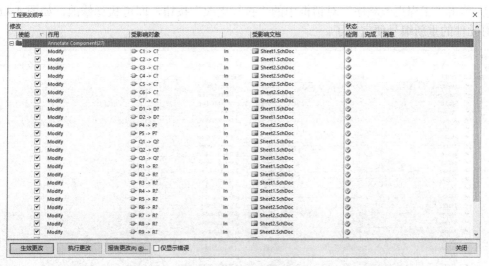

图 4.4.4 验证修改的可行性

⑥ 单击"报告更改"按钮，系统将弹出如图 4.4.5 所示的"报告预览"对话框，在其中可以将修改后的报表输出。单击"输出"按钮，可以将该报表进行保存，默认文件名为

"Pcblrda.PrjPCB And Pcblrda.xls"，是一个 Excel 文件；单击"打开报告"按钮，可以将该报表打开；单击"打印"按钮，可以将该报表打印输出。

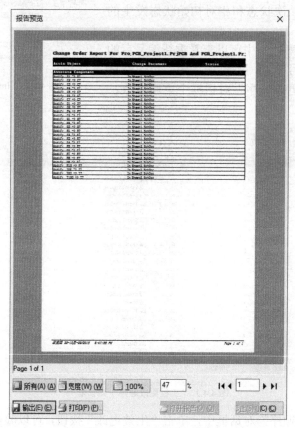

图 4.4.5 "报告预览"对话框

⑦ 单击"工程更改顺序"对话框中的"执行更改"按钮，即可执行修改，如图 4.4.6 所示，对元件的重新编号便完成了。

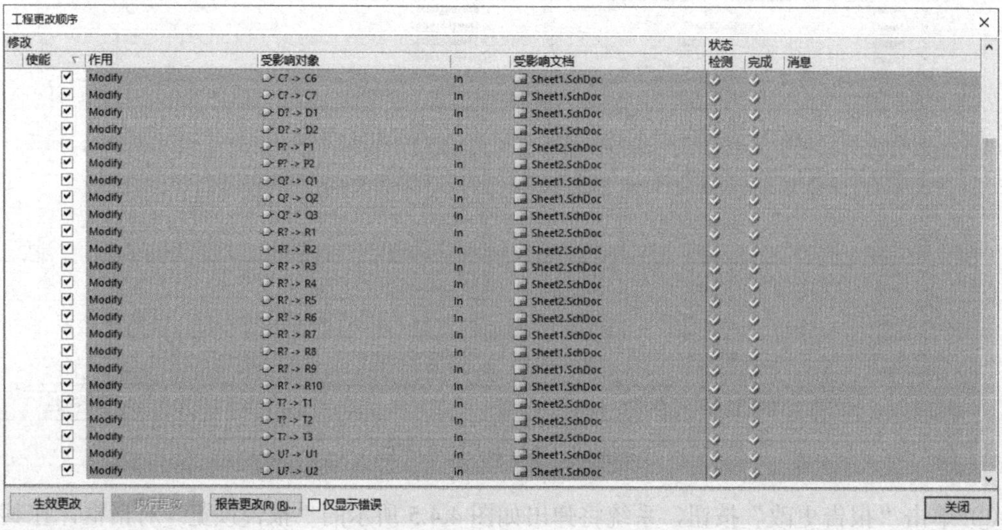

图 4.4.6 "工程更改顺序"对话框

4.4.2 元器件编号的反向标注

利用"Back Annotate Schematics（反向更新原理图元件标注）"命令可以从 PCB 设计反向更新原理图元件编号。在设计 PCB（印制电路板）时，有时可能需要对元件重新编号，为了保持原理图和 PCB（印制电路板）图之间的一致性，可以使用该命令基于 PCB（印制电路板）图来更新原理图中的元件编号（标识）。

执行"工具"→"反向标注"命令，系统将弹出一个对话框，如图 4.4.7 所示，要求选择 WAS-IS 文件，用于从 PCB 文件更新原理图文件的元件编号。

图 4.4.7 选择 WAS-IS 文件对话框

WAS-IS 文件是在 PCB 文档中执行"Reannotate（回溯标记）"命令后生成的文件。当选择 WAS-IS 文件后，系统将弹出一个消息框，报告所有将被重新命名的元件。当然，这时原理图中的元件名称并没有真正被更新。单击"确定"按钮，弹出"注释"对话框，如图 4.4.1 所示，在该对话框中可以预览系统推荐的重命名，然后再决定是否执行更新命令，创建新的 ECO 文件。具体操作参考"4.4.1 元器件的重新编号"。

4.5 元器件的过滤

在进行原理图或 PCB 设计时，设计者经常希望能够查看并且编辑某些对象，但是在复杂的原理图或 PCB 图中，要将某个对象从中区分出来十分困难。Altium Designer 15 提供了一个元件过滤功能。经过过滤后，那些被选定的元器件被清晰地显示在工作窗口中，而其他未被选定的元器件则会变成半透明状。同时，未被选定的元器件也将变成不可操作状态，设计者只能对选定的对象进行选中和编辑。

1. 使用"Navigator（导航）"面板

在原理图编辑器或 PCB 编辑器的"Navigator（导航）"面板中，单击一个项目，即可在工作窗口中启用过滤功能。

2. 使用"List（列表）"面板

在原理图编辑器或 PCB 编辑器的"List（列表）"面板中使用查询功能时，查询结果将在工作窗口中启用过滤功能。

3. 使用"PCB Filter"工具条

使用"PCB Filter"工具条可以对 PCB 工作窗口的过滤功能进行管理。例如，在最左边下拉菜单中选择"GND"网络，"GND"网络将以高亮显示，如图 4.5.1 所示。

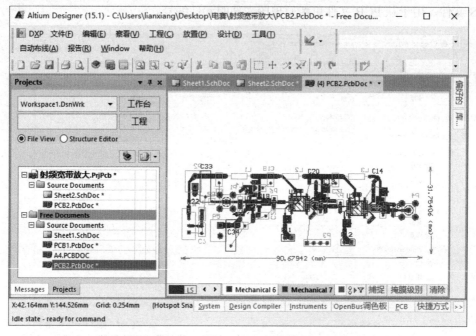

图 4.5.1　选择"GND"网络的状态

在 PCB 面板中，对于高亮网络有"Normal（正常）""Mask（遮挡）"和"Dim（变暗）"3 种显示方式，用户可通过 PCB 面板中的下拉列表框进行选择。

（1）"Normal（正常）"：直接高亮显示用户选择的网络或元件，其他网络及元件的显示方式不变。

（2）"Mask（遮挡）"：高亮显示用户选择的网络或元件，其他元件和网络以遮挡方式显示（灰色），这种显示方式更为直观。

（3）"Dim（变暗）"：高亮显示用户选择的网络或元件，其他元件或网络按色阶变暗显示。

对于显示控制，在 PCB 面板中有 3 个控制选项，即"选择""缩放"和"清除"。

（1）"选择"："√"勾选该选项，在高亮显示的同时选中用户选定的网络或元件。

（2）"缩放"："√"勾选该选项，系统会自动将网络或元件所在区域完整地显示在用户可视区域内。如果被选网络或元件在图中所占区域较小，则会放大显示。也可以利用"缩放"按钮进行操作。

（3）"清除"：利用"清除"按钮，可以清除过滤显示。

4. 使用"Filter（过滤）"菜单

在 PCB 编辑器中按"Y"键，即可弹出"例子"菜单，如图 4.5.2 所示。

在"例子"菜单中列出了 10 种常用的查询关键字，另外也可以在图 4.5.3"过滤为"下拉列表中选择其他的查询关键字。

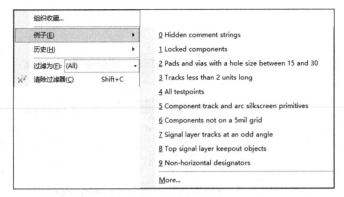

图 4.5.2　"例子"菜单

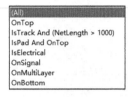

图 4.5.3　"过滤为"下拉列表

5. 过滤的清除

单击 PCB 面板中的"⚄（清除）"按钮，或者单击"Filter"菜单中的"清除过滤器"命令，或按快捷键"Shift"+"C"，即可清除过滤显示。

4.6　添加和放置 PCB 设计规则和标志

4.6.1　添加 PCB 设计规则

Altium Designer 15 允许用户在原理图中添加 PCB 设计规则。对于元器件、引脚等对象，可以利用在对象属性中添加设计规则的方法添加设计规则。

编辑一个对象（可以是元件、引脚、输入/输出端口或方块电路图）的属性时，在图 4.6.1 所示属性对话框中可以找到"添加规则（R）"按钮，单击该按钮，即可弹出如图 4.6.2 所示的"参数属性"对话框。单击其中的"编辑规则值（E）"按钮，即可弹出如图 4.6.3 所示的"选择设计规则类型"对话框，从其中之一，可以选择要添加的 PCB 设计规则。

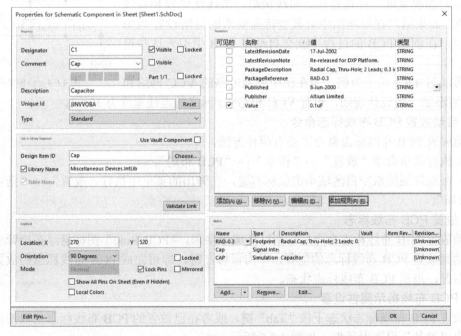

图 4.6.1　电路元件属性对话框

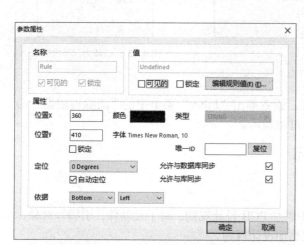

图 4.6.2 "参数属性"对话框

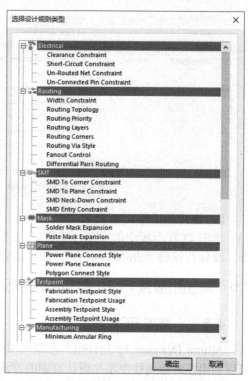

图 4.6.3 "选择设计规则类型"对话框

4.6.2 放置 PCB Layout 标志

Altium Designer 15 系统允许用户在原理图设计阶段来规划指定网络的铜膜宽度、过孔直径、布线策略、布线优先权和布线板层属性。如果用户在原理图中对某些特殊要求的网络设置 PCB 布线指示，在创建 PCB 的过程中就会自动在 PCB 中引入这些设计规则。

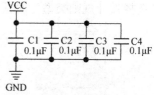

图 4.6.4 示例电路

下面以图 4.6.4 所示为例，为在图中所示电路的 VCC 网络和 GND 网络添加一条设计规则，设置 VCC 和 GND 网络的走线宽度为 30mil。

1. 启动放置 PCB 布线标志命令

启动放置 PCB 布线标志命令主要有两种方法。

（1）执行菜单命令"放置"→"指示"→"PCB 布局"。

（2）在原理图图纸空白区域单击鼠标右键，在弹出的菜单中执行"放置"→"指示"→"PCB 布局"。

2. 放置 PCB 布线标志

启动放置 PCB 布线标志命令后，指针变成十字形，"PCB Rule"图标悬浮在指针上，将指针移动到放置 PCB 布线标志的位置，单击鼠标左键，即可完成 PCB 布线标志的放置。单击鼠标右键，退出 PCB 布线标志状态。

3. PCB 布线指示属性设置

在放置 PCB 布线标志状态下按"Tab"键，或者在已放置的 PCB 布线标志上双击鼠标左键，弹出"参数"设置对话框，如图 4.6.5 所示。

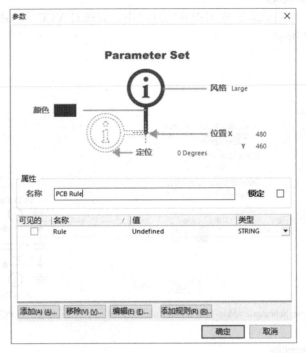

图 4.6.5 "参数"设置对话框

（1）"属性"选项区。

"属性"选项区用于设置 PCB 布线标志的名称、放置位置和角度等。

① "名称"：用来设置 PCB 布线标志的名称。

② "位置 X、位置 Y"：用来设置 PCB 布线标志的坐标，一般通过移动鼠标指针实现。

③ "定位"：用来设置 PCB 布线标志的放置角度，有 0 Degrees（0°），90 Degrees（90°），180 Degrees（180°）和 270 Degrees（270°）4 种选择。也可以按空格键改变。

（2）参数列表窗口。

该表中列出了选中 PCB 布线标志所定义的变量及其属性，包括名称、数值及类型等。在列表中选中任一参数值，单击对话框下方的"编辑（E）"按钮，打开"参数属性"对话框，如图 4.6.2 所示。

在"参数属性"对话框中，单击"编辑规则值（E）"按钮，弹出"选择设计规则类型"对话框，如图 4.6.3 所示。对话框中列出了 PCB 布线时用到的所有规则类型。

4. 选择要添加的设计规则和设置参数

在弹出的图 4.6.3 所示"选择设计规则类型"对话框中，可以选择要添加的设计规则。双击"Width Constraint"项，则会弹出如图 4.6.6 所示的"Edit PCB Rule（From Schematic）-Max-Min Width Rule"对话框。

对话框中各选项意义如下。

（1）"Min Width（最小值）"：走线的最小宽度。

（2）"Preferred Width（首选的）"：走线首选宽度。

（3）"Max Width（最大值）"：走线的最大宽度。

这里将 3 项都改成 30mil，单击"确定"按钮确认。

5. 放置 PCB 布局标志

将修改完的 PCB 布局标志放置到相应的网络中，完成对 VCC 和 GND 网络走线宽度的设置，效果如图 4.6.7 所示。

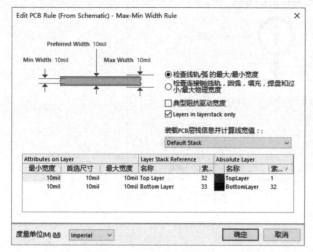

图 4.6.6 "Edit PCB Rule（From Schematic）-Max-Min Width Rule"对话框

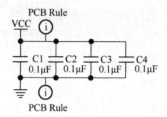

图 4.6.7 将 PCB 布局标志添加到网络中

4.7 原理图的快速浏览

4.7.1 利用"Navigator"面板浏览

利用"Navigator（导航）"面板可以快速浏览原理图中的元件、网络以及违反设计规则的内容等。

当单击"Navigator（导航）"面板的"交互式导航"按钮后，就会在下面的"Net/Bus"列表框中显示出原理图中的所有网络。单击其中一个网络，立即在下面的列表框中显示出与该网络相连的所有结点，同时工作区的图纸将该网络的所有元件高亮显示出来，并置于选中状态，如图 4.7.1 所示。

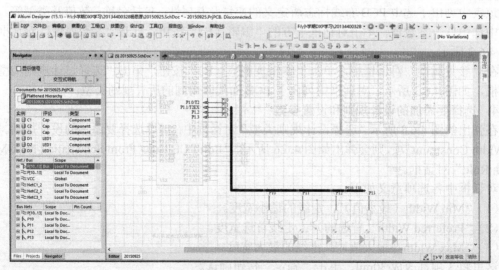

图 4.7.1 在"Navigator（导航）"面板中选中一个网络

4.7.2 利用 "SCH Filter" 面板浏览

利用 "SCH Filter (SCH 过滤)" 面板，可以根据所设置的过滤器，快速浏览原理图中的元件、网络以及违反设计规则的内容等，如图 4.7.2 所示。在 "SCH Filter" 面板中，有如下项目。

(1) "考虑对象" 下拉列表: 用于设置查找的范围，总共有 3 个选项，即 "Current Document（当前文档）" "Open Document（打开文档）" 和 "Open Document of the Same Project（在同一个项目中打开文档）"。

(2) "Find items matching these criteria（设置过滤器过滤条件）" 输入框: 用于设置过滤器，即输入查找条件，如果用户不熟悉输入语法，可以单击下面的 "Helper" 按钮，在弹出的 "Query Helper（查询帮助）" 对话框的帮助下输入过滤器逻辑语句，如图 4.7.3 所示。

图 4.7.2 "SCH Filter" 面板对话框

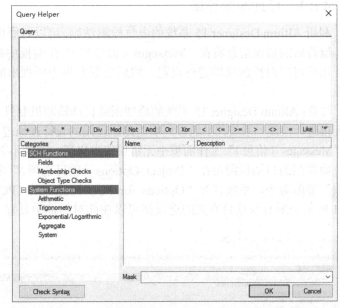

图 4.7.3 "Query Helper" 对话框

(3) "Favorites" 按钮: 用于显示并载入收藏的过滤器，单击此按钮可以弹出收藏过滤器记录窗口。

(4) "History" 按钮: 用于显示并载入曾经设置过的过滤器，可以大大提高搜索效率。单击此按钮后即弹出如图 4.7.4 所示的过滤器历史记录窗口，移动鼠标指针，选中其中一个记录后，单击它即可实现过滤器的加载。单击 "Add To Favorites" 按钮可以将历史记录过滤器添加到收藏夹。

(5) "Select（选择）" 选项框: 用于设置是否将符合匹配条件的元件置于选中状态。

(6) "Zoom（缩放）" 选项框: 用于设置是否将符合匹配条件的元件进行缩放显示。

(7) "Deselect（取消选定）" 选项框: 用于设置是否将不符合匹配条件的元件置于取消选中状态。

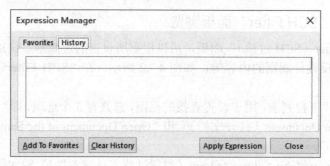

图 4.7.4　过滤器历史记录窗口

（8）"Mask out（屏蔽）"选项框：用于设置是否将不符合匹配条件的元件屏蔽。

（9）"Apply"按钮：用于启动过滤器查找功能。

4.8　原理图的查错、编译和修正

4.8.1　原理图的查错

利用 Altium Designer 15 系统的电气检测法则，可以对原理图的电气连接特性进行自动检查，检查后的错误信息将在"Messages（信息）"工作面板中列出，同时也在原理图中标注出来。用户可以对检测规则进行设置，然后根据面板中所列出的错误信息反过来对原理图进行修改。

注意：Altium Designer 15 系统的原理图的自动检测机制只是对设计者所绘制电路原理图中的连接进行检测，系统并不能够判断电路原理图的设计在原理上是否正确。因此，如果检测后的"Messages（信息）"工作面板中无错误信息出现，这并不表示该原理图的设计完全正确。

原理图的自动检测可在"Project Options（项目选项）"中设置。执行"工程"→"工程参数"菜单命令，系统打开"Options for PCB Project...（PCB 项目的选项）"对话框，如图 4.8.1 所示。所有与项目有关的选项都可以在此对话框中设置。

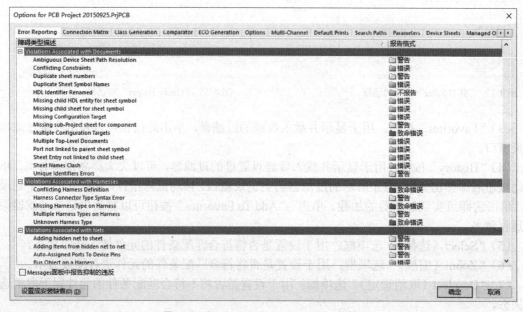

图 4.8.1　"Options for PCB Project..."对话框

在"Options for PCB Project..."对话框中，包括很多的选项卡。其中一些主要选项卡的含义如下。

① "Error Reporting（错误报告）"选项卡：设置原理图的电气检测法则。当进行文件的编译时，系统将根据此选项卡中的设置进行电气法则的检测。

② "Connection Matrix（电路连接检测矩阵）"选项卡：设置电路连接方面的检测法则。当对文件进行编译时，通过此选项卡的设置可以对原理图中的电路连接进行检测。

③ "Classes Generation（自动生成分类）"选项卡：进行自动生成分类的设置。

④ "Comparator（比较器）"选项卡：设置比较器。当 2 个文档进行比较时，系统将根据此选项卡中的设置进行检查。

⑤ "ECO Generation（工程变更顺序）"选项卡：设置工程变更命令。依据比较器发现的不同，在此选项卡进行设置，来决定是否导入改变后的信息，大多用于原理图与 PCB 间的同步更新。

⑥ "Options（工程选项）"选项卡：在该选项卡中可以对文件输出、网络报表和网络标号等相关信息进行设置。

⑦ "Multi-Channel（多通道）"选项卡：进行多通道设计的相关设置。

⑧ "Default Prints（默认打印输出）"选项卡：设置默认的打印输出（如网络表、仿真文件、原理图文件以及各种报表文件等）。

⑨ "Search Paths（搜索路径）"选项卡：进行搜索路径的设置。

⑩ "Parameters（参数设置）"选项卡：进行项目文件参数的设置。

⑪ "Device Sheets（硬件设备列表）"选项卡：用于设置硬件设备列表。

⑫ "Managed Output Job（管理工作）"选项卡：用于管理设备选项的设置。

在该对话框中的各项设置中，与原理图检测有关的主要是指"Error Reporting"选项卡、"Connection Matrix"选项卡和"Comparator"选项卡。当对工程进行编译操作时，系统会根据该对话框中的设置进行原理图的检测，系统检测出的错误信息将在"Messages"工作面板中列出。

1. "Error Reporting（错误报告）"选项卡的设置

在"Error Reporting（错误报告）"选项卡中可以对各种电气连接错误的等级进行设置。其中电气错误类型检查主要分为 6 类，各类中又包括不同的选项，各分类和主要选项的含义如下。

（1）"Violations Associated with Buses（与总线相关的违例）"栏。设置包含总线的原理图或元件的选项。

① Arbiter Loop in Open Bus Document（开放总线系统文件中的仲裁文件）：在包含基于开放总线系统的原理图文档中，通过仲裁元件形成 I/O 端口或 MEM 端口回路错误。

② "Bus Indices out of Range（超出定义范围的总线编号索引）"：总线和总线分支线共同完成电气连接，如果定义总线的网络标号为 D[0...7]，则当存在 D8 及 D8 以上的总线分支线时将违反该规则。

③ "Bus Range Syntax Errors（总线命名的语法错误）"：用户可以通过放置网络标号的方式对总线进行命名。当总线命名存在语法错误时将违反该规则。例如，定义总线的网络标号为 D[0...] 时将违反该规则。

④ "Cascaded Interconnects in Open Bus Document（开放总线文件互联元件错误）"：在包含基于开放总线系统的原理图文件中互联元件之间的端口级联错误。

⑤ "Illegal Bus Definition（总线定义违规）"：连接到总线的元件类型不正确。

⑥ "Illegal Bus Range Values（总线范围值违规）"：与总线相关的网络标号索引出现负值。

⑦ "Mismatched Bus Label Ordering（总线网络标号不匹配）"：同一总线的分支线属于不同网络时，这些网络对总线分支线的编号顺序不正确，即没有按同一方向递增或递减。

⑧ "Mismatched Bus Widths（总线编号范围不匹配）"：总线编号范围超出界定。

⑨ "Mismatched Bus-Section Index Ordering（总线分组索引的排序方式错误）"：总线分组索引排序没有按同一方向递增或递减。

⑩ "Mismatched Bus/Wire Object in Wire/Bus（总线种类不匹配）"：总线上放置了与总线不匹配的对象。

⑪ "Mismatched Electrical Types on Bus（总线上电气类型错误）"：总线上不能定义电气类型，否则将违反该规则。

⑫ "Mismatched Generics on Bus（First Index）（总线范围值的首位错误）"：总线首位应与总线分支线的首位对应，否则将违反该规则。

⑬ "Mismatched Generics on Bus（Second Index）（总线范围值的末位错误）"：总线末位应与总线分支线的末位对应，否则将违反该规则。

⑭ "Mixed Generic and Numeric Bus Labeling（与同一总线相连的不同网络标识符类型错误）"：有的网络采用数字编号，有的网络采用了字符编号。

（2）"Violations Associated with Components（与元件相关的违例）"栏。设置原理图中元件及元件属性，如元件名称、引脚属性、放置位置。

① "Component Implementations with Duplicate Pins Usage（原理图中元件的引脚被重复使用）"：原理图中元件的引脚被重复使用。

② "Component Implementations with Invalid Pin Mappings（元件引脚与对应封装的引脚标识符不一致）"：元件引脚应与封装的引脚一一对应，不匹配时将违反该规则。

③ "Component Implementations with Missing Pins in Sequence（元件丢失引脚）"：按序列放置的多个元件引脚中丢失了某些引脚。

④ "Components Containing Duplicate Sub-Parts（嵌套元件）"：元件中包含了重复的子元件。

⑤ "Components with Duplicate Implementations（重复元件）"：重复实现同一个元件。

⑥ "Components with Duplicate Pins（重复引脚）"：元件中出现了重复引脚。

⑦ "Duplicate Component Models（重复元件模型）"：重复定义元件模型。

⑧ "Duplicate Part Designators（重复组件标识符）"：元件中存在重复的组件标号。

⑨ "Errors in Component Model Parameters（元件模型参数错误）"：元件模型参数在元件属性设置时有错误。

⑩ "Extra Pin Found in Component Display Mode（元件显示模型多余引脚）"：元件显示模式中出现多余的引脚。

⑪ "Mismatched Hidden Pin Connections（隐藏的引脚不匹配）"：隐藏引脚的电气连接存在错误。

⑫ "Mismatched Pin Visibility（引脚可视性不匹配）"：引脚的可视性与用户的设置不匹配。

⑬ "Missing Component Model Parameters（元件模型参数丢失）"：取消元件模型参数的显示。

⑭ "Missing Component Models（元件模型丢失）"：无法显示元件模型。

⑮ "Missing Component Models in Model Files（模型文件丢失元件模型）"：元件模型在所属库文件中找不到。

⑯ "Missing Pin Found in Component Display Mode（元件显示模型丢失引脚）"：元件的显

示模式中缺少某一引脚。

⑰ "Models Found in Different Model Locations（模型对应不同路径）"：元件模型在另一路径（非指定路径）中找到。

⑱ "Sheet Symbol with Duplicate Entries（原理图符号中出现了重复的端口）"：为避免违反该规则，建议用户在进行层次原理图的设计时，在单张原理图上采用网络标号的形式建立电气连接，而不同的原理图间采用端口建立电气连接。

⑲ "Un-Designated Parts Requiring Annotation（未指定的部件需要标注）"：未被标号的元件需要分开标号。

⑳ "Unused Sub-Part in Component（集成元件的某一部分在原理图中未被使用）"：通常对未被使用的部分采用引脚为空的方法，即不进行任何的电气连接。

（3）"Violations Associated with Documents（与文档关联的违例）"栏。原理图文档相关设置。

① "Conflicting Constraints（规则冲突）"：文档创建过程与设定的规则相冲突。

② "Duplicate Sheet Numbers（原理图编号重复）"：电路原理图编号重复。

③ "Duplicate Sheet Symbol Names（原理图符号名称重复）"：原理图符号命名重复。

④ "Missing Child Sheet for Sheet Symbol（子原理图丢失原理图符号）"：工程中缺少与原理图符号相对应的子原理图文件。

⑤ "Missing Configuration Target（配置目标丢失）"：配置参数文件在设置时有错误。

⑥ "Missing Sub-Project Sheet for Component（元件的子工程原理图丢失）"：有些元件可以定义子工程，当定义的子工程在固定的路径中找不到时将违反该规则。

⑦ "Multiple Configuration Targets（多重配置目标）"：文档配置多元化。

⑧ "Multiple Top-Level Documents（顶层文件多样化）"：定义了多个顶层文档。

⑨ "Port not Linked to Parent Sheet Symbol（原始原理图符号不与部件连接）"：子原理图电路与主原理图电路中端口之间的电气连接错误。

⑩ "Sheet Entry not Linked Child Sheet（子原理图不与原理图端口连接）"：电路端口与子原理图间存在电气连接错误。

（4）"Violations Associated with Nets（与网络关联的违例）"栏。原理图网络设置中的不合理现象。

① "Adding Hidden Net to Sheet（添加隐藏网络）"：原理图中出现隐藏的网络。

② "Adding Items from Hidden Net to Net（隐藏网路添加子项）"：从隐藏网络添加子项到已有网络中。

③ "Auto-Assigned Ports To Device Pins（器件引脚自动端口）"：自动分配端口到器件引脚。

④ "Duplicate Nets（网络重复）"：原理图中出现了重复的网络。

⑤ "Floating Net Labels（浮动网络标签）"：原理图中出现了不固定的网络标号。

⑥ "Floating Power Objects（浮动电源符号）"：原理图中出现了不固定的电源符号。

⑦ "Global Power-Object Scope Changes（更改全局电源对象）"：与端口元件相连的全局电源对象已不能连接到全局电源网络，只能更改为局部电源网络。

⑧ "Net Parameters with No Name（无名网络参数）"：存在未命名的网络参数。

⑨ "Net Parameters with No Value（无值网络参数）"：网络参数没有赋值。

⑩ "Nets Containing Floating Input Pins（浮动输入网络引脚）"：网络中包含悬空的输入引脚。

⑪ "Nets Containing Multiple Similar Objects（多样相似网络对象）"：网络中包含多个相

似对象。

⑫ "Nets with Multiple Names（命名多样化网络）"：网络中存在多重命名。

⑬ "Nets with No Driving Source（缺少驱动源的网络）"：网络中没有驱动源。

⑭ "Nets with Only One Pin（单个引脚网络）"：存在只包含单个引脚的网络。

⑮ "Nets with Possible Connection Problems（网络中可能存在连接问题）"：文档中常见的网络问题。

⑯ "Sheets Containing Duplicate Ports（多重原理图端口）"：原理图中包含重复端口。

⑰ "Signals with Multiple Drivers（多驱动源信号）"：信号存在多个驱动源。

⑱ "Signals with No Driver（无驱动信号）"：原理图中信号没有驱动。

⑲ "Signals with No Load（无负载信号）"：原理图中存在无负载的信号。

⑳ "Unconnected Objects in Net（网络断开对象）"：原理图中网络中存在未连接的对象。

㉑ "Unconnected Wires（断开线）"：原理图中存在未连接的导线。

（5）"Violations Associated with Others（其他相关违例）"栏。原理图中其他不合理现象。

① "Object Not Completely within Sheet Boundaries（对象超出了原理图的边界）"：对象超出原理图边界，可以通过改变图纸尺寸来解决。

② "Off Grid Object（对象偏离格点位置将违反该规则）"：元件未处于格点位置，而使元件处在格点位置有利于元件电气连接特性的完成。

（6）"Violations Associated with Parameters（与参数相关的违例）"栏。原理图中参数设置不匹配。

① "Same Parameter Containing Different Types（参数相同而类型不同）"：原理图中元件参数相同但类型不同，这是元件参数设置中的常见问题。

② "Same Parameter Containing Different Values（参数相同而值不同）"：原理图中元件参数相同但赋值不同，这是元件参数设置中的常见问题。

"Error Reporting（报告错误）"选项卡的设置一般采用系统的默认设置，但针对一些特殊的设计，用户则需对以上各项的含义有一个清楚的了解。如果想改变系统的设置，则应单击每栏右侧的"Report Mode（报告模式）"选项进行设置，包括"No Report（不显示错误）""Warning（警告）""Error（错误）"和"Fatal Error（严重的错误）"4 种选择。系统出现错误时是不能导入网络表的，用户可以在这里设置忽略一些设计规则的检测。

2. "Connection Matrix（电路连接检测矩阵）"选项卡

在"Connection Matrix"选项卡中，用户可以定义一切与违反电气连接特性有关报告的错误等级，特别是元件引脚、端口和方块电路图上端口的连接特性。当对原理图进行编译时，错误的信息将在原理图中显示出来。要想改变错误等级的设置，单击对话框中的颜色块即可，每单击 1 次改变 1 次。

与"Error Reporting"选项卡一样，这里也有 4 种错误等级，即"No Report（不显示错误）""Warning（警告）""Error（错误）"和"Fatal Error（严重的错误）"。在该选项卡的任何空白区域中单击鼠标右键，将弹出一个快捷菜单，可以键入各种特殊形式的设置，如图 4.8.2所示。

当对项目进行编译时，该选项卡的设置与"Error Reporting"选项卡中的设置，将共同对原理图进行电气特性的检测。所有违反规则的连接将以不同的错误等级在"Messages"面板中显示出来。

单击"设置成安装缺省（D）"按钮即可恢复系统的默认设置。对于大多数的原理图设计保持默认的设置即可，但对于特殊原理图的设计，用户则需进行必要的改动。

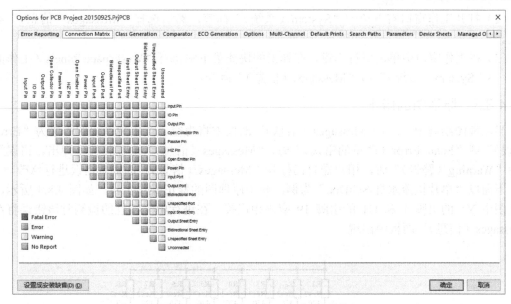

图 4.8.2 "Connection Matrix" 选项卡的设置

4.8.2 原理图的编译

对原理图各种电气错误等级设置完毕后，用户便可以对原理图进行编译操作，随即进入原理图的调试阶段。单击执行"工程"→"Compile Document（文件编译）"菜单命令，即可进行文件的编译。

文件编译后，系统的自动检测结果将出现在"Messages（信息）"面板中。

打开"Messages（信息）"面板有以下 3 种方法。

（1）执行"察看"→"Workspace Panels（工作面板）"→"System（系统）"→"Messages（信息）"菜单命令，如图 4.8.3 所示。

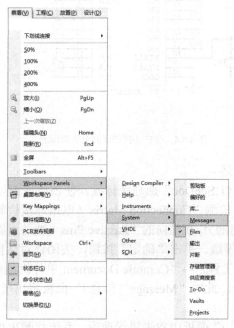

图 4.8.3 打开 "Messages" 面板的菜单操作

（2）打开工作窗口右下角的"System（系统）"标签，然后选择"Messages（信息）"菜单项。

（3）在工作窗口中单击鼠标右键，在弹出的快捷菜单中执行"Workspace Panels（工作面板）"→"System（系统）"→"Messages（信息）"命令。

4.8.3 原理图的修正

当原理图绘制无误时，"Messages（信息）"面板中将为空。当出现错误的等级为"Error（错误）"或"Fatal Error（严重的错误）"时，"Messages（信息）"面板将自动弹出。错误等级为"Warning（警告）"时，用户需自己打开"Messages（信息）"面板对错误进行修改。

下面以"单片机流水灯.SchDoc"为例，介绍原理图的修正操作步骤。如图 4.8.4 所示，原理图中 Y1 的引脚 1 和 U1 的引脚 19 应该相连接，在进行电气特性的检测时该错误将在"Messages（信息）"面板中出现。

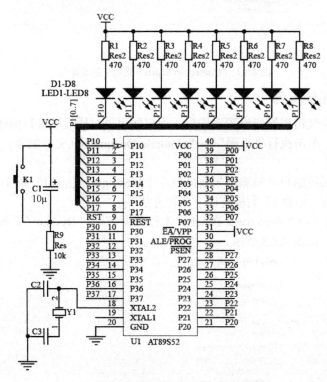

图 4.8.4　存在连接错误的电路原理图

具体的操作步骤如下所述。

（1）单击"单片机流水灯.SchDoc"原理图标签，使该原理图处于激活状态。

（2）在该原理图的自动检测"Connection Matrix（电路连接检测矩阵）"选项卡中，将纵向的"Unconnected（不相连的）"和横向的"Passive Pins（被动引脚）"相交颜色块设置为褐色的"Error（错误）"错误等级。单击"确定"按钮，关闭该对话框。

（3）执行菜单栏中的"工程"→"Compile Document 单片机流水灯.SchDoc（文件编译）"命令，对该原理图进行编译。此时"Message（信息）"面板将出现在工作窗口的下方，如图 4.8.5 所示。

（4）在"Message（信息）"面板中双击错误选项，系统将弹出如图 4.8.6 所示的编译错误

"Message"面板,列出了该项错误的详细信息。同时,工作窗口将跳到该对象上。除了该对象外,其他所有对象处于被遮挡状态,跳转后只有该对象可以进行编辑。

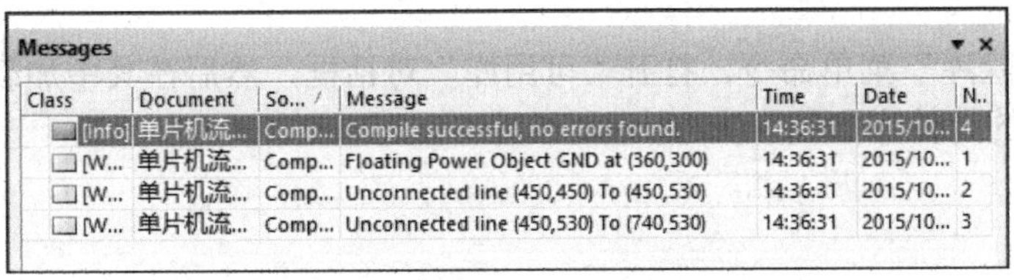

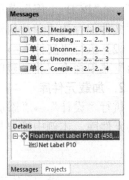

图 4.8.6 "Compile Errors"面板

图 4.8.5 编译后的"Messages"面板

(5)单击菜单栏中的"放置"→"线"命令,或单击"连线"工具栏中的"放置线"按钮,放置导线。

(6)重新对原理图进行编译,检查是否还有其他的错误。

(7)保存调试成功的原理图。

4.9 电路原理图设计示例

本示例介绍了如何设计一个单片机流水灯电路,涉及的知识点包含有原理图绘制、原理图的编译、查错、修改以及各种报表文件的生成。

本示例设计的单片机流水灯电路原理图如图 4.9.1 所示。设计步骤如下所述。

电路原理图绘制示例

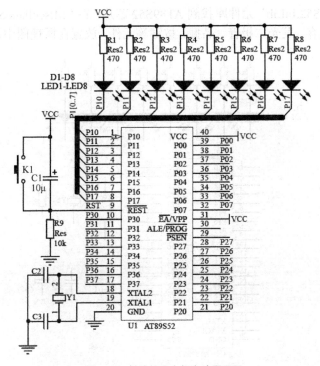

图 4.9.1 单片机流水灯电路原理图

1．建立工作环境

（1）在 Altium Designer 15 主界面中，执行"文件"→"New（新建）"→"Project（工程）"→"PCB 工程"菜单命令，然后单击右键，选择"保存工程为"菜单命令，将新建的工程文件保存为"单片机流水灯.PrjPCB"。

（2）执行"文件"→"New（新建）"→"原理图"菜单命令，然后单击右键，选择"保存为"菜单命令，将新建的原理图文件保存为"单片机流水灯.SchDoc"。

2．加载元件库

执行"设计"→"添加/移除库"菜单命令，打开"可用库"对话框，然后在其中加载需要的元件库。本例中需要加载的元件库如图 4.9.2 所示。

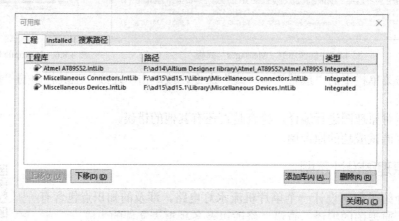

图 4.9.2　加载需要的元件库

3．放置元件

在"Atmel AT89S52.InLib"元件库找到 AT89S52 芯片，在"Miscellaneous Devices.IntLib"元件库找到电阻、电容、发光二极管、晶振、按键等元件，放置在原理图中，如图 4.9.3 所示。

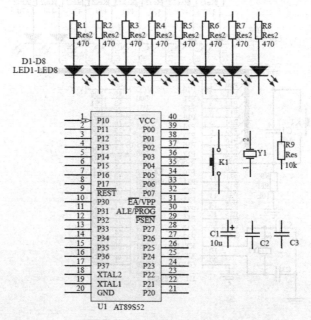

图 4.9.3　放置元件在原理图中

4．元件属性清单

元件属性清单包括元件的编号、注释和封装形式等，本示例电路图的元件属性清单如图 4.9.4 所示。

5．元件布局和布线

（1）完成元件属性设置后，对元件进行布局，将全部元器件合理地布置到原理图上。

（2）按照设计要求连接电路原理图中的元件和电源以及接地，最后得到完成的电路原理图如图 4.9.1 所示。

6．编译参数设置

（1）执行"工程"→"工程参数"菜单命令，弹出工程属性对话框，如图 4.9.5 所示。在"Error Reporting（错误报告）"选项卡的"Violation Type Description"列表中罗列了网络构成、原理图层次、设计错误类型等报告信息。

（2）单击"Connection Matrix"选项，显示"Connection Matrix（连接检测）"选项卡。矩阵的上部和右边所对应的元件引脚或端口等交叉点为元素，单击颜色元素，可以设置错误报告类型。

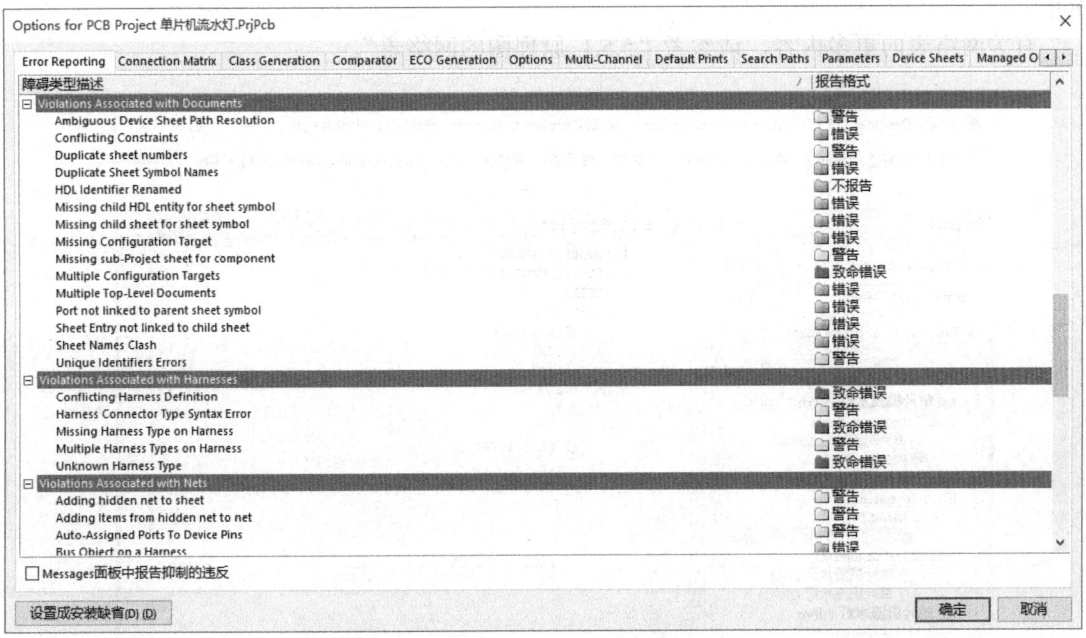

图 4.9.4 示例电路的元件属性清单

	A	B	C	D	E
1	编号	注释/参数值		封装形式	
2	U1	AT89S52		DIP40	
3	C1	30pF		RAD-0.3	
4	C2	30pF		RAD-0.3	
5	Y1	11.0592MHZ		jingzhen-2	
6	K1	SW-AJ		Key	
7	D1	LED1		LED-1	
8	D2	LED1		LED-1	
9	D3	LED1		LED-1	
10	D4	LED1		LED-1	
11	D5	LED1		LED-1	
12	D6	LED1		LED-1	
13	D7	LED1		LED-1	
14	D8	LED1		LED-1	
15	R1	470		AXIAL-0.4	
16	R2	470		AXIAL-0.4	
17	R3	470		AXIAL-0.4	
18	R4	470		AXIAL-0.4	
19	R5	470		AXIAL-0.4	
20	R6	470		AXIAL-0.4	
21	R7	470		AXIAL-0.4	
22	R8	470		AXIAL-0.4	

图 4.9.5 工程属性对话框

（3）单击"Comparator"选项，显示选项卡。在"Comparison Type Description（比较类型描述）"列表中设置元件连接、网络连接和参数连接的差别比较类型。本例选用系统默认参数。

7．编译工程

（1）执行"工程"→"Compile PCB Project 单片机流水灯电路.PrjPCB（编译 PCB 工程

单片机流水灯电路.PrjPCB)" 菜单命令，对工程进行编译，弹出如图 4.9.6 所示的工程编译信息提示框。

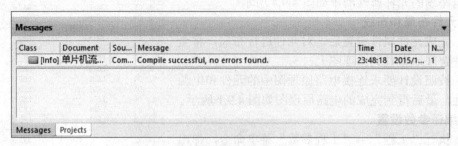

图 4.9.6　工程编译信息提示框

（2）检查无误。如有错误，查看错误报告，根据错误报告信息进行原理图的修改，然后重新编译，直到位置正确，最终得到图 4.9.1 的结果。

8．创建网络表

执行"设计"→"文件的网络表"→"PCAD"菜单命令，系统自动生成了当前原理图的网络表文件"单片机流水灯电路.NET"，并存放在当前工程下的"Generated\Netlist Files"文件夹中。双击打开该原理图的网络表文件"单片机流水灯.NET"，如图 4.9.7 所示。

有关网络表的更多内容，请参考"5.5.1 原理图的网络表"。

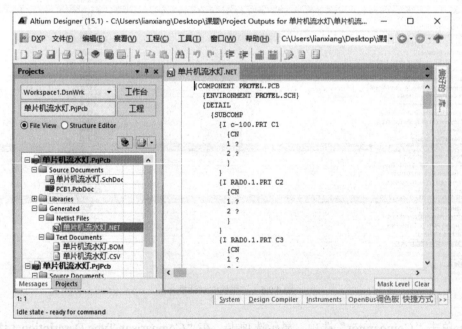

图 4.9.7　原理图网络表

9．元器件报表的创建

（1）关闭网络表文件，返回原理图窗口。执行"报告"→"Bill of Materials"（材料清单）菜单命令，系统弹出相应的元件报表对话框，如图 4.9.8 所示。

图 4.9.8 元件报表对话框

（2）在元件报表对话框中，选择系统自带的元件报表模板文件"BOM Default Template.XLT"，如图 4.9.9 所示。单击"模板（T）"右面的"☑"按钮，出现"选择元件报表模板"对话框如图 4.9.10 所示。

图 4.9.9 选择"BOM Default Template.XLT"模板

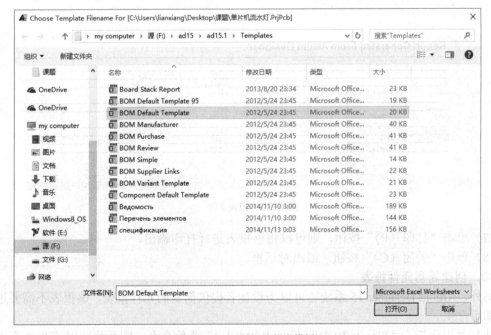

图 4.9.10 选择元件报表模板

（3）单击"打开（O）"按钮后，返回元件报表对话框，完成模板添加。单击"确定（O）"按钮，退出对话框。

（4）单击执行"菜单"下的"报告"菜单命令，则弹出元件报表预览对话框，如图 4.9.11 所示。

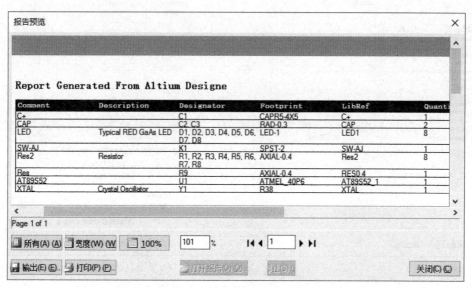

图 4.9.11　元件报表预览对话框

（5）单击"输出（E）"按钮，可以将该报表进行保存，默认文件名为"单片机流水灯电路.xls"，是一个 Excel 文件。

（6）单击"打开报告（O）"按钮，打开表格文件，如图 4.9.12 所示。

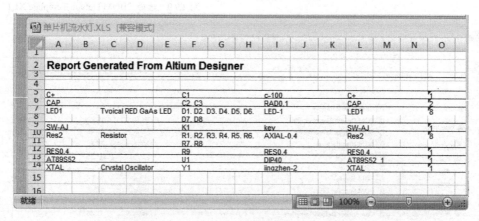

图 4.9.12　报表文件

（7）单击"打印（P）"按钮，则可以将该报表进行打印输出。

（8）单击"关闭（C）"按钮，退出对话框。

10．创建简易元件报表

另外，Altium Designer 15 系统还可以为设计者提供简易的元件报表，该报表不需要进行设置即可产生。

执行"报告"→"Simple BOW（简单 BOM 表）"菜单命令，则系统同时产生 2 个文件

"单片机流水灯电路.BOM"和"单片机流水灯电路.CSV",并加入到工程中,如图 4.9.13 所示。

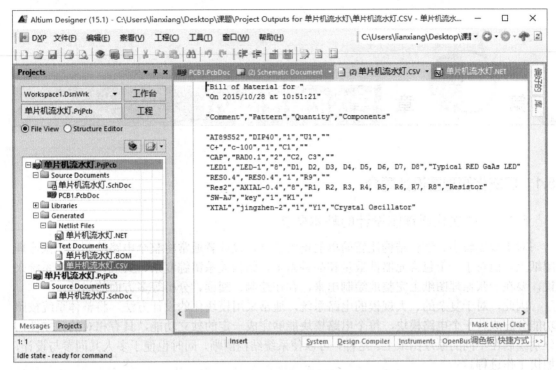

图 4.9.13　简易元件报表

第 **5** 章　层次化原理图设计

5.1　层次化原理图设计简介

5.1.1　层次化原理图设计的基本概念

对于规模较小、逻辑结构比较简单的电路设计，设计者通常将整个电路绘制在一张原理图纸上。而对于一个包含元器件数量和品种繁多、结构关系错综复杂、大规模的电路系统来说，要在一张原理图纸上完整地绘制出来，存在绘制、阅读、分析等多方面的问题。

因此，对于复杂的、大规模的电路系统，通常采用模块化的设计方法。将整体系统按照功能分解成若干个电路模块，每个电路模块能够完成一定的独立功能，具有相对的独立性，分别绘制在不同的原理图纸上。这样，可以使系统结构清晰，同时也便于多人共同参与设计，加快工作进程。

为满足电路原理图模块化设计的需要，Altium Designer 15 系统提供功能强大的、层次化原理图的设计方法，可以将一个复杂的、大规模的系统电路作为一个整体项目来设计。设计时，可以根据系统功能，划分出若干个电路模块，把一个复杂的、大规模的电路原理图设计变成了多个简单的小型电路原理图设计，分别作为设计文件添加到整体项目中，层次清晰明了，使整个设计过程变得简单方便。

层次化原理图设计的一个重要环节就是对系统总体电路进行模块划分。设计者可以将整个电路系统划分为若干个子系统（模块），每一个子系统（模块）再划分为若干个功能模块，而每一个功能模块还可以再细分为若干个基本的小电路模块，这样依次细分下去，就把整个系统划分成为多个模块。划分的原则是每一个电路模块都应该有明确的功能特征和相对独立的结构，而且，还要有简单、统一的接口，便于模块彼此之间的连接。

对于每一个电路模块，可以分别绘制相应的电路原理图，该原理图称之为子原理图。而各个电路模块之间的连接关系则是采用一个顶层原理图来表示。顶层原理图主要由若干个方块电路（即图纸符号）组成，用来展示各个电路模块之间的连接关系，描述了整体电路的功能结构。这样，就把一个复杂的、大规模的电路系统分解成了由顶层原理图和若干个子原理图构成的结构形式，各原理图可以分别进行设计。

需要注意的是，在层次化原理图的设计过程中，如果在对层次原理图进行编译之后"Navigator"面板中只出现一个原理图，则说明层次原理图的设计中存在着很大的问题。另外，在一个层次原理图的工程项目中只能有一个总的母图，一张原理图中的方块电路不能参考本张图纸上的其他方块电路或其上一级的原理图。

层次化原理图设计有 "自上而下"和"自下而上"两种方式。

"自上而下"的设计方法要求设计者在绘制原理图之前就对整个系统有比较深入的了解，对电路的模块划分比较清楚。能够把整个系统电路设计分成多个小的模块，确定每个模块的设计内容，然后对每一模块进行详细设计。

"自下而上"的设计方法是设计者先绘制子电路模块的子原理图，根据子原理图生成原理图符号，进而生成上层原理图，最后完成整个系统设计。这种方法比较适用于对整个系统设计不是非常熟悉的设计者。

5.1.2　顶层原理图的基本组成

一个采用层次化原理图设计的顶层原理图示意图如图 5.1.1 所示。顶层电路图即母图的主要构成元素却不再是具体的元器件，而是代表子原理图的图纸符号。如图 5.1.1 所示的顶层原理图主要由 5 个图纸符号组成，每一个图纸符号都代表 1 个相应的子原理图文件，共有 5 个子原理图。在图纸符号的内部给出了 1 个或多个表示连接关系的电路端口，对于这些端口，在子原理图中都有相同名称的输入/输出端口与之相对应，以便建立起不同层次间的信号通道。

图纸符号之间的连接可以使用导线或总线，是采用输入/输出端口和电路端口形式完成的。在同一个项目的所有电路原理图（包括顶层原理图和子原理图）中，相同名称的输入/输出端口和电路端口之间，在电气意义上都是相互连接的。

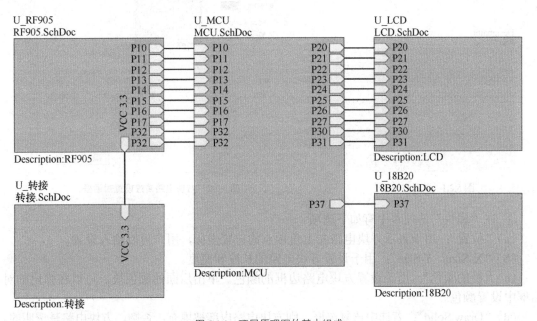

图 5.1.1　顶层原理图的基本组成

5.2　"自上而下"的层次化原理图设计

"自上而下"的层次化原理图设计需要首先绘制出顶层原理图，然后再分别将顶层原理图中的各个方块图对应的子原理图绘制出来。采用这种方法设计时，首先要根据电路的功能把整个电路划分为若干个功能模块，然后把它们正确地连接起来。

下面以一个设计示例介绍"自上而下"的层次化原理图设计的具体步骤。

5.2.1 绘制顶层原理图

（1）执行"文件"→"New（新建）"→"Project（工程）"→"PCB 工程"命令，建立一个新项目文件，另存为"NRF905 多点温度采集发射机.PrjPCB"。

（2）执行"文件"→"New（新建）"→"原理图"命令，在新项目文件中新建一个原理图文件，将原理图文件另存为"NRF905 多点温度采集发射机.SchDoc"，设置原理图图纸参数。

（3）执行"放置"→"图纸符号"命令，或单击布线工具栏中的"▦"按钮，放置方块电路图。此时指针变成十字形，并带有一个方块电路。

（4）移动指针到指定位置，单击鼠标左键，确定方块电路的一个顶点，然后移动鼠标指针，在合适位置再次单击鼠标左键，确定方块电路的另一个顶点，如图 5.2.1 所示。

此时系统仍处于绘制方块电路状态，用同样的方法绘制另一个方块电路。绘制完成后，单击鼠标右键，退出绘制状态。

（5）双击绘制完成的方块电路图，弹出方块电路属性设置对话框，如图 5.2.2 所示。

图 5.2.1 放置方块图

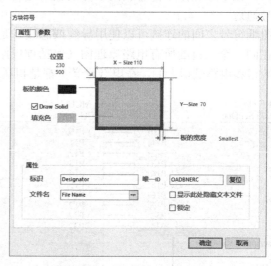

图 5.2.2 方块电路属性设置对话框

① 在"属性"选项卡中有如下选项。

（a）"位置"：用于表示方块电路左上角顶点的位置坐标，用户可以输入设置。

（b）"X-Size，Y-Size"：用于设置方块电路的长度和宽度。

（c）"板的颜色"：用于设置方块电路边框的颜色。单击后面的颜色块，可以在弹出的对话框中设置颜色。

（d）"Draw Solid"：若选中该复选框，则方块电路内部被填充。否则，方块电路是透明的。

（e）"填充色"：用于设置方块电路内部的填充颜色。

（f）"板的宽度"：用于设置方块电路边框的宽度，有 4 个选项供选择，即"Smallest（最小的）""Small（小的）""Medium（中等的）"和"Large（大的）"。

（g）"标识"：用于设置方块电路的名称。例如，输入"RF905（发射模块）"。

（h）"文件名"：用于设置该方块电路所代表的下层原理图的文件名。例如，输入"RF905（发射模块）.SchDoc"。

（i）"显示此隐藏的文本文件"：该选项用于选择是否显示隐藏的文本区域。选中，则显示。

（j）"唯一 ID"：由系统自动产生的唯一的 ID 号，通常不需要设置。

② 在"参数"选项卡中可进行如下选项操作。

（a）单击如图 5.2.2 所示的"参数"标签，弹出"参数"选项卡，如图 5.2.3 所示。在该选项卡中可以为方块电路的图纸符号添加、删除和编辑标注文字。

（b）单击"添加"按钮，系统弹出如图 5.2.4 所示的"参数属性"对话框。在该对话框中可以设置标注文字的"名称""值""位置""颜色""字体""定位"以及类型等。

图 5.2.3 "参数"选项卡

图 5.2.4 "参数属性"对话框

一个设置好属性的方块电路示例如图 5.2.5 所示。

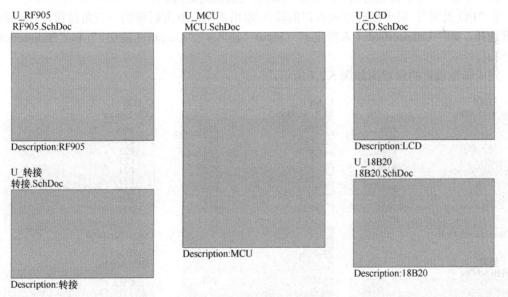

图 5.2.5 设置好属性的方块电路

（6）执行菜单命令"放置"→"添加图纸入口"，或单击布线工具栏中的"▣"按钮，放置方块图的图纸入口。此时指针变成十字形，在方块图的内部单击鼠标左键后，指针上出现一个图纸入口符号。移动指针到指定位置，单击鼠标左键放置 1 个入口，此时系统仍处于放置图纸入口状态，

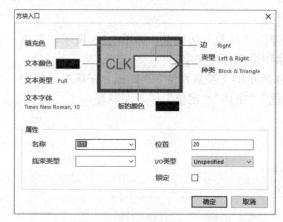

图 5.2.6 方块入口属性设置对话框

单击鼠标左键，继续放置需要的入口。全部放置完成后，单击鼠标右键，退出放置状态。

（7）双击放置的入口，系统弹出"方块入口"属性设置对话框，如图 5.2.6 所示。

① "填充色"：用于设置方块入口内部的填充颜色。单击后面的颜色块，可以在弹出的对话框中设置颜色。

② "文本颜色"：用于设置方块入口名称文字的颜色。同样，单击后面的颜色块，可以在弹出的对话框中设置颜色。

③ "文本类型"：用于设置方块入口名称文字的类型。

④ "文本字体"：用于设置方块入口名称文字的字体。

⑤ "边"：用于设置方块入口在方块图中的放置位置。单击后面的下三角按钮，有 4 个选项供选择，即 "Left（左）" "Right（右）" "Top（顶端）" 和 "Bottom（底部）"。

⑥ "类型"：用于设置方块入口的箭头方向。单击后面的下三角按钮，有 8 个选项可供选择。

⑦ "种类"：用于设置方块入口的箭头形状。单击后面的下三角按钮，有 4 个选项可供选择。

⑧ "板的颜色"：用于设置方块入口边框的颜色。

⑨ "名称"：用于设置方块入口的名称。

⑩ "位置"：用于设置方块入口距离方块图上边框的距离。

⑪ "I/O 类型"：用于设置方块入口的输入/输出类型。单击后面的下三角按钮，有 4 个选项供选择，即 "Unspecified（未指定）" "Input（输入）" "Output（输出）" 和 "Bidirectional（双向）"。

完成属性设置的原理图如图 5.2.7 所示。

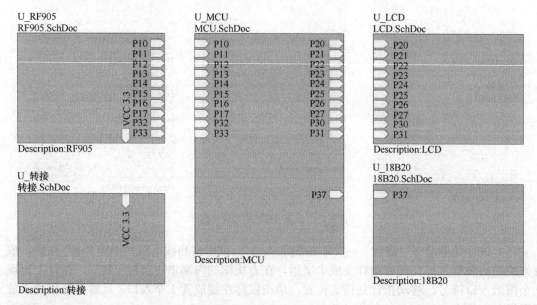

图 5.2.7 完成属性设置的顶层原理图

（8）使用导线将各个方块图的图纸入口连接起来，并绘制图中其他部分原理图。绘制完成的顶层原理图如图 5.1.1 所示。

5.2.2　绘制子原理图

在完成了顶层原理图的绘制后，需要把顶层原理图中的每个方块对应的子原理图绘制出来。注意，其中每一个子原理图中还可以包括子方块电路。

下面以一个设计示例介绍子原理图绘制的具体步骤。

（1）执行菜单命令"设计"→"产生图纸"，指针变成十字形。移动指针到方块电路内部空白处，单击鼠标左键。

（2）系统会自动生成一个与该方块图同名的子原理图文件，并在原理图中生成与方块图对应的输入/输出端口，如图 5.2.8 所示。

图 5.2.8　自动生成的子原理图

（3）绘制子原理图，绘制方法与前面章节中介绍过的原理图绘制方法相同。绘制完成的子原理图示例如图 5.2.9 所示。

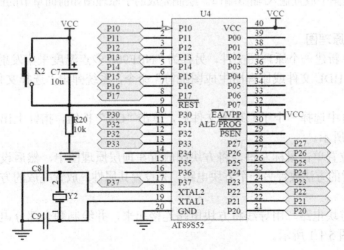

图 5.2.9　子原理图 MCU.SchDoc

（4）采用同样的方法绘制其他子原理图，绘制完成的原理图如图 5.2.10～图 5.2.13 所示。

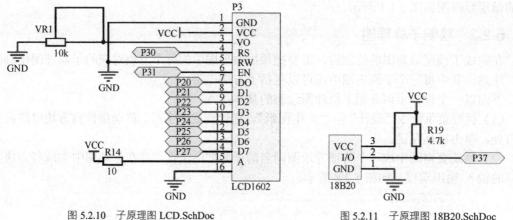

图 5.2.10　子原理图 LCD.SchDoc　　　　图 5.2.11　子原理图 18B20.SchDoc

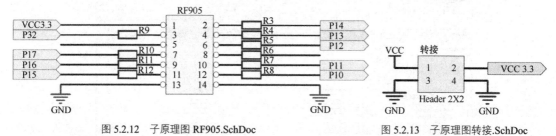

图 5.2.12　子原理图 RF905.SchDoc　　　　图 5.2.13　子原理图转接.SchDoc

5.3　"自下而上"的层次化原理图设计

在"自下而上"的层次化原理图设计方法中，设计者首先根据功能电路模块绘制出子原理图，然后由子图生成方块电路，组合产生一个符合自己设计需要的电路系统。

下面仍以上一节中的例子介绍"自下而上"的层次原理图设计步骤。

1．绘制子原理图

（1）新建项目文件和电路原理图文件。

（2）根据功能电路模块绘制出子原理图。

（3）在子原理图中放置输入/输出端口。绘制完成的子原理图如前面章节的图 5.2.9～图 5.2.13 所示。

2．绘制顶层原理图

（1）在项目中新建一个原理图文件，另存为"NRF905 多点温度采集发射机.SchDoc"后，执行"设计"→"HDL 文件或原理图生成图纸符"命令，系统弹出"选择文件放置"对话框，如图 5.3.1 所示。

（2）在对话框中选择一个子原理图文件后，单击"OK"按钮，指针上出现一个方块电路虚影，如图 5.3.2 所示。

（3）在指定位置单击鼠标左键，将方块图放置在顶层原理图中，然后设置方块图属性。

（4）采用同样的方法放置另一个方块电路，并设置其属性。放置完成的方块电路如图 5.3.3 所示。

（5）排列好方块电路，用导线将方块电路连接起来，并绘制剩余部分电路图。绘制完成的顶层电路图如图 5.1.1 所示。

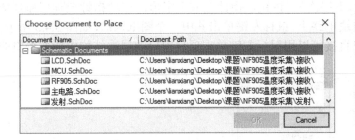

图 5.3.1 "选择文件放置"对话框

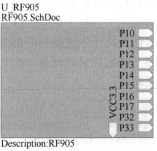

图 5.3.2 指针上出现的方块电路

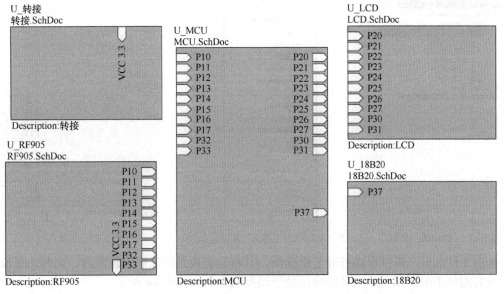

图 5.3.3 放置完成的方块电路

5.4 层次原理图之间的切换

在一个绘制完成的层次电路原理图中，一般都包含有顶层原理图和多张子原理图。设计者在编辑时，常常需要在这些图中来回切换查看，以便了解整个系统电路的结构情况。在 Altium Designer 15 系统中，可以利用"Projects（工程）"工作面板或者命令方式，帮助设计者在层次原理图之间方便地进行切换，实现多张原理图的同步查看和编辑。

5.4.1 利用"Projects"面板切换

打开"Projects（工程）"面板，如图 5.4.1 所示。单击面板中相应的原理图文件名，在原理图编辑区内就会显示对应的原理图。

5.4.2 利用命令方式切换

1. 由顶层原理图切换到子原理图

（1）打开项目文件，执行"工程"→"Compile PCB Project NRF905 多点温度采集发射机.PRJPCB"命令，编译整个电路系统。

（2）打开顶层原理图，执行"工具"→"上/下层次"命令，如图 5.4.2 所示。

单击主工具栏中的"▓（上/下层次）"按钮，指针变成十字形。移动指针至顶层原理图中的欲切换的子原理图对应的方块电路上，鼠标左键单击其中一个图纸入口，如图 5.4.3 所示。

（3）利用项目管理器。用户直接可以用鼠标左键单击项目窗口的层次结构中所要编辑的文件名即可。

图 5.4.1　"Projects"面板

图 5.4.2　"上/下层次"菜单命令

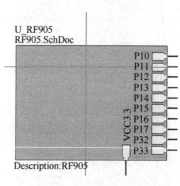

图 5.4.3　图纸入口

单击文件名后，系统自动打开子原理图，并将其切换到原理图编辑区内。此时，子原理图中与前面单击的图纸入口同名的端口处于高亮状态，如图 5.4.4 所示。

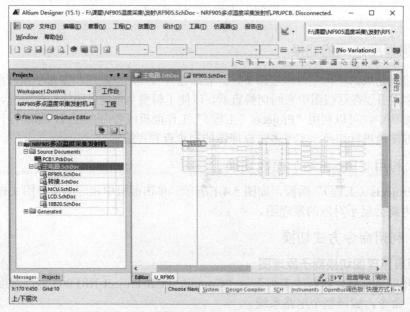

图 5.4.4　切换到子原理图

2．由子原理图切换到顶层原理图

（1）打开一个子原理图，执行菜单命令"工具"→"上/下层次"，或者单击主工具栏中的"📠（上/下层次）"按钮，指针变成十字形。

（2）移动指针到子原理图的一个输入/输出端口上，如图 5.4.5 所示。

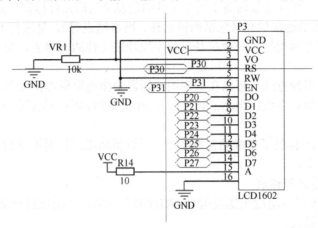

图 5.4.5　选择子原理图的一个输入/输出端口

（3）用鼠标左键单击该端口，系统将自动打开并切换到顶层原理图，此时，顶层原理图中与前面单击的输入/输出端口同名的端口处于高亮状态，如图 5.4.6 所示。

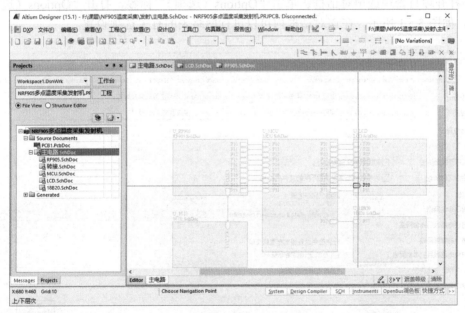

图 5.4.6　切换到顶层原理图

5.5　原理图的报表输出

在 Altium Designer 15 系统中，提供了丰富的报表功能，当电路原理图设计完成，并且经过编译检测之后，可以生成一系列的报表文件。这些报表文件具有不同的功能和用途，借助于这些报表，设计者能够从不同的角度，更好地去掌握整个项目的有关设计信息，方便进行下一步的设计工作。

5.5.1 原理图的网络表

网络表用于记录和描述电路中的各个元件的数据以及各个元件之间的连接关系。描述的内容包括 2 个方面：一是电路原理图中所有元件的信息（包括元件标识、元件引脚和 PCB 封装形式等）；二是网络的连接信息（包括网络名称、网络结点等），是进行 PCB 设计不可缺少的工具。网络表包括 2 种类型：一种是基于单个原理图文件的网络表，另一种则是基于整个项目的网络表。

网络表的生成有多种方法，可以在原理图编辑器中由电路原理图文件直接生成；也可以利用文本编辑器手动编辑生成；当然，还可以在 PCB 编辑器中，从已经布线的 PCB 文件中导出相应的网络表。

Altium Designer 15 提供了集成的开发环境，可以帮助用户针对不同的项目设计需求，创建多种格式的网络表文件。

1. 基于整个项目的网络表

下面以"NRF905 多点温度采集发射机.PRJPCB"为例，介绍项目网络表的创建及特点。

（1）网络表选项设置。

① 打开项目文件"NRF905 多点温度采集发射机.PRJPCB"，并打开其中的任意电路原理图文件。

② 在创建网络表之前，首先应该进行有关选项的设置。执行菜单命令"工程"→"工程参数"，打开项目管理选项对话框。单击"Options（选项）"标签，打开"Options（选项）"对话框，如图 5.5.1 所示。在该对话框内可以进行网络表的有关选项设置。

图 5.5.1 "Options"对话框

（a）"Output Path（输出路径）"文本框：用于设置各种报表（包括网络表）的输出路径，系统会根据当前项目所在的文件夹自动创建默认路径。单击右侧的"🖾（打开）"图标，可以对默认路径进行更改。

（b）"ECO 日志路径"文本框：用于设置 ECO Log 文件的输出路径，系统会根据当前项目所在的文件夹自动创建默认路径。单击右侧的"📂（打开）"图标，可以对默认路径进行更改。

（c）"输出选项"选项组：用于设置网络表的输出选项，一般保持默认设置即可。

（d）"网络表选项"选项组：用于设置创建网络表的条件。

（e）"允许端口命名网络"选项：用于设置是否允许用系统产生的网络名代替与电路输入/输出端口相关联的网络名。如果所设计的项目只是普通的原理图文件，不包含层次关系，可"√"勾选该复选框。

（f）"允许方块电路入口命名网络"选项：用于设置是否允许用系统生成的网络名代替与图纸入口相关联的网络名，系统默认勾选。

（g）"允许单独的管脚网络"选项：用于设置生成网络表时，是否允许系统自动将引脚号添加到各个网络名称中。

（h）"附加方块电路数目到本地网络"选项：用于设置生成网络表时，是否允许系统自动将图纸号添加到各个网络名称中。当 1 个项目中包含多个原理图文档时，"√"勾选该选项，便于查找错误。

（i）"高水平名称取得优先权"选项：用于设置生成网络表时排序优先权。"√"勾选该选项系统以名称对应结构层次的高低决定优先权。

（j）"电源端口名称取得优先权"选项：用于设置生成网络表时的排序优先权。"√"勾选该选项，系统将对电源端口的命名给予更高的优先权。一般使用系统默认的设置即可。

（2）创建项目网络表。

① 执行菜单命令"设计"→"工程的网络表"→"Protel（生成项目网络表）"，如图 5.5.2 所示。

② 系统自动生成了当前项目的网络表文件"主电路.NET"，并存放在当前项目下的"Generated\Netlist Files"文件夹中。双击打开该项目网络表文件"主电路.NET"，结果如图 5.5.3 所示。

该网络表是一个简单的 ASCII 码文本文件，由一行一行的文本组成。内容分成了两大部分，一部分是元件的信息；另一部分则是网络的信息。

元件的信息由若干小段组成，每一元件的信息为一小段，用方括号分隔，由元件的标识、封装形式、型号、数值等组成，如图 5.5.4 所示，空行则是由系统自动生成。

网络的信息同样由若干小段组成，每一网络的信息为一小段，用圆括号分隔，由网络名称和网络中所有具有电气连接关系的元件引脚所组成，如图 5.5.5 所示。

2. 基于单个原理图文件的网络表

下面以示例"NRF905 多点温度采集发射机.PRJPCB"中的原理图文件"MCU.SchDoc"为例，介绍基于单个原理图文件网络表的创建。

图 5.5.2　创建项目网络表菜单命令

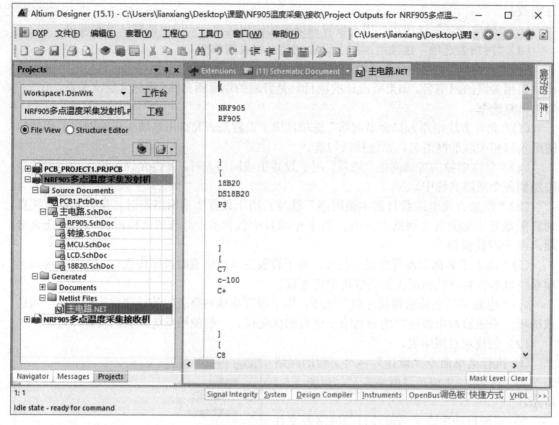

图 5.5.3　创建项目的网络表文件

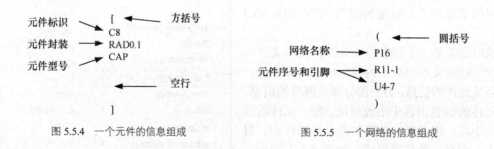

图 5.5.4　一个元件的信息组成　　　　　　　图 5.5.5　一个网络的信息组成

（1）打开项目"NRF905 多点温度采集发射机.PRJPCB"中的原理图文件"MCU.SchDoc"。

（2）执行菜单命令"设计"→"文件的网络表"→"Protel（生成项目网络表）"。

（3）系统自动生成了当前原理图的网络表文件 "MCU.NET"，并存放在当前项目下的"Generated\Netlist Files"文件夹中。双击打开该原理图的网络表文件"MCU.NET"，结果如图 5.5.6 所示。

该网络表的组成形式与上述基于整个项目的网络表是一样的，在此不再重复。

由于该项目只有 1 个原理图文件，因此，基于原理图文件的网络表"MCU.NET"与基于整个项目的网络表名称相同，所包含的内容也完全相同。

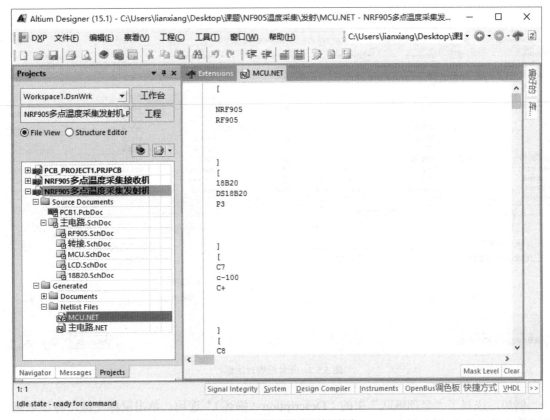

图 5.5.6 创建原理图文件的网络表

5.5.2 原理图的元器件报表

元器件报表相当于一份元器件清单，表中列出当前项目中用到的所有元器件的标识、封装形式、库参考等。从这份报表中，用户可以详细查看到项目中元器件的各类信息。

下面以"NRF905 多点温度采集发射机.PRJPCB"为例，介绍元器件报表的创建过程及功能特点。

1. 元件报表的选项设置

（1）打开项目"NRF905 多点温度采集发射机.PRJPCB"中的原理图文件"MCU.SchDoc"。

（2）执行"报告"→"Bill of Materials（元件清单）"菜单命令，系统弹出相应的元件报表对话框，如图 5.5.7 所示。

（3）在该对话框中，可以对要创建的元器件报表进行选项设置。左边有 2 个列表框，它们的含义不同。

① "聚合的纵队"列表框：用于设置元件的归类标准。如果将"全部纵队"列表框中的某一属性信息拖到该列表框中，则系统将以该属性信息为标准，对元件进行归类，显示在元件报表中。

② "全部纵队"列表框：用于列出系统提供的所有元件属性信息，如"Description（元件描述信息）""Component Kind（元件种类）"等。对于需要查看的有用信息，"√"勾选右侧与之对应的选项框，即可在元件报表中显示出来。图 5.5.8 中所示使用了系统的默认设置，即只勾选了"Comment（注释）""Description（描述）""Designator（指示符）""Footprint（封装）""LibRef（库编号）"和"Quantity（数量）"6 个选项框。

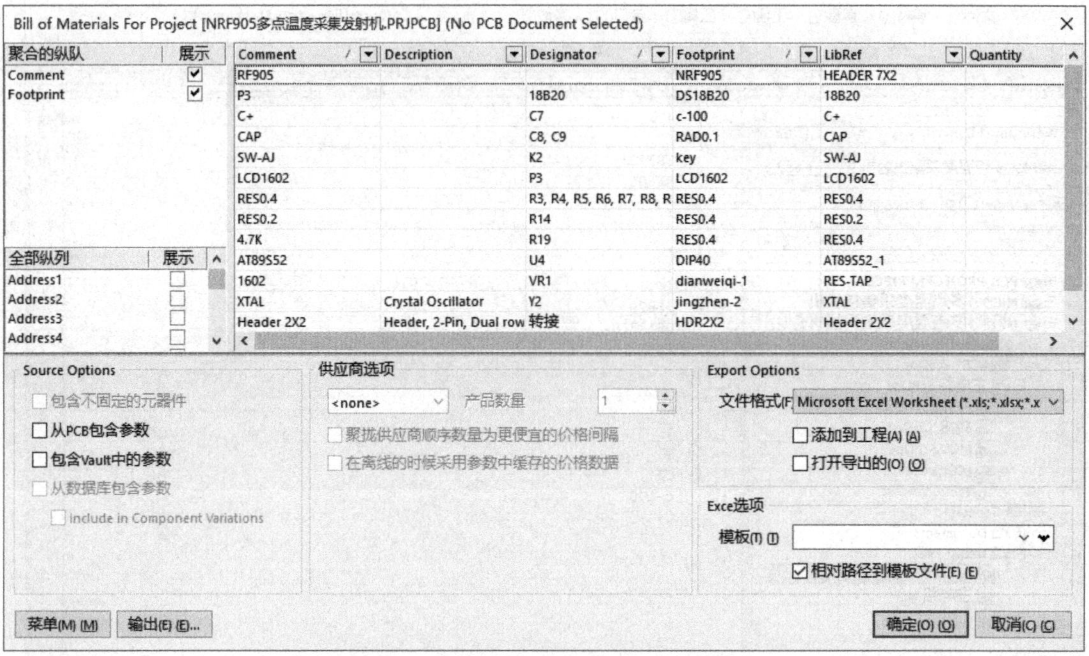

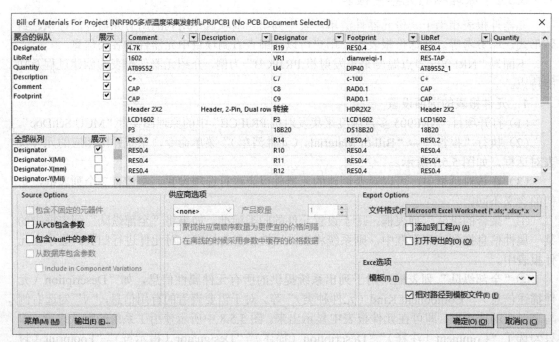

图 5.5.7　元件报表对话框

例如，选择了"全部纵队"中的"Description（描述）"选项，单击鼠标左键，将该项拖到"聚合的纵队"列表框中。此时，所有描述信息相同的元件被归为一类，显示在右边元器件列表中，如图 5.5.8 所示。

图 5.5.8　元件归类显示

另外，在右边元器件列表的各栏中，都有一个下拉按钮"▼"，单击该按钮，同样可以设置元器件列表的显示内容。

例如，单击元件列表中"Description（描述）"栏的下拉按钮"▼"，则会弹出如图 5.5.9 所示的下拉列表。

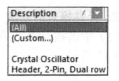

图 5.5.9 "Description"栏的下拉列表

在下拉列表中，可以选择"All（显示全部元件）"，也可以选择"Custom"（以定制方式显示），还可以只显示具有某一具体描述信息的元件。例如，选择"Crystal Oscillator（晶振）"，则相应的元件列表如图 5.5.10 所示。

图 5.5.10 只显示描述信息为"XTAL"的元件

在列表框的下方，还有若干选项和按钮，功能如下所述。

①"文件格式"下拉列表框：用于为元件报表设置文件输出格式。单击右侧的下拉按钮"▼"，可以选择不同的文件输出格式，如 CVS 格式、Excel 格式、PDF 格式、html 格式、文本格式和 XML 格式等。

②"添加到工程"选项：若勾选该选项，则系统在创建了元件报表之后会将报表直接添加到项目里面。

③"打开导出的"选项：若"√"勾选该选项，则系统在创建了元件报表以后，会自动以相应的格式打开。

④"模板"下拉列表框：用于为元件报表设置显示模板。单击右侧的下拉按钮"▼"，可以使用曾经用过的模板文件，也可以单击"..."按钮重新选择。选择时，如果模板文件与元件报表在同一目录下，则可以勾选下面的"Relative Path to Template File（模板文件的相对路径）"选项，使用相对路径搜索，否则应该使用绝对路径搜索。

图 5.5.11 "菜单"快捷菜单

⑤"菜单"按钮：单击该按钮，弹出如图 5.5.11 所示的"Menu（菜单）"。

⑥"输出"按钮：单击该按钮，可以将元件报表保存到指定的文件夹中。

设置好元件报表的相应选项后，就可以进行元件报表的创建、显示及输出了。元件报表可以以多种格式输出，但一般选择 Excel 格式。

2. 元件报表的创建

（1）单击执行"菜单（M）"菜单下的"报告"命令，则弹出元件报表预览对话框，如图 5.5.12 所示。

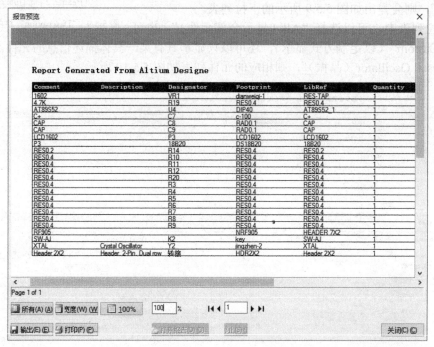

图 5.5.12　元件报表预览对话框

（2）单击"输出（E）"按钮，可以将该报表进行保存，默认文件名为"NF905 多点温度采集发射机.xls"，是一个 Excel 文件。单击"打开报告（C）"按钮，可以将该报表打开，如图 5.5.13 所示。单击"打印（P）"按钮，则可以将该报表进行打印输出。

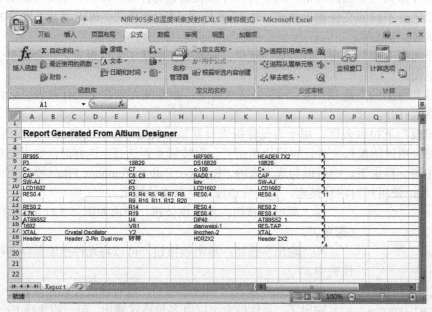

图 5.5.13　报表文件

（3）在元件报表对话框中，单击按钮"❤"，在"C：\Program Files\Altium Design 15\Template"（这个路径与 Altium Design 15 存放在计算机中的位置有关，本示例在"F：\ad15\ad15.1\Template"）目录下，选择系统自带的元件报表模板文件"BOM Default Template.XLT"，如图 5.5.14 所示。

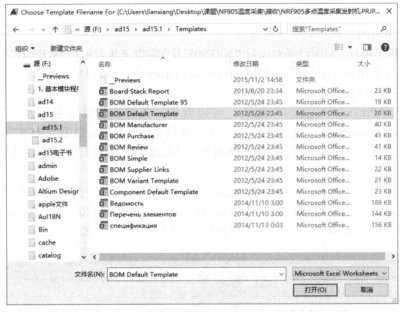

图 5.5.14　选择元件报表模板

（4）单击"打开（O）"按钮后，返回元件报表对话框。单击"确定（O）"按钮，退出对话框。

此外，Altium Design 15 系统还可以为用户提供简单的元件报表。简单的元件报表不需要进行设置即可产生，执行菜单命令"报告"→"Simple BOM（简单报表）"，则系统同时产生"MCU.BOM"和"MCU.CSV"两个文件，并加入到项目中，如图 5.5.15 所示。

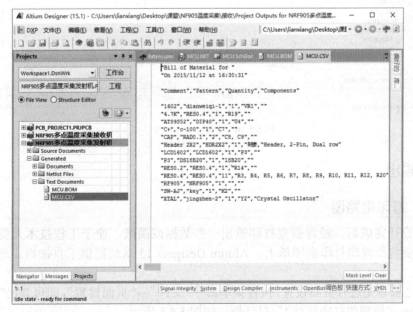

图 5.5.15　简易元件报表

5.5.3 层次设计表

对于一个复杂的电路系统，可能是包含多个层次的层次电路图，此时，层次原理图的关系就比较复杂了。为了解决这个问题，Altium Designer 15 提供了一种层次设计报表，通过层次设计报表，设计者可以清楚地了解原理图的层次结构关系。

层次设计报表的生成步骤如下所述。

（1）编译整个项目。前面已经对项目"NRF905 多点温度采集发射机.PRJPCB"进行了编译。

（2）执行菜单命令"报告"→"Report Project Hierarchy（项目层次报告）"，则会生成有关该项目的层次设计表。

（3）打开"Projects（工程）"面板，可以看到，该层次设计表被添加在该项目下的"Generated\Text Documents\"文件夹中，是一个与项目文件同名，后缀为".REP"的文本文件。

（4）双击该层次设计表文件，则系统转换到文本编辑器，可以对该层次设计表进行查看，如图 5.5.16 所示。

在生成的层次设计表中，使用缩进格式明确地列出了本项目中的各个原理图之间的层次关系，原理图文件名越靠左，说明该文件在层次电路图中的层次越高。如图 5.5.16 所示的"主电路.SchDoc"文件名最靠左，说明该文件在层次电路图中的层次最高。

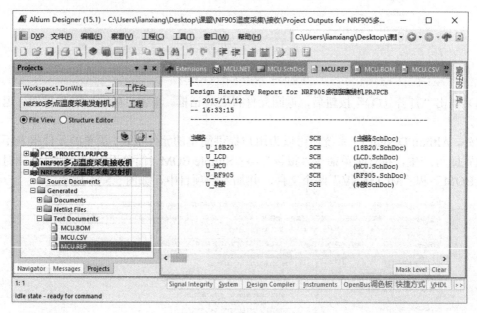

图 5.5.16　生成层次设计表

5.6　打印输出

5.6.1　打印电路图

原理图设计完成后，经常需要打印输出一些数据或图纸，便于工程技术人员阅读和交流。经常需要将原理图打印到图纸上。Altium Designer 15 系统提供了直接将原理图打印输出的功能。

在打印之前首先进行页面设置。执行菜单命令"文件"→"页面设置"，即可弹出"Schematic Print Properties（原理图打印属性）"对话框，如图 5.6.1 所示。

图 5.6.1 "Schematic Print Propert" 对话框

（1）"打印纸"栏：用来设置纸张大小和方向，有下面 3 个选项。

① "尺寸"：选择所用打印纸的尺寸。

② "肖像图"：选中该选项，将使图纸竖放。

③ "风景图"：选中该选项，将使图纸横放。

（2）"页边"栏：用来设置页边距，有下面两个选项。

① "水平"：设置水平页边距。

② "竖直"：设置垂直页边距。

（3）"缩放比例"栏：用来设置打印比例，有下面两个选项。

① "缩放模式"下拉菜单：选择比例模式，有两种选择：选择"Fit Document On Page"，系统自动调整比例，以便将整张图纸打印到一张图纸上；选择"Scaled Print"，由用户自己定义比例的大小，这时整张图纸将以用户定义的比例打印，有可能是打印在一张图纸上，也有可能打印在多张图纸上。

② "缩放"：当选择"Scaled Print（按比例打印）"模式时，用户可以在这里设置打印比例。

（4）"修正"栏：用来修正打印比例。

（5）"颜色设置"栏：用来设置打印的颜色，有 3 种选择，即"单色""颜色"和"灰的"。

（6）单击"预览"按钮，可以预览打印效果。

（7）单击"打印设置…"按钮，可以进行打印机设置，与一般"Word"文档打印机设置相同。

（8）设置、预览完成后，即可单击"打印（P）"按钮，打印原理图。

此外，执行菜单命令"文件"→"打印"，或单击工具栏中的" （打印）"按钮，也可以实现打印原理图的功能。

5.6.2　输出 PDF 文档

PDF 文档是一种应用广泛的文档格式。Altium Designer15 系统提供了一个强大的 PDF 生成工具，可以非常方便的将电路原理图或是 PCB 图转化为 PDF 格式。具体操作过程如下所述。

（1）执行菜单命令"File（文件）"→"Smart PDF"，启动智能 PDF 生成器，如图 5.6.2 所示。

（2）单击"Next（N）"按钮，进入"选择导出目标"对话框，如图 5.6.3 所示。在此对话框中，可以选择"当前项目"和"当前文件"，并在"输出文件名称"中填入输出 PDF 的保存文件名及路径。

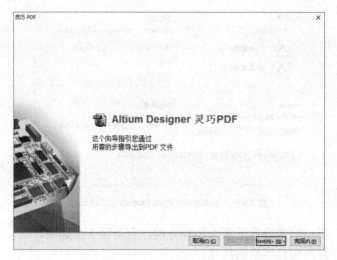

图 5.6.2　启动智能 PDF 生成器

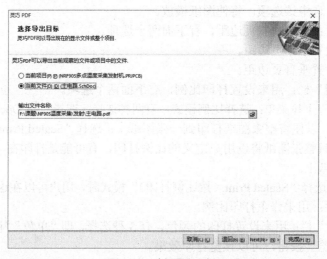

图 5.6.3　选择导出目标

（3）单击"Next（N）"按钮，进入如图 5.6.4 所示的"导出项目文件"对话框，在这里可以选择需要 PDF 输出的原理图文件。在选择的过程中，可以按住"Ctrl"键或"Shift"键再单击鼠标左键，进行多文件的选择。

（4）单击"Next（N）"按钮，进入如图 5.6.5 所示的"导出 BOM 表"对话框，在这里可以设置是否生成元件报表，以及报表格式和套用的模板。

（5）单击"Next（N）"按钮，进入如图 5.6.6 所示的"添加打印设置"对话框，选择 PDF 文件的额外设置。

① "缩放"选项：用来设定 PDF 阅读窗口缩放的大小，可以拖动下面的滑块来改变缩放的比例。

② "Additional Bookmark（附加书签）"选项：当选择"Generate nets information"时，设定在生成的 PDF 文档中产生网络信息。另外还可以设定是否产生"Pin（引脚）""Net Labels（网络表）""Ports（端口）"的标签。

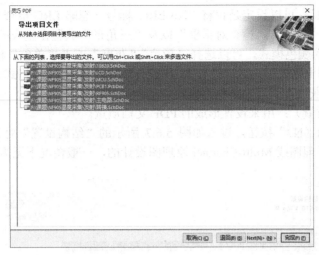

图 5.6.4　"导出项目文件"对话框

图 5.6.5　"导出 BOM 表"对话框

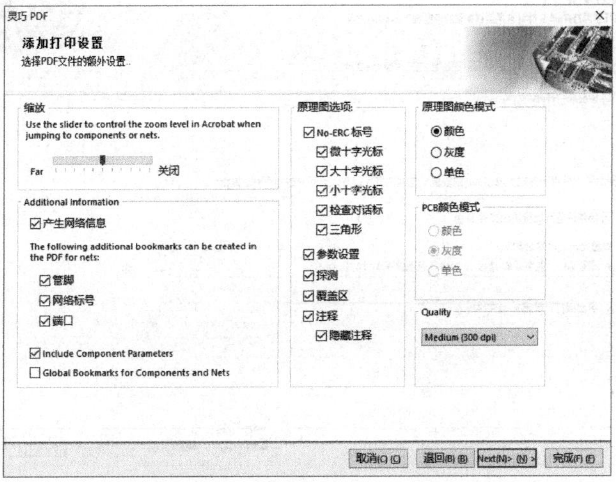

图 5.6.6　"添加打印设置"对话框

③"原理图选项"：可以设定是否将"No-ERC 标号（忽略 ERC 检查）""微十字光标""大十字光标""小十字光标""检查对话框"以及"三角形"放置在生成的 PDF 文档中。还可以设置 PDF 文档的颜色模式，可以选择"颜色""灰度"或者"单色"模式。

④"PCB（印制电路板）"：可以设置 PCB 设计文件转化为 PDF 格式时的颜色模式，可以设置为"颜色""灰度"或者"单色"模式。

⑤"Quality（质量）"：用来设置形成的 PDF 文档质量。

（6）单击"Next（N）"按钮，进入如图 5.6.7 所示的"结构设置"对话框，该功能是针对重复层次式电路原理图或 Multi-Channel 原理图设计的，一般情况下无需更改。

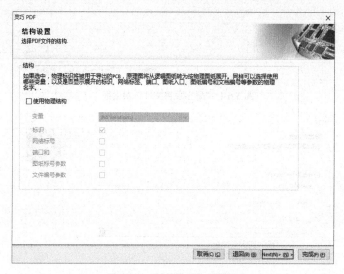

图 5.6.7　"结构设置"对话框

（7）单击"Next（N）"按钮，进入如图 5.6.8 所示的"最后步骤"对话框，完成 PDF 设置。至此，生成 PDF 文档的设置已经完成，设计者还可以设置一些后续操作，如"导出后打开 PDF 文件"等选项。

图 5.6.8　完成 PDF 文件生成设置

（8）单击"完成"按钮完成 PDF 文件的导出，系统会自动打开生成的 PDF 文档，如图 5.6.9 所示。在左边的标签栏中，层次式的列出了工程文件的结构，每张电路图纸中的元件、网络，以及工程的元件报表。可以单击各标签跳转到相应的项目，非常方便。

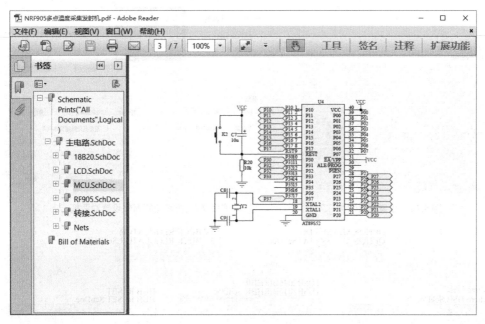

图 5.6.9　生成的 PDF 文档

5.7　综合示例

下面以 TI 公司（http://www.ti.com.cn）的"TIDM-LC-WATERMTR"中的"usb_hub_and_power_sch.SchDoc"为例，更进一步介绍"自上而下"和"自下而上"层次电路的设计方法。

5.7.1　"自上而下"层次电路设计示例

（1）选择菜单栏中的"文件"→"新建（New）"→"Project（工程）"→"PCB 工程"命令，建立一个新项目文件，保存并输入项目文件名称"ezFET.PrjPcb"。

自上而下层次电路
设计示例

（2）选择菜单栏中的"文件"→"新建（New）"→"原理图"，在新项目文件中新建一个原理图文件，保存原理图文件"主电路.SchDoc"。

（3）选择菜单栏中的"放置"→"图纸符号"命令，或者单击布线工具栏中的"▦（放置图纸符号）"按钮，放置方块电路图，如图 5.7.1 所示。

（4）使用同样的方法绘制其余方块电路。绘制完成后，单击鼠标右键，退出绘制状态。

（5）双击绘制完成的方块电路图，弹出方块电路（方块符号）属性设置对话框，如图 5.7.2 所示。在该对话框中设置方块图属性，设置好属性的方块电路如图 5.7.3 所示。

（6）选择菜单栏中的"放置"→"添加图纸入口"命令，或者单击布线工具栏中的"▣（放置图纸入口）"按钮，放置方块图的图纸入口（方块入口），单击鼠标左键，依次放置需要的入口。全部放置完成后，单击鼠标右键，退出放置状态。

（7）双击放置的入口，系统弹出图纸入口属性设置对话框，如图 5.7.4 所示。在该对话框中可以设置图纸入口的属性。完成属性设置的原理图如图 5.7.5 所示。

图 5.7.1　放置方块图

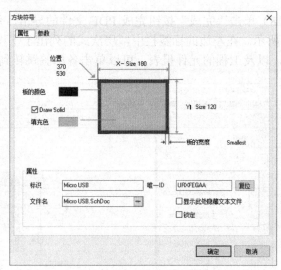

图 5.7.2　方块电路属性设置对话框

图 5.7.3　设置好属性的方块电路

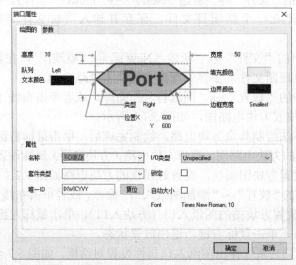

图 5.7.4　图纸入口（方块入口）属性设置对话框

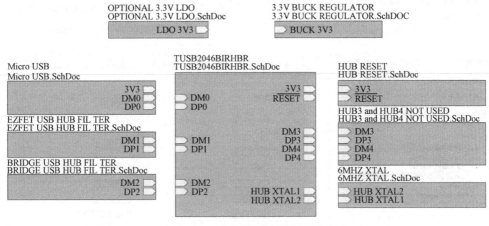

图 5.7.5　完成属性设置的原理图

（8）使用导线将各个方块图的图纸入口连接起来，并绘制图中其他部分原理图。绘制完成的顶层原理图如图 5.7.6 所示。

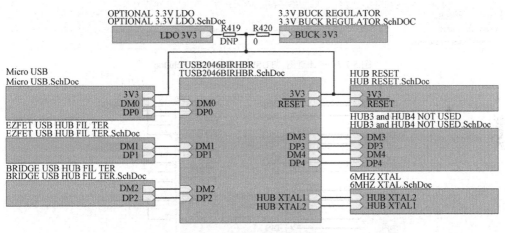

图 5.7.6　绘制完成的顶层电路图

完成了顶层原理图的绘制以后，要把顶层原理图中的每个方块对应的子原理图绘制出来，其中每一个子原理图中还可以包括方块电路。

（9）选择菜单栏中的"设计"→"产生图纸"命令，指针变成十字形。移动指针到方块电路供电电路内部空白处，单击鼠标左键，系统会自动生成一个与该方块图同名的子原理图文件"TUSB2046BIRHBR.SchDoc"，如图 5.7.7 所示。

（10）继续绘制"TUSB2046BIRHBR.SchDoc"电路原理图，完成的电路图如图 5.7.8 所示。

（11）采用同样的方法，绘制另外 8 个方块电路同名的电路原理图，如图 5.7.9～图 5.7.16 所示。

（12）电路编译。选择菜单栏中的"工程"→"Compile PCB 工程（编译电路板工程）"命令，将本设计工程编译。弹出如图 5.7.17 所示的信息面板，同时，工程图面板编译结果如图 5.7.18 所示。

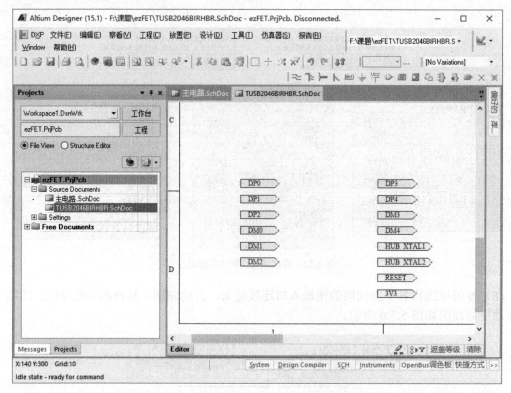

图 5.7.7 子原理图 "TUSB2046BIRHBR.SchDoc"

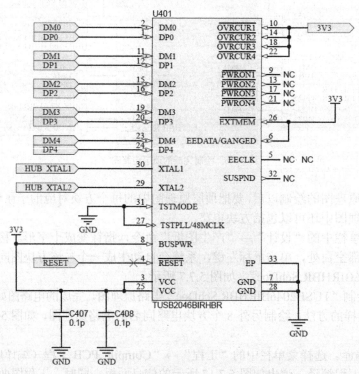

图 5.7.8 "TUSB2046BIRHBR.SchDoc" 电路原理图

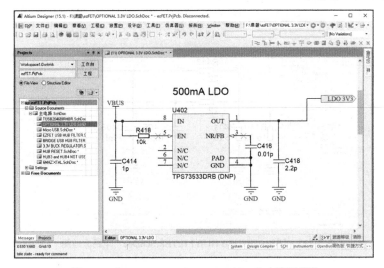

图 5.7.9 "OPTIONAL 3.3V LOD.SchDoc" 电路原理图

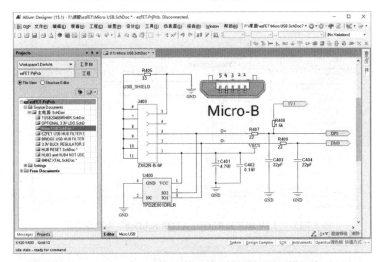

图 5.7.10 "Micro USB.SchDoc" 电路原理图

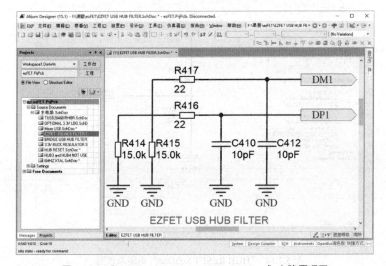

图 5.7.11 "EZFET USB HUB FILTER.SchDoc" 电路原理图

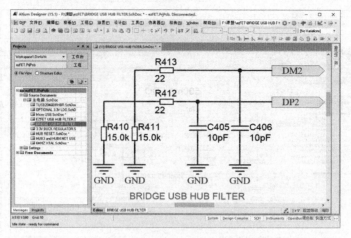

图 5.7.12 "BRIDGE USB HUB FILTER.SchDoc" 电路原理图

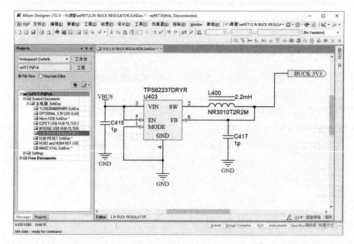

图 5.7.13 "3.3V BUCK REGULATOR.SchDoc" 电路原理图

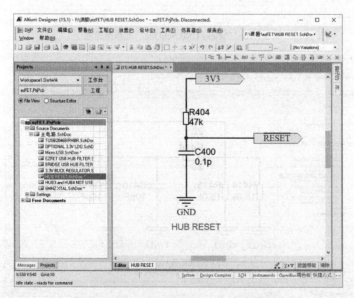

图 5.7.14 "HUB RESET.SchDoc" 电路原理图

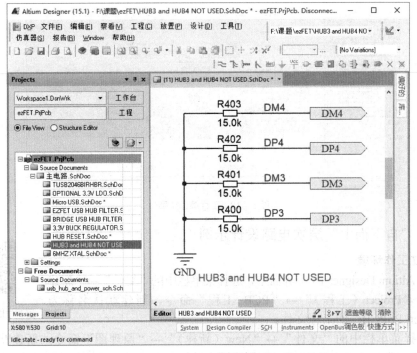

图 5.7.15 "HUB3 and HUB4 NOT USED.SchDoc" 电路原理图

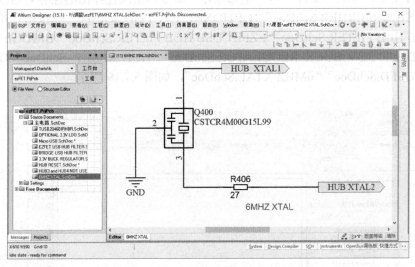

图 5.7.16 "6MHZ XTAL.SchDoc" 电路原理图

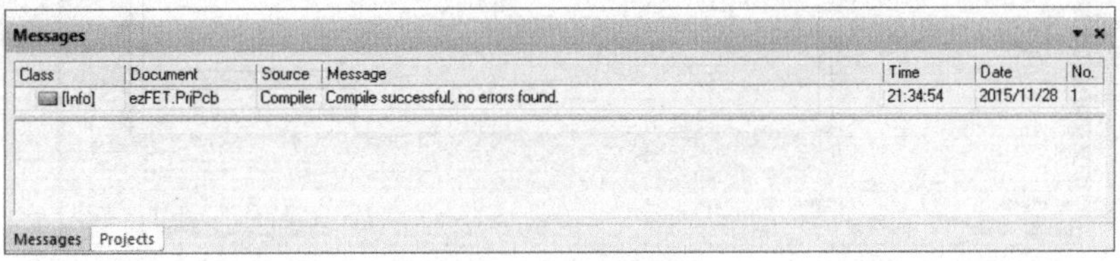

图 5.7.17 编译信息面板

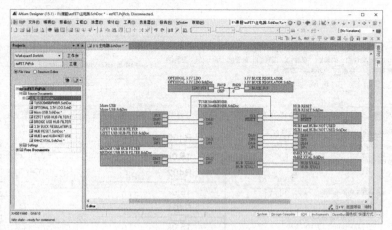

图 5.7.18　工程编译结果

5.7.2 "自下而上"层次电路设计示例

1. 建立工作环境

自下而上层次电路设计

（1）在 Altium Designer 15 主界面中，选择菜单栏中的"文件"→"新建（New）"→"Project（工程）"→"PCB 工程"命令，新建默认名称为"PCB-Projectl.PrjPCB"的工程文件。

（2）选择菜单栏中的"文件"→"New（新建）"→"原理图"命令，新建默认名称为"Sheet1.SchDoc"～"Sheet9.SchDoc"原理图文件。

（3）选择菜单栏中的"文件"→"全部保存"命令，依次在弹出的保存对话框中输入文件名称"TUSB2046BIRHBR.SchDoc""OPTIONAL 3.3V LOD.SchDoc""Micro USB.SchDoc""EZFET USB HUB FILTER.SchDoc""EZFET USB HUB FILTER.SchDoc""BRIDGE USB HUB FILTER.SchDoc""3.3V BUCK REGULATOR.SchDoc""HUB RESET .SchDoc""HUB3 and HUB4 NOT USED.SchDoc""6MHZ XTAL.SchDoc"，如图 5.7.19 所示。

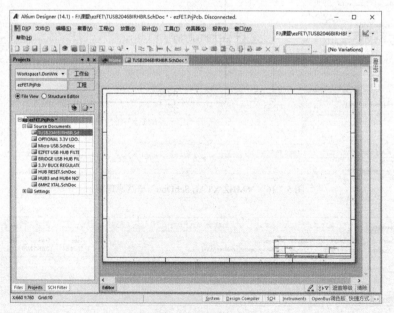

图 5.7.19　保存原理图文件

利用"全部保存"命令，可一次性保存原理图文件与工程图文件，减少绘图步骤，适用于创建多个文件。

2．加载元件库

选择菜单栏中的"设计"→"添加/移除库"命令，打开"可用库"对话框，然后在其中加载需要的元件库"Miscellaneous Devices.IntLib""Miscellaneous Connectors.IntLib"和"TPS73533DRBCDNP.Schli"如图 5.7.20 所示。

图 5.7.20　加载需要的元件库

3．绘制"OPTIONAL 3.3V LOD.SchDoc"电路

（1）选择"库"面板，在其中浏览刚刚加载的元件库"TPS73533DRB（DNP）.Schli"，找到所需的元件"TPS73533DRB（DNP）"，如图 5.7.21 所示。双击元件弹出元件属性编辑对话框，修改元件参数，结果如图 5.7.22 所示。

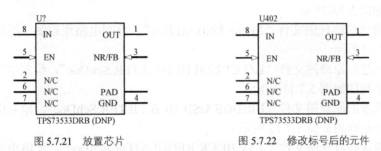

图 5.7.21　放置芯片　　　　　　图 5.7.22　修改标号后的元件

（2）放置其余元件到原理图中，再对这些元件进行编辑、布局，布局的结果如图 5.7.23 所示。

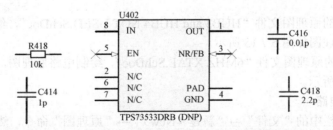

图 5.7.23　"OPTIONAL 3.3V LOD.SchDoc"电路元件布局

4．元件布线

单击"连线"工具栏中的"≈（放置线）"按钮，对元件之间进行连线操作。

单击"连线"工具栏中的"⏚（GND 接地符号）"按钮，放置接地符号，完成后的原理图如图 5.7.24 所示。

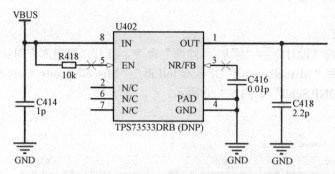

图 5.7.24 "OPTIONAL 3.3V LOD.SchDoc" 电路元件连线

5．放置电路端口

（1）选择菜单栏中的"放置"→"端口"命令，或者单击工具栏中的" 　（放置端口）"按钮，指针将变为十字形状，在适当的位置再一次单击鼠标左键，即可完成电路端口的放置。双击一个放置好的电路端口，打开"端口属性"对话框，在该对话框中对电路端口属性进行设置，设置端口名称为"LDO 3V3"，参考图 5.7.4 所示。

（2）用同样的方法在原理图中放置其余电路端口，绘制完成的电路如图 5.7.9 所示。

6．绘制其余子原理图

（1）打开新建的原理图文件"TUSB2046BIRHBR.SchDoc"，绘制电路原理图，绘制完成的电路原理图如图 5.7.8 所示。

（2）打开新建的原理图文件"Micro USB.SchDoc"，绘制电路原理图，绘制完成的电路原理图如图 5.7.10 所示。

（3）打开新建的原理图文件"EZFET USB HUB FILTER.SchDoc"，绘制电路原理图，绘制完成的电路原理图如图 5.7.11 所示。

（4）打开新建的原理图文件"BRIDGE USB HUB FILTER.SchDoc"，绘制电路原理图，绘制完成的电路原理图如图 5.7.12 所示。

（5）打开新建的原理图文件"3.3V BUCK REGULATOR.SchDoc"，绘制电路原理图，绘制完成的电路原理图如图 5.7.13 所示。

（6）打开新建的原理图文件"HUB RESET.SchDoc"，绘制电路原理图，完成的电路原理图如图 5.7.14 所示。

（7）打开新建的原理图文件"HUB3 and HUB4 NOT USED.SchDoc"，绘制电路原理图，绘制完成的电路原理图如图 5.7.15 所示。

（8）打开新建的原理图文件"6MHZ XTAL.SchDoc"，绘制电路原理图，绘制完成的电路原理图如图 5.7.16 所示。

7．设计顶层电路

（1）选择菜单栏中的"文件"→"新建（New）"→"原理图"命令，然后单击右键选择"保存为"菜单命令，将新建的原理图文件另存为"主电路.SchDoc"。

（2）选择菜单栏中的"设计"→"HDL 文件或图纸生成图表符"命令，打开"Choose Document to Place（选择文件位置）"对话框，如图 5.7.25 所示，在该对话框中选择"OPTIONAL 3.3V LOD.SchDoc"，然后单击"OK"按钮，生成浮动的方块图。

（3）将生成的方块图放置到原理图中，如图 5.7.26 所示。

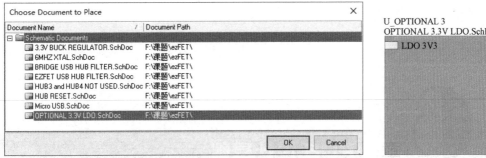

图 5.7.25 选择要生成方块图的子图

图 5.7.26 放置方块电路图

（4）同样的方法创建其余与子原理图同名的方块图，放置到原理图中，端口调整结果如图 5.7.5 所示。

（5）连接导线。单击"连线"工具栏中的"≋（放置线）"按钮，完成方块图中电路端口之间的电气连接，如图 5.7.6 所示。

8．电路编译

（1）选择菜单栏中的"工程"→"Compile PCB 工程（编译印制电路板工程）"命令，编译本设计工程，编译结果如图 5.7.18 所示。

（2）选择菜单栏中的"报告"→"Report Project Hierarchy（工程层次报告）"命令，系统将生成层次设计报表，如图 5.7.27 所示。

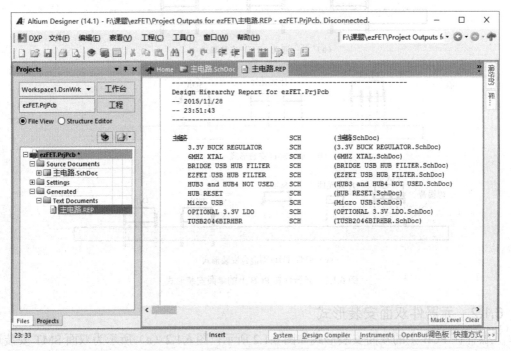

图 5.7.27 层次设计报表

第 **6** 章 PCB 设计基础

6.1 元器件在 PCB 上的安装形式

6.1.1 元器件单面安装形式

元器件在 PCB 上的单面安装形式[11]如图 6.1.1 所示。图 6.1.1（a）所示为单一通孔（TH）安装形式，图 6.1.1（b）所示为单一 SMT（Surface Mount Technology，表面贴装技术）安装形式，图 6.1.1（c）所示为 SMT/TH 单面混合安装形式。

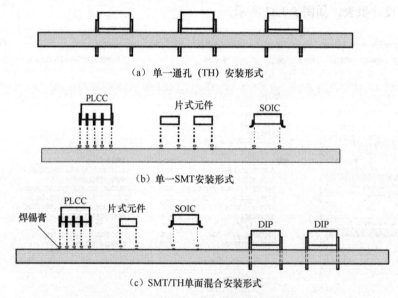

（a）单一通孔（TH）安装形式

（b）单一 SMT 安装形式

（c）SMT/TH 单面混合安装形式

图 6.1.1　元器件在 PCB 上的单面安装形式

6.1.2 元器件双面安装形式

元器件在 PCB 上的双面安装形式如图 6.1.2 所示，图 6.1.2（a）所示为双面 SMT 安装形式，图 6.1.2（b）所示为一面 TH/一面 SMT 的混合安装形式，图 6.1.2（c）所示为 SMT/TH/FPT/CMT 双面混合安装形式。注意，不推荐采用双面通孔安装形式。

6.1.3 元器件之间的间距

考虑到焊接、检查、测试、安装的需要，元件之间的间隔不能太近，推荐的元器件之间距离如图 6.1.3 所示。

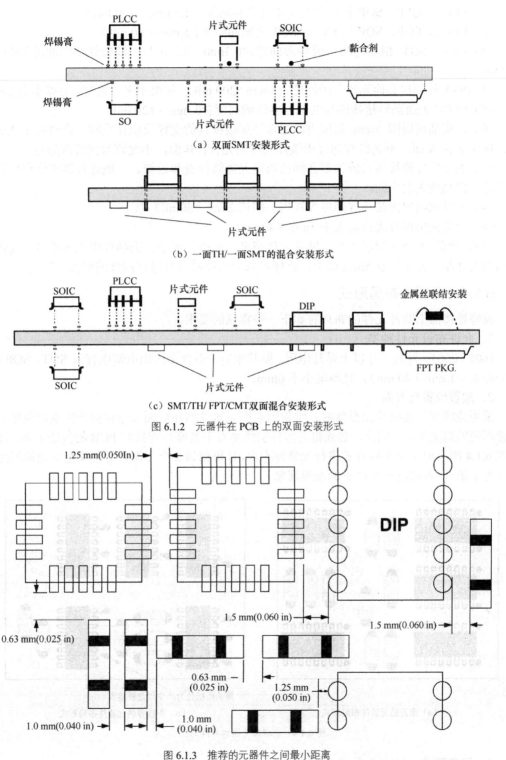

（a）双面SMT安装形式

（b）一面TH/一面SMT的混合安装形式

（c）SMT/TH/ FPT/CMT双面混合安装形式

图 6.1.2　元器件在 PCB 上的双面安装形式

图 6.1.3　推荐的元器件之间最小距离

设计时建议按照以下原则设计，对批量生产的高密度板（例如手机 PCB）可灵活设计（其中间隙指不同元器件焊盘间的间隙和元件体间隙中的较小值）。

（1）PLCC，QFP，SOP 各自之间和相互之间间隙≥2.5 mm（100 mil）。

（2）PLCC，QFP，SOP 与 Chip，SOT 之间间隙≥1.5 mm（60 mil）。

（3）Chip，SOT 相互之间再流焊面间隙≥0.3mm（12 mil），波峰焊面的间隙≥0.8mm（32 mil）。

（4）BGA 外形与其他元器件的间隙≥5 mm（200 mil）。如果不考虑返修，可以小至 2mm。

（5）PLCC 表面贴转接插座与其他元器件的间隙≥3 mm（120 mil）。

（6）压接插座周围 5mm 范围内，为保证压接模具的支撑及操作空间，合理的工艺流程下，应保证在 A 面，不允许有超过压接件高度的元件；B 面，不允许有元件或焊点。

（7）表面贴片连接器与连接器之间应该确保能够检查和返修。一般连接器引线侧应该留有比连接器高度大的空间。

（8）元件到喷锡铜带（屏蔽罩焊接用）应该 2mm（80mil）以上。

（9）元件到拼板分离边需大于 1mm（40mil）以上。

（10）如果 B 面（焊接面）上贴片元件很多、很密、很小，而插件焊点又不多，建议插件引脚离开贴片元件焊盘 5mm 以上，以便可以采用掩模夹具进行局部波峰焊。

6.1.4 元器件布局形式

波峰焊接面上贴片元件的布局有如下一些特殊的要求。

1. 允许布设元件种类

1608（0603）封装尺寸以上贴片电阻、贴片电容（不含立式铝电解电容）、SOT、SOP（引线中心距≥1 mm（40 mil））且高度小于 6mm。

2. 放置位置与方向

采用波峰焊焊接贴片元器件时，常常因前面元器件挡住后面元器件而产生漏焊现象，即通常所说的遮蔽效应。因此，必须将元器件引线垂直于波峰焊焊接时 PCB 的传送方向，即按照图 6.1.4 所示的正确布局方式进行元器件布局，且每相邻 2 个元器件必须满足一定的间距要求（见下条），否则将产生严重的漏焊现象。

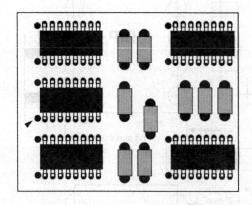
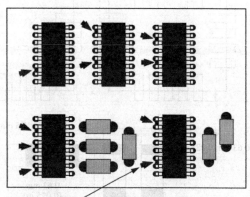

箭头所指处为产生焊盘桥接点

（a）推荐的元器件布局形式　　　　　　　　　（b）不推荐的元器件布局形式

图 6.1.4　波峰焊元器件布局形式

3. 间距要求

波峰焊时，2 个大小不同的元器件或错开排列的元器件，它们之间的间距要按照图 6.1.5

所示的尺寸要求设计；否则，易产生漏焊或桥连。

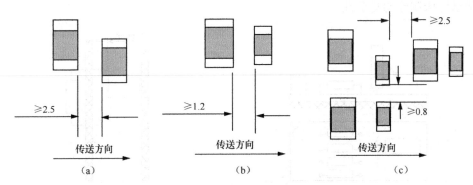

图 6.1.5 间距和相对位置要求

4. 焊盘要求

波峰焊时，对于 0805/0603、SOT、SOP、钽电容器，在焊盘设计上应该按照以下工艺要求做一些修改，这样有利于减少类似漏焊、桥连这样的一些焊接缺陷。

（1）对于 0805/0603 元件按照《SMD 元器件封装尺寸要求》的要求设计。

（2）对 SOT、钽电容器，焊盘应比正常设计的焊盘向外扩展 0.3 mm（12 mil），以免产生漏焊缺陷，如图 6.1.6（a）所示。

（3）对于 SOP，如果方便的话，应该在每个元器件一排引线的前后位置设计一个工艺焊盘，其尺寸一般比焊盘稍宽一些，用于防止产生桥连缺陷，如图 6.1.6（b）所示。

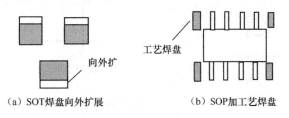

图 6.1.6 焊盘优化实例

5. 其他要求

（1）由于目前插装元件封装尺寸不是很标准，各元件厂家产品差别很大，设计时一定要留有足够的空间位置，以适应多家供货的情况。

（2）对 PCB 上轴向插装等较长、高的元件，应该考虑卧式安装，留出卧放空间。卧放时注意元件孔位，正确的位置如图 6.1.7 所示。

（3）金属壳体的元器件，特别注意不要与别的元器件或印制导线相碰，要留有足够的空间位置。

（4）较重的元器件，应该布放在靠近 PCB 支撑点或边的地方，以减少 PCB 的翘曲。特别是 PCB 上有 BGA 等不能通过引脚释放变形应力的元件，必须注意这一点。

（5）大功率的元件周围、散热器周围，不应该布放热敏元件，要留有足够的距离。

（6）拼板连接处，最好不要布放元件，以免分板时损伤元件。

（7）对需要用胶加固的元件，如较大的电容器、较重的瓷环等，要留有注胶地方。

（8）对有结构尺寸要求的单板，如插箱安装的单板，其元件的高度应该保证距相邻板 6mm 以上空间，如图 6.1.8 所示。

（9）焊接面上所布高度超过 6mm 的元件（波峰焊后补焊的插装元件）尽量集中布置，以减少测试针床制造的复杂性。

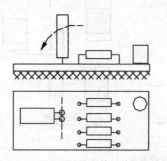

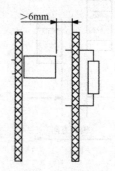

图 6.1.7　比周围元件高的元件应该卧倒　　　　　图 6.1.8　元件高度限制

6.1.5　测试探针触点/通孔尺寸

测试探针触点/通孔尺寸如图 6.1.9 所示。图 6.1.9（a）所示为圆形，图 6.1.9（b）所示为正方形。测试/通孔探针触点要与元器件保持一定空间，如图 6.1.10 所示。

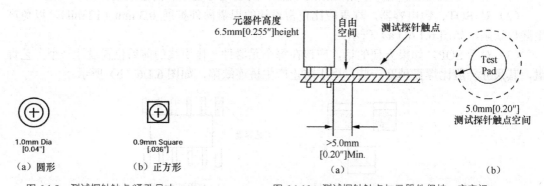

图 6.1.9　测试探针触点/通孔尺寸　　　　　图 6.1.10　测试探针触点与元器件保持一定空间

6.2　焊盘设计

6.2.1　焊盘类型

在印制电路板上，所有元件的电气连接都是通过焊盘来进行连接的。焊盘是 PCB 设计中最重要的基本单元。根据不同的元件和焊接工艺，印制电路板中的焊盘可以分为非过孔焊盘和过孔焊盘 2 种类型。非过孔焊盘主要用于表面贴装元件的焊接，过孔焊盘主要用于针脚式元件的焊接。

焊盘形状的选择与元件的形状、大小、布局情况、受热情况和受力方向等因素有关，设计人员需要根据情况综合考虑后进行选择。在大多数的 PCB 设计工具中，系统可以为设计人员提供圆形（Round）焊盘、矩形（Rectangle）焊盘和八角形（Octagonal）焊盘等不同类型的焊盘[12]。

1．圆形焊盘

在印制电路板中，圆形焊盘是最常用的一种焊盘。对于过孔焊盘来说，圆形焊盘的主要尺寸是孔径尺寸和焊盘尺寸，焊盘尺寸与孔径尺寸存在一个比例关系，如焊盘尺寸一般是孔径尺寸的 2 倍。非过孔型圆形焊盘主要用作测试焊盘、定位焊盘和基准焊盘等，主要的尺寸是焊盘尺寸。

2．矩形焊盘

矩形焊盘包括方形焊盘和矩形焊盘两大类。方形焊盘主要用来标识印制电路板上用于安装元器件的第 1 个引脚。矩形焊盘主要用作表面贴装元器件的引脚焊盘。焊盘尺寸大小与所对应的元器件引脚尺寸有关，不同元器件的焊盘尺寸不同。

3．八角形焊盘

八角形焊盘在印制电路板中应用得相对较少，它主要是为了同时满足印制电路板的布线以及焊盘的焊接性能等要求而设定的。

4．异形焊盘

在 PCB 的设计过程中，设计人员还可以根据设计的具体要求，采用一些特殊形状的焊盘。例如，对于一些发热量较大、受力较大和电流较大等的焊盘，可以设计成泪滴状。

6.2.2 焊盘尺寸

焊盘尺寸对 SMT 产品的可制造性和寿命有很大的影响。影响焊盘尺寸的因素很多，焊盘尺寸应该考虑元件尺寸的范围和公差、焊点大小的需要、基板的精度、稳定性和工艺能力（如定位和贴片精度等）。元器件的外形和尺寸、基板种类和质量、组装设备能力、所采用的工艺种类和能力以及要求的品质水平或标准等因素决定焊盘的尺寸[13]。

设计焊盘尺寸，包括焊盘本身的尺寸、阻焊剂或阻焊层框框的尺寸，以及需要考虑元器件占地范围、元器件下的布线和点胶（在波峰焊工艺中）用的虚设焊盘或布线等工艺要求。

由于目前在焊盘尺寸设计时，还不能找出具体和有效的综合数学公式，用户还必须配合计算和试验来优化本身的规范，而不能单靠采用他人的规范或计算得出的结果。建立自己的设计档案，制定一套适合自己情况的尺寸规范，也就显得十分重要。

焊盘设计，需要了解多方面的资料，举例如下。

① 元器件的封装和热特性虽然有国际规范，但不同的地区、不同的国家以及不同的厂商，其规范在某些方面相差很大。因此必须对元器件的选择范围进行限制或把设计规范分成等级。

② 需要对 PCB 基板的质量（如尺寸和温度稳定性）、材料、油印的工艺能力和相对的供应商有详细了解，整理和建立自己的基板规范。

③ 需要了解产品制造工艺和设备能力，例如基板处理的尺寸范围、贴片精度、丝印精度、点胶工艺等。了解这方面的情况对焊盘的设计会很有很大的帮助。

④ 一些元器件生产厂商通常会在生产的元器件数据表中给出元器件焊盘设计的参考模板，设计时可以参考使用。

6.3 过孔设计

6.3.1 过孔类型

在高密度的多层 PCB 设计布局时，需要使用过孔。过孔也称为镀通孔，它在多层 PCB 上将信号由一层传输到另一层。过孔是多层 PCB 上钻出的孔，提供各 PCB 层之间的电气连接。所有过孔只提供层与层之间的连接。器件引脚或者其他加固材料不能插到过孔中。

PCB 上常用的三类过孔如图 6.3.1 所示，其中，贯通孔是 PCB 顶层和底层之间的连接孔，这种孔也提供内部 PCB 层的互联。盲孔/微孔是连接表层和内层而不贯穿的过孔，盲孔用于 PCB 顶层或者底层到内部 PCB 层的互联。埋孔是连接内层而表层看不到的过孔，埋孔用于内部 PCB 层之间的互联。盲孔和贯通孔要比埋孔应用的更广泛一些。盲孔成本要高于贯通孔，但是当信号线在盲孔下走线时，可以采用更少的 PCB 层，因此其总成本还是降低了。而另一方面，贯通孔不允许信号通过底层，从而增加了 PCB 层数量，提高了总成本。过孔通过其周围的焊盘与 PCB 层实现电气连接。

6.3.2 过孔的电流模型

过孔的电流模型如图 6.3.2 所示，电流通过过孔流入电路板，铜箔的重量不同允许通过的电流不同，过孔的功耗也不同。表 6.3.1 给出了流入不同铜重量过孔时的电流（A）和功耗。

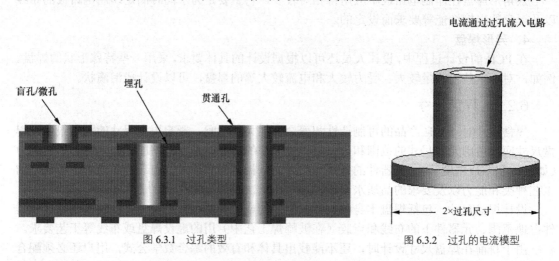

图 6.3.1　过孔类型　　　　　　　　　　　图 6.3.2　过孔的电流模型

表 6.3.1　　　　　　　　　　　　流入不同铜重量过孔时的电流（A）和功耗

不同的铜重量过孔流入电流/A			过孔功耗/mW
0.5 oz（盎司）铜	1 oz（盎司）铜	2 oz（盎司）铜	
8	10	15	10
13	16	23	25
18	23	33	50
22	28	39	75
25	32	46	100

6.3.3 过孔焊盘与孔径尺寸设置

过孔主要用作多层板层间电路的连接，在 PCB 工艺可行条件下孔径和焊盘越小布线密度越高。对过孔来讲，一般外层焊盘最小环宽不应小于 0.127mm（5mil），一般内层焊盘最小环宽不应小于 0.2mm（8mil）。

过孔焊盘与孔径的尺寸设置可以参见表 6.3.2。盲孔和埋孔这两种过孔尺寸可以参照普通过孔来设置。应用盲孔和埋孔设计时应与 PCB 生产厂取得联系，根据具体工艺要求来设定。

表 6.3.2　　　　　　　　　　　　过孔焊盘与孔径的尺寸设置

孔径	0.15mm	8mil	12mil	16mil	20mil	24mil	32mil	40mil
焊盘直径	0.45mm	24mil	30mil	32mil	40mil	48mil	60mil	62mil

目前厂家的最小机械钻孔成品尺寸为 0.2mm。如果用做测试，要求焊盘外径≥0.9mm。在"军用标准 MIL-STD-275E"中列出了可接受的孔径的公差数据[14]，分为首选的、标

准的和降低生产能力的 3 类。"首选标准要求"在制造上是最容易实现的，而"降低生产能力标准要求"是非常难以满足的。

最小的焊盘直径[14]可以采用的计算公式为

$$PAD=FD+PA+2（HD+HA+AR）\tag{6.3.1}$$

式中，PAD 为最小量焊盘直径，单位 in。

　　FD 为要求的加工后最小孔直径，单位 in。

　　PA 为电镀余量，单位 in。

　　HD 为孔直径公差，单位 in。

　　HA 为孔定位容限，单位 in。

　　AR 为所要求的孔环，单位 in。

正确的标称钻孔直径[14]是

$$HOLE=FD+PA+HD\tag{6.3.2}$$

式中，$HOLE$ 为正确的标称钻孔直径，单位 in。

　　FD 为要求的加工后最小孔直径，单位 in。

　　PA 为电镀余量，单位 in。

　　HD 为孔直径公差，单位 in。

6.3.4　过孔与 SMT 焊盘的连接

一个过孔与 SMT 焊盘图形的连接示意图如图 6.3.3 所示，图 6.3.3（b）和（c）所示分别为好的和不好的设计示例。

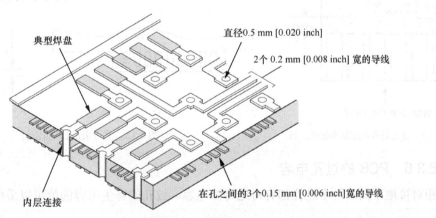

（a）过孔与SMT焊盘图形的连接

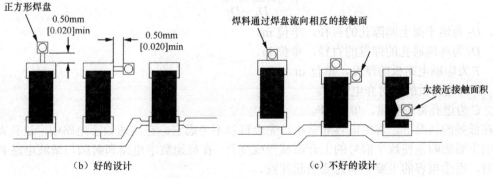

（b）好的设计　　　　　　　　　　（c）不好的设计

图 6.3.3　过孔与焊盘图形的连接示意图

过孔的位置主要与再流焊工艺有关，过孔不能设计在焊盘上，应该通过一小段印制线连接，否则容易产生"立片"和"焊料不足"的缺陷，如图 6.3.4 所示。如果过孔焊盘涂敷有阻焊剂，距离可以小至 0.1 mm（4 mil）。而对波峰焊一般希望导通孔与焊盘靠得近些，以利于排气，甚至在极端情况下可以设计在焊盘上，只要不被元件压住。过孔不能设计在焊接面上片式元件的焊盘中心位置，如图 6.3.5 所示。排成一列的无阻焊导通孔焊盘，焊盘的间隔大于 0.5 mm（20 mil），如图 6.3.6 所示。

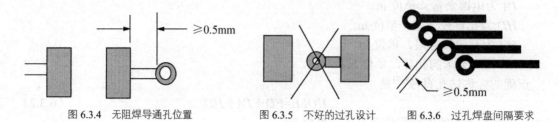

图 6.3.4　无阻焊导通孔位置　　　　图 6.3.5　不好的过孔设计　　　　图 6.3.6　过孔焊盘间隔要求

6.3.5　过孔到金手指的距离

过孔到金手指应保持一定的距离，一个设计示例如图 6.3.7 所示。

对于金手指的设计要求如图 6.3.8 所示，除了插入边按要求设计倒角外，插板两侧边也应该设计（1～1.5）×45°的倒角或 R1～R1.5 的圆角，以利于插入。

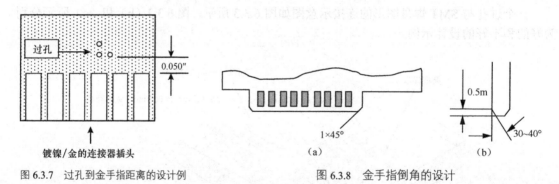

图 6.3.7　过孔到金手指距离的设计例　　　　图 6.3.8　金手指倒角的设计

6.3.6　PCB 的过孔电容

相对接地平面，每个过孔都有对地寄生电容。过孔的寄生电容的值可以采用的估算公式[14]为

$$C = \frac{1.41\varepsilon_r TD_1}{D_2 - D_1}$$　　　　　　　　　　（6.3.3）

式中，D_2 为地平面上间隙孔的直径，单位 in。

D_1 为环绕通孔的焊盘的直径，单位 in。

T 为印刷电路板的厚度，单位 in。

ε_r 为电路板的相对介电系数。

C 为过孔寄生容量，单位 pF。

在低频的情况下，寄生电容非常小，完全可以不考虑它。在高速数字电路中，过孔寄生电容的主要影响是使数字信号的上升沿减慢或变差。在高速数字电路和射频与微波电路 PCB 设计时，寄生电容的主要影响需要引起注意。

6.3.7 PCB 的过孔电感

每个过孔都有寄生串联电感，这个寄生电感的大小近似为[14]

$$L = 5.08h\left(\ln\frac{4h}{d} + 1 \right) \tag{6.3.4}$$

式中，L 为过孔电感，单位 nH。

h 为过孔长度，单位 in。

d 为过孔直径，单位 in。

对于高速数字电路和射频与微波电路 PCB 设计，过孔的寄生电感的影响不可忽略。例如在一个集成电路的电源旁路电路中，如图 6.3.9 所示，在电源面和接地面之间连接一个旁路电容，预期的希望是在电源面和接地面之间的高频阻抗为零。然而，实际情况并非如此。将电容连接到电源面和接地面的每个连接过孔电感都引入了一个小的但是可测量到的电感（nH 级）。过孔串联电感降低了电源旁路电容的有效性，使整个电源供电滤波效果变差。

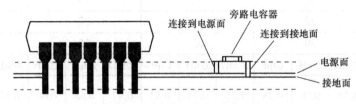

图 6.3.9 旁路电容通过过孔的布局形式

某厂商推荐的 0402 陶瓷电容器焊盘和过孔设计示例[15]如图 6.3.10 所示，图 6.3.10（a）所示焊盘到过孔的连接导线太长（不推荐使用），图 6.3.10（b）所示过孔在两端，图 6.3.10（c）所示过孔在侧边，图 6.3.10（e）所示过孔在两侧边。

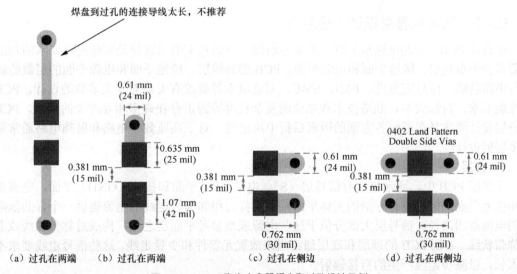

图 6.3.10 0402 陶瓷电容器焊盘和过孔设计示例

附加在电容器安装焊盘和过孔的电感如图 6.3.11 所示，注意，PCB 的铜 1oz（1 盎司），FR4 的介电常数为 4.50，损耗系数为 0.025，厚 10mil。

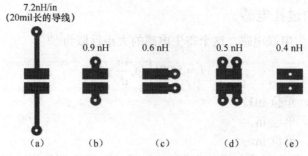

图 6.3.11　附加在电容器安装焊盘和过孔的电感

6.3.8　典型过孔的 RLC 参数

典型过孔的 RLC 参数见表 6.3.3[板（Plans）为均匀间隔]。

表 6.3.3　　　　　　　　　　　　　典型过孔的参数

通孔直径/mil	10			12			15			25		
焊盘直径/mil	22			24			27			37		
阻焊盘直径/mil	30			32			35			45		
参数	R/mΩ	L/nH	C/pF	R/mΩ	L/nH	C/pF	R/mΩ	L/nH	C/pF	R/mΩ	L/nH	C/pF
长度，60mil 板，5mil	1.55	0.78	0.48	1.25	0.74	0.53	0.97	0.68	0.60	0.57	0.53	0.83
长度，90mil 板，7mil	2.3	1.33	0.66	1.88	1.24	0.69	1.45	1.15	0.78	0.85	0.92	1.08

6.4　PCB 的叠层设计

6.4.1　PCB 的叠层设计一般原则

在设计 PCB（印制电路板）时，需要考虑的一个最基本的问题就是实现电路要求的功能需要多少个布线层、接地平面和电源平面，PCB 的布线层、接地平面和电源平面的层数的确定与电路功能、信号完整性、EMI、EMC、制造成本等要求有关。对于大多数的设计，PCB 的性能要求、目标成本、制造技术和系统的复杂程度等因素存在许多相互冲突的要求，PCB 的叠层设计通常是在考虑各方面的因素后折中决定的。对于高速数字电路和射频电路通常采用多层板设计[16-23]。

1．分层

在多层 PCB 中，通常包含有信号层（S）、电源（P）平面和接地（GND）平面。电源平面和接地平面通常是没有分割的实体平面，它们将为相邻信号走线的电流提供一个好的低阻抗的电流返回路径。信号层大部分位于这些电源或地参考平面层之间，构成对称带状线或非对称带状线。多层 PCB 的顶层和底层通常用来放置元器件和少量走线，这些信号走线要求不能太长，以减少走线产生的直接辐射。

2．确定单电源参考平面（电源平面）

使用去耦电容是解决电源完整性的一个重要措施，而去耦电容只能放置在 PCB 的顶层和底层，去耦电容的走线、焊盘，以及过孔将严重影响去耦电容的效果，这就要求设计时必须考虑连接去耦电容的走线尽量短而宽、过孔尽量短。

例如在一个高速数字电路中，可以将去耦电容放置在 PCB 的顶层，将第 2 层分配给高速数字电路（如处理器）作为电源层，将第 3 层作为信号层，将第 4 层设置成高速数字电路地。

此外，要尽量保证由同一个高速数字器件所驱动的信号走线以同样的电源层作为参考平面，而且此电源层为高速数字器件的供电电源层。

3．确定多电源参考平面

在多电源参考平面，其平面将被分割成几个电压不同的实体区域。如果紧靠多电源层的是信号层，那么其附近的信号层上的信号电流将会遭遇不理想的返回路径，使返回路径上出现缝隙。对于高速数字信号，这种不合理的返回路径设计可能会带来严重的问题。所以要求高速数字信号布线应该远离多电源参考平面。

4．确定多个接地参考平面（接地平面）

多个接地参考平面（接地层）可以提供一个好的低阻抗的电流返回路径，减小共模 EMI。接地平面和电源平面应该紧密耦合，信号层也应该和邻近的参考平面紧密耦合。减少层与层之间的介质厚度可以达到这个目的。

5．合理设计布线组合

1 个信号路径所跨越的 2 个层称为 1 个"布线组合"。最好的布线组合设计是避免返回电流从一个参考平面流到另一个参考平面，而是从一个参考平面的一个点（面）流到另一个点（面）。而为了完成复杂的布线，走线的层间转换是不可避免的。在信号层间转换时，要保证返回电流可以顺利地从一个参考平面流到另一个参考平面。

在一个设计中，把邻近层作为一个布线组合是合理的。如果一个信号路径需要跨越多个层作为一个布线组合通常不是合理的设计，因为一个经过多层的路径对于返回电流并不通畅。虽然可以通过在过孔附近放置去耦电容或者减小参考平面间的介质厚度等来减小地弹，但也非一个好的设计。

6．设定布线方向

在同一信号层上，应保证大多数布线的方向是一致的，同时应与相邻信号层的布线方向正交。例如可以将一个信号层的布线方向设为"Y 轴"走向，而将另一个相邻的信号层布线方向设为"X 轴"走向。

7．采用偶数层结构

从所设计的 PCB 叠层可以发现，在介绍的经典叠层中，几乎全部是偶数层的，而不是奇数层，这种现象是由多种因素造成的。

（1）从印制电路板的制造工艺可以了解到，电路板中的所有导电层敷在芯层上，芯层的材料一般是双面覆铜板，当全面利用芯层时，印制电路板的导电层数就为偶数。

（2）偶数层印制电路板具有成本优势。少一层介质和覆铜，奇数层印制电路板原材料的成本略低于偶数层的印制电路板。因为奇数层印制电路板需要在芯层结构工艺的基础上增加非标准的层叠芯层粘合工艺，造成奇数层印制电路板的加工成本明显高于偶数层印制电路板。与普通芯层结构相比，在芯层结构外添加覆铜将会导致生产效率下降，生产周期延长。在层压粘合以前，外面的芯层还需要附加的工艺处理，这增加了外层被划伤和错误蚀刻的风险。增加的外层处理将会大幅度提高制造成本。

（3）当印制电路板在多层电路粘合工艺后，在内层和外层冷却时，不同的层压张力会引起印制电路板产生不同程度上的弯曲。而且随着电路板厚度的增加，具有 2 个不同结构的复合印制电路板弯曲的风险就越大。奇数层电路板容易弯曲，偶数层印制电路板可以避免电路板弯曲。

在设计时，如果出现了奇数层的叠层，可以采用下面的方法来增加层数。

（1）如果设计印制电路板的电源层为偶数而信号层为奇数，则可采用增加信号层，增加的信号层不会导致成本的增加，可以缩短加工时间、改善印制电路板质量。

（2）如果设计印制电路板的电源层为奇数而信号层为偶数，则可采用增加电源层这种方法。而另一个简单的方法是在不改变其他设置的情况下，在层叠中间加一个接地层。先按奇数层印制电路板布线，再在中间复制一个接地层。

（3）在微波电路和混合介质（介质有不同介电常数）电路中，可以在接近印制电路板层叠中央增加一个空白信号层，这样可以最小化层叠不平衡性。

8．成本考虑

在制造成本上，相同的 PCB 面积，多层电路板的成本肯定比单层和双层电路板高，而且层数越多，成本越高。但考虑实现电路功能和电路板小型化，保证信号完整性、EMI、EMC等性能指标等因素时，应尽量使用多层电路板。综合评价，多层电路板与单、双层电路板的成本差异并不会比预期的高很多。

6.4.2　四层板设计

四层板通常包含有 2 个信号层、1 个电源平面（电源层）和 1 个接地平面（接地层），经典的结构形式[16-23]如图 6.4.1 所示，可以采用均等间隔距离结构和不均等间隔结构形式。均等间隔距离结构的信号线条有较高阻抗，可以达到 105～130Ω。不均等间隔结构的布线层的阻抗可以具体设计为期望的数值。紧贴的电源层和接地层具有退耦作用，如果电源层和接地层之间的间距增大，电源层和接地层的层间退耦作用会基本上不存在，电路设计时需在信号层（顶层）安装退耦电容。在四层板中，使用了电源层和接地层参考平面，使信号层到参考平面的物理尺寸要比双层板的小很多，可以减小 RF 辐射能量。

在四层板中，源线条与回流路径间的距离还是太大，仍然无法对电路和线条所产生的 RF电流进行通量对消设计。可以在信号层布放一条紧邻电源层的地线，提供一个 RF 回流电流的回流路径，增强 RF 电流的通量对消能力。

顶层（第1层）　信号层

第2层　　　　　接地层

第3层　　　　　电源层

底层（第4层）　信号层

图 6.4.1　四层板经典叠层结构形式

6.4.3　六层板设计

六层板的叠层设计可以有多种结构形式，3 种不同结构的叠层设计形式[16-23]见表 6.4.1。

表 6.4.1　　　　　　　3 种不同结构的六层板叠层设计形式

层数	结构形式 1	结构形式 2	结构形式 3
第 1 层（顶层）	信号层（元器件、微带线）	信号层（元器件、微带线）	信号层（元器件、微带线）
第 2 层	信号层（埋入式微带线层）	接地平面	电源平面
第 3 层	接地平面	信号层（带状线层）	接地平面
第 4 层	电源平面	信号层（带状线层）	信号层（带状线平面）
第 5 层	信号层（埋入式微带线层）	电源平面	接地平面
第 6 层（底层）	信号层（元器件、微带线）	信号层（元器件、微带线）	信号层（元器件、微带线）

1. 结构形式 1

见表 6.4.1 所列，结构形式 1 有 4 个布线层和 2 个参考平面。这种结构的电源平面/接地平面采用小间距的结构，可以提供较低的电源阻抗，这个低阻抗特性可以改善电源的退耦效果。顶层和底层是较差的布线层，不适宜布放任何对外部 RF 感应敏感的线条。靠近接地平面的第 2 层是最好的布线层，可以用来布放那些富含 RF 频谱能量的线条。在确保 RF 回流路径的条件下，也可以用第 5 层作为其他的高风险布线的布线层。第 1 层和第 2 层、第 5 层和第 6 层应采用交叉布线。

2. 结构形式 2

见表 6.4.1 所列，结构形式 2 也有 4 个布线层和 2 个参考平面。这种结构的电源平面/接地平面之间有 2 个信号层，电源平面与接地平面之间不存在任何电源退耦作用。靠近接地平面的第 3 层是最好的布线层。第 1 层、第 4 层和第 6 层是可布线层。这种层间安排的布线层阻抗低，可以满足对信号完整性的一些要求，另外参考平面层对 RF 能量向环境中传播也有屏蔽作用。

3. 结构形式 3

见表 6.4.1 所列，结构形式 3 也有 3 个布线层和 3 个参考平面。当有太多的印制线条需要布放，但又无法安排 4 个布线层时，可以采用这种结构形式。在这种结构形式中，将 1 个信号平面变成接地平面可以获得较低的传输线阻抗。这种结构的第 2 层和第 3 层电源平面/接地平面采用小间距的结构，可以提供较低的电源阻抗，这个低阻抗特性可以改善电源的退耦效果。在第 3 层和第 5 层之间的信号层（第 4 层）是最好的布线层，时钟等高风险线条必须布在第 4 层，这一层在构造上形成同轴传输线结构，可以保证信号完整性和对 EMI 能量进行抑制。底层是次好的布线层。顶层是可布线层。

6.4.4 八层板设计

八层板的叠层设计可以有多种结构形式，2 种不同结构的叠层设计形式[16-23]见表 6.4.2。

表 6.4.2   2 种不同结构的八层板叠层设计形式

层数	结构形式 1	结构形式 2
第 1 层（顶层）	信号层（元器件、微带线）	信号层（元器件、微带线）
第 2 层	信号层（埋入式微带线层）	接地平面
第 3 层	接地平面	信号层（带状线层）
第 4 层	信号层（带状线层）	接地平面
第 5 层	信号层（带状线层）	电源平面
第 6 层	电源平面	信号层（带状线层）
第 7 层	信号层（埋入式微带线层）	接地平面
第 8 层（底层）	信号层（元器件、微带线）	信号层（元器件、微带线）

1. 结构形式 1

如表 6.4.2 所列，结构形式 1 有 6 个布线层和 2 个参考平面。这种叠层结构的电源退耦特性很差，EMI 的抑制效果较差。其顶层和底层是 EMI 特性很差的布线层。紧靠第 3 层（接地层）的第 2 层和第 4 层是时钟线的最好布线层，应采用交叉布线。紧靠第 6 层（电源层）的第 5 层和第 7 层是可接受的布线层。埋入式的微带线层的产生的辐射低于带状线经跳线传输产生的 RF 辐射。经跳线传输 RF 能量时，可以造成 EMI 辐射。

2. 结构形式 2

见表 6.4.2 所列，结构形式 2 有 4 个布线层和 4 个参考平面。这种叠层结构的信号完整性和 EMC 特性都是最好的，可以获得最佳的退耦功能和强的通量对消作用。其顶层和底层是 EMI 可布线层。在第 5 层（电源层）和第 7 层（接地层）之间的第 6 层是时钟线的最好布线层。在第 2 层（接地层）和第 4 层（接地层）之间的第 3 层是时钟线的最佳布线层。第 3 层和第 6 层几乎具有相同的阻抗，这两层都具有最佳的信号完整性和 RF 通量对消特性。在第 4 层（接地层）和第 5 层（电源层）的接地平面/电源平面采用小间距的结构，可以提供较低的电源阻抗，这个低阻抗特性可以改善电源的退耦效果。在第 2 层（接地层）和第 7 层（接地层）的接地平面可以作为 RF 回流层。

应注意的是，这种叠层结构存在多种阻抗值，在微带线层和带状线层跳层时，会对信号的完整性造成伤害。

3. 其他结构形式

其他结构形式的八层板的叠层设计见表 6.4.3。

表 6.4.3 其他结构形式的八层板的叠层设计

	方案 1	方案 2	方案 3	方案 4	方案 5
第 1 层	信号层	信号层	信号层	接地平面	信号层
第 2 层	信号层	信号层	电源平面	信号层	接地平面
第 3 层	信号层	电源平面	信号层	信号层	信号层
第 4 层	电源平面	信号层	信号层	电源平面	电源平面
第 5 层	接地平面	信号层	信号层	接地平面	接地平面
第 6 层	信号层	接地平面	信号层	信号层	信号层
第 7 层	信号层	信号层	接地平面	信号层	接地平面
第 8 层	信号层	信号层	信号层	接地平面	信号层

6.4.5 十层板设计

十层板的叠层设计可以有多种结构形式，2 种不同结构的叠层设计形式[16-23]见表 6.4.4。根据前面对六层和八层板的层间安排的一些讨论，对于 10 层或更多层的印制板的叠层设计也可以采用同样的原理进行安排。采用的印制板的层数越多，越要注意布线层与参考平面（零平面）的位置关系，多个参考平面的设置会使线条阻抗控制更容易，RF 通量对消特性也可以得到进一步改善。对于高速数字电路的电路板，使接地平面和电源平面直接相邻，使用额外的接地平面而不是电源平面来隔离布线层。

表 6.4.4 2 种不同结构的十层板叠层设计形式

层数	结构形式 1	结构形式 2
第 1 层（顶层）	信号层（元器件、微带线）	信号层（元器件、微带线）
第 2 层	接地平面	信号层（埋入式微带线层）
第 3 层	信号层（带状线层）	+3.3V 电源平面
第 4 层	信号层（带状线层）	接地平面
第 5 层	接地平面	信号层（带状线层）

续表

层数	结构形式 1	结构形式 2
第 6 层	电源平面	信号层（带状线层）
第 7 层	信号层（带状线层）	接地平面
第 8 层	信号层（带状线层）	+5.0V 电源平面
第 9 层	接地平面	信号层（埋入式微带线层）
第 10 层（底层）	信号层（元器件、微带线）	信号层（元器件、微带线）

1. 结构形式 1

见表 6.4.4 所列，结构形式 1 有 6 个布线层和 4 个参考平面。其顶层和底层是较好的布线层。最好的布线层是紧靠接地平面的第 3 层、第 4 层和第 5 层，可作为时钟等布线层。紧靠电源平面的第 7 层是可布线层。在第 5 层（接地层）和第 6 层（电源层）的接地平面/电源平面采用小间距的结构，可以提供较低的电源阻抗，这个低阻抗特性可以改善电源的退耦效果。

2. 结构形式 2

见表 6.4.4 所列，结构形式 2 有 6 个布线层和 4 个参考平面。其顶层和底层是较差的布线层。紧靠电源平面的第 2 层和第 9 层是可布线层。在 2 个接地平面第 4 层和第 7 层之间的布线层第 5 层和第 6 层是最好的布线层，可作为时钟等布线层。在第 4 层（接地层）和第 3 层（+3.3V 电源层）以及第 7 层（接地层）和第 8 层（+5V 电源层）的接地平面/电源平面采用小间距的结构，可以提供较低的电源阻抗，这个低阻抗特性可以改善电源的退耦效果。

6.5　PCB 的 RLC

6.5.1　PCB 的导线电阻

对于均匀横截面的导线，例如 IC 引线或 PCB 电路板上的线条，导线电阻与长度成正比，其单位长度的电阻[24,25]为

$$R_{\mathrm{L}} = \frac{R}{l} = \frac{\rho}{A} \tag{6.5.1}$$

式中，R_{L} 为单位长度电阻，R 为线条电阻，l 为互连线长度，ρ 为体电阻率，A 为导线的横截面积。

例如，一个直径为 1mil、横截面均匀的金键合线，其横截面积 $A = \pi \times \left(\frac{1}{2}\right)^2 \mathrm{mil}^2 \approx 0.8 \times 10^{-6}$ in^2，金的体电阻率约等于 $1\mu\Omega\cdot\mathrm{in}$，可以求得其单位长度电阻为 $0.8 \sim 1.2\Omega/\mathrm{in}$。

对于 PCB 导线，如图 6.5.1 所示，对于 1oz 铜有，当 $Y = 0.003\,8\,\mathrm{cm}$ 时，$\rho = 1.724 \times 10^{-6}\Omega\cdot\mathrm{cm}$，$R = 0.45\,Z/X\,\mathrm{m}\Omega$。1 个正方形电阻（$Z = X$），$R = 0.45\mathrm{m}\Omega/\mathrm{square}$[26]。

如图 6.5.2 所示，1 条 1in（7 mil）1/2 oz 铜的导线，流过 10μA 的电流产生的压降为 1.3μV。

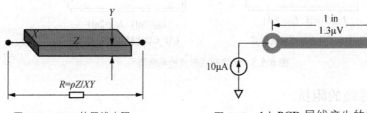

图 6.5.1　PCB 的导线电阻　　　　　　图 6.5.2　1 inPCB 导线产生的电压降

6.5.2 PCB 的导线电感

PCB 导线电感示意图如图 6.5.3 所示，PCB 导线电感[26]为

$$\text{PCB 导线电感} = 0.0002L\left[\ln\frac{2L}{W+H} + 0.2235\frac{W+H}{L} + 0.5\right]\mu\text{H} \tag{6.5.2}$$

例如一条 $L = 10\text{cm}$，$W = 0.25\text{mm}$，$H = 0.038\text{mm}$ 的 PCB 导线有 141nH 的电感。

对于如图 6.5.4 所示有接地平面的 PCB 导线，有

$$L = \mu_0 h\frac{l}{W} \tag{6.5.3}$$

式中，$\mu_0 = 4\pi x 10^{-7}\text{H/m} = 0.32\text{nH/in}$。

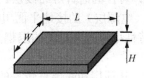

L
W
H

图 6.5.3 PCB 导线电感示意图

W
L
A
h

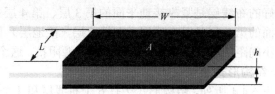

图 6.5.4 有接地平面的 PCB 导线

FR4 介质材料的厚度影响电感量的大小，见表 6.5.1。

表 6.5.1 FR4 不同厚度的电感

FR4 介质材料厚度/mil	电感/pH/square
8	260
4	130
2	65

环路面积对电感有明显的影响，相同长度（尺寸）的导线，环路面积越大，产生的电感值也越大。

不同的 PCB 布线形式，对导线的电感值也有较大影响。一个不同 PCB 布线形式的电感值示例如图 6.5.5 所示[24]。

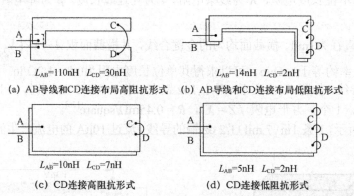

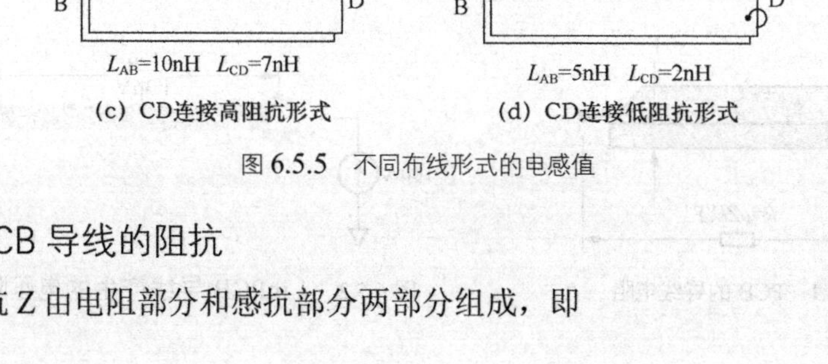

A
B
C
D
L_{AB}=110nH L_{CD}=30nH
(a) AB导线和CD连接布局高阻抗形式
A
B
C
D
L_{AB}=14nH L_{CD}=2nH
(b) AB导线和CD连接布局低阻抗形式
A
B
C
D
L_{AB}=10nH L_{CD}=7nH
(c) CD连接高阻抗形式
A
B
C
D
L_{AB}=5nH L_{CD}=2nH
(d) CD连接低阻抗形式

图 6.5.5 不同布线形式的电感值

6.5.3 PCB 导线的阻抗

导体的阻抗 Z 由电阻部分和感抗部分两部分组成，即

$$Z = R_{AC} + j\omega L \qquad (6.5.4)$$

导体的阻抗是频率的函数，随着频率升高，阻抗增加很快。例如一个直径为 0.065m、长度为 10cm 的导线，在频率为 10Hz 时，阻抗为 5.29mΩ；在频率为 100MHz 时，阻抗达到 71.4Ω。一个直径为 0.04m、长度为 10cm 的导线，在频率为 10Hz 时，阻抗为 13.3mΩ；在频率为 100MHz 时，阻抗达到 77Ω。

当频率较高时，导体的阻抗远大于直流电阻。如果将 10 Hz 时的阻抗近似认为是直流电阻，可以看出当频率达到 100MHz 时，对于 10cm 长导线，它的阻抗是直流电阻的 1 000 多倍。因此对于高速数字电路而言，电路的时钟频率是很高的，脉冲信号包含丰富的高频成分，因此会在地线上产生较大的电压，地线阻抗对数字电路的影响十分可观。对于射频电路，当射频电流流过地线时，电压降也是很大的。

同一导体在直流、低频和高频情况下所呈现的阻抗不同，而导体的电感同样与导体半径、长度及信号频率有关。增大导线的直径对于减小直流电阻是十分有效的，但对于减小交流阻抗的作用很有限。而在 EMC 中，为了减小交流阻抗，一个有效的办法是多根导线并联。当 2 根导线并联时，其总电感 L 为

$$L = \frac{L_1 + M}{2} \qquad (6.5.5)$$

式中，L_1 为单根导线的电感；M 为 2 根导线之间的互感。

从式（6.5.5）可以看出，当 2 根导线相距较远时，它们之间的互感很小，总电感相当于单根导线电感的一半。因此，可以通过多条接地线来减小接地阻抗。但是，多根导线之间的距离过近时，要注意导线之间的互感增加的影响。

同时设计时应根据不同频率下的导体阻抗来选择导体截面大小，并尽可能使地线加粗和缩短，以降低地线的公共阻抗。

PCB 导线的阻抗随频率变化。一个示例[27]如图 6.5.6 所示，PCB 导线的阻抗随频率变化情况见表 6.5.2。

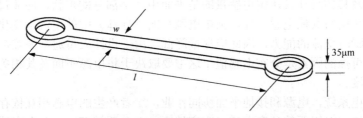

图 6.5.6　宽度为 w 的有限平面 PCB 导线

表 6.5.2　　　　　　　　　　　　　　　PCB 导线的阻抗随频率变化

	阻抗						
	w=1mm				w=3mm		
	l=1cm	l=3cm	l=10cm	l=30cm	l=3cm	l=10cm	l=30cm
直流，50Hz～1kHz	5.7mΩ	17mΩ	57mΩ	170mΩ	5.7mΩ	19mΩ	57mΩ
10kHz	5.75mΩ	17.3mΩ	58mΩ	175mΩ	5.9mΩ	20 mΩ	61mΩ
100kHz	7.2mΩ	24mΩ	92mΩ	310mΩ	14mΩ	62mΩ	225mΩ
300kHz	14.3mΩ	54mΩ	225mΩ	800mΩ	40mΩ	175mΩ	660mΩ
1MHz	44mΩ	173mΩ	730mΩ	2.6Ω	0.13Ω	0.59Ω	2.2Ω
3MHz	0.13Ω	0.52Ω	2.17Ω	7.8Ω	0.39Ω	1.75Ω	6.5Ω

续表

	阻抗						
	w=1mm				w=3mm		
	l=1cm	l=3cm	l=10cm	l=30cm	l=3cm	l=10cm	l=30cm
10MHz	0.44Ω	1.7Ω	7.3Ω	26Ω	1.3Ω	5.9Ω	22Ω
30MHz	1.3Ω	5.2Ω	21.7Ω	78Ω	3.9Ω	17.5Ω	65Ω
100MHz	4.4Ω	17Ω	73Ω	260Ω	13Ω	59Ω	220Ω
300MHz	13Ω	52Ω	217Ω		39Ω	175Ω	
1GHz	44Ω	170Ω			130Ω		

6.5.4 PCB 导线的互感

对于在 PCB 表面上平行的 2 根信号线（里面具有接地平面）的印制电路板。在 2 根布线之间产生互感[28]为

$$M = \frac{\mu l_0}{2\pi}\left[\ln\frac{2u}{1+v} - 1 + \frac{1+v}{u} - \frac{1}{4}\left(\frac{1+v}{u}\right)^2 + \frac{1}{12(1+v)^2}\right] \tag{6.5.6}$$

式中，W 为导线宽度，单位 m；d 为 2 根导线之间的间隔，单位 m；$u=l/W$；$v=2d/W$；l_0 为单位长度。

从式（6.5.6）可见，两导线之间的距离越小，互感 M 越大。

6.5.5 PCB 电源和接地平面电感

PCB电源和接地平面存在一定的电感。电源和接地平面的几何特性决定其电感的大小。

电流在电源平面和接地平面中从一点流向另一点（因为类似于趋肤效应的特性），电流随之而分布开。这些平面中的电感称为分布电感，以每个方块上的亨（电感单位）数量标识。此处的方块不涉及具体尺寸（决定电感量的是平面中一个部分的形状，而非尺寸）。

分布电感的作用与其他电感一样，抵抗电源平面（导体）中的电流量变化。电感会妨碍电容器响应器件瞬时电流的能力，因此应尽量降低。由于设计人员通常很难控制平面的 X-Y 形状，因此唯一可控的因素是分布电感值。这主要取决于将电源平面及其相关的接地平面隔开的电介质的厚度。

对于高频配电系统，电源和接地平面协同作业，二者产生的电感相互依存。电源和接地平面的距离决定这一对平面的分布电感。距离越短（电介质越薄），分布电感越低。不同厚度 FR4 电介质所对应的分布电感的近似值见表 6.5.3。

表 6.5.3 不同厚度的 FR4 电源和接地平面对所对应的电容和分布电感值

电介质厚度		电感	电容	
/micron	/mil	/pH/square	/pF/in²	/pF/cm²
102	4	130	225	35
51	2	65	450	70
25	1	32	900	140

缩短 VCC 和 GND 平面的距离可降低分布电感。如果可能，请在 PCB 叠层中将 VCC 平面直接紧贴 GND 平面。面面相对的 VCC 和 GND 平面有时称为平面对。在过去，当时的技术不需要使用 VCC 和 GND 平面对，但如今快速密集型器件所涉及的速度和要求的巨大功耗

则需要使用它们。

除提供低电感电流通路外，电源和接地平面对还可提供一定的高频去耦电容。随着平面面积的增加以及电源和接地平面间距的减小，这一电容的值将会增加。每平方英寸的电容见表 6.5.3。

6.5.6　PCB 的导线电容

在 PCB 上，大多数互连线都有横截面固定的信号路径和返回路径，因此信号路径与返回路径间的电容与互连线的长度成正比。用单位长度电容能方便地描述互连线线条间的电容。只要横截面是均匀的，单位长度电容就保持不变。

在均匀横截面的互连线中，信号路径与返回路径间的电容为

$$C = lC_{\mathrm{L}} \tag{6.5.7}$$

式中，C 为互连线的总电容，C_{L} 为单位长度电容，l 为互连线的长度。

例如，微带线的单位长度电容计算公式[24]为

$$C_{\mathrm{L}} = \frac{0.67(1.41 + \varepsilon_{\mathrm{r}})}{\ln \dfrac{5.98h}{0.8w + t}} \approx \frac{0.67(1.41 + \varepsilon_{\mathrm{r}})}{\ln \left(7.5 \dfrac{h}{w}\right)} \tag{6.5.8}$$

如果线宽是介质厚度的 2 倍，即 $w = 2h$（近似于 50Ω 传输线时的几何结构），介电常数为 4，则单位长度电容 $C_{\mathrm{L}} = 2.9$ pF/in。

例如，带状线的单位长度电容计算公式[24]为

$$C_{\mathrm{L}} = \frac{1.4\varepsilon_{\mathrm{r}}}{\ln \dfrac{1.9b}{0.8w + t}} \approx \frac{1.4\varepsilon_{\mathrm{r}}}{\ln \left(2.4 \dfrac{b}{w}\right)} \tag{6.5.9}$$

例如，如果介质总厚度 b 为线宽的 2 倍，即 $b = 2w$（相当于 50Ω 传输线），这时单位长度电容 $C_{\mathrm{L}} = 3.8$ pF/in。

注意，在 FR4 板上，50Ω 传输线的单位长度电容大约为 3.5 pF/in。

式中，C_{L} 表示单位长度电容，单位 pF/in；ε_{r} 表示绝缘材料的相对介电常数；h 表示介质厚度，单位 mil；w 表示线宽，单位 mil；t 表示导体的厚度，单位 mil；b 表示介质总厚度，单位 mil。微带线和带状线的图形请参考图 6.6.9 所示。

注意，精确计算任意形状互连线（横截面是均匀）的单位长度电容，二维场求解器是一个最好的数值工具。

6.5.7　PCB 的平行板电容

2 个铜板与之间的绝缘材料可以形成 1 个电容。PCB 平行板的电容结构示意图[24]如图 6.5.7 所示，PCB 的电容为

$$C = \varepsilon_0 \varepsilon_{\mathrm{r}} \frac{LW}{h} = \varepsilon_0 \varepsilon_{\mathrm{r}} \frac{A}{h} \tag{6.5.10}$$

式中，C 为电容量，单位 pF；ε_0 为自由空间的介电常数（0.089 pF/cm 或 0.225 pF/in；ε_{r} 为绝缘材料的介电常数（例如，FR4 玻璃纤维板的介电常数 ε_{r} 为 4~4.8）；A 为平板的面积；h 为平板间距。

介电常数有时随频率而变化，例如 FR4 玻璃纤维板的介电常数 ε_{r}，当频率变化范围为 1 kHz~10 MHz 时，FR4 的介电常数 ε_{r} 变化范围就为 4.8~4.4，然而当频率变化范围为 1~10 GHz 时，FR4 的介电常数 ε_{r} 就非常稳定。FR4 介电常数 ε_{r} 准确的具体值与环氧树脂和玻璃

的相对含量有关。

FR4 介质材料的厚度影响电容量的大小，见表 6.5.4。

表 6.5.4　　　　　　　　　　　FR4 不同厚度的电容

FR4 介质材料厚度/mil	电容/pF/in²
8	127
4	253
2	206

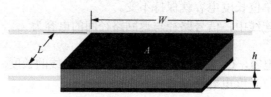

图 6.5.7　PCB 平行板的电容结构示意图

6.6　PCB 布线的一般原则

PCB 布线是 PCB 设计的基础，由于所设计的电路（例如音频、射频、高速数字电路等）不同，PCB 布线要求是不同的。下面介绍根据一些资料整理的 PCB 布线的一般原则[16~23,29~31]。

6.6.1　控制走线方向

在 PCB 布线时，相邻层的走线方向成正交结构，避免将不同的信号线在相邻层走成同一方向，以减少不必要的层间窜扰。当 PCB 布线受到结构限制（如某些背板）难以避免出现平行布线时，特别是在信号速率较高时，应考虑用地平面隔离各布线层，用地线隔离各信号线。相邻层的走线方向示意图如图 6.6.1 所示。

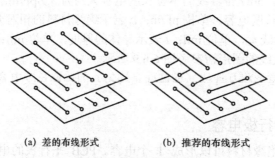

(a) 差的布线形式　　　　　　(b) 推荐的布线形式

图 6.6.1　相邻层的走线方向

6.6.2　检查走线的开环和闭环

在 PCB 布线时，为了避免布线产生的"天线效应"，减少不必要的干扰辐射和接收，一般不允许出现一端浮空的布线（Dangling Line）形式（如图 6.6.2 所示），否则可能带来不可预知的结果。

要防止信号线在不同层间形成自环。在多层板设计中容易发生此类问题，自环将引起辐射干扰。

(a) 差的布线形式　　　　(b) 推荐的布线形式

图 6.6.2　避免一端浮空的布线形式

6.6.3　控制走线的长度

1．使走线长度尽可能的短

在 PCB 布线时，应该使走线长度尽可能的短，以减少走线长度带来的干扰问题，示意图如图 6.6.3 所示。

2．调整走线长度

数字电路系统对时序有严格的要求，为了满足信号时序的要求，对 PCB 上的信号走线长度进行调整已经成为 PCB 设计工作的一部分。

走线长度调整包括两个方面的要求。

（1）要求走线长度保持一致，保证信号同步到达若干个接收器。有时候在 PCB 上的一组信号线之间存在着

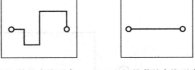

(a) 差的布线形式　　(b) 推荐的布线形式

图 6.6.3　走线长度控制

相关性，比如总线，就需要对其长度进行校正，因为需要信号在接收端同步。其调整方法就是找出其中最长的那根走线，然后将其他走线调整到等长。

（2）控制 2 个元器件之间的走线延迟为某一个特定值，比如元器件 A，B 之间的导线延迟为 1ns，而这样的要求往往由电路设计者提出，而由 PCB 工程师去实现。需要注意的是，在 PCB 上信号传播速度是与 PCB 的材料、走线的结构、走线的宽度、过孔等因素相关的。通过信号传播速度，可以计算所要求的走线延迟对应的走线长度。

走线长度调整常采用蛇形线的方式[32]，如图 6.6.4 所示。

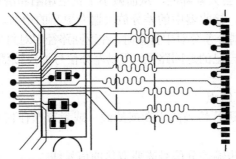

图 6.6.4　利用蛇形走线控制走线长度匹配

6.6.4　控制走线分支的长度

在 PCB 布线时，尽量控制走线分支的长度，分支的长度应尽量短，一般的要求是走线延时 $t_{delay} \leqslant t_{rise}/20$，$t_{rise}$ 是数字信号的上升时间。走线分支长度控制示意图如图 6.6.5 所示。

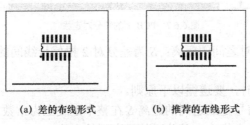

(a) 差的布线形式　　　　　(b) 推荐的布线形式

图 6.6.5　走线分支长度控制

6.6.5　拐角设计

在 PCB 布线时，走线拐弯是不可避免的，当走线出现直角拐角时，在拐角处会产生额外

的寄生电容和寄生电感。走线拐弯的拐角应避免设计成锐角和直角形式，以免产生不必要的辐射，同时锐角和直角形式的工艺性能也不好。要求所有线与线的夹角应≥135°。在走线确实需要直角拐角的情况下，可以采取 2 种改进方法，一种是将 90° 拐角变成 2 个 45° 拐角；另一种方法是采用圆角，如图 6.6.6 所示。圆角方式是最好的，45° 拐角可以用到 10 GHz 频率上。对于 45° 拐角走线，拐角长度最好满足 $L \geq 3W$。

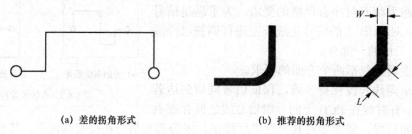

(a) 差的拐角形式　　　　　　　　(b) 推荐的拐角形式

图 6.6.6　拐角设计

6.6.6　差分对走线

为了避免不理想返回路径的影响，可以采用差分对走线。为了获得较好的信号完整性，可以选用差分对走线来实现高速信号传输。

（1）差分信号传输有很多优点，举例如下。

① 输出驱动总的 di/dt 会大幅降低，从而减小了轨道塌陷和潜在的电磁干扰。

② 与单端放大器相比，接收器中的差分放大器有更高的增益。

③ 差分信号在 1 对紧耦合差分对中传输时，在返回路径中对付串扰和突变的鲁棒性更好。

④ 因为每个信号都有自己的返回路径，所以差分信号通过接插件或封装时，不易受到开关噪声的干扰。

（2）差分信号也有如下缺点。

① 如果不对差分信号进行恰当的平衡或滤波，或者存在任何共模信号，就可能会产生 EMI 问题。

② 与单端信号相比，传输差分信号需要双倍的信号线。

PCB 差分对走线如图 6.6.7 所示。

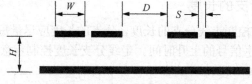

图 6.6.7　PCB 上的差分对走线

图中，D 为 2 个差分对之间的距离；S 为差分对 2 根信号线间的距离；W 为差分对走线的宽度；H 为介质厚度。

（3）设计差分对走线时，要遵循以下原则。

① 保持差分对的两信号走线之间的距离 S 在整个走线上为常数。

② 确保 $D > 2S$，以最小化 2 个差分对信号之间的串扰。

③ 使差分对的两信号走线之间的距离 S 满足 $S = 3H$，以便使元件的反射阻抗最小化。

④ 将两差分信号线的长度保持相等，以消除信号的相位差。

⑤ 避免在差分对上使用多个过孔，过孔会产生阻抗不匹配和电感。

例如，LVDS 电平的传输就采用差分传输线的方式，LVDS 的 PCB 走线非常讲究，其设计规则与一般差分对一致。

① 采用阻抗受控传输线，传输线的阻抗与传输媒质（如电缆）和匹配电阻一致。

② 保持差分对走线电气长度对称以减小错位。

③ 采用手工布线。

④ 减少过孔数量以及其他不连续。

⑤ 避免采用 90°拐角，应采用 135°或弧形走线。

⑥ 尽量减小差分对的距离以提高接收器的共模抑制能力。

⑦ 保持差分对的对称性是 PCB 布线的关键，差分对走线的任何不对称都可能导致信号完整性问题和电磁辐射问题。例如，如果差分对的长度不匹配，就会直接导致差分信号错位，信号错位一方面使接收端的眼图闭合，传输速度下降；另一方面错位直接造成差分信号转变为共模信号，可能导致严重的 EMI 问题。另外，不但差分对的抗干扰性能下降，而且也会因为辐射增强而干扰其他敏感电路。

一个 LVDS PCB 传输线好和不好的设计示例[33]如图 6.6.8 所示。

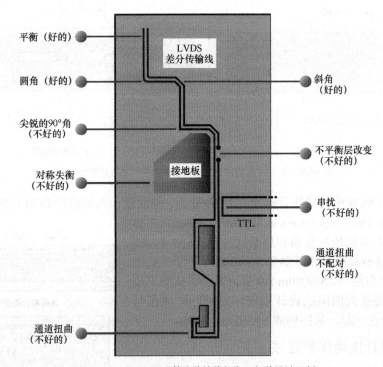

图 6.6.8　LVDS PCB 差分传输线好和不好的设计示例

6.6.7　控制 PCB 导线的阻抗

在高速数字电路 PCB 和射频电路 PCB 中，对于 PCB 导线的阻抗是有要求的，需要控制 PCB 导线的阻抗。在 PCB 布线时，同一网络的线宽应保持一致，线宽的变化会造成线路特性阻抗的不均匀，对于高速数字电路传输的信号会产生反射，在设计中应该尽量避免这种情况出现。在某些条件下，如接插件引出线、BGA 封装的引出线等类似的结构，如果无法避免线宽的变化，应该尽量控制和减少中间不一致部分的有效长度。

在高速数字电路中，当 PCB 布线的延迟时间大于信号上升时间（或下降时间）的 1/4 时，该布线即可以看成传输线，为了保证信号的输入和输出阻抗与传输线的阻抗正确匹配，可以采用多种形式的终端匹配方法，所选择的匹配方法与网络的连接方式和布线的拓扑结构有关（更多的内容请参考"10.1 信号完整性分析基础"）。

常用的 PCB 阻抗受控传输线结构和阻抗计算公式[34]如图 6.6.9 所示。也可以采用图 6.6.10 所示的 PCB 阻抗受控传输线结构形式。

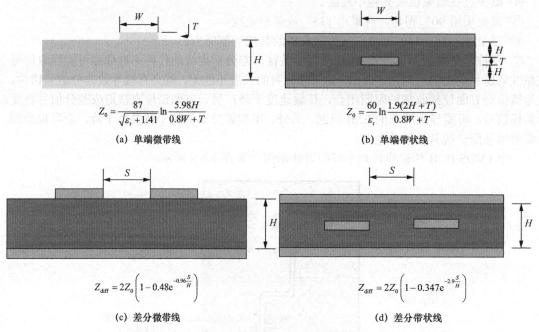

$$Z_0 = \frac{87}{\sqrt{\varepsilon_r + 1.41}} \ln \frac{5.98H}{0.8W + T}$$

(a) 单端微带线

$$Z_0 = \frac{60}{\varepsilon_r} \ln \frac{1.9(2H + T)}{0.8W + T}$$

(b) 单端带状线

$$Z_{\text{diff}} = 2Z_0 \left(1 - 0.48 e^{-0.96\frac{S}{H}}\right)$$

(c) 差分微带线

$$Z_{\text{diff}} = 2Z_0 \left(1 - 0.347 e^{-2.9\frac{S}{H}}\right)$$

(d) 差分带状线

图 6.6.9　常用的 PCB 阻抗受控传输线结构和阻抗计算公式

一些公司为 PCB 的传输线设计提供 EDA 软件，辅助设计人员进行 PCB 传输线设计。如 Polar Instruments Ltd.（http://www.polarinstruments.com）的 Speedstack PCB 阻抗场解算器和层叠软件包。Speedstack PCB 是 Si8000 场解算阻抗计算器和 Speedstack 专业多层电路设计系统的打包组合。Si8000m 8.0 版内置了阻抗图形技术，是一个功能强大的阻抗设计系统，Si8000m 现在与 Speedstack 结合在一起，共同构成 Speedstack PCB。

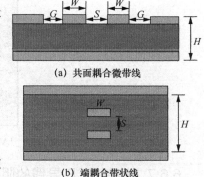

(a) 共面耦合微带线

(b) 端耦合带状线

图 6.6.10　一些 PCB 阻抗受控传输线结构

6.6.8　设计接地保护走线

在模拟电路的 PCB 设计中，保护走线被广泛地使用，例如在一个没有完整的地平面的两层板中，如果在一个敏感的音频输入电路的走线两边并行走一对接地的走线，串扰可以减少一个数量级。

在数字电路中，可以采用一个完整的接地平面取代接地保护走线。如图 6.6.11 所示，接地保护走线在很多地方比完整的接地平面更有优势。

根据经验，在 2 条微带线之间插入两端接地的第 3 条线，2 条微带之间的耦合则会减半。如果第 3 条线通过很多通孔连接到接地平面，它们的耦合将进一步减小。如果有不止一个地平面层，那么要在每条保护走线的两端接地，而不要在中间接地。

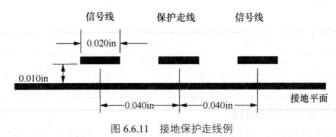

图 6.6.11　接地保护走线例

注意：在数字电路中，如果 2 条走线之间的距离（间距）足够允许引入 1 条保护走线，那么 2 条走线相互之间的耦合通常已经很低了，也就没有必要设置 1 条接地保护走线。

6.6.9　防止走线谐振

如图 6.6.12 所示，在 PCB 布线时，布线长度不得与其信号波长成整数倍关系，以免产生谐振现象。

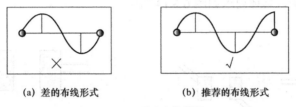

(a) 差的布线形式　　　　　(b) 推荐的布线形式

图 6.6.12　防止走线谐振

6.6.10　布线的一些工艺要求

1. 布线范围

布线范围尺寸要求[35]见表 6.6.1，包括内外层线路及铜箔到板边、非金属化孔壁的尺寸。

表 6.6.1　　　　　　　　　　　　　　　　布线范围尺寸要求　　　　　　　　　　　　单位：mm（mil）

板外形要素			内层线路及铜箔	外层线路及铜箔
距边最小尺寸	一般边		≥0.5（20）	≥0.5（20）
	导槽边		≥1（40）	导轨深+2
	拼板分离边	V 槽中心	≥1（40）	≥1（40）
		邮票孔孔边	≥0.5（20）	≥0.5（20）
距非金属化孔壁最小尺寸	一般孔		0.5（20）（隔离圈）	0.3（12）（封孔圈）
	单板起拔扳手轴孔		2（80）	扳手活动区不能布线

2. 布线的线宽和线距

在组装密度许可的情况下，尽量选用较低密度布线设计，以提高无缺陷和可靠性的制造能力。目前一般厂家加工能力为，最小线宽为 0.127mm（5mil），最小线距为 0.127mm（5mil）。常用的布线密度设计参考见表 6.6.2。

表 6.6.2　　　　　　　　　　　　　　　　　布线密度　　　　　　　　　　　　　　单位：mm（mil）

名称	12/10	8/8	6/6	5/5
线宽	0.3（12）	0.2（8）	0.15（6）	0.127（5）
线距	0.25（10）	0.2（8）	0.15（6）	0.127（5）

续表

名称	12/10	8/8	6/6	5/5
线—焊盘间距	0.25（10）	0.2（8）	0.15（6）	0.127（5）
焊盘间距	0.25（10）	0.2（8）	0.15（6）	0.127（5）

3．导线与片式元器件焊盘的连接

导线与片式元器件连接时，原则上可以在任意点连接。但对采用再流焊进行焊接的片式元器件，最好按以下原则设计。

（1）对于 2 个焊盘安装的元器件，如电阻、电容，与其焊盘连接的印制导线最好从焊盘中心位置对称引出，且与焊盘连接的印制导线必须具有一样宽度，如图 6.6.13 所示。对线宽小于 0.3 mm（12 mil）的引出线可以不考虑此条规定。

（2）与较宽印制线连接的焊盘，中间最好通过一段窄的印制导线过渡，这一段窄的印制导线通常被称为"隔热路径"，否则，对 2125（英制即 0805）及其以下片式类 SMD，焊接时极易出现"立片"缺陷。具体要求如图 6.6.14 所示。

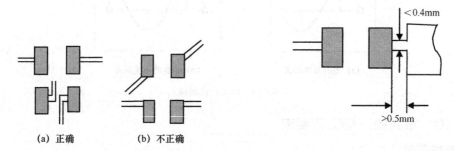

图 6.6.13　片式元件焊盘与印制导线的连接　　　图 6.6.14　隔热路径的设计

4．导线与 SOIC，PLCC，QFP，SOT 等器件的焊盘连接

线路与 SOIC，PLCC，QFP，SOT 等器件的焊盘连接时，一般建议从焊盘两端引出，如图 6.6.15 所示。

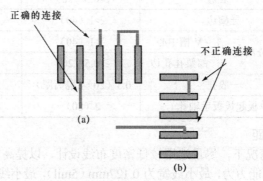

图 6.6.15　器件焊盘的引出线位置

5．线宽与电流的关系

当信号平均电流比较大的时候，需要考虑线宽与电流的关系，具体参数见表 6.6.3。在 PCB 设计加工中常用 oz（盎司）作为铜箔的厚度单位。1oz 铜厚定义为 1in^2 面积内铜箔的重量为 1oz，对应的物理厚度为 35μm。当铜箔作导线通过较大电流时，铜箔宽度与载流量的关

系应参考表 6.6.3 中的数据降额 50% 去选择使用。

表 6.6.3　　　　　　　　　　不同厚度、不同宽度的铜箔的载流量

线宽/mm	电流/A		
	铜箔厚度 35μm	铜箔厚度 50μm	铜箔厚度 70μm
0.15	0.20	0.50	0.70
0.20	0.55	0.70	0.90
0.30	0.80	1.10	1.30
0.40	1.10	1.35	1.70
0.50	1.35	1.70	2.00
0.60	1.60	1.90	2.30
0.80	2.00	2.40	2.80
1.00	2.30	2.60	3.20
1.20	2.70	3.00	3.60
1.50	3.20	3.50	4.20
2.00	4.00	4.30	5.10
2.50	4.50	5.10	6.00

6.7　PCB 的地线设计

6.7.1　接地系统设计的一般规则

接地系统设计的一般规则[16~21,29~31]如下所述。

（1）要降低地电位差，必须限制接地系统的尺寸。电路尺寸 <0.05λ 时可用单点接地，>0.15λ 时可用多点接地。对工作频率很宽的系统要用混合接地。对于敏感系统，接地点之间的最大距离应当 ≤0.05λ（λ 是该电路系统中最高频率信号的波长）。

低频电路可以采用串联和并联的单点接地。并联单点接地最为简单而实用，它没有公共阻抗耦合和低频地环路的问题，每个电路模块都接到一个单点地上，每个子单元在同一点与参考点相连，地线上其他部分的电流不会耦合进电路。这种接地方式在 1MHz 以下的工作频率下能工作得很好。但是，随着频率的升高，接地阻抗随之增大，电路上会产生较大的共模电压。

对于工作频率较高的电路和数字电路，由于各元器件的引线和电路布局本身的电感都将增加接地线的阻抗，为了降低接地线阻抗、减小地线间的杂散电感和分布电容造成的电路间的相互耦合，通常采用就近多点接地，把各电路的系统地线就近接至低阻抗地线上。一般来说，当电路的工作频率 >10MHz 时，应采用多点接地的方式。由于高频电路的接地关键是尽量减小接地线的杂散电感和分布电容，所以在接地的实施方法上与低频电路有很大的区别。

整机系统通常采用混合接地。系统内的低频部分需要采用单点接地，而高频部分则要采用多点接地。通常把系统内部的地线分为电源地线、信号地线、屏蔽地线三大类。所有的电源地线都接到电源总地线上，所有的信号地线都接到信号总地线上，所有的屏蔽地线都接到屏蔽总地线上，3 根总地线最后汇总到公共的参考地（接地面）。

（2）使用平衡差分电路，以尽量减少接地电路干扰的影响。低电平电路的接地线必须交叉的地方，要使导线互相垂直。可以采用浮地隔离（如变压器、光电）技术解决所出现的地线环路问题。

（3）对于那些将出现较大电流突变的电路，要有单独的接地系统，或者有单独的接地回

线，以减少对其他电路的瞬态耦合。

（4）需要用同轴电缆传输信号时，要通过屏蔽层提供信号回路。<100kHz 的低频电路可在信号源端单点接地，>100kHz 的高频电路则采用多点接地，多点接地时要做到每隔 $0.05\lambda \sim 0.1\lambda$ 有 1 个接地点。端接电缆屏蔽层时，避免使用屏蔽层辫状引出线，屏蔽层接地不能用辫状接地，而应当让屏蔽层包裹芯线，然后再让屏蔽层 360° 接地。

（5）所有接地线要短。接地线要导电良好，避免高阻性。如果接地线长度接近或等于干扰信号波长的 1/4 时，其辐射能力将大大增加，接地线将成为天线。

6.7.2　参考面

参考面包括 0V 参考面（接地面）和电源参考面，在一个 PCB 上（内）的一个理想参考面应该是一个完整的实心薄板，而不是一个"铜质充填"或"网络"。参考面可以提供若干个非常有价值的电磁兼容性（EMC）和信号完整性（SI）功能[16~21,29~31]。

在高速数字电路和射频电路设计中采用参考面，可以实现如下功能。

（1）提供非常低的阻抗通道和稳定的参考电压。参考面可以为器件和电路提供非常低的阻抗通道，提供稳定的参考电压。一个 10mm 长的导线或线条在 1GHz 频率时具有的感性阻抗为 63Ω，因此当需要从一个参考电压向各种器件提供高频电流时，需要使用一个平面来分布参考电压。

（2）控制走线阻抗。如果希望通过控制走线阻抗来控制反射（使用恰当的走线终端匹配技术），那么几乎总是需要有良好的、实心的、连续的参考面（参考层）。不使用参考层很难控制走线阻抗。

（3）减小回路面积。回路面积可以看作是由信号（在走线上传播）路径与它的回流信号路径决定的面积。当回流信号直接位于走线下方的参考面上时，回路面积是最小的。由于 EMI 直接与回路面积相关，所以当走线下方存在良好的、实心的、连续的参考层时，EMI 也是最小的。

（4）控制串扰。在走线之间进行隔离和走线靠近相应的参考面是控制串扰最实际的 2 种方法。串扰与走线到参考面之间距离的平方成反比。

（5）屏蔽效应。参考面可以相当于一个镜像面，为那些不那么靠近边界或孔隙的元件和线条提供了一定程度的屏蔽效应。即便在镜像面与所关心的电路不相连接的情况下，它们仍然能提供屏蔽作用。例如一个线条与一个大平面上部的中心距为 1mm，由于镜像面效应，在频率为 100kHz 以上时，它可以达到至少 30dB 的屏蔽效果。元件或线条距离平面越近，屏蔽效果就会越好。

当采用成对的 0V 参考面（接地面）和电源参考面时，可以实现下述功能。

（1）去耦。2 个距离很近的参考面所形成的电容，对高速数字电路和射频电路的去耦合是很有用的。参考面能提供的低阻抗返回通路，将减少退耦电容以及与其相关的焊接电感、引线电感产生的问题

（2）抑制 EMI。成对的参考面形成平面电容可以有效地控制差模噪声信号和共模噪声信号导致的 EMI 辐射。

6.7.3　避免接地平面开槽

1. 接地面开槽产生的串扰

当正常的布线层的空间用尽时，如果想在接地面上塞进一根走线，通常采用的方法是在接地面上分割出一个长条，然后在里面布线，这样就会形成一个地槽（Ground Slot）。这是一个典型的错误布局设计，这种做法应该是被禁止的。因为，对于垂直经过该槽的走线，地槽

会产生不必要的电感，槽电感会减慢上升沿，槽电感会产生互感串扰。

一个接地面开槽产生的串扰示意图[14]如图 6.7.1 所示，从驱动器 A 点返回的电流不能直接从走线 A-B 之下流过，而是转向绕过地槽的顶端。经过转向的电流形成了一个大的环路，严重地增加了信号路径 A-B 的电感，从而减慢了在 B 点收到信号时的上升时间。转向的电流同时与走线 C-D 的返回电流路径环路形成严重重叠。这个重叠在信号走线 A-B 和走线 C-D 之间引起一个大的互感。

与走线 A-B 串联的有效电感为

$$L \approx 5D \ln \frac{D}{W} \qquad (6.7.1)$$

其中，L 为电感，单位 nH。

D 为槽长度（从信号走线转向的电流的垂直宽度），单位 in。

W 为走线宽度，单位 in。

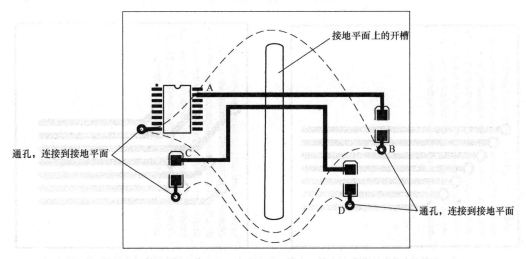

图 6.7.1　一个接地面开槽产生的串扰

2. 连接器的不正确布局引起的地槽

一个由连接器的不正确布局引起的地槽如图 6.7.2（a）所示。图 6.7.2（a）所示连接器引脚的间歇孔太大，造成穿过引脚区的接地面不连续，形成地槽，造成返回的信号电流必须绕过该引脚区域。因此设计时应该确认每个引脚的间隙孔，保证所有的引脚端之间的地保持连续，使返回的信号电流可以通过该引脚区域，如图 6.7.2（b）所示。

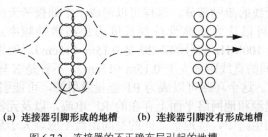

(a) 连接器引脚形成的地槽　　(b) 连接器引脚没有形成地槽

图 6.7.2　连接器的不正确布局引起的地槽

3. 减少连续过孔产生的回路面积

当 PCB 具有大量的贯穿孔和通孔时，要小心特别防止连续过孔产生的切缝。连续过孔造成回路面积增加[16,19,20]的示意图如图 6.7.3 和图 6.7.4 所示，图 6.7.3（a）所示过孔线间无铜箔，信号线条和回流线条分隔开了，回流面积变大，会产生 RF 能量辐射。图 5.7.3（a）所示回流电流必须绕过过孔传播，形成相当大的回路面积，这个回路所引起的 RF 能量发射水平可能超标。修改后的设计如图 6.7.3（b）所示，在过孔之间留有铜箔，使回流电流能通过过孔附近的铜箔回流。如图 5.7.4（a）所示，连续的过孔产生了切缝，如图 6.7.4（b）所示修改后的设计没有连续的过孔。

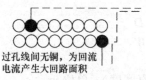

<table>
<tr><td>过孔线间无铜，为回流
电流产生大回路面积</td><td>过孔线间有铜，
回路面积减小</td></tr>
<tr><td>（a）过孔之间无铜箔</td><td>（b）修改的设计（过孔之间有铜箔）</td></tr>
</table>

图 6.7.3　有过孔的回路面积

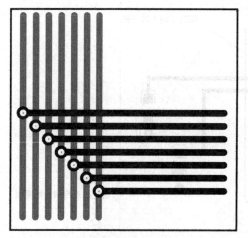
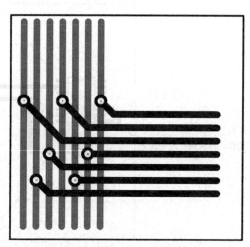

（a）连续过孔产生的切缝　　　　　　　　（b）修改连续过孔产生切缝的设计

图 6.7.4　消除连续过孔产生的切缝

6.7.4　接地点的相互距离

在采用多点接地形式的 PCB 中，在设计 PCB 到金属外壳的接地桩时，为减少 PCB 组装中的 RF 回路效应，最简单的方法是在 PCB 上设计多个安装到机架地的接地桩。

由于接地导线之间具有一定的阻抗，可以成为偶极天线的半边，而信号线条上载有 RF 能量，可以成为偶极天线的激励部分，这样可以形成一个偶极子天线结构。根据偶极子天线的特性，天线的效率可以认为能够维持到长度为最高激励频率或谐波波长的 1/20，即 $\lambda/20$[19,20]。例如，1 个 100MHz 信号的 $\lambda/20$ 是 0.15m（15cm）。如果 2 个连到零电位参考面（接地面）的接地桩之间的直线距离大于 0.15m（15cm），不管是 X 轴或 Y 轴方向，就会产生高效率的 RF 辐射环路。这个环路可以成为 RF 能量发射源，可能引起 EMI 超出国际标准的发射限值。因此，在电源和地网络平面上存在的 RF 电流，以及元器件的边沿速率（上升时间和下降时间）很高的电路中，接地桩之间的空间距离不应该大于最高信号频率或所关心谐波频率的 $\lambda/20$[18,19,20]。注意，不是基本工作频率（如时钟频率）的 $\lambda/20$。一个设计示例如图 6.7.5 所示。

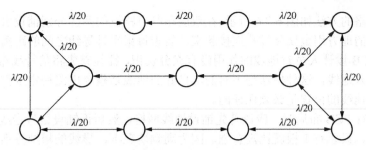

图 6.7.5　接地点的相互距离不能够大于 λ/20

对于接地桩之间的空间距离大于最高频率或所关心谐波所对应的 λ/20 的情况，可以采用加金属薄片连接等结构，以消除这种环路所产生的 RF 辐射。

计算信号的波长和相应的临界频率的公式如下所示。由这些公式计算的关于各种频率的波长值和 λ/20 波长值见表 6.7.1。

$$f(\text{MHz}) = \frac{300}{\lambda(\text{m})} = \frac{984}{\lambda(\text{ft})}$$

$$\lambda(\text{m}) = \frac{300}{f(\text{MHz})}$$

（6.7.2）

$$\lambda(\text{ft}) = \frac{984}{f(\text{MHz})}$$

表 6.7.1　　　　　　　　　　　各种频率的波长值和 λ/20 波长值

频率/MHz	λ 长度	$\frac{\lambda}{20}$ 长度
10	30m（32.8ft）	1.5m（5ft）
27	11.1m（36.4ft）	0.56m（1.8ft）
35	8.57m（28.1ft）	0.43m（1.4ft）
50	6m（19.7ft）	0.3m（12in）
80	3.75m（12.3ft）	0.19m（7.52in）
100	3m（9.8ft）	0.15m（6in）
160	1.88m（6.15ft）	9.4cm（3.7in）
200	1.5m（4.9ft）	7.5cm（3in）
400	75cm（2.5ft）	3.75cm（1.5in）
600	50cm（1.6ft）	2.5cm（1.0in）
1 000	30cm（0.98ft）	1.5cm（0.6in）

6.7.5　地线网络

地线阻抗由导线电阻和电感组成，在频率较高时，电感的感抗将成为主导的因素。虽然增加导线的宽度可以减小电感，但由于导线的宽度与电感成对数关系，导线的宽度的变化对电感的影响并不大。将 2 根导线并联起来，可以有效的减少总的电感量。当 2 根导线距离较远时（>1cm），其互感可以忽略，总的电感将降低为原来的 1/2。因此，将多根导线并联起来是降低地线电感的有效方法。在 PCB 上铺设地线网格，可以降低地线电感。在双层印制电路板上铺设地线网格的方法如图 6.7.6 所示，在双层印制电路板的两面分别铺设水平和垂直的地线，在它们交叉的地方用金属化过孔连接起来，要求每根平行导线之间的距离要>1cm。

由于许多 PCB 设计人员对地线的作用没有充分认识，往往首先将信号线布好，然后再在有空间的地方插入地线，这种做法是不对的。良好的地线是整个电路稳定工作的基础，无论空间怎样紧张，地线的位置是必须保证的。

因此，在进行 PCB 布局时，应该首先铺设地线网格，然后再铺设信号走线。记住，地线并不一定要很宽，只要有 1 根就比没有强。因为高频情况下，导线的粗细并不是影响阻抗的决定性因素，也不用担心过细的导线会增加直流电流的电阻，因为整个系统的地线由很多细线组成，实际的地线截面积是这些细线的总和。

采用地线网格可以降低地线噪声 1～2 个数量级，但并不增加任何成本，是一种非常好的抑制地线噪声干扰的方法。

在高速数字电路中，"梳状"地线是必须避免的一种地线方式，如图 6.7.7 所示。这种地线结构使信号回流电流的环路很大，会增加辐射和敏感度，并且芯片之间的公共阻抗也可能造成电路的误操作。改进的部分是在梳齿之间加上横线，将梳状地线结构改变为地线网格结构。

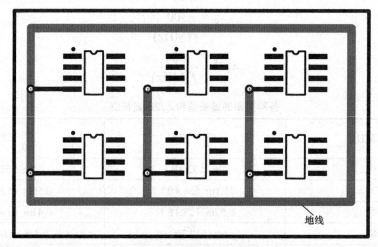

图 6.7.6　双层线路板的地线网格

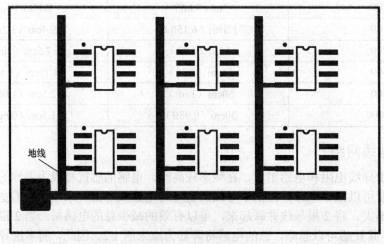

图 6.7.7　梳状地线结构

6.7.6　电源线和地线的栅格

电源线和地线的栅格形式[19,20]如图 6.7.8 中所示，这种形式可节约印制电路板的面积，但其代价却是增加了互感。这种形式适合于小规模的低速 CMOS 和普通 TTL 电路设计，但是对于高速数字电路，则不能提供充分的接地。

在电源线和地线的栅格设计图中，电源线在一层上，地线在另一层上，地线水平分布在板子的底层，而电源走线则垂直分布在板子的顶层。在全部环路面积上布置电源线和接地线，每个网格面积应≤3.8cm^2（1.5in^2）。网格面积与信号的边缘时间有关，对于更快的信号边缘时间，则需要采用更小的网格面积。在连接线的每个交叉点，通过 1 个退耦电容连接 2 组线，从而形成一个平行交叉的图案。电流沿着地线或电源线返回到源端。使用的退耦电容一定要非常好，因为有些返回电流在流向驱动门的途中要穿过多个退耦电容。与完整的接地面相比，电源线和地线的栅格在走线间引入了很大互感，要注意保持走线之间的相互距离，以减少互感的影响。

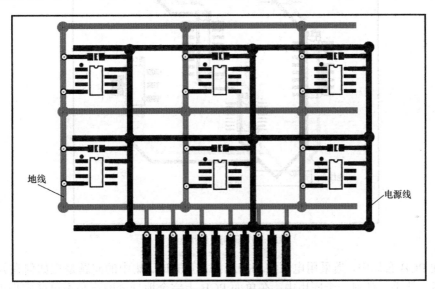

(a)　电源线和地线的栅格设计例1

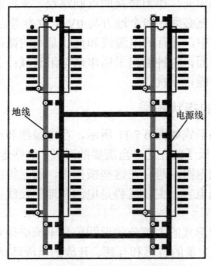

(b)　电源线和地线的栅格设计例2

图 6.7.8　两层板上的电源线和地线栅格

在电源线和地线的栅格设计图中，必须注意栅格要尽可能多地连接在一起。在设计时，对电源和返回路径平行布线，可以产生一个低阻抗小环路面积的传输线结构。当镜像层不存在时，网格结构为射频电流提供了公共返回路径。注意，如果走线与 0V 电位间的距离非常大，走线相对 0V 参考点能够产生足够大的电流环路。对于器件产生的射频环路电流，可能找不到一个低阻抗的 RF 返回路径。

改进的设计如图 6.7.9 所示，采用辐射状连线，以缩短连接导线的长度。所有的地线与电源线相邻排列，以减小公共返回路径。

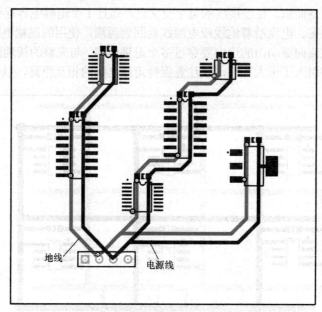

图 6.7.9　采用辐射状连线

在单面 PCB 布局中，当采用电源线和接地栅格形式时，集中的问题是在如何在元器件之间布置走线。几乎在任何一个应用中，在单面 PCB 上完全地划分网格是不可能实现的。最佳的布线技术就是充分使用接地填充，作为替换的返回路径，来控制环路面积并减小 RF 返回电流线路的阻抗。这种接地填充必须在多个地方与 0V 电位参考点连接。一个单面 PCB 布线示例如图 6.7.10[19,20]所示。图中，并行的电源线和地线是宽的微带线，地线提供射频电流的回路；时钟电路采用局部接地面，时钟输出采用串联电阻衰减；关键元器件的电源线采用铁氧体滤波器进行滤波，以减少噪声干扰。

6.7.7　电源线和地线的指状布局

电源线和地线的指状布局形式如图 6.7.11 所示，在电源线和地线的指状布局图中，地线走在板子的右边，电源线布在板子的左边。当需要的时候，这些走线可以从左边延伸到右边，像长的手指或横栏木梯。集成电路块跨立在这些横档上，通过短的连线接地或接到电源线。相邻的电源和地线之间有退耦电容。主要优势是电源和地的接线可以在单层上实现，而信号走线需要另外一层。

电源线和地线的指状布局形式的大部分的返回信号电流必须走过板子边缘的所有路径，以回到它们的驱动器，引入了大量的自感和互感。开放的电流环路的电磁辐射在 FCC 辐射测试中几乎可以肯定不合格。

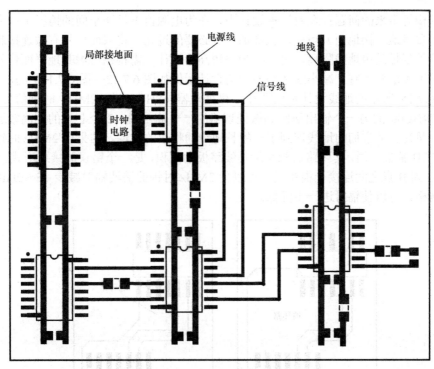

图 6.7.10　一个单面 PCB 布线例

电源线和地线的指状布局形式仅适合低速的 CMOS 逻辑或老式的 LS-TTL 系列电路使用，对于高速数字电路，应该避免采用这种布局形式。

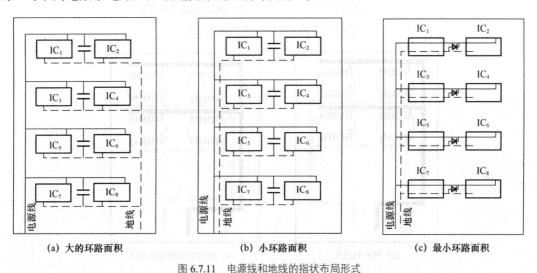

图 6.7.11　电源线和地线的指状布局形式

6.7.8　最小化环面积

最小化环面积的规则是信号线与其回路构成的环面积要尽可能小，实际上就是为了尽量减小信号的回路面积。保持信号路径和它的地返回线紧靠在一起，将有助于最小化地环路面积，以避免潜在的天线环。地环路面积越小，对外的辐射越少，接收外界的干扰也越小。根据这一规则，在地平面（接地面）分割时，要考虑到地平面与重要信号走线的分布，防止由于地平面开槽等带来的问题；在双层板设计中，在为电源留下足够空间的情况下，应该将留下的部分用参考地（接地面）填充，且增加一些必要的过孔，将双面信号有效连接起来，对一些关键信号尽量采用地线隔离，对一些频率较高的设计，需特别考虑其地平面信号回路问题，建议采用多层板为宜。减小地环路面积的设计示例如图 6.7.12～图 6.7.14 所示。

如图 6.7.15 所示的地线设计示例[36]中，微处理器 68HC11 的 2MHz 时钟信号 E 送到 74HC00，74HC00 的另一个输出送回到微处理器的一个输入端。2 个芯片的距离较近，可以使连接线尽量短。但它们的地线连到了一根长地线的相反的两端，结果使 2MHz 时钟信号的回流绕了 PCB 整整一周，其环路面积实际是线路板的面积，是一个错误的接地形式。实际上，如果从 A 点到 B 点之间连接一根短线，可以使 2MHz 时钟的谐波辐射减少 15～20dB，如果使用地线网格，可以使辐射进一步降低。

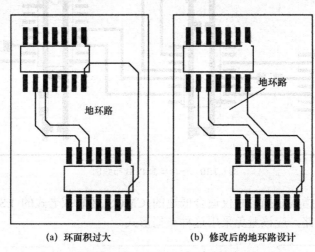

(a) 环面积过大　　　　　(b) 修改后的地环路设计

图 6.7.12　减小地环路面积的设计例 1

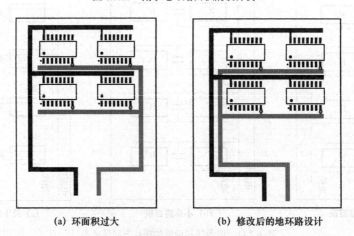

(a) 环面积过大　　　　　(b) 修改后的地环路设计

图 6.7.13　减小地环路面积的设计例 2

如图 6.7.16 所示的设计示例[36]中，显示了一个工作频率为 400kHz 的开关电源的功率 MOSFET 电路，其瞬变时间为 10ns 数量级，因此开关波形的谐波分量超过了 100MHz。去耦电容器距离开关管的距离有几个厘米，结果在电源和地线之间形成了较大的环路。改进的办法是可以在靠近开关管和变压器的位置设置 1 只 47nF 的射频去耦电容器，减小这个环路中的射频电流，可使 10MHz 以上的传导发射减小 20dB。

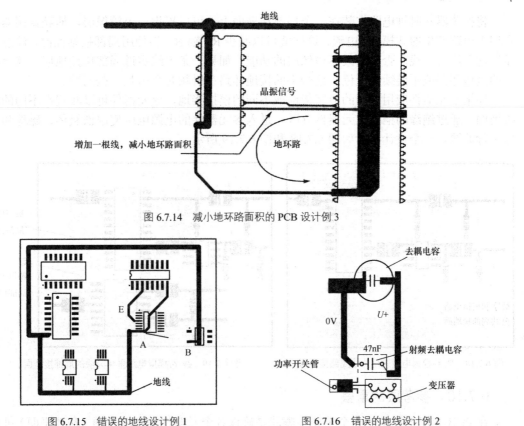

图 6.7.14　减小地环路面积的 PCB 设计例 3

图 6.7.15　错误的地线设计例 1

图 6.7.16　错误的地线设计例 2

6.7.9　局部接地面

振荡器电路、时钟电路、数字电路、模拟电路等可以被安装在一个单独的局部接地面上。这个局部接地面设置在 PCB 的顶层，它通过多个通孔与 PCB 的内部接地层（0V 参考面）直接连接，一个设计示例如图 6.7.17 所示。

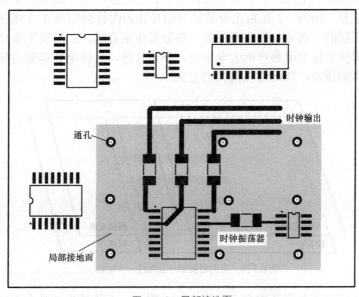

图 6.7.17　局部接地面

　　将振荡器和时钟电路安装在一个局部接地面上，可以提供一个镜像层，捕获振荡器内部和相关电路产生的共模 RF 电流，这样就可以减少 RF 辐射。当使用局部接地面时，注意不要穿过这个层来布线，否则会破坏镜像层的功能。如果一条走线穿过局部化接地层，就会存在小的接地环路或不连续性电位。这些小的接地环路在射频时会引起一些问题。

　　如果某元器件应用不同的数字接地或不同的模拟接地，该元器件可以布置在不同的局部接地面，通过绝缘的槽实现元器件分区。进入各元器件的电源电压使用铁氧体、磁珠和电容器进行滤波。一个设计示例如图 6.7.18 和图 6.7.19 所示。

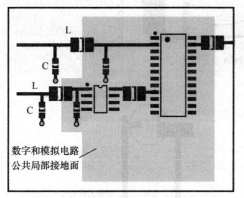
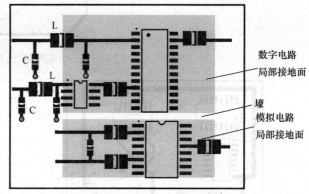

图 6.7.18　数字/模拟电路采用公共局部接地面　　　　图 6.7.19　数字/模拟电路采用分块的局部接地面

6.7.10　参考层的重叠

　　在 PCB 布局过程中的一个重要步骤就是确保各个元器件的电源平面（和地平面）可以有效进行分组，并且不会与其他的电路发生重叠。例如在 A/D 电路中，通常是数字电源参考层和数字地参考层（数字接地面）位于 IC 的一侧，模拟电源参考层与模拟地参考层（模拟接地面）位于另一侧。用 0Ω 电阻或者是铁氧体磁环在 IC 下面（或者最少在距离 IC 非常近的位置）的一个点把数字地层和模拟地层连接起来。

　　如果使用多个独立的电源，并且这些电源有着自己的参考层，那么不要让这些层之间不相关的部分发生重叠。因为，2 层被电介质隔开的导体表面就会形成 1 个电容。如图 6.7.20 所示，当模拟电源层的一部分与数字地层的一部分发生重叠时，2 层发生重叠的部分就形成了 1 个小电容。事实上这个电容可能会非常小。不管怎样，任何电容都能为噪声提供从一个电源到另一个电源的通路，从而使隔离失去意义。

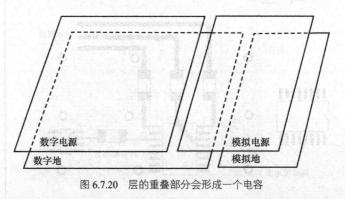

图 6.7.20　层的重叠部分会形成一个电容

　　不同电源层在空间上要避免重叠，如图 6.7.21 所示，主要是为了减少不同电源之间的干扰，特别是一些电压相差很大的电源之间，电源平面的重叠问题一定要设法避免，难以避免时可考虑中间隔地层。

6.7.11　20H 原则

在高速数字逻辑电路中，使用高速逻辑或高频时钟时，PCB 电源平面与地平面相互耦合 RF 能量，在电源平面层和地平面层的板间产生边缘磁通泄漏（Fringing），会辐射 RF 能量到自由空间和环境中去。

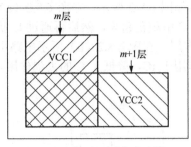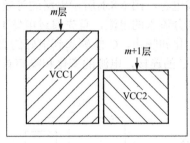

(a) 不同电源层在空间上重叠　　　　　　　　(b) 修改后的设计

图 6.7.21　不同电源层在空间上要避免重叠

"20H 原则"是指要确保电源平面的边缘要比接地平面（0V 参考面）边缘至少缩入相当于 2 个平面之间层距的 20 倍。H 是叠层中电源平面与地平面之间的物理距离。从电流在电源和地平面之间循环的角度上看，采用"20H 原则"可以改变电路板的自谐振频率。如图 6.7.22 所示，大约在 10H 时磁通泄漏就可以出现显著改变；在 20H 时，大约有 70% 的磁通泄漏被束缚住；在 100H 时，可以抑制 98% 磁通泄漏。但是，电源平面与接地平面边缘缩入在比 20H 更大时，增加板间物理距离，也不会带来辐射的 RF 能量显著减小，却增加了 PCB 布线的难度[19,20]。

"20H 原则"对高速数字电路和宽带区域是必要的，当需要进行数字区和模拟区隔离滤波或类似的电路的时候，可以采用"20H 原则"。"20H 原则"在电源分隔区的应用示例如图 6.7.23 所示。

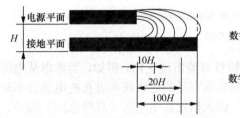

图 6.7.22　电源平面的边缘缩入对磁通泄漏的影响　　　图 6.7.23　"20H 原则"在电源分隔区的应用

注意，"20H 原则"仅在某些特定的条件下才会提供明显的效果。这些特定条件包括以下 4 个。

① 在电源总线中电流波动的上升/下降时间要 <1ns。

② 电源平面要处在 PCB 的内部层面上，并且与它相邻的上、下 2 个层面都为 0V 参考面。这 2 个 0V 参考面向外延伸的距离至少要相当于它们各自与电源平面间层距的 20 倍。

③ 在所关心的任何频率上，电源总线结构不会产生谐振。

④ PCB 的总层数 ≥8 层。

6.8 去耦滤波器电路的 PCB 设计

6.8.1 去耦电容器的安装位置

1. 去耦电容器不同安装位置的影响

如图 6.8.1 所示电路中，去耦电容器 C 的安装位置不同，图 6.8.1（a）所示电容器靠近电源安装，图 6.8.1（b）所示集成电路（IC）靠近电源安装，其去耦合效果是不同的[28]。

考虑布线电感，图 6.8.1 所示电路的等效电路如图 6.8.2 所示，在图 6.8.2（a）所示电路中，从电源部分流入的电流，首先通过电感 L_1 在 C 中积蓄起来，然后再通过 L_2 提供给 IC。对于电源的变化和噪声，C 能够起到很好的去耦作用。在图 6.8.2（b）所示电路中，由于 L_2 隔离了 C 与 IC 的连接，电源的变化和噪声首先作用于 IC，降低了 C 的去耦作用。

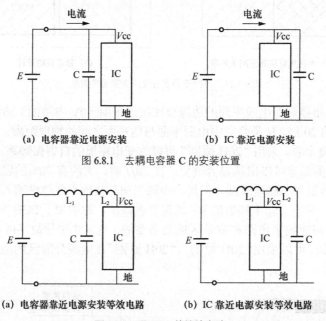

（a）电容器靠近电源安装　　　　　　　　　　（b）IC 靠近电源安装

图 6.8.1　去耦电容器 C 的安装位置

（a）电容器靠近电源安装等效电路　　　　　（b）IC 靠近电源安装等效电路

图 6.8.2　图 6.8.1 的等效电路

当电容器安装在 PCB 上时，电容器的插入损耗特性可能出现变化。例如，当考虑从电源接线上连接电容器到接地平面时，如图 6.8.3 所示，安装电容器的连接线和过孔的电感会串联接入到电容器，电容器的插入损耗特性将产生变化，插入损耗在电感区（高频范围）减少。当电容器用于抑制高频噪声时，应设计厚而短的 PCB 导线来减少此安装电感 ESL_{PCB}。从电源阻抗的观点看，ESL_{PCB} 也必须保持为小[37]。

2. 分支线路的影响

按照噪声路径和电容器安装位置，当安装电容器时，安装的电感 ESL_{PCB} 可能出现变化。例如，如图 6.8.4（a）所示，当电容器安装在噪声路径时，电容器安装模式以及过孔产生的 ESL_{PCB} 将相对变小。而另一方面，如图 6.8.4（b）所示，如果电容器安装位置设定在噪声路径的另一边，从电源端到安装位置的所有导线的 ESL 都包括在内，使 ESL_{PCB} 变大。在这种情况下，在高频范围的电容器的效果就会减弱。

把这种远离噪声路径的线路称为"分支线路"。假定这个分支线路是一个 10mm 长 MSL

（微带线），在此例中，插入损耗在超过 10MHz 的频率范围内的跌幅接近 20dB[37]。

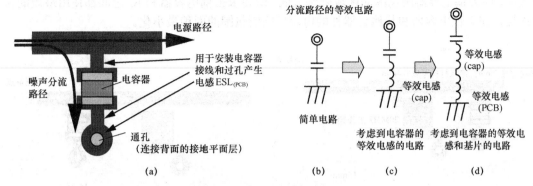

图 6.8.3　安装电容器时的线路影响

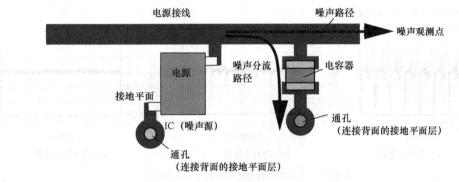

(a) 布局形式 1

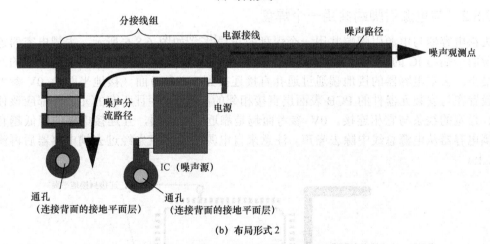

(b) 布局形式 2

图 6.8.4　噪声路径与电感器位置之间的关系

　　一个证实分支线路影响的示例[37]如图 6.8.5 所示。电源端存在一个 20MHz 的噪声，在数字 IC 电源端的 6mm 处安装一个 1μF MLCC（型号 1608），在 IC 电源端 15mm 处，用示波器测量噪声抑制效果，测量点如图 6.8.5（a），（b）所示。测量结果如图 6.8.5（c）～（e）所示，可以看出有分支线路的比没有分支线路的电压波动（波纹）要大很多。可以看到分支线路的存在，对噪声抑制有着巨大的影响。当处理高频噪声时，减少 ESL$_{PCB}$（如分支线路）的影响很重要。

　　为了最大限度地降低电流环路的辐射，必须仔细的布局去耦电容器的位置、走线及 PCB 的叠层，使去耦电容器所包围的区域降到最低，即要求去耦电容器和 IC 之间都使用最短的布线连接，使去耦电容器和其他元器件的电流环路所包围的面积最小化。

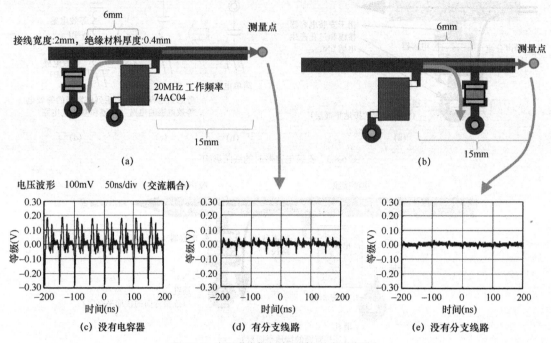

图 6.8.5　电源噪声抑制效果测量（电压波形）

6.8.2　与电源引脚端共用一个焊盘

　　去耦电容器与电源引脚端共用一个焊盘的布局[16~20]如图 6.8.6 所示，去耦电容器连接的电源的一端与 IC 的电源引脚端享用同一个焊盘，使得 IC 和去耦电容器之间形成的间隔距离最小。去耦电容器的接地端通过通孔直接连接到 0V 参考面（接地平面）。0V 参考面应该设置在与安装元器件的 PCB 表面层直接相邻的层次上，并且所有的元器件都应该使用最短、最宽的线条与它相连接。0V 参考面越是靠近元器件面，互连接电感的降低越有助于去耦电容器从电源总线中除去噪声。注意来自电源的电流应先经过去耦电容器后再流入到 IC 上。

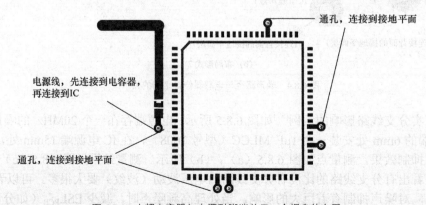

图 6.8.6　去耦电容器与电源引脚端共用一个焊盘的布局

6.8.3　采用小面积的电源平面

当去耦电容器由于某种原因不能够靠近IC电源引脚端安装,而无法共用同一个焊盘时,可以在 IC 和去耦电容器之间采用一个小面积的电源平面来代替电源线条,降低导线电感,使去耦电容器与电源引脚端之间的互连接电感最小化,去耦电容器尽可能靠近电源引脚端安装[16~20],如图 6.8.7 所示。

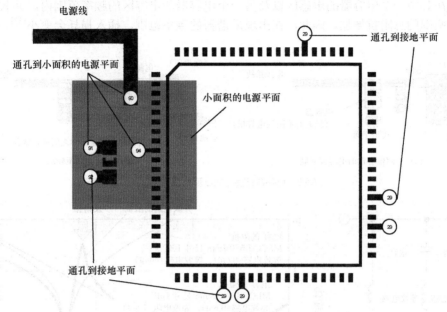

图 6.8.7　采用一个小面积的电源平面来代替电源线条

6.8.4　连接在每个电源引脚端上

对于一个有多个电源引脚端的 IC,在每一个 IC 的每个电源引脚端上都需要连接去耦电容器[16~20]。如图 6.8.8 中所示,所有的去耦电容器都应该连接到该电路部分的 0V 参考面。

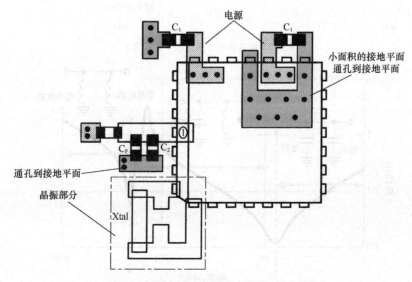

图 6.8.8　在每一个电源引脚端都连接去耦电容器

6.8.5　抑制电容器并联的反谐振

当电容器的电容量不足，或者目标阻抗以及插入损耗由于高 ESL 和 ESR 难以实现时，可能需要并联多个电容器，如图 6.8.9 所示。在这种情况下，必须注意出现在这些电容器中的并联谐振（称为反谐振），如图 6.8.10 所示，可以看到电源端的阻抗由于反谐振会趋向于变大。

反谐振是发生在 2 个电容器间的自谐振频率不同时的一种现象。如图 6.8.11 所示，并联谐振发生在其中一个电容器的电感区以及另一个电容器的电容区的频率范围内。并联谐振造成该频率范围的总阻抗增加。因此，在出现反谐振的频率范围，插入损耗会变小[37]。

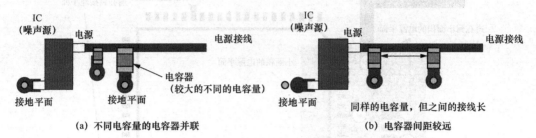

(a) 不同电容量的电容器并联　　　　　(b) 电容器间距较远

图 6.8.9　电容器连接可能出现反谐振的情况

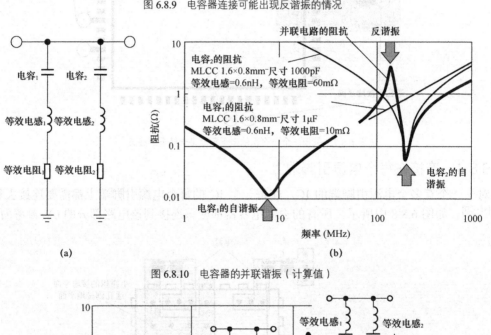

(a)　　　　　　　　　　　　　(b)

图 6.8.10　电容器的并联谐振（计算值）

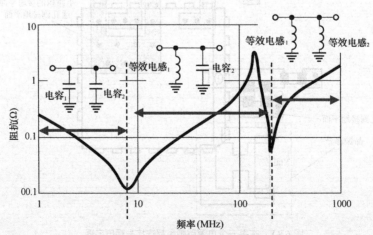

图 6.8.11　电容器的并联谐振频率范围

可以采用如图 6.8.12 所示的一些方法来抑制反谐振[37]。如图 6.8.12（a）所示，在电容器间嵌入谐振抑制元件例如铁氧体磁珠；如图 6.8.12（b）所示，匹配电容器的电容量以调整自谐振频率；如图 6.8.12（c）所示，缩小电容器之间的间距和使用不同电容量的电容器相结合，电容量的差值低于 10∶1。

图 6.8.12（a）所示方法对改善插入损耗相当有效，然而，降低电源阻抗的效果就变小。采用图 6.8.12（b）和图 6.8.12（c）所示的方法，可以减弱反谐振，但要完全抑制反谐振是很难的。如图 6.8.12（d）所示，可以采用低 ESL 和 ESR 的高性能电容器来消除反谐振问题。

利用示波器和频谱分析仪进行测量（示波器和频谱分析仪都采用高阻抗探头来进行测量），可以看见电容器数量和数值对输出端的噪声和纹波的抑制情况，在去耦电路使用低 ESL 的 3 端子电容器，输出端的噪声和纹波都明显的降低。

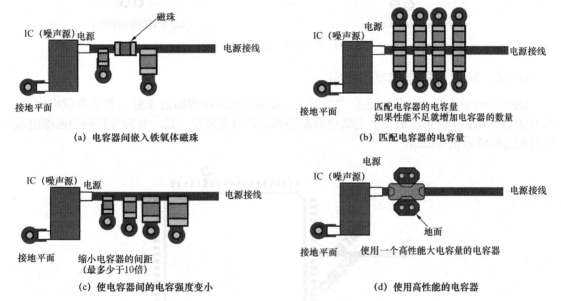

图 6.8.12　抑制反谐振的一些方法

并联使用多个去耦电容器时，可以采用一个小面积电源平面[16~20]的布局方式，如图 6.8.13 所示的。

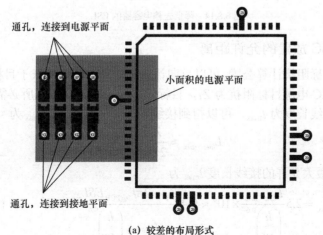

图 6.8.13　并联电容的布局形式

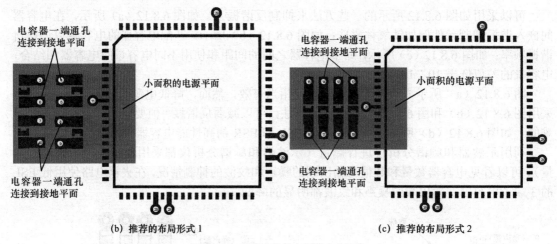

(b) 推荐的布局形式 1　　　　　　　(c) 推荐的布局形式 2

图 6.8.13　并联电容的布局形式（续）

6.8.6　降低去耦电容器的 ESL

Dell 公司申请的一个专利技术[16~20]可以有效降低去耦电容器的 ESL（等效串联电感），其方法如图 6.8.14 所示，把 2 个去耦电容器按相反走向安装在一起，从而使它们的内部电流所引起的磁通量相互抵消。

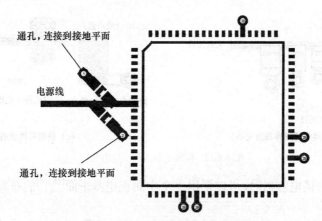

图 6.8.14　降低去耦电容器的 ESL

6.8.7　靠近 IC 放置的允许距离

利用 IC 电源目标阻抗计算公式，可以反向计算为控制电源阻抗低于目标值所必需的电容器的接线长度。设 IC 电源目标阻抗为 Z_T，目标频率（为满足该阻抗所必需的最大频率）为 $f_{T@PCB}$，最大允许接线长度为 l_{max}，可以得到接线最大允许电感 L_{line_max} 为

$$L_{line\_max} \approx \frac{Z_T}{2\pi f_T} - ESL_{cap} \qquad (6.8.1)$$

从而可以得到最大允许的接线长度 l_{max} 为

$$l_{max} = 2.5 \frac{L_{line\_max}}{\left(\dfrac{h}{w}\right)^{0.6}} \times 10^6 \approx 0.4 \frac{Z_T - 2\pi f_{T@PCB} ESL_{cap}}{f_{T@PCB} \left(\dfrac{h}{w}\right)^{0.6}} \times 10^6 \quad \text{(m)} \qquad (6.8.2)$$

如图 6.8.15 所示,在靠近 IC 电源端距离在 l_{max} 范围内放置电容器时,可以实现所要求的目标阻抗即 PDN(电源分配网络)阻抗。把这个 l_{max} 称之为最大允许接线长度。l_{max} 越大,电容器安装位置就有更大的灵活性[37]。

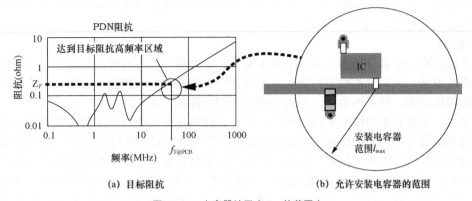

<table>
<tr><td>(a) 目标阻抗</td><td>(b) 允许安装电容器的范围</td></tr>
</table>

图 6.8.15　电容器放置在 l_{max} 的范围内

另一方面,就电容器而言,l_{max} 可以看作是电源阻抗小于 Z_T 的电容器有效范围。如图 6.8.16 所示,当放置的 IC 电源端小于电容器的 l_{max} 时,一个电容器在电源阻抗小于 Z_T 时可以抑制多个 IC 电源阻抗。从式(6.8.2)可见,具有小 ESL_{cap} 的电容器的 l_{max} 较大,小 ESL_{cap} 的电容器具有更宽的有效范围。

如图 6.8.16 所示,当单个电容器承载多个 IC 电源时,当多个 IC 工作时间相匹配时,电流可能变大,因此有必要改变目标阻抗值 Z_T。另外,当电容器与多个 IC 连接共用 1 个接线时,共用的接线可能在 IC 间引起噪声干扰。当发生这些问题时,每个 IC 需要自己的去耦电容器。

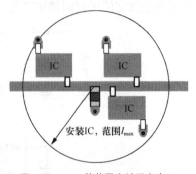

如果 $2\pi f_{T@PCB} ESL_{cap}$ 比式(6.8.2)中的 Z_T 大,则不能使用电容器,因为 l_{max} 将小于零。这表明,电容器自身的 ESL 过大,使其不能达到目标阻抗 Z_T,即使接线为理想的零电感连接。在这种情况下,要么使用小 ESL 的电感器,要么使用多个电容器并联,以产生小的等效的 ESL_{cap}。

图 6.8.16　l_{max} 的范围内放置多个 IC

从式(6.8.2)可见,当使用带有小 ESL_{cap} 的电容器时,l_{max} 变大,因此可以增加电容器放置位置的灵活性。另外,l_{max} 受印制电路板的 h 与 w 的影响。

6.9　电源电路的 PCB 设计

6.9.1　开关型调节器的 PCB 设计

由于开关型调节器功率转换效率较高,得到了普遍应用。然而,它也有噪声大和不稳定的缺点,很难通过 EMI 认证。这些问题大部分源自元器件布局(不包括元件质量差的情况)和电路板布局,元器件布局和电路板布局直接影响开关转换器的 EMI 性能。一个完美的专业设计可能会因为电路板的寄生效应而遭到淘汰。良好的布板不但有助于通过 EMI 认证,还可以帮助实现正确的功能[38]。

EMI 规范描述了频域通过测试/失效模板,分为 2 个频率范围,在 150kHz～30MHz 低频段,测量线路的交流传导电流;在 30MHz～1GHz 高频段,测量辐射电磁场。电路结点电压产生电场，而磁场由电流产生。存在问题最大的是阶跃波（例如方波），产生的谐波能够达到很高频率。

开关型调节器电路板布局的基本原则包括，接地方法、元器件布局，降低噪声辐射，以及减少寄生电容和电感的影响。尽管本节集中分析的是升压型开关型调节器，但它所包含的原理同样适合其他类型的开关调节器。

1. 接地

当考虑怎样才能最好地为开关调节型电源设计电路板时，有经验的设计人员会谨慎考虑电路的接地方法，从而获得稳定的电压。但设计时很难获得完美的接地方案，因为这不仅仅是简单的接地问题，任何接地设计都会直接影响到电路的性能。

如果用一条较长的引线把电路的各种元器件连接到电源或电池的负极，从直觉上就可以意识到这条地线并非理想的接地。这条引线表明电流通过地层或地线的电阻、电感流回电源，在这个过程中会产生相应的压降。因此，接地回路不会稳定在一个理想的电压值（0V）。

图 6.9.1 所示是一个升压转换器电路，该调节器依靠控制器 IC 内部的基准电压和 2 个反馈电阻产生特定的输出电压。为了获得正确的反馈，从而得到正确的输出电压，电压基准、电阻分压器以及输出电容必须处于同一电位。确切地说，控制器的模拟地引脚（电压基准的地）和电阻分压器的地电位必须与输出电容的地电位相等。输出电容接地端的电压至关重要，因为要求稳压器提供精确电压的负载通常紧靠着输出电容安装。这部分地是反馈电压的参考端[39]。

同时，控制器需要精确的电压反馈，为了实现无抖动的开关操作，控制器需要在输出电压出现任何交流干扰时能够产生一个准确的取样，而这个精确的取样是通过反馈网络得到的。

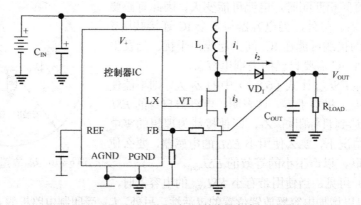

图 6.9.1　升压型开关转换器电路

2. 合理的布局稳压元件

除了接地方案，合理的布局稳压元件也很重要。例如，控制器内部的电压基准必须通过紧靠 REF 引脚安装的电容旁路；基准电压的噪声会直接影响输出电压。同样，该旁路电容的地端必须连接到低噪声的参考地（与控制器的模拟地以及电阻分压器的地端相连，远离嘈杂的功率地）。为了防止较大的开关电流通过模拟小信号的地回路进入电池或电源，这个低噪声参考地和嘈杂的功率地之间的隔离至关重要。

如图 6.9.2 所示，调节器的功率电路包括 2 条电流路径：当 MOSFET 导通时，电流流过输入回路；当 MOSFET 断开时，电流流过输出回路。将这 2 个环路的元件相互靠近布局，可以把大电流限制在调节器的功率电路部分（远离低噪声元件的地回路）。C_{IN}，L_1 和 VT_1 必须相互靠近放置，C_{IN}，L_1，D_1 和 C_{OUT} 也必须相互靠近。图 6.9.2 所示特别指明了这 2 个环路以及需要靠近安装的元件，使用短且宽的引线实现密集的布线，可以提高效率，减小振铃，并可避免干扰低噪电路。

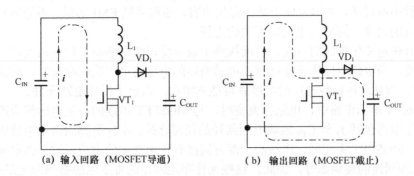

(a) 输入回路（MOSFET导通）　　　　　(b) 输出回路（MOSFET截止）

图 6.9.2　调节器的功率电路的 2 条电流路径

实际的电路板布局需要一些折中考虑，特别是在为上述 2 个大电流环路布局时。如果需要决定将哪些需要就近安装的元件真正地实现就近安装，就必须确定每个环路中的哪些元件有不连续的电流流过。就近安装元件可以最大限度地减少寄生电感，而这些具有不连续电流的元件位置对于减少寄生电感非常重要。

不管是采用电池还是电源为升压型开关调节器供电，电源阻抗都不为零。这意味着当调节器从电源汲取快速变化的电流时，电源的电压将发生变化。为了改善这种效应，电路设计人员在靠近上述 2 个功率环路的位置安装了输入旁路电容（有时使用 2 个电容，一个陶瓷电容与一个有极性电容并联）。这一举措并非为了保持功率电路的电源稳定。因为即使电源电压发生变化，功率电路也能很好工作。然而，将旁路电容靠近功率电路安装，可以限制大电流注入功率电路，避免对低噪电路的干扰。

干扰的产生有 3 个途径：首先，如上所述，如果功率电路的接地返回电流流经调节器模拟电路的部分地回路或全部地回路，由于地回路的寄生电阻、电感，该电流将在这部分地通道上产生开关噪声。地回路的噪声会降低稳压输出精度，这个电流还可能干扰同一电路板的其他敏感电路。其次，与地回路类似，电池或电源正端的开关噪声还可能耦合至用同一电源供电的其他元件。包括控制芯片，使基准电压发生抖动。若输入旁路电容两端的电压不稳定，在控制器的电源引脚前加一级 R/C 滤波器有助于稳定其供电电压。最后，交流电流流经的环路面积越大，所产生的磁场也越强，产生干扰的几率也大大增加。将输入旁路电容紧靠功率电路安装可以缩小环路面积，从而降低产生干扰的可能性。

如果输出端的 2 个分压电阻布局不合理，噪声也会引发其他问题。将这 2 个电阻靠近控制器的 FB 引脚放置，可以保证得到一个对噪声相对不敏感的电压反馈控制环路。这种布局可以使电阻分压器中点至开关调节器的 FB 引脚的引线最短。这是非常必要的，因为电阻分压器中点和控制器 FB 引脚的内部比较器输入都为高阻抗，连接二者的引线易于耦合（主要通过容性耦合）开关调节器的噪声。当然，必要的话，可以考虑延长电阻分压器与输出端相连的引线，以及电阻分压器与输出电容地端相连的引线，开关型调节器的低输出阻抗可抑制这些引线上的耦合噪声。

3. 将寄生电容和寄生电感减至最小

找出如图 6.9.1 所示电路中电压发生快速变化的结点，也就找出了需要将寄生电容减至最小的位置，这是因为电容两端的电压不能跃变。在该电路中仅有 1 个这样的结点，即由功率电感、二极管和 MOSFET 连接形成的结点。开关导通时，该结点的电压接近地电位；开关关闭时，该结点电压攀升至比输出电压高出一个二极管压降的电平。须确保电路板的走线使该结点的寄生电容最小，若寄生电容减缓了该结点的电压瞬变，调节器的效率将受到一定损失。保持该结点较小的尺寸，不但有助于减小寄生电容，还可降低 EMI 辐射。不能牺牲布线宽度来缩小该结点的尺寸，而应该采用短而宽的走线。

找出具有快速变化电流的分支，也就找到了需要将寄生电感减至最小的支路。电感电流不能发生跃变，当电感电流快速变化时，电感两端的电压将产生毛刺和振铃，从而导致潜在的 EMI 问题。而且，该振铃电压的幅度有可能非常高，以至于损坏电路元件。

在如图 6.9.1 所示电路中，电流在突变时，与 MOSFET 串联的寄生电感将会产生问题。该串联的寄生电感包括 i_3 至 C_{IN} 地端返回路径的任何感抗、VT_1 引脚的寄生电感以及地回路自身的电感。MOSFET 关闭时，环路的一部分同样有快速变化的电流流过。该电流流过 VD_1 和 C_{OUT} 以及地回路的覆铜部分，因此，这些元件和地回路的寄生电感必须减至最小。

4. 创建切实可行的电路板布局

有很多种方法可以处理开关电源的接地，一种方法是为所有的接地电路提供一个单独的地层。这种方法可能不会运行在很好的状态下。采用这种方法时，电路的功率地电流可能流经电阻分压器、控制器特定引脚的旁路电容以及控制器的模拟地或是这三者的地回路，从而造成它们的地电位抖动。

也许最好的方法是创建 2 个单独的地层。一个用于功率电路，另一个用于调节器的低噪声模拟电路。如图 6.9.3 所示，采用隔离的模拟和功率地隔离较大的功率地电流与低噪声模拟地电流，从而保护低噪电流回路。参考如图 6.9.3（a）所示，功率地包括输入和输出电容的地端以及 MOSFET 的源极，这些连线必须采用短而宽的引线，确保功率电路的地线最宽、最短，可以降低感抗、提高效率。

模拟地部分为控制器的模拟地引脚、电阻分压器的地端和控制器任何特定引脚的旁路电容（输入旁路电容 C_{IN} 除外）的地端。该模拟地不必是一个平面，可以使用较宽的长引线，因为其电流非常微弱，并且相对稳定，引线电阻和电感不再是重要因素。

其他元件包括控制器 IC、偏置和反馈/补偿元件等，这些都是低电平信号源。为避免串扰，这些元件应与功率元件分开放置，以控制器 IC 隔断它们。一种方法是将功率元件放置在控制器的一侧，低电平信号元件放置在另一侧。控制器 IC 应靠近开关晶体管放置，控制器 IC 的门驱动输出以开关频率吸收和源出大电流尖峰，应减小 IC 和开关晶体管之间的距离。反馈和补偿引脚等大阻抗结点应尽量小，与功率元件保持较远的距离，特别是在开关结点上。控制器 IC 一般具有 2 个地引脚 GND 和 PGND。在适当的层上设置模拟地，在 1 点连接至电源地。方法是将低电平信号地与电源地分离。当然，还要为低电平信号设置另一模拟地平面，不用设在顶层，可以使用过孔。模拟地和电源地应只在 1 点连接，一般是在 PGND 引脚。在极端情况（大电流）下，可以采用 1 个纯单点地，在输出电容处连接局部地、电源地和系统地平面。

按照如图 6.9.3（a）所示连接控制器的 AGND 引脚和 PGND 引脚，在这些引脚之间连接 2 个地，可以确保模拟地内没有开关电流，AGND，PGND 之间的连线可以相对较窄，几乎没有电流流过该路径。尽管理想情况下 AGND 可以直接连接到 C_{OUT} 的地端，多数控制器仍然要求 2 个地引脚（AGND 和 PGND）直接连接（这是因为 C_{OUT} 的地和 PGND 之间总会存在一定的阻抗，若 AGND 和 C_{OUT} 的地直接相连，负载电流在该阻抗上产生的压降会达到足以让 AGND 和 PGND 之间的二极管导通的电压，造成严重后果）。在 PGND 和 C_{OUT} 之间使用短而宽的引线，可以使反馈电阻和控制器内部基准共用相同的地电位，与调节器的输出端的参考地相同。这一点非常重要，因为输出电压是由这些元件设置控制的。

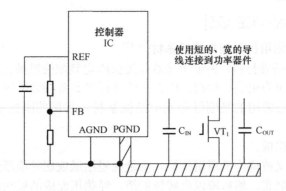

(a) 控制器AGND引脚和PGND引脚的连接

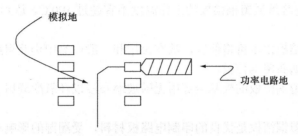

(b) 单接地引脚端时模拟地与功率地的连接形式

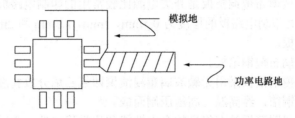

(c) 具有裸露焊盘器件的模拟地与功率地的连接形式

图 6.9.3　模拟地和功率地的连接形式

有时控制器的某些旁路电容既不能连接至模拟地也不能连接至功率地，其中一个例子是使用 RC 滤波器旁路升压开关调节器的 V+引脚（如上所述）。这种情况下，该电容接地引脚对于模拟地来说太嘈杂；同时，对于该电容来说功率地的噪声也太大。必须将这样的电容地直接返回至 AGND 和 PGND 引脚之间的连线（若控制器仅提供一个接地引脚，直接连接至该引脚）。

5．电路板的层数

电路板的层数在 PCB 布局中也是一个关键因素。在多层板上，可以使用一个中间层作为屏蔽。屏蔽层允许在电路板的底层放置元件，从而降低干扰的机会。配合使用屏蔽层时，将功率元件的地穿越屏蔽层连接并非一个好的方法。相反，应该将它们连接在一个隔离的、受限制区域，可以清晰地分辨出这些电流的流向及其影响。确保功率元件的地位于顶层，这种连接与电路板的层数无关，这样处理可以将其电流限制在已知的路径内，不会干扰其他地回路。若无法实现这一点，可以通过使用其他电路板层的隔离覆铜区域和过孔进行连接。对于每个接地点，应使用多个过孔并联，以降低电阻和电感。

6.9.2 开关电源的 PCB 设计

1. 开关电源 PCB 常用的印制电路板基材[40,41]

PCB 是开关电源的基础材料，为电子元器件提供固定装配的机械支撑，实现电路的电气连接和电气绝缘，同时也为组装、焊接、检查和维修提供必要的装配图形和符号。

开关电源 PCB 通常采用的是刚性印制电路板基材，常用的刚性基材印制电路板如下所述。

（1）酚醛纸质覆铜箔板。

酚醛纸质覆铜箔板又被称为纸质铜箔板。由绝缘浸渍纸或棉纤维纸浸以酚醛树脂，在两表面覆上单张的无碱玻璃布，然后覆以电解紫铜箔，经热压而成的板状层压制品。酚醛纸质覆铜箔板的电气性能和机械性能较差。酚醛树脂的最大缺点是易吸水，一旦吸水后，电气性能就会降低。另外，酚醛纸质覆铜箔板的工作温度不宜超过 100℃，达到 120℃以上会使电性能不稳定。

但酚醛纸质覆铜箔板由于价格便宜，故在民用和一般产品中仍获得广泛应用。

（2）环氧酚醛玻璃布覆铜箔板。

环氧酚醛玻璃布覆铜箔板的板基全部用无碱玻璃布浸以环氧酚醛树脂，然后再覆以电解紫铜箔，经热压而成。

环氧酚醛玻璃布覆铜箔板是优良的印制电路板材料，受潮湿的影响小，能工作在较高的温度，在 260℃熔锡中浸焊不起泡，可以在环境条件较差和高频电路中使用。

单双面的环氧酚醛玻璃布覆铜箔板是开关电源比较常用的印制电路板，具有比较适中的性能价格比。常见的这类印制电路板的厚度为 0.5mm，1mm，1.5mm 和 2mm。在开关电源中，较少使用多层印制电路板。

（3）聚四氟乙烯玻璃布覆铜箔板。

聚四氟乙烯玻璃布覆铜箔板采用无碱玻璃布浸渍聚四氟乙烯分散乳液作为基板，覆上经氧化处理处后的电解紫铜箔，经高温、高压压制而成。

聚四氟乙烯玻璃布覆铜箔板具有优良的介电性能和化学稳定性，介质损耗小，是一种耐高温、高绝缘性能的材料。它的工作温度较宽，在-230℃～+260℃；在 200℃以下可长期使用，300℃以下可间断使用；对于所有酸、碱及化学溶剂有较好的惰性。但这种材料的价格昂贵，主要用在军工和高频微波设备中，在一般的开关电源中几乎不用。

（4）陶瓷基材的印制电路板。

陶瓷基材的印制电路板常用于厚膜电路的设计。目前，在模块性质的开关电源中采用陶瓷基材的印制电路板。

2. 印制电路板的通流能力

由于印制导线的表面积较大，而且导线铜箔与周围介质和绝缘底板接触良好，从而可提高其导热性能，因此印制导线允许通过的电流密度要比普通导线大得多。例如，一条 1.5mm 宽、50μm 厚的印制导线（截面积为 0.075mm^2），其瞬间熔断电流为 60A；而一般的铜导线，当它的截面积与上述印制导线相同时，瞬间的熔断电流为 16A 。

考虑印制导线存在电阻，当电流通过时将产生温升。印制导线的最大电流密度通常取 20A/mm^2。对于过长的印制导线，还应当考虑电流流过印制导线电阻时产生的压降是否对电路的工作会带来影响。对于大电流的电源线、地线、负载输出线，应当考虑印制导线电阻造成的电压降。一条印制导线的宽度为 1mm、厚度为 50μm 的印制导线的电压降见表 6.9.1。

表 6.9.1 印制导线的电压降

负载电流/A	0.25	0.5	0.75	1.0	1.25	1.5	1.75	2.0	2.5	3.0	4.0	5.0
电压降/V/m	0.1	0.2	0.3	0.4	0.5	0.6	0.7	0.8	1.0	1.25	1.65	2.05

3. 覆铜箔板的绝缘电阻和抗电强度

覆铜箔板的绝缘电阻和抗电强度分别见表 6.9.2 和表 6.9.3。

表 6.9.2 覆铜箔板的绝缘电阻

材料种类	表面电阻/Ω（不低于）			体积电阻/Ω·cm（不低于）		
	常态	受潮	浸水	常态	受潮	浸水
酚醛纸质	10^9	10^8	—	10^9	10^8	—
环氧布质	10^{13}	—	10^{11}	10^{13}	—	10^{11}

表 6.9.3 覆铜箔板的抗电强度

材料种类	表面抗电强度/kV/mm	
	正常条件时	潮热处理后
酚醛纸质	1.3	0.8
环氧布质	1.3	1.0

4. 开关电源 PCB 布局的一般原则[21,40,41]

小型、高速和高密度化是开关电源的产品发展方向，由此导致的产品电磁兼容问题变得越来越严重，而一个好的开关电源的 PCB 设计是解决开关电源电磁兼容性问题的关键之一。

在开关电源中，PCB 是开关电源的电气部件和机械部件的载体。在 PCB 上，按照一定要求，将元器件合理地布局是设计符合要求的 PCB 的基础

由于设计人员的设计经验不同，同一个电路可以有许多不同的 PCB 布局方案，不同的方案在抑制射频辐射干扰、保障器件的可靠性、提高开关电源的工作效率和稳定性上会有很大差异。一个好的 PCB 布局方案能使设计出来的开关电源满足产品的电气性能要求，稳定可靠工作；反之，则不能达到设计目标。在开关电源的设计过程中，开关电源的电路设计与 PCB 布局和走线同样重要。

一个好的开关电源 PCB 布局方案的要求有如下两点。

（1）能够保证达到开关电源的技术指标（包括电性能指标、安全性能指标及电磁兼容性能指标）要求。

（2）生产工艺合理，元器件便于安装，产品便于维护。

在开关电源 PCB 布局时，通常要求遵守以下一般原则。

（1）按照电原理图来安排各功能电路的位置和区域，根据信号的流向（一般按交流电源的输入滤波部分→高压整流和滤波部分→高频逆变部分→低压整流输出部分）布局（如图 6.9.4 所示），尽量使信号保持方向一致，使信号流通顺畅。这样得布局也便于在生产过程中产品的检查、调试及检修。

（2）确定合适的开关电源 PCB 的尺寸。出于成本的考虑，在一般的开关电源中通常都使用单层或双层印制电路板。随着开关电源工作频率的提高，开关电源线路越来越复杂，单层板和双层板的电磁兼容问题也越来越突出。

PCB 的尺寸会对 PCB 的走线长度、发热元器件的散热、电磁骚扰的发射等带来影响。PCB 的走线过长，会使线路的阻抗增加，电磁骚扰发射增加，抗干扰能力减弱；反之，PCB

的尺寸过小，则会使开关电源发热部分的散热不好，邻近线条间相互干扰增加。

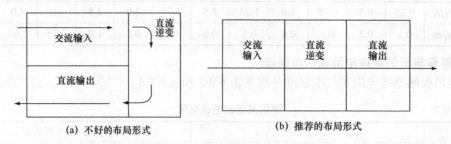

(a) 不好的布局形式　　　　　(b) 推荐的布局形式

图 6.9.4　开关电源的布局形式

　　PCB 的最佳形状是矩形，推进的长宽比为 3：2 或 4：3。当 PCB 的尺寸大于 200mm×150mm 时，应当考虑它的机械强度。

　　（3）在开关电源 PCB 的尺寸确定后，需要确定与 PCB 和整机结构相配合的元器件（如电源插座、指示灯和接插件等）的位置，确定开关电源中的大器件和特殊器件（如高频变压器、发热元器件和集成电路等）的位置。

　　（4）PCB 上的元器件可以采用水平和直立 2 种安装方式，在同一块 PCB 上的元器件安装方式应当一致。对于体积较大的元器件（如大功率即>3W 的线绕电阻），则应该采用水平方式安装，避免局部安装的高度过高及机械抗振性能变差。对于重量>15g 的元器件，不能仅仅依靠元器件本身的引线进行安装，需要采用支架来固定。

　　（5）对于发热比较大的器件，安装在 PCB 表面时必须考虑散热问题，防止由于器件发热而使印制电路板表面碳化。对于那些又大、又重、发热又多的元器件，不宜放在印制电路板的中心部分，应当加装散热器，并把它安排在 PCB 的外侧方向，必要时还可以通过开关电源的外壳来帮助散热。

　　（6）考虑在大批量生产的流水线插件和波峰焊时，要提供给导轨槽使用，同时也避免由于加工中引起的边缘部分的缺损，在 PCB 上的元器件一般要求离 PCB 边缘的距离>3mm。如果由于印制电路板上的元器件太多，不能够保证留出 3mm 距离时，则可在 PCB 上设辅边，在辅边和主板连接的地方开 V 形槽，在全部加工结束后由人工掰断。

　　（7）应当尽可能的将开关电源的交流输入和直流输出部分隔离，避免相互间靠得太近，防止电磁干扰发射通过线路间的电磁耦合使原本"干净"的输出受"污染"。不要在离磁场干扰源比较近的地方安排开关电源的反馈控制部分，以免使导线和元器件检拾交变磁场。

　　（8）以每个功能电路的核心元器件为中心，围绕核心元器件来进行元器件布局。元器件应在满足工艺要求条件下均匀、整齐、紧凑地排列在印制电路板上，应尽可能的减少和缩短各元器件之间的连接线距离，以减少元器件之间的分布参数的影响。

　　（9）对于某些载有高电压、大电流的元器件和线路，要加大它们与其他元器件的距离，以避免由于高压放电引起的意外短路。考虑工艺过程，应尽可能将带高电压的元器件尽量布置在调试、维修人员的手不易触及的地方。

　　（10）缓冲电路在布局上应尽可能靠近开关管和输出二极管。

　　（11）开关电源输出部分的滤波可以采用多只容量较小的电解电容来代替 1 只容量较大的电解电容。采用多只较小的电解电容的并联使用，可以提供比只使用 1 只较大容量的电解电容更小的等效串联阻抗，有利于提高开关电源的输出滤波性能，而且也不一定会增加滤波电路部分的总体积。

　　（12）注意高频变压器和扼流圈等元器件产生的磁场干扰对开关电源的工作产生影响。变压器的漏磁场切割环形地线时会产生的感应电流，也会在 PCB 的平面上产生感应电动势。

抑制高频变压器和扼流圈产生的磁场干扰，除了需要采取必要的屏蔽外，还应在排板中合理安排元器件的位置。合理地选择元器件的安装位置，可以减小磁场的干扰，降低元器件对屏蔽的要求，甚至可以省去屏蔽，这对降低成本、简化结构和减轻重量也具有重要的意义。

（13）在开关电源的 PCB 上通常都包含有高压和低压部分（区域）。在开关电源的交流输入与直流输出之间需要隔离，两者之间还需要经受高电压的耐压试验。高压和低压这两部分之间的元器件需要分开放置，隔离的距离要与承受的试验电压有关，在 2kV 试验电压时，要求板上的距离>2mm；当要求试验电压>3kV 时，应使板上的距离>3.5mm。在有些情况下，为避免爬电，还要求在 PCB 上的高压和低压区域之间开一定宽度的槽。

（14）对于采用引脚插入安装的元器件，元器件一律放置在电路板的元器件面。每个元器件插入孔都是单独使用的，不允许 2 个元器件的引脚共用 1 个安装孔。元器件的安装孔距离选择要适当，不能让元器件的外壳相接触，或让外壳与元器件的引脚接触。元器件的外壳之间或外壳与元器件引脚之间要有一定的安全距离。安全距离可根据元器件的工作电压按 200V/mm 计算。另外，印制电路板上的元器件不能交叉或重叠安装。

5. 开关电源的 PCB 布线的一般原则[21,40,41]

在 PCB 布线时，通常要求遵守以下一般原则。

（1）控制电路走线与功率电路走线要分开，采用单点接地方式将彼此的地线回路连在一起。控制电路部分不要求采用大面积接地，大面积接地可能会产生寄生天线作用，引入电磁干扰，使控制电路部分不能正常工作。

（2）控制电路是开关电源中可靠性比较"脆弱"的部分，也是对电磁干扰比较敏感的部分，应尽可能缩小控制电路回路所包围的面积。缩小控制电路回路所包围的面积，实际上是减小了对干扰"接收天线"的尺寸，有利于降低对外部干扰的拾取能力，提高开关电源的可靠性和电磁兼容性。

（3）尽可能缩小高频大电流回路所包围的面积，缩短高电压元器件的连线，减少它们的分布参数和相互间的电磁干扰。

（4）有脉冲电流流过的区域要远离输出端子，使噪声源与直流输出部分分离。

（5）在 PCB 上，相邻印制导线之间不应采用过长的平行走线，要采用垂直交叉方式，线宽不要突变，也不要突然拐角和出现环形走线。在 PCB 上的拐线应尽量采取圆角，因为直角和锐角在高频和高压下会影响其电气性能。

（6）PCB 上的导线宽度与导线和绝缘基板之间的附着强度，以及导线流过电流的大小有关。对于大电流的情况，印制导线的通过电流的大小与电压降请参见表 6.9.1。对于信号线，一般要求线宽≥0.3mm。当然，只要条件许可，无论是线宽，还是线间距离，都可适当增加。

（7）在双面 PCB 布线时，在元器件面上应当尽可能少安排印制导线。要尽可能避免印制导线在接地外壳的元器件下面通过。要避免元器件的外壳（尤其是元器件接地的外壳）与印制导线相接触而造成短路。对于开关电源中采用双列直插和表面安装形式的元器件，可以在元器件的下面有意识地布一块面积稍大的覆铜区，让元器件紧贴在该覆铜区上，以帮助散热。

（8）在布局印制电路板时，还要注意留出印制电路板的定位孔和固定支架时所需占用的位置。

（9）为了散热或者屏蔽，通常在 PCB 上采用大面积覆铜。为了防止大面积覆铜在浸焊或长时间的受热时，产生铜箔的膨胀和脱落现象，在使用大面积覆铜时，应将铜箔表面设计成为网状。

（10）在开关电源 PCB 的设计中，为了降低成本通常采用单面或双面时，当遇到个别线条无法走通而必须采用跳线时，为不给生产加工带来困难，需要注意的是，应做到尽可能减少跳线，跳线的长度不要太长，跳线的长度种类不要太多。

（11）焊盘尺寸及焊盘内孔尺寸请参考有关资料内容。当与焊盘连接的走线较细时，为防止在焊接时走线与焊盘脱开，应将走线与焊盘间的连接设计成泪滴形状。

（12）对于一些经过波峰焊之后需要再补焊的器件，其焊盘内孔在波峰焊的过程中，往往会被焊锡封住，使补焊元器件无法插下。为此，可在印制电路板加工时，对该焊盘开一个小口。

6. 开关电源 PCB 的地线设计

开关电源是一个既有高频大电流的开关电路（如开关晶体管和高频变压器等），又有小电流的测量和控制电路，电路之间的联系是错综复杂的。PCB 设计时，需要从电路出发，分清大、小电流之间的关系，测量、控制与驱动电路之间的关系，处理好地线的布局。

在开关电源的 PCB 设计中，地线的设计十分重要。这是因为，在开关电源的开关晶体管导通和截止瞬间，电压和电流剧烈变化，由于地线公共阻抗的存在，剧烈变化的电压和电流会在地线上产生严重的干扰。

在地线布局中，仅仅停留在"直流同电位"概念上是不行的，需要考虑电路的动态过程，注意地线中电流及其流向，需要考虑公共阻抗带来的干扰。通过分析电流的流向，可以分析出地线的布局合理与否，并判断出是否存在公共阻抗带来的干扰。地线布局的合理性判断可以用下面两个条件来衡量。

（1）地线中的电流是否流过了与此电流无关的其他电路、部位和导线。

（2）有没有其他部位和电路中的电流流入了本部分电路的地线。

在开关电源 PCB 的设计中，开关电源的工作频率通常只有几十至几百 kHz，使用单点接地已经可以满足要求。采用单点接地方式可以使噪声源与敏感电路分离开来。

7. 开关电源 PCB 的一个地线设计示例

一个开关电源逆变电路部分地线的处理方案示例[41]如图 6.9.5 所示，6 点说明如下。

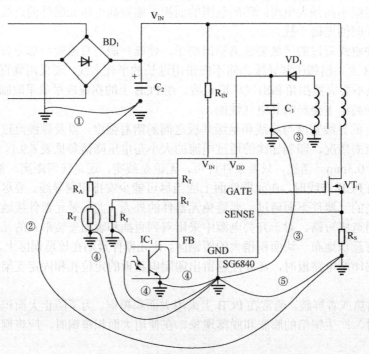

图 6.9.5　一个开关电源逆变电路部分地线的处理方案示例

（1）图中连线①。为了获得较好的电磁兼容性能，减少工频整流的纹波对 SG6840 电路工作的影响，桥式整流电路的输出首先应该接到电容器 C_2 上，然后再与逆变电路相连。

（2）图中连线②。在逆变部分的大电流环路（C_2→高频变压器→MOSFET→R_S→C_2）中，R_S 和 C_2 之间的连线要尽可能短，不要在 R_S 和 C_2 之间布置元器件。

（3）图中连线③。分离 C_1 的接地环路，一路接 SG6840 的 GND，另一路接偏压绕组。

（4）C_1 要尽可能靠近 SG6840 的 VDD 和 GND，以便取得尽量好的去耦和滤波效果。

（5）图中连线④。SG6840 控制电路中的 R_1，R_T 以及光电耦合器的地要连在一起，并且靠近 SG6840 的 GND。

（6）图中连线⑤。SG6840 的 GND 要和 R_S 的地连在一起。

有关 SG6840 芯片更多的内容请登录 www.sg.com.tw 查询。

6.10 模数混合系统的 PCB 设计

6.10.1 模数混合电路 PCB 的分区

如图 6.10.1 所示，模数混合系统可以简单地划分为数字电路和模拟电路两部分。然而，模数混合系统大都包含有不同的功能模块，例如，一个典型的主控板可以包含有微处理器、时钟逻辑、存储器、总线控制器、总线接口、PCI 总线、外围设备接口和视/音频处理等功能模块。每个功能模块都由一组元器件和它们的支持电路组成。在 PCB 上，为缩短走线长度，降低串扰、反射，以及电磁辐射，保证信号完整性，系统所有的元器件需尽可能紧密地放置在一起。所带来的问题是，在高速数字系统中，不同的逻辑器件所产生的 RF 能量的频谱都不同，信号的频率越高，与数字信号跳变相关的操作所产生的 RF 能量的频带也越宽。传导的 RF 能量会通过信号线在功能子区域和电源分配系统之间进行传输，辐射的 RF 能量通过自由空间耦合。所以在 PCB 设计时，必须要防止工作频带不同的元器件间的相互干扰，尤其是高带宽元器件对其他元器件的干扰[16~21,29~31]。

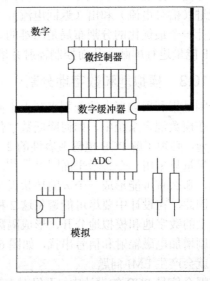

图 6.10.1 模数混合系统划分为数字电路和模拟电路两部分

解决上述问题的办法是采用功能分区，在 PCB 设计时按功能模块分区，即将不同功能的子系统在 PCB 上实行物理分割。实现有效抑制传导和辐射的 RF 能量目的。恰当的分割可以优化信号质量，简化布线，降低干扰。

6.10.2 PCB 分割的隔离与互连

PCB 分割[16~21,29~31]需要解决两个问题，一个是隔离，另一个是互连。

PCB 上的隔离可以通过使用"壕"来实现，如图 6.10.2 所示，即在 PCB 所有层上形成没有敷铜的空白区，壕的最小宽度为 50 mil。壕将整个 PCB 按其功能不同分割成一个个的"小岛"。很显然，壕将镜像层分割，形成每个区域独立的电源和地，这就可以防止 RF 能量通过电源分配系统从一个区域进入另一个区域。

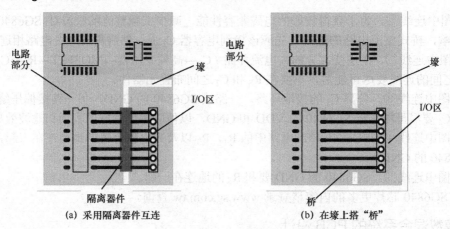

图 6.10.2　隔离和搭桥

　　隔离不是目的。作为一个系统，各功能区是需要相互连接的。分割是为了更好地安排布局和布线，以实现更好的互连。因此，必须为那些需要连接到各个子功能区域的线路提供通道。通常采用的互连的方法有 2 种：一种是使用独立的变压器、光隔离器或者共模数据线跨过壕，如图 6.10.2（a）所示；另一种就是在壕上搭"桥"，只有那些有"过桥通行证"的信号才能进（信号电流）和出（返回电流），如图 6.10.2（b）所示。

　　设计一个最优化的分割布局是困难的。还可以采用金属屏蔽等方法，将所产生的、不期望的 RF 能量进行屏蔽，从而控制辐射并增强 PCB 的抗干扰能力。

6.10.3　模拟地和数字地分割

　　分割是指利用物理上的分割来减少不同类型线之间的耦合，尤其是通过电源线和地线的耦合。在模数混合系统中，如何降低数字信号和模拟信号的相互干扰是必须考虑的问题。在设计之前，必须了解 PCB 电磁兼容性的 2 个基本原则，一是尽可能减小电流回路的面积；二是系统尽量只采用一个参考平面[16~21,29~31]。如前面介绍已知，假如信号不能由尽可能小的环路返回，那么有可能形成一个大的环状天线；如果系统存在 2 个参考面，就会形成 1 个偶极天线。因此，在设计中要尽可能避免这 2 种情况。避免这 2 种情况的有效方法是将混合信号电路板上的数字地和模拟地分开，形成隔离。但是这种方法一旦跨越分割间隙（壕）布线，就会急剧增加电磁辐射和信号串扰，如图 6.10.3 所示。在 PCB 设计中，信号线跨越分割参考平面，就会产生 EMI 问题。

　　在混合信号 PCB 的设计中，不仅对电源和地有特别要求，而且要求模拟噪声和数字电路噪声相互隔离以避免噪声耦合。对电源分配系统的特殊需求，以及隔离模拟和数字电路之间噪声耦合的要求，使混合信号 PCB 的布局和布线具有一定的复杂性。

　　通常情况下，分割的 2 个地会在 PCB 的某处连在一起（即在 PCB 的某个位置单点连接），电流将形成一个大的环路。对高速数字信号电流而言，流经大环路时，会产生 RF 辐射和呈现一个很高的地电感；对模拟小信号电流而言，则很容易受到其他高速数字信号的干扰。另外，模拟地和数字地由 1 个长导线连接在一起会形成 1 个偶极天线。

　　对设计者来说，不能仅仅考虑信号电流从何处流过，而忽略了电流的返回路径。了解电流回流到地的路径和方式是最佳化混合信号电路板设计的关键。

　　在混合信号 PCB 的设计时，如果必须对接地平面进行分割，而且必须在分割之间的间隙布线，可以先在被分割的地之间进行单点连接，形成 2 个地之间的连接桥，然后经由该连接桥布线，如图 6.10.4 所示。这样，可以在每一个信号线的下方都能够提供一个直接的电流返回路径，从而使形成的环路面积很小。

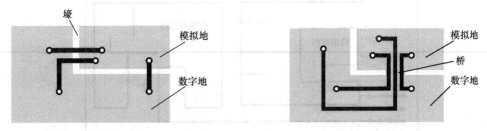

图 6.10.3　布线跨越模拟地和数字地之间的间隙　　　图 6.10.4　布线通过连接桥跨越模拟地和数字地之间的间隙

对于采用光隔离元件或变压器实现信号跨越分割间隙的设计，以及采用差分对的设计（信号从一条线流入，从另一条线返回），可以不考虑返回路径。

设计理想的参考面作为模拟地和数字地，更多的内容请参考"6.7 PCB 的地线设计"。

6.10.4　按电路功能分割接地面

分割是指利用物理上的分割来减少不同类型线之间的耦合，尤其是通过电源线和地线的耦合。按电路功能分割地线示例如图 6.10.5 所示，利用分割技术将 4 个不同类型电路的接地面分割开来，在接地面用非金属的沟来隔离 4 个接地面。每个电路的电源输入都采用 LC 滤波器，以减少不同电路电源面间的耦合。对于各电路的 LC 滤波器的 L 和 C 来说，为了给每个电路提供不同的滤波特性，最好采用不同数值。高速数字电路由于其具有高的瞬时功率，高速数字电路放在电源入口处。接口电路考虑静电释放（ESD）和暂态抑制的元器件或电路等因素，位于电源的末端。

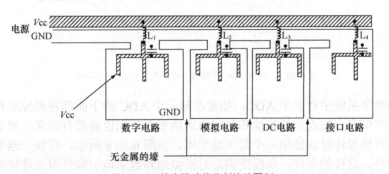

图 6.10.5　按电路功能分割接地面例

在一块印制电路板上，按电路功能的接地布局设计示例[20]如图 6.10.6 所示，当模拟的、数字的、有噪声的电路等不同类型的电路在同一块印制电路板上时，每一个电路都必须以最适合该电路类型的方式接地，然后再将不同的地电路连接在一起。

6.10.5　采用"统一地平面"形式

在 ADC 或者 DAC 电路中，需要将 ADC 或者 DAC 的模拟地和数字地引脚连接在一起时，一般的建议是，将 AGND 和 DGND 引脚以最短的引线连接到同一个低阻抗的地平面上[16~21,29~31]。

如果 1 个数字系统使用 1 个 ADC，如图 6.10.7 所示，可以将地平面分割开，在 ADC 芯片的下面把模拟地和数字地部分连接在一起，但是要求，必须保证 2 个地之间的连接桥宽度与 IC 等宽，并且任何信号线都不能跨越分割间隙。

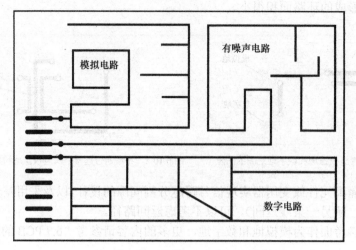

图 6.10.6　按电路功能接地布局的设计例

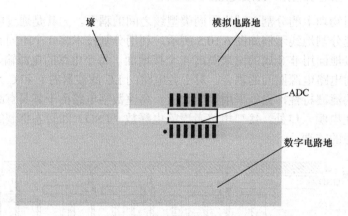

图 6.10.7　利用 ADC 跨越模拟地和数字地之间的间隙

如果 1 个数字系统中有多个 ADC，如果在每一个 ADC 的下面都将模拟地和数字地连接在一起，则会产生多点相连，模拟地和数字地的地平面分割也就没有意义。对于这种情况，最好的方法是开始设计时就使用一个统一地平面。如图 6.10.8 所示，将统一地平面分为模拟部分和数字部分。这样的布局、布线既满足对模拟地和数字地引脚低阻抗连接的要求，同时又不会形成环路天线或偶极天线所产生的 EMC 问题。

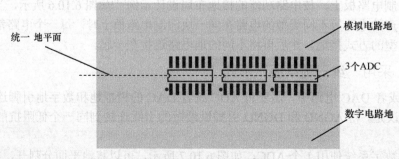

图 6.10.8　采用统一地平面

因为大多数 ADC 或者 DAC 晶片内部没有将模拟地和数字地连接在一起，必须由外部引脚实现模拟地和数字地的连接，任何与 DGND 连接的外部阻抗都会由寄生电容将更多的数字噪声耦合到 IC 内部的模拟电路上。而使用一个统一地平面，需要将 ADC 或者 DAC 的 AGND 和 DGND 引脚都连接到模拟地上，但这种方法会产生如数字信号去耦电容的接地端应该接到数字地还是模拟地的问题。

6.10.6　模数电源平面的分割

在模数混合系统中，通常采用独立的模拟电源和数字电源分别供电[16~21,29~31]。在模数混合信号的 PCB 上采用分割的电源平面。应注意的是，紧邻电源层的信号线不能跨越电源之间的间隙，而只有在紧邻大面积地的信号层上的信号线才能跨越该间隙。可以将模拟电源以 PCB 走线或填充的形式，而不是一个电源平面来设计，就可以避免电源面的分割问题。

在 PCB 布局过程中的一个重要步骤就是确保各个元件的电源平面（和地平面）可以有效进行分组，并且不会与其他的电路发生重叠，如图 6.10.9 所示。例如在 A/D 电路中，通常是数字电源参考层和数字地参考层（数字接地面）位于 IC 的一侧，模拟电源参考层与模拟地参考层（模拟接地面）位于另一侧。用 0Ω 电阻或者是铁氧体磁环在 IC 下面（或者最少在距离 IC 非常近的位置）的一个点把数字地层和模拟地层连接起来。

如果使用多个独立的电源，并且这些电源有着自己的参考层，那么不要让这些层之间不相关的部分发生重叠，因为，2 层被电介质隔开的导体表面就会形成 1 个电容。如图 6.10.10 所示，当模拟电源层的一部分与数字地层的一部分发生重叠时，2 层发生重叠的部分就形成了 1 个小电容。事实上这个电容可能会非常小。不管怎样，任何电容都能为噪声提供从一个电源到另一个电源的通路，从而使隔离失去意义。

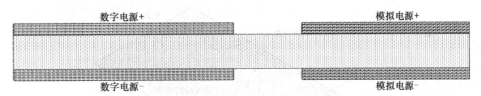

图 6.10.9　模数电源平面和地平面进行分组

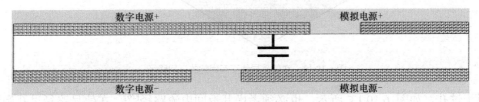

图 6.10.10　层的重叠部分会形成一个电容

不同电源层在空间上要避免重叠，主要是为了减少不同电源之间的干扰，特别是一些电压相差很大的电源之间，电源平面的重叠问题一定要设法避免，难以避免时可考虑中间隔地层。

6.10.7　导线环的面积最小化

最小化环面积的规则是电源线和信号线与其回路构成的环面积要尽可能小，实际上就是为了尽量减小信号的回路面积。

保持电源线和信号线和它的地返回线紧靠在一起将有助于最小化地环路面积，以避免潜在的天线环。地环路面积越小，对外的辐射越少，接收外界的干扰也越小。根据这一规则，在地平面（接地面）分割时，要考虑到地平面与重要信号走线的分布，防止由于地平面开槽等带来的问题；在双层板设计中，在为电源留下足够空间的情况下，应该将留下的部分用参考地（接地面）填充，且增加一些必要的过孔，将双面信号有效连接起来，对一些关键信号尽量采用地线隔离，对一些频率较高的设计，需特别考虑其地平面信号回路问题，建议采用多层板为宜[16~21,29~31]。减小地环路面积的设计示例请参考"6.7.8 最小化环面积"。

6.10.8　提供电流的返回路径

在一个模数混合电路中，如图 6.10.11 所示，地电流的返回环境可能是非常复杂的。

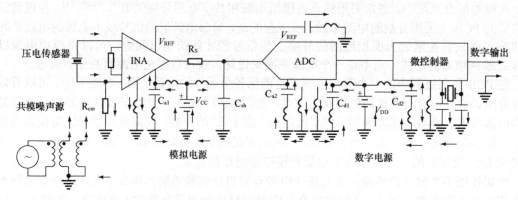

图 6.10.11　模数混合电路复杂的地电流的返回环境

在信号导线下必须有固定的返回路径（即固定地平面）保持电流密度均匀性。如图 6.10.12 所示，返回电流是直接在信号导线下面，这将具有最小通道阻抗。

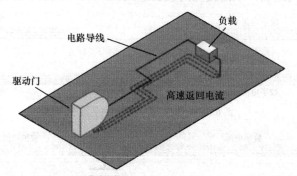

图 6.10.12　在信号导线下有固定的返回路径

对于过孔，如图 6.10.13 所示，也必须考虑其返回电流路径[26]，在信号路径过孔旁边必须有返回路径的过孔（如图 6.10.13（b）所示），对于阻抗受控的过孔，可以设计多个返回路径过孔（如图 6.10.13（c）所示）。

6.10.9　改进 ADC 的接地设计

高精度 ADC 能否达到最佳性能与许多因素有关，其中电源去耦和良好的接地设计是保证 ADC 精度的必要条件。

一个接地设计不良的模数系统会存在过高的噪声、信号串扰等问题。对于 ADC 来说，差的微分线性误差（DLE 或 DNL）可能来自于 ADC 内部（如建立时间），来自 ADC 的驱动电路（在 ADC 的工作频率处具有过高的输出阻抗），或者来自接地不良的设计技术以及其他。如何降低转换器微分线性误差（DLE 或 DNL）是一个棘手的问题。

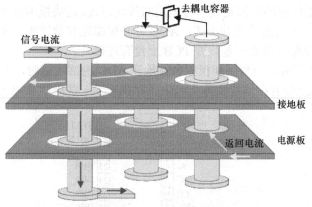

（a）过孔的返回电流路径示意图

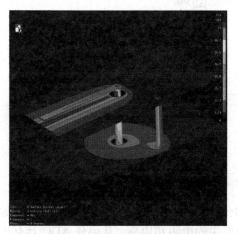 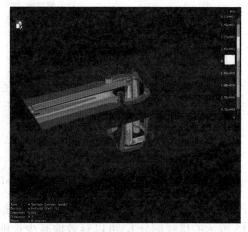

（b）在信号路径过孔旁边必须有返回路径的过孔　　　　（c）设计多个返回路径过孔

图 6.10.13　过孔的返回电流路径

如图 6.10.14 所示为某接地设计不良的 PCB 中 ADC ADC774（12bit，8μs 转换时间）的 DLE 误差图[42]。该图描述了转换器的特定数字输出与理想线性之间的偏差。如图 6.10.14 所示的电路的 DLE 误差大约为±0.4LSB，符合 ADC774 的特性，但这不是最优的。

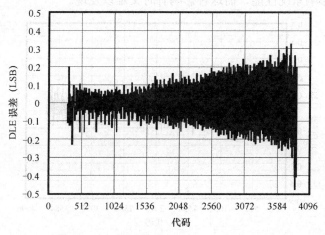

图 6.10.14　ADC774 差的接地设计产生的 DLE 误差

产生此 DLE 误差性能的原因是该器件采用的接地方式。这块板的接地方式采用的是在大部分 ADC 的数据手册上给出的推荐方式：ADC 分开模拟地和数字地，然后将模拟地和数字地通过 ADC 的内部电路连接在一起，在 PCB 上没有连接处。

问题如图 6.10.15 所示，当数字和模拟公共地在 ADC 内部连接时，其返回到 PCB 上的地线的距离却很长，这意味着在地线实际上产生（存在）了一些电阻和电感。

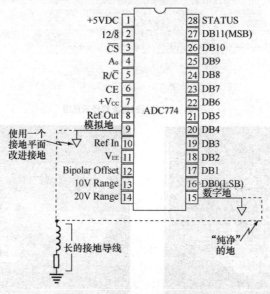

图 6.10.15　改进 ADC774 的接地设计

改进的设计将同一片 ADC 上的数字和模拟的公共地连接到 ADC 下面的接地层上（如图 6.10.15 所示的虚线部分），可以有效地减少长地线产生的电阻和电感，从而使 ADC 具有小的接地阻抗，这是一种性能较优的接地形式。改进接地设计的效果如图 6.10.16 所示，DLE 误差仅约±0.1LSB，更接近于 ADC774 的典型工作状态。

采用单独的接地层作为高精度 ADC 系统的接地方式是一个最好的选择，因为这可以尽可能地降低 ADC 的公共地返回路径上的阻抗。如果在某些情况下不能够采用接地层，那么应采用宽而短的地线来进行公共地的连接，尽可能地保持地线在低阻抗状态。注意：不良的接地设计可能直接影响系统性能，而这种影响有时又难以发现。

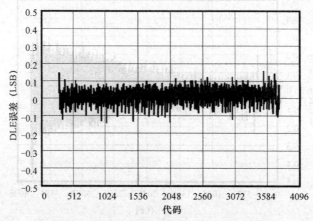

图 6.10.16　ADC774 改进的接地设计产生的 DLE 误差

6.10.10　模数混合系统的电源和接地布局示例

对于模数混合系统来说 PCB 的布局是很重要的。如图 6.10.17 所示给出了一个温度测量系统所推荐接线布局图[43]。模拟电路不应受到诸如交流声干扰和高频电压尖峰此类干扰影响。模拟电路与数字电路不同，连接必须尽可能的短以减少电磁感应现象，通常采用在 Vcc 和地之间的星形结构来联结。通过公共电源线可以避免电路其他部分耦合所产生的干扰电压。

该温度测量电路采用 1 个独立的电源为数字器件和模拟器件供电。电感 L_1 和旁路电容 C_3 用来降低由数字电路产生的高频噪声。电解电容 C_5 用来抑制低频干扰。该电路结构中心的模拟接地点是必不可少的。正确的电路布局可以避免测量数据时的不必要的耦合，这种耦合可以导致测量结果的错误。ADC 的参考电压连接点（REF+ 和 REF−）是模拟电路的一部分，所以它们分别直接连接到模拟电源电压点（Vcc）和接地点上。

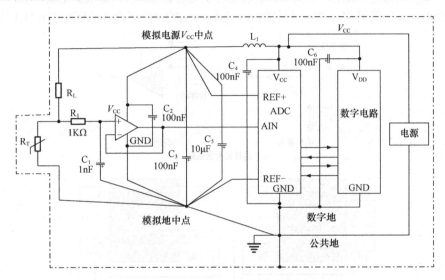

图 6.10.17　推荐的温度测量系统接线布局图

连接到运算放大器同相输入端的 RC 网络用来抑制由传感器引入的高频干扰。即使当干扰电压的频率远离运算放大器的输入带宽时，仍然存在这样的危险，因为这些电压会由于半导体元件的非线性特性而得到整流，并最终叠加到测量信号上。

在此电路中所使用的 ADC（TLV1543）有一个单独的内部模拟电路和数字电路的公共接地点（GND）。模拟电源和数字电源的电压值均是相对于该公共接地点的。在 ADC 元器件区域应采用较大的接地面。ADC（TLV1543）的模拟接地和数字接地信号都连接到公共的接地点上。所有的可用屏蔽点和接地点，都要连接到公共接地点上。

在设计 PCB 时，合理放置有源器件的旁路电容是十分重要。旁路电容应提供一个低阻抗回路，将高频信号引入到地，用来消除电源电压的高频分量，并避免了不必要的反馈和耦合路径。另外，旁路电容能够提供部分能量，用于抵消快速负载变化的影响，特别是对于数字电路。为了能够满足高速电路的需要，旁路电容采用 100 nF 的陶瓷电容器。50μF 的电解电容用来拓宽旁路的频率的范围。

模数混合电路电源和接地 PCB 设计的一般原则总结如下。

（1）PCB 分区为独立的模拟电路和数字电路部分，采用适当的元器件布局。

（2）跨分区放置的 ADC 或者 DAC。

（3）不要对地平面进行分割，在 PCB 的模拟电路部分和数字电路部分下面设统一的地平面。

（4）采用正确的布线规则，在电路板的所有层中，数字信号只能在 PCB 的数字部分布线，模拟信号只能在 PCB 的模拟部分布线。

（5）模拟电源和数字电源分割，布线不能跨越分割电源面的间隙，必须跨越分割电源间隙的信号线要位于紧邻大面积地平面的信号层上。

（6）分析返回电流实际流过的路径和方式。

6.11　放大器电路的 PCB 设计

6.11.1　放大器输入端保护环设计

一个运算放大器的输入端的接地环或者叫保护环设计例如图 6.11.1 所示。保护环用来防止杂散电流进入敏感的结点。其原理很简单，采用接地导线完全包围放大器敏感结点，使杂散电流远离敏感的结点。一个采用 SOT-23-5 封装的放大器输入端的保护环设计示例如图 6.11.1 所示。

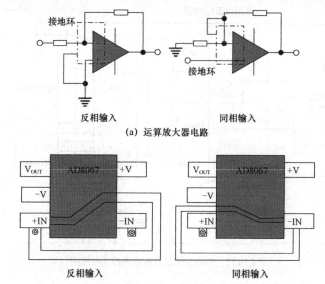

图 6.11.1　SOT-23-5 封装的放大器输入端的保护环设计例

OPA129 是一个超低偏置电流（1pA）差动运算放大器，输入端保护环设计示例如图 6.11.2 所示。

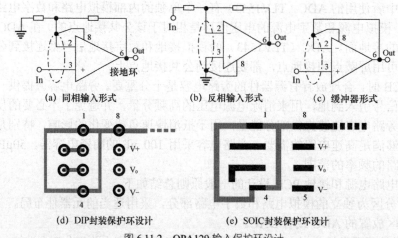

图 6.11.2　OPA129 输入保护环设计

6.11.2　放大器 PCB 的对称设计

在单端输入-差分输出放大器电路中，PCB 的对称设计是重要的，如图 6.11.3 所示。图中，ISL55016 是一个高性能的增益模块，单端输入阻抗为 75Ω，差分输出阻抗为 100Ω，可匹配 75Ω 单端信号源到 100Ω 差分负载,用做单端至差分转换器可以不需要不平衡变压器[44]。

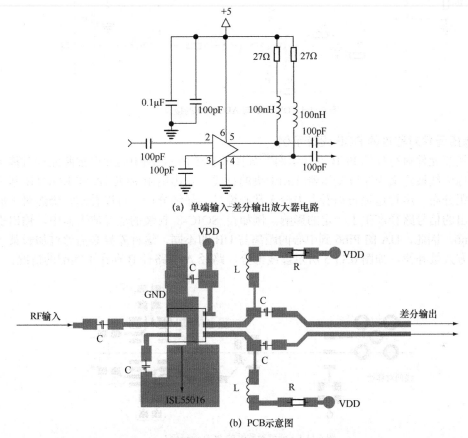

(a) 单端输入-差分输出放大器电路

(b) PCB示意图

图 6.11.3　单端输入-差分输出放大器电路的 PCB 对称设计

6.11.3　差分电路的 PCB 设计

1. 差分布局的一些考虑

由于越来越多的 ADC 采用了差分输入结构，差分驱动器已成为 ADC 驱动必要的器件。目前，有众多技术可以将宽频带双运算放大器应用于差分 ADC 驱动器。理论上，差分结构可以消除二次谐波失真。实际上，只有精心布局的 PCB 才能够有效地抑制二次谐波失真。采用对称设计，可以通过差分反相配置来使放大器获得最好的转换速率。为了使差分结构对于二次谐波失真的消减能力达到最佳，必须对 PCB 的板层数、特征阻抗、元件位置、地线层、对称性、电源去耦合以及其他许多方面进行优化，这些在设计 PCB 时都需要被考虑到。

采用对称设计，需要考虑元件对称性和信号路径对称性。元件对称性是指所有的板上元件都按照特定的模式排列。信号路径对称性是指更注重的是信号路径的对称而不是元件上的对称。

2. 差分 ADC 驱动电路

一个采用运算放大器 OPA695 构成的差分驱动器与 ADS5500 ADC 的接口电路[45]如图 6.11.4 所示。

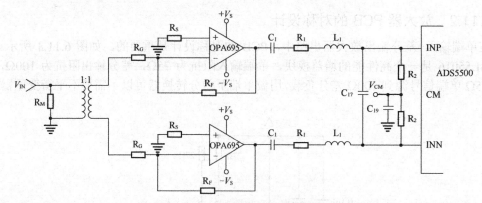

图 6.11.4　OPA695 与 ADS5500 的接口

3. 考虑元件对称性的 PCB 设计示例

电路按照元件对称性的 PCB 设计示例[45]如图 6.11.5 所示。图中的元件按照元件对称策略排列。对称中线被定义为穿过变压器(Tin)中央的直线。输出电阻 ROUTA 和 ROUTB 基于对称中线等距分布。尽管这种布局看上去使人赏心悦目，仔细分析，可以看到它仍然对于放大器引脚输出的信号路径产生了一定的影响。例如在 SOIC-8 封装的运算放大器中，输出引脚通常在 Pin6。因此，UA 的 Pin6 到中心的距离与 UB 的不同。这种差异必需通过加长某一信号路径的方式被补偿。如图 6.11.5 所示虚线部分，路径 A 与路径 B 存在不匹配的情况。

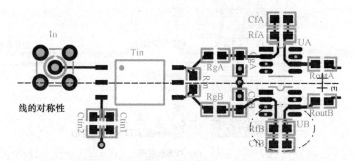

图 6.11.5　元件对称性的 PCB 设计例

4. 考虑信号路径对称的 PCB 设计示例

考虑信号路径对称的 PCB 设计示例[45]如图 6.11.6 所示，注意图中无论是顶层路径还是底层路径，从焊盘到焊盘的路径长度都是相同的。

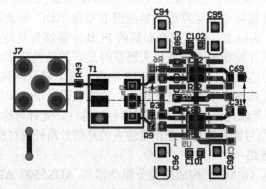

图 6.11.6　信号路径对称的 PCB 设计例

如图 6.11.6 所示有 2 条不同的对称中线，一条是驱动器输入的对称线，另一条是驱动器输出的对称线。SOIC-8 封装是与输入中线对称的，这个 PCB 布局消除了图 6.11.5 所示的信号路径不匹配情况。

如图 6.11.6 所示的 PCB 布局选择了 0603 尺寸的元件来取代 1206 尺寸的元件，与如图 6.11.5 所示的 PCB 布局相比更加紧凑。由于使用 0603 尺寸的元件，使反馈元件 R*f*A，C*f*A，R*f*B 和 C*f*B（分别对应如图 6.11.6 所示的 R12、C12、R5 和 C80）可以分布在 PCB 的一侧，运算放大器可以直接放在另一侧，从而消除了运算放大器的同相输入端（SOIC-8 的 Pin3）与反馈元件焊盘有可能产生的过孔和寄生耦合。同时，元件的尺寸小也能够减少输出路径到反相输入端的长度，从而消除如图 6.11.5 所示虚线的不匹配情况。

5．运算放大器的电源去耦

作为运算放大器对电源去耦的要求很高。一些文献中通常建议在每个电源引脚端加上 2 个电容：一个是高频电容（0.1μF），直接连接（或者距离运算放大器电源引脚端小于 0.25"）；另一个是低频电容（2.2～6.8μF），这个容量较大的去耦电容在低频段有效，这个元件可以离运算放大器稍微远一点。注意，在 PCB 上的相同区域附近的几个元件，可以共用一个低频去耦电容。除了这些电容，第 3 个更小的电容（10nF）也可以加到这些电源引脚端上，这个额外的电容有益于减少二次谐波失真。

运算放大器对电源去耦电容器位置如图 6.11.7 所示。图 6.11.7 中所示 C93、C94、C95 和 C96 是较大的电容。C98 和 C100 是高频电容。C101 和 C102 则是电源间去耦合电容。去耦合电容器 C97、C98、C18 和 C100 采用星形接地方式。这种接地联结方式可以消除某些由放大器产生而传到共地端的失真。

6．接地层

无论怎么强调消除失真，或者说防止失真干扰到地线的重要性都不为过。然而，失真干扰几乎总是会到达地线，不是在这个点就是在那个点，然后再传播到电路板的其他部分上。

理想的情况是在电路板上只有 1 个接地层，然而这个目标并非总是能够实现。当电路中必须添加地线层时，最好采用"安静的地"设计形式。这种设计采用 1 个地线层作为基准（参考）接地层，基准接地层与"安静的地"仅需要在 1 点（仅在 1 点）连接。

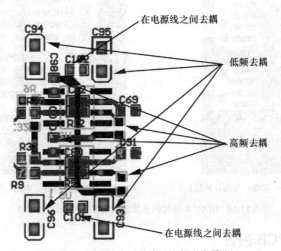

图 6.11.7 运算放大器的电源去耦电容器位置

如图 6.11.8 所示的一个 4 层电路板，其中顶层和底层用来作为信号层，而中间的 2 层用来接地，其中一层为基准接地层，另一层为"安静的地"。

图 6.11.8　接地层和"安静的地"

　　将运算放大器下面的地线层和电源层开槽（开路），可以防止寄生电容耦合将不需要的信号反馈到同相输入端。如图 6.11.9 所示，2 个运算放大器下面的地线层是开槽的（图中白色部分）。注意，不仅是运算放大器下面的地线层被开槽了，开槽还延伸到所有与运算放大器直接相连的焊盘。另外，如果一个焊盘需要接地，那么这条线路的宽度至少要大于 50mil （0.050in），才能将寄生电阻和电感减到最小。

7．电源线布线

　　如图 6.11.10 所示，对于采用 SOIC-8 封装的运算放大器，其正、负电源线路通过内层互跨，可以实现在不与任何信号路径交叉的情况下为 2 个运算放大器供电。这 2 条线路如图 6.11.10（a）和图 6.11.10（b）所示黑线标示[图 6.11.10（a）与图 6.11.10（b）的图层顺序相反，均为顶视图]。这种设计将 PCB 的层数量减少到 4 层。

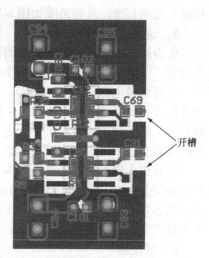

图 6.11.9　地线层的开槽

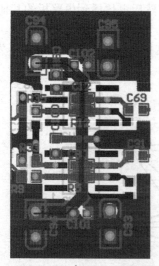

（a）顶视图（顶层、接地、电源、底层）

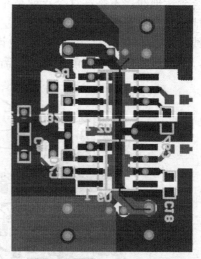

（b）顶视图（底层、电源、接地、顶层）

图 6.11.10　SOIC-8 封装的运算放大器的正负电源线布局

6.12　射频电路的 PCB 设计

6.12.1　"零阻抗"接地

　　在射频电路板上，必须提供一个对输入和输出端口的任何射频信号都能作为"零"或参考点的共用射频接地点（这些点必须是等电位的）。在射频电路板上的直流电源供电端和直流偏置端，直流电压必须保持在直流电源供电的原始值上，但对可能叠加在直流电压上的射频信号，必须使其对地短路或将其抑制到所要求的程度。换句话说，在直流电源供电和直流偏置端，其阻抗对交流或射频的电流或电压信号必须接近于零，即达到射频接地的目的[46]。

在一个射频电路板上的每一个射频模块中，不管是无源还是有源电路，射频接地都是不可缺少的部分。在进行电路测试时，不良的射频接地将导致对各种参数的测量误差。不良的射频接地也会降低电路性能，如附加噪声和寄生噪声，不期望的耦合和干扰，模块和器件之间隔离变差，附加功率损失或辐射，附加相移，极端情况下还会出现意想不到的功能错误。

电容器是常用的射频接地元件。理论上，一个理想电容器的阻抗 Z_C 为

$$Z_C = \frac{1}{jC\omega} \qquad (6.12.1)$$

式中，C 为电容器的容量；ω 为工作角频率。

从式（6.12.1）可以看出，对于直流电流或电压，$\omega=0$，电容器的阻抗 Z_C 趋于无穷；而对于射频信号，$\omega\neq0$，随着电容量增加，其阻抗变小。理想情况下，通过无限增加电容器的容量 C，其射频阻抗能够接近零。

然而，期望通过在射频接地端与真实接地点之间连接一个容量无穷大的理想电容器实现射频接地是不现实的。一般来说，只要电容器的容量足够大，能使射频信号接到一个足够低的电平就可以了。例如一个直流电源供电端的射频接地，常用的设计方法[46]如图 6.12.1 所示，在直流电源供电端的导线上连接多个不同容量（10pF～10μF）的电容器到地，实现射频接地。

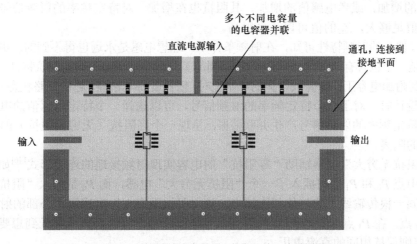

图 6.12.1　利用多个电容器"可能实现的"的射频接地

而不幸的是，这种利用多个电容器实现射频接地的方式往往达不到所希望的效果。从正电容（器）的射频特性可知，电容器的射频等效电路是一个包含有 RLC 的网络，对于不同的工作频率呈现出不同的阻抗特性。对于一个特定频率的射频信号而言，不同容值的电容器可能呈现高阻抗的状态，并不能够起到射频接地的作用。

从串联 RLC 电路的阻抗特性知道，当一个串联 RLC 回路产生串联谐振时，感抗与容抗相等，回路的阻抗最小（纯电阻 R）。对于一个质量良好的电容器，其 R 很小，趋近于零。

如图 6.12.2 所示，在电路设计时，对于一个特定频率的射频信号，可以选择一个特定电容值的电容器，使它对于这个特定频率的射频信号产生串联谐振，呈现一个低阻抗（零阻抗）的状态，实现射频接地。注意，串联谐振的电容和电感包括 PCB 的分布电容和分布电感。

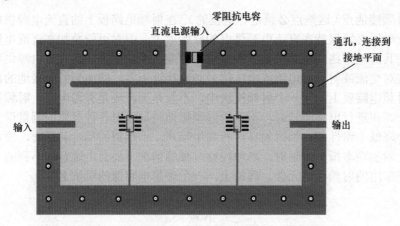

图 6.12.2　利用"零阻抗"的电容器实现 PCB 的射频接地

6.12.2　"无穷大阻抗"辅助接地

在实现射频接地中，一个"无穷大阻抗"的电感对"零阻抗"的电容来说是一个很好的辅助元件。理论上，理想电感的阻抗 Z_L 为

$$Z_L = jL\omega \tag{6.12.2}$$

式中，L 为电感器的电感值；ω 为工作角频率。

从式（6.12.2）可见，电感器的阻抗 Z_L 对于 $\omega=0$ 的直流电流或电压是为零的，当 $\omega \neq 0$ 时，随着 ω 的增加，或者电感值的增加，其阻抗也在增加。对特定频率的射频信号来说，如果电感 L 的值足够大，Z_L 的值可以达到很高。

从电感（器）的射频特性可知，在射频条件下，理想电感是永远也得不到的，电感器的射频等效电路是一个包含有 RLC 的网络，对于不同的工作频率呈现出不同的阻抗特性。当一个电感的自感与其附加电容工作在并联谐振的频率上时，阻抗变得非常高，趋向开路状态（无穷大）。

在电路设计时，对于一个特定频率的射频信号，可以选择一个特定电感值的电感器，使它对于这个特定频率的射频信号产生并联谐振，呈现一个高阻抗（无穷大阻抗）的状态，实现射频信号的隔离。

利用"阻抗无穷大"电感辅助"零阻抗"的电容实现射频接地的连接形式[46]如图 6.12.3 所示，在图中点 P_0 和 P_1 之间插入了一个"阻抗无穷大"电感，而 P_0 是插入"阻抗无穷大"电感之前的同一根传输线上的与外部连接点。该"阻抗无穷大"电感阻止外部的射频信号从 P_0 点到达 P_1 点。在 P_1 点，来自 P_0 点的射频信号电压或功率可以显著地降低到想要的值，而 P_1 点和 P_0 点则保持相同的直流电压。

6.12.3　复杂射频系统的接地

对于一个射频系统来说，射频电路的接地平面必须是一个等电位面，即在输入、输出和直流电源及其他控制端必须有"零"电位的相应接地端。当 PCB 的尺寸比 50 Ω 信号线的 $\lambda/4$ 小得多时，由铜等高电导率材料制成的金属表面所构成的接地平面，可以看作是一个等电位面。然而，如果 PCB 尺寸和 50Ω 信号线的 $\lambda/4$ 相等或是大得多时，该接地平面就可能不是一个等电位面。也就是说，在工作频率范围内 PCB 尺寸大于或等于工作频率 $\lambda/4$ 波长时，该接地平面就可能不是一个等电位面。

在 PCB 设计时，利用多个"零阻抗"的电容可以实现复杂射频系统的射频接地，一个设计示例[46]如图 6.12.4 所示。

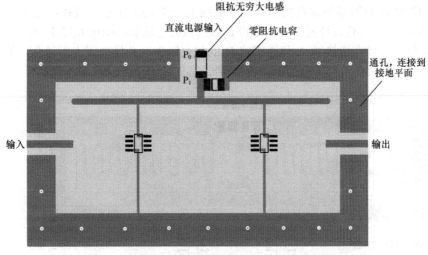

图 6.12.3　"阻抗无穷大"电感辅助"零阻抗"的电容实现射频接地

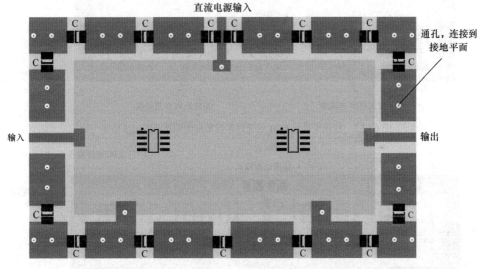

图 6.12.4　利用多个"零阻抗"电容实现复杂射频系统的射频接地

6.12.4　半波长 PCB 连接线接地

从"短路线和开路线"的理论分析可以知道,短路线在短路点及离短路点为 $\lambda/2$ 整数倍的点处,电压总是为 0。对于一个在工作频率范围内尺寸大于或等于 $\lambda/4$ 的 PCB,利用半波长连接线可以实现复杂射频系统的射频接地[46],一个设计示例如图 6.12.5 所示。

6.12.5　1/4 波长 PCB 连接线接地

从"短路线和开路线"的理论分析可以知道,开路线在离开路端为 $\lambda/4$ 奇数倍的点处输入阻抗为 0,相当于短路。对于一个在工作频率范围内尺寸大于或等于 $\lambda/4$ 的 PCB,利用 $\lambda/4$ 连接线可以实现复杂射频系统的射频接地,一个设计示例[46]如图 6.12.6 所示。

6.12.6　连线上的过孔数量与尺寸

在射频与微波频率范围内,过孔等效为一个包含有电感、电阻和电容的电路,它们的值与过孔直径和 PCB 材料等参数及配置有关。如图 6.12.7（a）所示，过孔产生 4 个寄生参数为 R，L，C_1 和 C_2。过孔直径减小时，R 和 L 的值将随之增加；如图 6.12.7（b）所示，为了降低 R 和 L 值，可以在连接线 A 和连接线 B 的相交区内，并排放置许多过孔。显然，如果存在 N 个过孔，则 R 和 L 的等效值就下降 N 倍。它的缺点是 C_1 和 C_2 也增加了 N 倍。

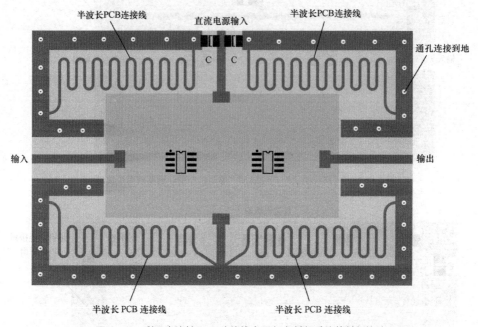

图 6.12.5　利用半波长 PCB 连接线实现复杂射频系统的射频接地

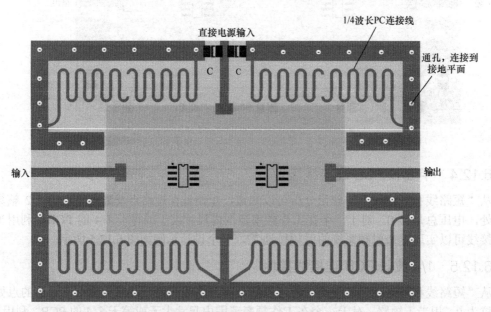

图 6.12.6　利用 $\lambda/4$ PCB 连接线实现复杂射频系统的射频接地

注意：当射频与微波信号通过这些连接点时，射频与微波信号会有额外的衰减。

为减小 R 和 L 的值，应尽可能地增加通孔直径。理想过孔的直径 D 应该为

$$D > 10\text{mil} \tag{6.12.3}$$

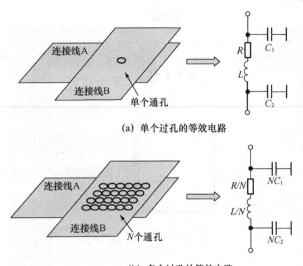

(a) 单个过孔的等效电路

(b) 多个过孔的等效电路

图 6.12.7 过孔的等效电路

6.12.7 端口的 PCB 连线设计

如图 6.12.8 所示，在输入、输出和直流电源端口，需要保证在输入或输出连线与相邻地的边缘的间隔 W_1，即 W_1 必须足够宽，根据经验要求 $W_1 > 3W_0$[46]，使在输入或输出连线边界的电容可以忽略。对于一个射频电路往往要求其输入、输出连接线的特性阻抗为 50Ω。

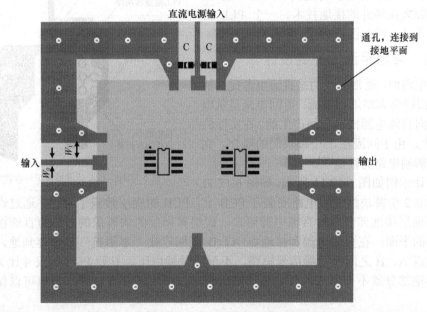

图 6.12.8 W_1 尺寸示意图（$W_1 > 3W_0$）

如果输入和输出连线设计为如图 6.12.9 所示的共面波导形式，可以不要求 $W_1 > 3W_0$。由此，在地表面可以添加更多的金属区域。在共面波导设计中，输入、输出连接线宽度 W_0 通常要比与之对应的 50Ω 特性阻抗微带线窄得多。同样，在连线和相邻地边缘之间的空隙也比 $3W_0$ 窄得多。因此，接地区域就可扩展，其几何形状可更为简单。

直流电源输入

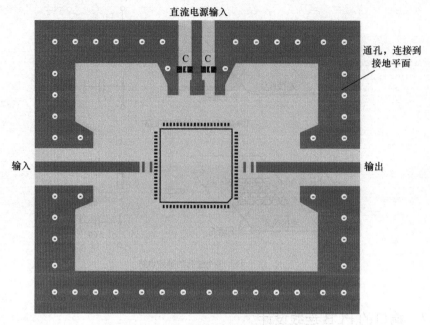

通孔，连接到
接地平面

C C

输入

输出

图 6.12.9　输入和输出连接线设计为共面波导形式

6.12.8　PCB 保护环

PCB 保护环是一种可以将充满噪声的环境（如射频电流）隔离在环外的接地技术。一个 PLL 滤波器保护环设计示例如图 6.12.10 所示。

6.12.9　接地平面的开缝设计

在讨论电路时，通常关注的是直流电源提供的前向电流，而经常忽略返回电流。返回电流是从电路接地点流向直流电源接地点而产生的。在实际的射频 PCB 上，由于回流在 2 个模块间的耦合，完全有可能会影响电路的性能[46]。

电源电路退耦电容

PLL滤波器网络

VCC

晶振

GND

接地部分，
也作为保护环

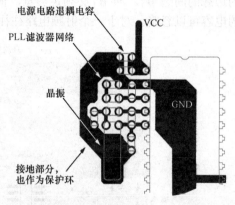

图 6.12.10　PLL 滤波器保护环设计示例

一个设计示例如图 6.12.11 所示。如图 6.12.11（a）所示，由 2 个模块组成的电路安装在 PCB 上，PCB 的底层敷满了铜，并通过许多连接过孔连接到顶层接地部分。对直流电源而言，底层和顶层的铜覆盖的部分为直流接地提供了一个良好的平面。在直流电源和接地点 A，B 之间连接"零阻抗"的电容到地，使直流电源和接地点 A，B 之间对射频信号短路，不形成射频电压。只要 PCB 的尺寸比 $\lambda/4$ 小得多，整个接地部分就不会形成射频电压。虽然在这些模块间存在耦合，但也可以保证电路性能优良。

但实际上，根据 PCB 上的元件放置和区域的安排，在 PCB 上的电流模型是非常复杂的。从直流电源流出的所有电流必须返回它们相邻的接地点 A 和 B。如图 6.12.11（a）所示，从模块的接地点流向直流电源接地点 A 和 B 的回流用虚线表示。在每一个模块中的回流大致可分为两类，也就是图中的 i_{1a}，i_{1b} 和 i_{2a}，i_{2b}。电流 i_{1a} 和 i_{2a} 从模块 1 和 2 的接地点返回，流经底层敷铜的中央部分。电流 i_{1b} 和 i_{2b} 从模块 1 和 2 的接地点返回并分别流经底层敷铜的左侧和右侧。显而易见，只要在两组路径间的距离足够远，i_{1b} 和 i_{2b} 的返回电流就可以忽略。

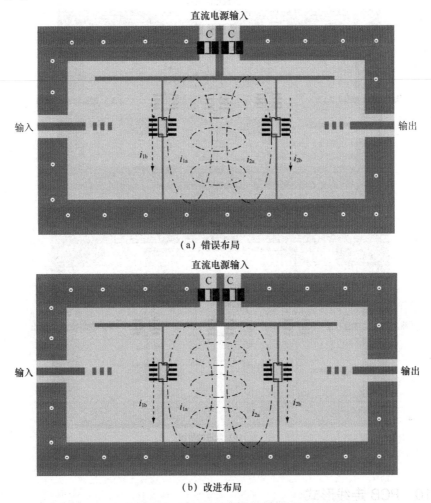

（a）错误布局

（b）改进布局

图 6.12.11　2 个射频模块的回流分割

由于 i_{1a} 和 i_{2a} 汇流在一起，在 i_{1a} 和 i_{2a} 间的串扰是电磁耦合。当它们之间的耦合或串扰不可以忽略时，其相互作用就等同于从模块 2 到模块 1 之间存在某种程度的反馈，这种反馈可能会使电路的性能变差。减少这种耦合的一种简单方法如图 6.12.11 所示，可以在 PCB 底层中间敷铜部分切开一条缝，目的是尽可能消除或大大减少在 i_{1a} 和 i_{2a} 间的回流。

对于在 PCB 上安装有多个模块的电路，如图 6.12.12 所示，为消除或减少来自回流的耦合或串扰，需要在相邻的 2 个模块之间开一条缝（槽）。

由于采用共用的直流电源供电，PCB 设计时也必须注意前向电流的耦合或串扰。如图 6.12.12（b）所示，可以为 PCB 上的每个独立模块提供直流电源，并加上许多"零阻抗"电容，以保证为每个模块提供的直流电源与其相应的相邻接地点 A，B，C 和 D 之间的电位差接近于 0。在"零阻抗"电容之间必须有足够小的金属区域使得在"零阻抗"电容间的小金属块电位大致上等于零电位。

注意：本节"利用接地平面开缝减小电流回流耦合"与"6.7.3 避免接地平面开槽"的论述是有矛盾的，应用时请注意它们的不同点。

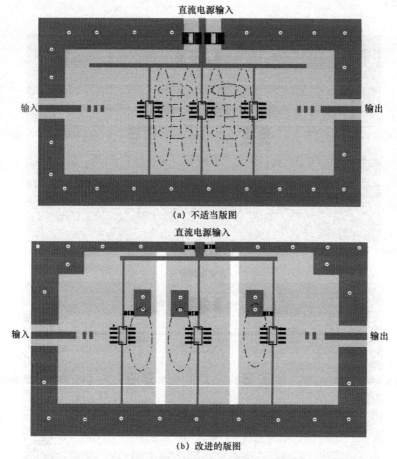

（a）不适当版图

（b）改进的版图

图 6.12.12　多个射频模块射频的回流与分割

6.12.10　PCB 走线形式

在射频与微波电路设计中，电路通常是由元器件和微带线组成的。在射频与微波电路 PCB 上的信号走线是微带线形式，它对电路性能的影响可能比电容、电感或者电阻更大。认真处理走线是 RF 电路设计成功的保证。

有关微带线的设计请参考有关的资料。在 PCB 设计中，$\lambda/4$ 是非常重要的参数。超过 $\lambda/4$ 的走线，对 RF 信号而言，可能会从短路状态变到开路状态，或者从零阻抗变到无限大阻抗。在 PCB 设计时，走线要保持尽可能短，即要求

$$l \ll \frac{1}{4}\lambda \qquad (6.12.4)$$

如果走线的长度与 $\lambda/4$ 相当或者大于 $\lambda/4$，在电路仿真时走线必须作为一个元件来对待。

在射频与微波电路 PCB 设计时，要求走线尽可能短。

在射频与微波电路 PCB 设计时，要求走线的拐角尽可能平滑。对于在射频 PCB 中的拐角，特别是急拐弯的角度，会在电磁场中产生奇异点并产生相当大的辐射。如图 6.12.13（a）所示拐角形式优于图 6.12.13（b）和（c）所示拐角形式，因为前者是平滑的，是最短的连接线。

(a) 圆弧形式 (最好的)   (b) 45° (一般的)   (c) 直角形式 (最差的)

图 6.12.13 走线的拐角形式

在射频与微波电路 PCB 设计时,要求相邻的走线尽可能画成相互垂直形式,尽可能避免平行的走线。如果不能够避免 2 条相邻的走线平行,2 条走线间的间距至少要 3 倍于走线宽度,使串扰可以被减小到能够容许的程度。如果 2 条相邻的走线传输的是直流电压或直流电流,可以不用考虑这个问题。

在射频与微波电路 PCB 设计时,不仅对走线的拐角的要求是重要的,对整条走线的平滑的要求也是很重要的。如图 6.12.14 (a) 所示,走线从 A 到 B 的宽度有一个突然的改变(在 P 点)。微带线的特征阻抗主要取决于它的宽度。在 P 点的特征阻抗从 Z_1 跳变到 Z_2。因此,该走线实际上成为了一个阻抗变换器。这个阻抗额外的跃变,对电路性能来说可能导致灾难性的后果:RF 功率可能在 P 点处来回反射,另外,在 P 点,RF 信号也会辐射出去。因此要求走线宽度是渐渐改变,如图 6.12.14 (b) 所示,走线的阻抗的变化是平缓的,使在这条走线上附加的反射和辐射减小。

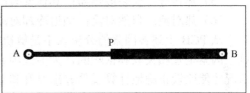

(a) 走线宽度突然改变 (不好的设计)

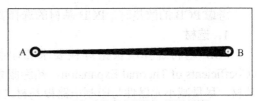

(b) 走线宽度的渐变 (好的设计)

图 6.12.14 走线的宽度的变化应是平滑的

6.13 PCB 的散热设计

6.13.1 PCB 的热性能分析

印制电路板在加工、焊接和试验的过程中,要经受多次的高温、高湿或低温等恶劣的环境条件,如焊接时需要经受在 260℃下持续 10s 的考验,无铅焊接需要经受在 288℃下持续 2min 的考验,试验时可能要经受 125℃~65℃温度的循环考验。如果印制电路板基材的耐热性差,在这样的条件下,它的尺寸稳定性、层间结合力和板面的平整度都会下降,在热状态下导线的抗剥力也会降低。试验和加工中的温度影响,也是印制电路板设计时必须考虑的热效应因素。

大气环境温度的变化和电子产品工作时元器件和印制导线的发热,都会引起产品产生温度变化。引起印电路制板温升的直接原因是由于电路功耗元器件的存在,电子元器件均不同程度地存在功耗,发热强度随功耗的大小变化。印制电路板中温升的 2 种现象,即局部温升或大面积温升;短时温升或长时间温升。

许多对热设计考虑不周的印制电路板组装件,在加工中会遇到诸如金属化孔失效、焊点开裂等问题。即使组装中没有发现问题,在整机或系统中开始时还能稳定工作,但是经过长时间连续工作元器件发热,热量散发不好,导致元器件的温度系数变化,工作不正常,这时整机或系统就会出现许多问题,热量过大时甚至会使元器件失效、焊点开裂、金属化孔失效或 PCB 基板变形等。

因此在印制电路板设计时必须认真进行热分析，针对各种温度变化的原因采取相应措施，降低产品温升或减小温度变化，使热应力对印制电路板组装件焊接和工作时的影响程度保持在组装件能进行正常焊接、产品能正常工作的范围内。

在进行 PCB 热性能分析时，一般可以从以下 6 个方面来分析。

（1）电气功耗：单位面积上的功耗；PCB 上功耗的分布。

（2）PCB 的结构：PCB 的尺寸；PCB 的材料。

（3）PCB 的安装方式：垂直安装或者水平安装方式；密封情况和离机壳的距离。

（4）热辐射：印制电路板表面的辐射系数；印制板与相邻表面之间的温差和它们的绝对温度。

（5）热传导：安装散热器；其他安装结构件的传导。

（6）热对流：自然对流；强迫冷却对流。

从 PCB 上述各因素的分析入手是解决 PCB 温升的有效途径，往往在一个产品和系统中这些因素是互相关联和依赖的，大多数因素应根据实际情况来分析，只有针对某一具体实际情况才能比较正确地计算或估算出温升和功耗等参数。

6.13.2 PCB 基材选择

考虑 PCB 的散热时，PCB 基材的选择要求如下所述。

1. 选材

PCB 基材选择应根据焊接要求和印制电路板基材的耐热性，选择耐热性好、CTE（Coefficients of Thermal Expansion，热膨胀系数）较小或与元器件 CTE 相适应的印制电路板基材，尽量减小元器件与印制电路板基材之间的 CTE 相对差。

基材的玻璃化转变温度（T_g）是衡量基材耐热性的重要参数之一，一般基材的 T_g 低，热膨胀系数就大，特别是在 Z 方向（板的厚度方向）膨胀更为明显，容易使镀覆孔损坏；基材的 T_g 高，一般膨胀系数小，耐热性相对较好，但是 T_g 过高基材会变脆，机械加工性下降。选材时要兼顾基材的综合性能。

印制电路板的导线由于通过电流引起温升，加上规定环境温度应不超过 125℃（常用的典型值，根据选用的板材可能不同），且元器件安装在印制电路板上也发出一部分热量，影响工作温度，所以在选择材料和印制电路板设计时应考虑到这些因素，热点温度应不超过 125℃，尽可能选择更厚一点的覆铜箔。

随着开关电源等电子功率产品的小型化，表面贴片元器件广泛运用到这些产品中，这时散热片难于安装到一些功率元器件上。在这种情况下可选择铝基、陶瓷基等热阻小的板材。选择铝基覆铜板、铁基覆铜板等金属 PCB 作为功率器件的载体，金属 PCB 的散热性远好于传统的 PCB，且可以贴装 SMD 元器件。也可以采用一种铜芯 PCB，该基板的中间层是铜板，绝缘层采用高导热的环氧玻纤布粘结片或高导热的环氧树脂，可以双面贴装 SMD 元器件，大功率 SMD 元器件可以将 SMD 自身的散热片直接焊接在金属 PCB 上，利用金属 PCB 中的金属板来散热。

还有一种铝基板，在铝基板与铜箔层间的绝缘层采用高导热性的导热胶，其导热性要大大优于环氧玻纤布粘结片或高导热的环氧树脂，且导热胶厚度可根据需要来设置。

2. CTE 的匹配

在进行 PCB 设计时，尤其是表面安装用 PCB 设计，首先应考虑材料的 CTE 匹配问题。IC 封装的基板有刚性有机封装基板、挠性有机封装基板、陶瓷封装基板 3 类。采用模塑技术、模压陶瓷技术、层压陶瓷技术和层压塑料 4 种方式进行封装，基板用的材料主要有高温环氧树脂、BT 树脂、聚酰亚胺、陶瓷和难熔玻璃等。IC 封装基板用的这些材料耐温较高，X，Y 方向的热膨胀系数较低，在选择印制电路板材料时，应了解元器件的封装形式和基板的材料，并考虑元器件焊接时工艺过程温度的变化范围，选择热膨胀系数与之相匹配的基材，以降低材料的热膨胀系数差异引起的热应力。

采用陶瓷基板封装的元器件的 CTE 典型值为 $5\sim7\times10^{-6}$/℃，无引线陶瓷芯片载体 LCCC 的 CTE 范围是 $3.5\sim7.8\times10^{-6}$/℃，有的器件基板材料采用与某些印制板基材相同的材料，如 PI，BT 和耐热环氧树脂等，不同材料的 CTE 值见表 6.13.1[35]。在选择印制电路板的基材时应尽量考虑使基材的热膨胀系数接近于元器件基板材料的热膨胀系数。

表 6.13.1　　　　　　　　　　　　　不同材料的 CTE 值

材料	CTE 范围/$\times10^{-6}$/℃
散热片用铝板	20～24
铜	17～18.3
环氧 E 玻璃布	13～15
BT 树脂-E 玻璃布	12～14
聚酰亚胺-E 玻璃布	12～14
氰酸酯-E 玻璃布	11～13
氰酸酯-S 玻璃布	8～10
聚酸亚胺 E 玻璃布及铜-因瓦-铜	7～11
非纺织芳酰胺/聚酰亚胺	7～8
非纺织芳酰胺/环氧	7～8
聚酰亚胺石英	6～10
氰酸酰石英	6～9
环氧芳酰胺布	5.7～6.3
BT-芳酰胺布	5.0～6.0
聚酰亚胺芳酰胺布	5.0～6.0
铜-因瓦-铜 12.5/75/12.5	3.8～5.5

注：该表中的数从 IPC 2221 标准图表查出。

6.13.3　PCB 元器件的布局

考虑 PCB 的散热时，元器件的布局要求如下所述。

（1）对 PCB 进行软件热分析，对内部最高温升进行设计控制。使传热通路尽可能的短。使传热横截面尽可能的大。

（2）可以考虑把发热高、辐射大的元器件专门设计安装在一个印制电路板上。发热元器件应尽可能置于产品的上方，条件允许时，应处于气流通道上。注意使强迫通风与自然通风方向一致，附加子板、元器件风道与通风方向一致，尽可能使进气与排气有足够的距离。

（3）板面热容量均匀分布，注意不要把大功耗元器件集中布放，如无法避免，则要把矮的元器件放在气流的上游，并保证足够的冷却风量流经热耗集中区。

（4）元器件布局应考虑到对周围零件热辐射的影响。

在水平方向上，大功率元器件尽量靠近印制电路板边沿布置，以便缩短传热路径；在垂直方向上，大功率元器件尽量靠近印制电路板上方布置，以便减少这些元器件工作时对其他元器件温度的影响。对温度比较敏感的的部件、元器件（含半导体器件）应远离热源或将其隔离，最好安置在温度最低的区域（如设备的底部），如前置小信号放大器等要求温漂小的元器件、液态介质的电容器（如电解电容器）等的最好远离热源，千万不要将其放在发热元器件的正上方。多个元器件最好是在水平面上交错布局。

从有利于散热的角度出发，印制电路板最好是直立安装，板与板之间的距离一般≥2cm，而且元器件在印制板上的排列方式应遵循一定的规则。

对于自身温升超过 30℃的热源，一般有如下两点要求。

① 在风冷条件下，电解电容等温度敏感元器件离热源距离要求≥25mm。

② 自然冷条件下，电解电容等温度敏感元器件离热源距离要求≥4.0mm。

一个大规模集成电路（LSI）和小规模集成电路（SSI）混合安装情况下的 2 种布局方式如图 6.13.1 所示，LSI 的功耗为 1.5W，SSI 的功耗为 0.3W。工程实例实测[47]结果表明，采用如图 6.13.1（a）所示方式布局的印制电路板使 LSI 的温升达 50℃，而采用如图 6.13.1（b）所示布局方式导致的 LSI 的温升为 40℃，显然采纳后面一种方式对降低 LSI 的失效率更为有利。

（5）元器件布局时，在板上应留出通风散热的通道[47]（如图 6.13.2 所示），通风入口处不能设置过高的元器件，以免影响散热。自然空气对流冷却时，将元器件长度方向纵向排列；采用强制风冷时，元器件横向排列。发热量大的元器件设置在气流的末端，对热敏感或发热量小的元器件设置在冷却气流的前端（如风口处），避免空气提前预热，降低冷却效果。强制风冷的功率应根据印制电路板组装件安装的空间大小、散热风机叶片的尺寸和元器件正常工作的温升范围，经过流体热力学计算来确定，一般选用直径 2～6in 的直流风扇。

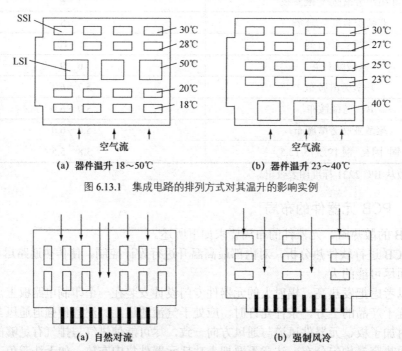

（a）器件温升 18～50℃　　　　**（b）器件温升 23～40℃**

图 6.13.1　集成电路的排列方式对其温升的影响实例

（a）自然对流　　　　　　**（b）强制风冷**

图 6.13.2　空气冷却方式

（6）为了增强板的散热功能，并减少由分布不平衡引起印制电路板的翘曲，在同一层上布设的导体面积不应小于板面积的 50%。

（7）热量较大或电流较大的元器件不要放置在印制电路板的角落和四周边缘，只要有可能，应安装于散热器上，并远离其他元器件，同时保证散热通道通畅。

（8）电子设备内印制电路板的散热主要依靠空气流动，散热器的位置应考虑利于对流。在设计时要研究空气流动路径，需要合理配置元器件或印制电路板。空气流动时总是趋向阻力小的地方流动，在印制电路板上配置元器件时，要避免在某个区域留有较大的空域。整机中多块印制电路板的配置也应注意同样的问题。

发热量过大的元器件不贴板安装，并外加散热器或散热板，散热器的材料应选择导热系数高的铝或铜制造，为了减少元器件体与散热器之间的热阻，必要时可以涂覆导热绝缘脂。对体积小的电源模块一类发热量大的产品，可以将元器件的接地外壳通过导热脂与模块的金属外壳接触散热。

开关管、二极管等功率元器件应该尽可能可靠地接触到散热器。常用的方法是将元器件的金属壳贴在散热器上，这样方便生产，但是相应的热阻会比较大；现在也有用锡膏直接将管子焊在金属板上面，来提高接触的可靠性，降低热阻，但这要求焊接的工艺非常好。一般国内的焊接工艺并不能用此方法，因为焊接容易在接触面留气泡，用 CT 扫描可以发现锡膏焊接表面容易留有气泡，导致热阻上升。

元器件焊接在散热器上的情况还是很少看到，现在用得最多的方法是元器件通过散热膏直接固定在散热器上，通过散热膏可以保证元器件与散热器表面的可靠接触，同时还可以减小热阻。它的热阻没有想象的那么大，从实际温升的测试结果也可以说明这个问题。

（9）尽可能利用金属机箱或底盘散热。

（10）采用多层板结构有助于 PCB 热设计。

（11）使用导热材料。为了减少热传导过程的热阻，在高功耗元器件与基材的接触面上使用导热材料，提高热传导效率。

（12）选择阻燃或耐热型的板材。对功率很大的印制电路板，应选择与元器件载体材料热膨胀系数相匹配的基材，或采用金属芯印制电路板。

（13）对特大功率的元器件利用热管技术（类似于电冰箱的散热管）通过传导冷却的方式给元器件体散热。对于在高真空条件下工作的印制电路板，因为没有空气，不存在热的对流传递，采用热管技术是一种有效的散热方式。

（14）对于在低温下长期工作的印制电路板，应根据温度低的程度和元器件的工作温度要求，采取适当的升温措施。

6.13.4　PCB 的布线

考虑 PCB 的散热时，PCB 的布线的要求如下。

（1）对大的导电面积和多层板的内层地线应设计成网状并靠近板的边缘，可以降低因为导电面积发热而引起的铜箔鼓泡、起翘或多层板的内层分层。

注意：在高速、高频电路信号线的镜像层和微波电路的接地层不能设计成网状，因为这样会破坏会信号回路的连续性，改变特性阻抗，易引起电磁兼容问题。

加大印制电路板上与大功率元器件接地散热面的铜箔面积，如果采用宽的印制导线作为发热元器件的散热面，则应选择铜箔较厚的基材，热容量大，利于散热。应根据元器件功耗、环境温度及允许最大结温来计算合适的表面散热铜箔面积，保证原则为 $t_j \leqslant (0.5 \sim 0.8) t_{jmax}$。但是为防止铜箔过热起泡、板翘曲，在不影响电性能的情况下，元器件体下面的大面积铜最好设计成网状，一个推荐的设计示例如图 6.13.3 所示。

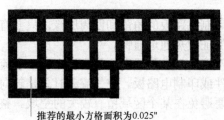

推荐的最小方格面积为0.025"

(a) 推荐的设计网格例

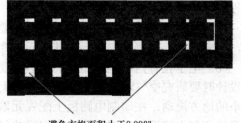

避免方格面积小于0.008"

(b) 应避免的设计网格例

图 6.13.3　网格设计例

（2）对于印制电路板表面宽度≥3mm 的导线或导电面积，在波峰焊接或再流焊过程中会增加导体层起泡、板子翘曲的可能性，也能对焊接起到热屏蔽的作用，增加预热和焊接的时间。在设计时，应考虑不影响电磁兼容性的情况下，为了避免和减少这些热效应的作用，对直径>25mm 的导体面积采用开窗的方法设计成网状结构，导电面积上的焊接点用隔热环隔离，可以防止因为受热而使 PCB 基材铜箔鼓胀、变形（如图 6.13.4 所示）。

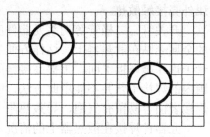

图 6.13.4　有焊盘的散热面的网状设计

（3）对于面积较大的连接盘（焊盘）和大面积铜箔（>Φ25mm）上的焊点，应设计焊盘隔热环，在保持焊盘与大的导电面积电气连接的同时，将焊盘周围部分导体蚀刻掉，形成隔热区。焊盘与大的导电面积的电连接通道的导线宽度也不能太窄，如果导线宽度过窄会影响载流量，如果导线宽度过宽会失去热隔离的效果，根据实践经验，连接导线的总宽度应为连接盘（焊盘）直径的 60%为宜，每条连接导线（辐条或散热条）宽度为连接导线总宽度除以通道数。目的是使热量集中在焊盘上，保证焊点的质量，在焊接时可以减少加热焊盘的时间，不至于引起其余的大面积铜箔因热传导过快、受热时间过长而产生起泡、鼓胀等现象。

例如与焊盘连接的有 2 条电连接通道导线，则导线宽度为焊盘直径的 60%除以 2，多条导线依此类推。假设连接盘直径为 0.8mm（设计值+制造公差），则连接通道的总宽度为

$$0.8×60\%=0.48mm$$

按 2 条通道，则每条宽度为

$$0.48/2=0.24mm$$

有 3 条通道，则每条宽度为

$$0.48/3=0.16mm$$

有 4 条通道，则每条宽度为

$$0.48/4=0.12mm$$

如果计算出的每条连接通道的宽度小于制造工艺极限值，应减少通道数量使连接通道宽度达到可制造性要求。如以上计算 4 条通道的宽度为 0.12mm 时，有的生产商达不到，就可以改为 3 条通道，则为 0.16mm，一般生产商都可以制造。

（4）印制电路板的焊接面不宜设计大的导电面积，如图 6.13.5 所示。如果需要有大的导电面积，则应按上述第 2 条要求设计成网状，以防止焊接时因为大的导电面积热容量大，吸热过多，延长焊接的加热时间而引起铜箔起泡或与基材分离，并且表面应有阻焊层覆盖，避免焊料润湿导电面积。

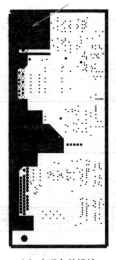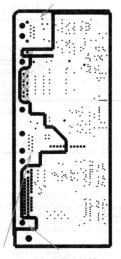

(a) 应避免的设计　　　　　(b) 推荐的设计

图 6.13.5　应避免的大面积覆铜设计例

（5）根据元器件电流密度规划最小通道宽度，特别注意接合点处通道布线。大电流线条尽量表面化。在不能满足要求的条件下，可考虑采用汇流排。

（6）对印制电路板上的接地安装孔采用较大焊盘，以充分利用安装螺栓和印制电路板表面的铜箔进行散热。尽可能多安放金属化过孔，且孔径、盘面尽量大，依靠过孔帮助散热。设计一些散热通孔和盲孔，可以有效提高散热面积和减少热阻，提高印制电路板的功率密度。如在 LCCC 元器件的焊盘上设立导通孔，在电路生产过程中焊锡将其填充，使导热能力提高，电路工作时产生的热量能通过盲孔迅速传至金属散热层或背面设置的铜箔散发掉。在一些特定情况下，专门设计和采用了有散热层的印制电路板，散热材料一般为铜/铝等材料，如一些模块电源上采用的印制电路板。

6.13.5　裸露焊盘的 PCB 设计

1. 裸露焊盘简介

IC 器件的裸露焊盘（EPAD）对充分保证 IC 器件的性能，以及器件充分散热是非常重要的。

一些采用裸露焊盘的元器件示例如图 6.13.6 所示，是大多元数器件封装下方的焊盘，裸露焊盘在通常称之为引脚 0（例如，ADI 公司）。裸露焊盘是一个重要的连接，芯片的所有内部接地都是通过它连接到元器件下方的中心点。目前许多元器件（包括转换器和放大器）中缺少接地引脚，其原因就在于采用了裸露焊盘。

(a) QFN/SON　　(b) QFP　　(c) xSOP/SOIC　　(d) TO

图 6.13.6　一些采用裸露焊盘的元器件示例

裸露焊盘的热通道和 PCB 热通道示意图[48]如图 6.13.7 所示。

TI 公司采用裸露焊盘的 PowerPAD™热增强型封装 PCB 安装形式和热传递（散热）示意图[49]如图 6.13.8 所示。

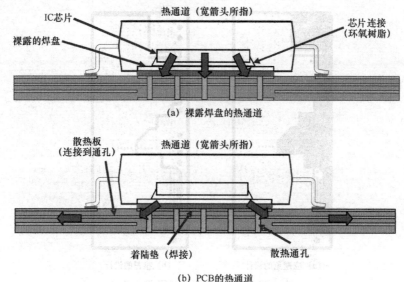

（a）裸露焊盘的热通道

（b）PCB的热通道

图 6.13.7　裸露焊盘的热通道和 PCB 热通道示意图

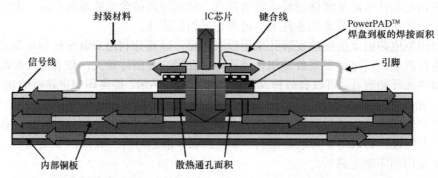

图 6.13.8　PowerPAD™热增强型封装 PCB 安装形式和热传递（散热）示意图

2．裸露焊盘连接的基本要求

裸露焊盘使用的关键是将此引脚妥善地焊接（固定）到 PCB 上，实现牢靠的电气和热连接。如果此连接不牢固，就会发生混乱，换言之，可能引起设计无效。

实现裸露焊盘最佳电气和热连接的基本要求[50]如下所述。

（1）在可能的情况下，应在各 PCB 层上复制裸露焊盘，这样做的目的是为了与所有接地和接地层形成密集的热连接，从而快速散热。此步骤与高功耗元器件及具有高通道数的应用相关。在电气方面，这将为所有接地层提供良好的等电位连接。

如图 6.13.9 所示，甚至可以在底层复制裸露焊盘，它可以用做去耦散热接地点和安装底侧散热器的地方。

（2）将裸露焊盘分割成多个相同的部分，如同棋盘。在打开的裸露焊盘上使用丝网交叉格栅，或使用阻焊层。此步骤可以确保元器件与 PCB 之间的稳固连接。在回流焊组装过程中，无法决定焊膏如何流动，并最终连接元器件与 PCB。当裸露焊盘布局不当时，连接可能存在，但分布不均。可能只得到 1 个连接，并且连接很小，或者更糟糕，位于拐角处。如果将裸露焊盘分割为较小的部分可以确保各个区域都有 1 个连接点，实现裸露焊盘更牢靠、更均匀的连接。

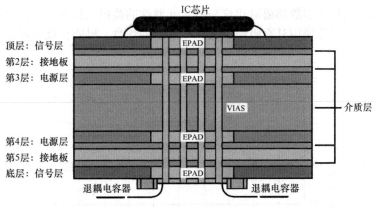

图 6.13.9　裸露焊盘布局示例

（3）应当确保各部分都有过孔连接到地。要求各区域都足够大，足以放置多个过孔。组装之前，务必用焊膏或环氧树脂填充每个过孔，这一步非常重要，可以确保裸露焊盘焊膏不会回流到这些过孔空洞中，影响正确连接。

（4）通常，IC 生产厂商都会提供推荐的裸露焊盘设计方案，建议设计时采用生产厂商提供的设计方案。

3．裸露焊盘散热通孔的设计

（1）散热通孔的数量与面积对热阻的影响。

散热通孔（Thermal Vias）的数量与面积对热阻的影响[49]如图 6.13.10 和图 6.13.11 所示。图 6.13.10 为 JEDEC 的 2 层 PCB 的热阻比较。图 6.13.11 为 JEDEC 的 4 层 PCB 的热阻比较，散热通孔的尺寸为 0.33mm（0.013"）。

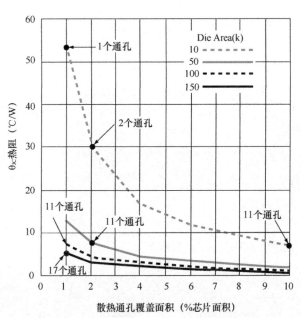

图 6.13.10　散热通孔的数量与面积对热阻的影响 1

（2）散热通孔的面积、数量与布局形式。

散热通孔的面积、数量与布局形式建议采用 IC 生产厂商提供的方案[49]。

注意：裸露焊盘尺寸和散热通道建议与特定元器件的数据表核对，应使用在数据表中列出的最大焊盘尺寸。推荐使用具有阻焊定义（限制）的焊盘，以防止裸露焊盘封装引脚之间的短路。

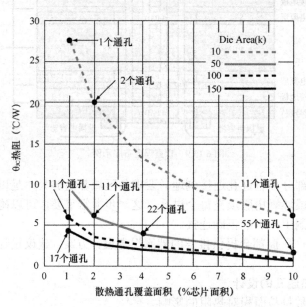

图 6.13.11　散热通孔的数量与面积对热阻的影响 2

第 7 章　PCB 设计环境和基本操作

7.1　Altium Designer 15 PCB 编辑器简介

Altium Designer 15 系统提供了强大的 PCB 设计能力，能够支持 32 层 PCB 设计。

Altium Designer 15 系统的 PCB 编辑器为 PCB 的设计提供了一条快捷途径。PCB 编辑器提供的交互性编辑环境，可以实现手动设计和自动化设计完美融合，满足复杂的、有特殊要求的 PCB 设计。PCB 的底层数据结构最大限度地考虑了设计者对速度的要求，通过设置功能强大的设计法则，设计者可以有效控制 PCB 的设计过程。Altium Designer 15 系统的 PCB 设计功能强大而且使用方便，在继承了之前版本各项优点的基础上，又作了许多改进，它几乎具备了当前所有先进的 PCB 设计软件的优点，具体举例如下所述。

（1）功能强大、内容丰富的设计法则。随着电子产品技术的进步与发展，产品中信号频率（或者时钟频率）的越来越高、模数系统的结合（高速数字信号与微小的模拟信号混合在一起）、产品体积的缩小等，对 PCB 的设计人员提出了更高的要求。为了能够成功设计出一块性能良好的印制电路板，设计者需要仔细考虑 PCB 设计中，与 SI（信号完整性）、EMI（电磁干扰和电磁完整性）、PI（电源完整性）等有关的一系列问题，例如电路板阻抗匹配、布线间距、走线宽度、信号反射等各项因素的影响。Altium Designer15 系统提供了超过 25 种设计法则类别，覆盖了设计过程中的方方面面。这些法则可以应用于某个网络、某个区域，以至整个 PCB 上，这些法则互相组合能够形成多方面的复合法则，可以极大地方便设计者的使用，帮助设计者完成 PCB 的设计。

（2）易用的、Windows 应用程序风格的编辑环境。和 Altium Designer 15 系统的原理图编辑器一样，PCB 编辑器完全符合 Windows 应用程序风格，操作起来非常简单，编辑工作非常自然直观。

（3）元器件自动布局功能。Altium Designer 15 系统提供了好用的元器件自动布局功能，系统可以根据原理图生成的网络报表，对元器件进行初步布局。设计者可以在元器件自动布局的基础上，对元器件的位置进行手工调整。

（4）智能的、基于形状的自动布线功能。Altium Designer 15 系统在自动布线的过程中，可以根据定义的布线规则，并基于网络形状对印制电路板进行自动布线。自动布线可以在某个网络、某个区域直至整个印制电路板的范围内进行，可以大大减少设计者的工作量。

（5）易用的、交互性的手动布线。对于有特殊布线要求的网络或者特别复杂的电路设计，Altium Designer 15 提供了易用的手动布线功能。电气格点的设置使得手动布线时能够快速定位连线点，操作起来简单而准确。

（6）强大的封装绘制功能。Altium Designer 15 系统提供了大多数常用的元器件封装。对于没有包含在 Altium Designer 15 自带元器件封装库的元器件，可以利用 Altium Designer 15 的封装编辑器方便地绘制出来。Altium Designer 15 采用库的形式来管理新建的（绘制的）封装，使得在一个设计项目中绘制的封装，也可以在其他的设计项目中使用。

（7）强大的、方便使用的视图缩放功能。Altium Designer 15 提供了强大的、方便使用的视图缩放功能，在 PCB 绘制过程中使用方便和快捷。

（8）强大的编辑功能。Altium Designer 15 的 PCB 设计系统有标准的编辑功能，设计者可以方便地使用编辑功能，提高工作效率。

（9）强大的设计检验功能。设计完成的 PCB 文件，作为一个电子产品设计和生产加工的最终文件，是绝对不能出错的。Altium Designer 15 提供了强大的设计法则检验器（DRC），用户可以通过对 DRC 规则的设置，然后利用系统对整个 PCB 文件进行自动检测。此外，Altium Designer 15 还能够给出各种关于 PCB 的报表文件，方便随后的工作。

（10）支持标准的 Windows 打印输出功能。Altium Designer 15 支持标准的 Windows 打印输出功能，可以提供高质量的 PCB 文件（图纸、报表）输出。

7.2　PCB 编辑器的设计界面

执行系统菜单命令"文件"→"新建"→"PCB"，新建 PCB 文件成功后，进入 PCB 编辑器的设计界面。

PCB 编辑器的设计界面如图 7.2.1 所示，主要由主菜单、主工具栏和工作面板几部分组成。

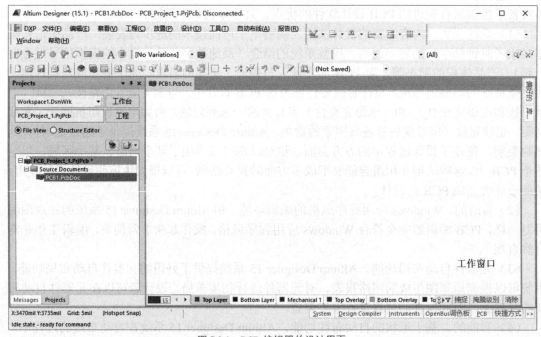

图 7.2.1　PCB 编辑器的设计界面

与原理图设计的界面一样，PCB 编辑器的设计界面也是在系统软件主界面的基础上添加了一系列菜单命令和工具栏，这些菜单命令及工具栏主要用于 PCB 设计中的印制电路板参数设置、布局、布线及工程操作等。菜单命令与工具栏基本上是对应的，能用菜单命令来完成的操作几乎都能通过工具栏中的相应工具按钮完成。同时用右键单击工作窗口，将弹出一个快捷菜单，其中包括些 PCB 设计中常用的菜单命令。

7.2.1 菜单栏

在 PCB 设计过程中，各项操作都可以使用菜单栏中相应的菜单命令来完成，各项菜单中的具体命令如下。

（1）"文件"菜单：主要用于文件的打开、关闭、保存与打印等操作。

（2）"编辑"菜单：用于对象的选取、复制、粘贴与查找等编辑操作。

（3）"察看"菜单：用于视图的各种管理，如工作窗口的放大与缩小，各种工具、面板、状态栏及结点的显示与隐藏等。

（4）"工程"菜单：用于与项目有关的各种操作，如项目文件的打开与关闭、工程项目的编译及比较等。

（5）"放置"菜单：包含了在 PCB 中放置对象的各种菜单项。

（6）"设计"菜单：用于添加或删除元件库、网络报表导入、原理图与 PCB 间的同步更新及印制电路板的定义等操作。

（7）"工具"菜单：可为 PCB 设计提供各种工具，如 DRC 检查、元器件的手动、自动布局、PCB 图的密度分析以及信号完整性分析等操作。

（8）"自动布线"菜单：可进行与 PCB 布线相关的操作。

（9）"报告"菜单：可进行生成 PCB 设计报表及 PCB 的测量操作。

（10）"窗口"菜单：可对窗口进行各种操作。

（11）"帮助"菜单：帮助菜单。

7.2.2 工具栏

工具栏中以图标按钮的形式列出了常用菜单命令的快捷方式，设计者可根据需要对工具栏中包含的命令项进行选择，对摆放位置进行调整。

用鼠标右键单击菜单栏或工具栏的空白区域即可弹出工具栏的命令菜单，如图 7.2.2 所示，包含有 6 个菜单选项。可以"√"勾选这些选项，被选中的菜单选项将出现在工作窗口上方的工具栏中。每一个菜单选项代表一系列工具选项。

（1）"PCB 标准"菜单选项：用于控制 PCB 标准工具栏的打开或关闭，如图 7.2.3 所示。

图 7.2.2 工具栏设置选项

图 7.2.3 标准工具栏

（2）"过滤器"菜单选项：控制工具栏"  "的打开与关闭，用于快速定位各种对象。

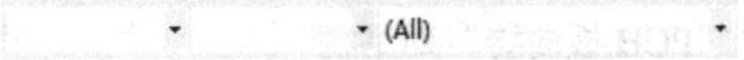

（3）"应用程序"菜单选项：控制工具栏"　　　　　　　　"的打开与关闭。

（4）"布线"菜单选项：控制布线工具栏"　　　　　　　　"的打开与关闭。

（5）"Navigation（导航）"菜单选项：控制导航工具栏的打开与关闭，通过这些按钮，可以实现在不同界面之间的快速跳转。

（6）"Customize（用户定义）"菜单项：用户自定义设置。

7.3 创建 PCB 文件

在 Altium Designer 15 系统中，创建 PCB 文件可以采用以下 3 种方法。

（1）通过"PCB 板向导"生成 PCB 文件。这是较常用的方法。该方法可以在生成 PCB 文件的同时直接设置印制电路板的各种参数，省去了手动设置 PCB 参数的麻烦。

（2）利用"模板"生成 PCB 文件。在进行 PCB 设计时，可以将常用的 PCB 文件保存为模板文件，这样在进行新的 PCB 设计时直接调用这些模板文件即可。利用模板文件，可以方便新的 PCB 设计。

（3）利用子菜单"新建"生成 PCB 文件。这需要用户手动生成一个 PCB 文件，PCB 文件生成后，设计者需单独对 PCB 的各种参数进行设置。

7.3.1 利用"PCB 板向导"创建 PCB 文件

Altium Designer 15 系统提供了一个"PCB 板向导"，可以帮助设计者在"PCB 板向导"的指引下创建 PCB 文件。这在设计一些通用的标准接口板时，通过"PCB 板向导"的指引，可以完成外形、板层、接口等各项基本参数设置，十分方便，这可大大减少设计者的工作量。

利用"PCB 板向导"创建 PCB 文件的具体步骤如下所述。

（1）打开"PCB 板向导"。打开"File（文件）"面板，单击"从模板新建文件"栏中的"PCB Board Wizard（PCB 板向导）"选项，即可打开"PCB 板向导"对话框，如图 7.3.1 所示。

（2）单击"下一步（N）"按钮进入如图 7.3.2 所示的 PCB 单位设置对话框，选择 PCB 单位。通常选择"英制"单位，因为大多数元器件的封装、引脚都是采用"英制"的。

（3）系统提供了一些标准 PCB 配置文件，如图 7.3.3 所示，供设计者选用。在这里要自行定义 PCB 规格，故选择"Custom（自定义）"选项。

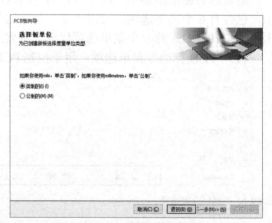

图 7.3.1 "PCB 板向导"对话框　　　　　　　　图 7.3.2 选择 PCB 单位

（4）单击"下一步（N）"按钮，进入图 7.3.4 所示的"选择板详细信息"对话框。在该对话框中，可以选择和设置所设计的 PCB 的轮廓形状、尺寸、尺寸标注放置的层面、边界导线宽度、尺寸线宽度、禁止布线区与板边沿的距离等参数。

在"选择板详细信息"对话框中，有以下内容。

① "外形形状"选项栏：用于定义板的外形。有"矩形""圆形"和"定制的"3 个选项。

② "板尺寸"选项栏：用于定义 PCB 的尺寸，不同的外形选择对应不同的设置。矩形

PCB 可以进行"宽度"和"高度"的设置；圆形 PCB 可进行"半径"的设置；用户自定义的 PCB 可以进行"宽度"和"高度"的设置。

图 7.3.3　选择电路板配置文件

图 7.3.4　设置印制电路板详细信息

③"尺寸层"下拉列表框：一般保持默认的"Mechanical Layer 1（机械层）"设置。

④"边界线宽"文本框：通常情况下保持默认的"10mil"设置。

⑤"尺寸线宽"文本框：用于设置尺寸线的宽度，通常保持默认为"10mil"设置。

⑥"与板边缘保持距离"文本框：保持默认设置"50mil"不变。

⑦"标题块和比例"选项框：用于定义是否在 PCB 上设置标题栏。

⑧"图例串"选项：用于定义是否在 PCB 上添加图例字符串。

⑨"尺寸线"选项：用于定义是否在 PCB 上设置尺寸线。

⑩"切掉拐角"选项：用于定义是否截取 PCB 的一个角。"√"勾选中该选项后，单击"下一步（N）"按钮即可对拐角切除尺寸进行详细的设置，如图 7.3.5 所示。

⑪"切掉内角"选项框：用于定义是否截取印制电路板的中心部位，该选项框通常是为了元器件的散热而设置的。勾选该选项框后，单击"下一步（N）"按钮即可对截取的中心部位尺寸进行详细设置，如图 7.3.6 所示。

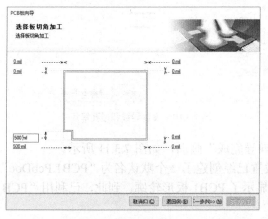

图 7.3.5　设置拐角切除尺寸

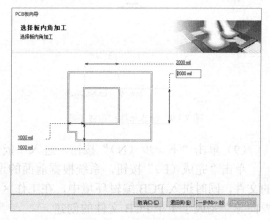

图 7.3.6　设置内角切除尺寸

（5）"Custom（自定义）"类型参数设置完后，单击"下一步（N）"按钮即可进入"选择板层"对话框，如图 7.3.7 所示，进行 PCB 层数设置。这里设置 2 个信号层（2 个信号层通常为"Top Layer（顶层）"和"Bottom Layer（底层）"，以及 2 个内部电源层。

（6）单击"下一步（N）"按钮即可进入"选择过孔类型"对话框，如图 7.3.8 所示，进行过孔类型设置。有 2 种选择："仅通孔的过孔"和"仅盲孔和埋孔"。

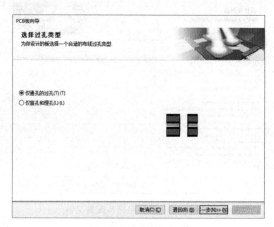

图 7.3.7　设置印制电路板层数　　　　　　　　图 7.3.8　设置过孔类型

（7）单击"下一步（N）"按钮，进入"选择元件和布线工艺"对话框，如图 7.3.9 所示，进行元件和布线工艺设置。这里选择表面贴装元件，不将元件放在两面。

（8）单击"下一步（N）"按钮，即可进入"选择默认线和过孔尺寸"对话框，如图 7.3.10 所示。在该对话框中，可以对 PCB 走线最小线宽、最小过孔宽度以及最小孔径大小、最小的走线间距等进行设置。

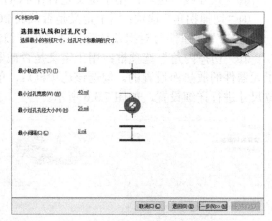

图 7.3.9　设置元件和布线工艺　　　　　　　　图 7.3.10　设置导线和过孔等尺寸

（9）单击"下一步（N）"按钮，进入"板向导完成"画面，如图 7.3.11 所示。

单击"完成（F）"按钮，系统根据前面的设置已经创建了一个默认名为"PCB1.PcbDoc"的文件，同时进入 PCB 编辑环境中，在工作区显示了 PCB1 板形轮廓。到此，已利用"PCB 板向导"完成了 1 个 PCB 文件的创建。

在该设置过程中所定义的各种规则适用于整个印制电路板，设计者也可以在接下来的设计中对不满意之处进行修改。

图 7.3.11　完成印制电路板的设置

7.3.2　利用菜单命令创建 PCB 文件

使用菜单命令可以直接创建一个 PCB 文件，创建一个空白的 PCB 文件可以采用以下 3 种方式。

（1）单击"文件（File）"面板"New（新建）"选项栏中的"PCB File（PCB 文件）"选项。

（2）执行菜单栏中的"文件"→"New（新建）"→"PCB"命令。

（3）在工作窗口的"Design Tasks（设计任务）"选项栏中单击"Printed Circuit Board Design（印制电路板设计）"选项，弹出"Printed Circuit Board Design（印制电路板设计）"页面后，在"PCB Document（PCB 文档）"选项栏中单击"New Blank PCB Document（新建空 PCB 文档）"选项。

新创建的 PCB 文件的各项参数均保持着系统默认值，在进行具体设计时，设计者还需要对该文件的各项参数进行设置。

7.3.3　利用模板创建 PCB 文件

利用 Altium Designer 15 系统提供的模板，也可以创建一个 PCB 文件，具体步骤如下所述。

（1）打开"文件（File）"面板，单击"从模板新建文件"栏中的"PCB Templates...（PCB 模板）"选项，即可进入如图 7.3.12 所示的"Choose existing Document（选择现有文档）"对话框。

在该对话框中，提供了 Altium Designer 15 系统自带的多个模板供设计者选择。和原理图文件面板一样，在 Altium Designer 15 系统中没有为模板设置专门的文件形式，在该对话框中能够打开的都是后缀为"PrjPcb"和"PcbDoc"的文件，它们包含了模板信息。

（2）从对话框中选择所需的模板文件，然后单击"打开"按钮，即可生成一个 PCB 文件，生成的文件出现在工作窗口中。

通过模板生成 PCB 文件的方式操作起来非常简单，建议设计者在从事 PCB 设计过程中，将自己常用的 PCB 保存为模板文件，以方便后续的设计。

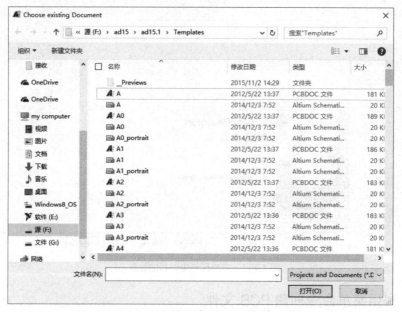

图 7.3.12 "Choose existing Document" 对话框

7.4 PCB 结构及环境参数设置

7.4.1 PCB 板型设置

1. 边框线的设置

PCB 的外形与尺寸是由 PCB 所承载的元器件、PCB 在产品中的安装位置、空间的大小、形状，以及与其他零部件的配合来确定。PCB 的板形（实际大小和形状）的设置是在工作层层面"Mechanical 1"上进行的。具体的步骤如下所述。

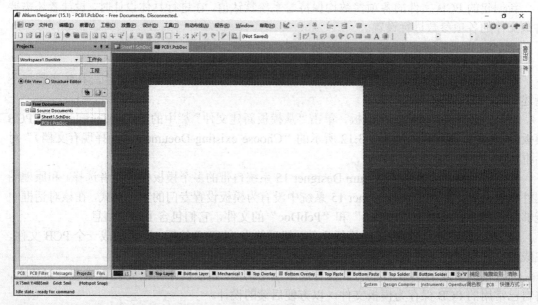

图 7.4.1 默认的 PCB 图

（1）新建一个 PCB 文件，使之处于当前的工作窗口中，如图 7.4.1 所示。默认的 PCB 图为带有栅格的黑色区域（设计者可以按照自己的喜好设置颜色），它包括 6 个工作层面。

① 2 个信号层（Top Layer（顶层）和 Bottom Layer（底层）)：用于建立电气连接的铜箔层。

② Mechanical 1（机械层）：用于设置 PCB 与机械加工相关的参数，以及用于 PCB 3D 模型放置与显示。

③ Top Overlay（丝印层）：用于添加印制电路板的说明文字。

④ Keep-Out Layer（禁止布线层）：用于设立布线范围，支持系统的自动布局和自动布线功能。

⑤ Multi-Layer（多层同时显示）：可实现多层叠加显示，用于显示与多个印制电路板层相关的 PCB 细节。

（2）单击工作窗口下方的"Mechanical 1（机械层）"标签，使该层面处于当前的工作窗口中。

（3）单击"放置"→"走线"菜单项，指针将变成十字形状。将指针移到工作窗口的合适位置，单击鼠标左键，即可进行线的放置操作，每单击左键 1 次就确定 1 个固定点。通常将板的形状定义为矩形。但在特殊的情况下，为了满足电路的某种特殊要求，也可以将板形定义为圆形、椭圆形或者不规则的多边形。这些都可以通过"放置"菜单来完成。

（4）当绘制的线组成了一个封闭的边框时，即可结束边框的绘制。单击鼠标右键或按下"Esc"键，即可退出该操作，绘制结束后的 PCB 边框如图 7.4.2 所示。

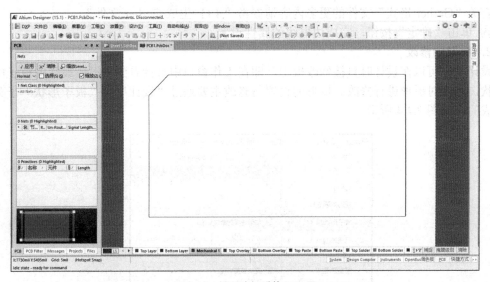

图 7.4.2 设置边框后的 PCB 图

（5）设置边框线属性。

双击任一边框线即可打开该线的编辑对话框，如图 7.4.3 所示。为了确保 PCB 图中边框线为封闭状态，可以在此对话框中对线的起始和结束点进行设置，使一根线的终点为下一根线的起点。在边框线属性对话框中有以下内容。

①"层"下拉列表框：用于设置该线所在的印制电路板层。注意：设计者在开始画线时，也可以不选择"Mechanical 1（机械层）"层，在此处进行工作层的修改，也可以实现上述操作所达到的效果，只是这样需要对所有边框线段进行设置，操作起来比较麻烦。

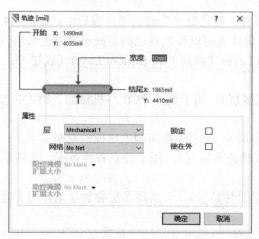

图 7.4.3　边框线属性对话框

②"网络"下拉列表框：用于设置边框线所在的网络。通常边框线不属于任何网络，即不存在任何电气特性。

③"锁定"选项框："√"勾选中该选项时，边框线将被锁定，无法对该线进行移动等操作。

④"使在外"选项框：用于定义该边框线属性是否为"使在外（Keepout）"。具有该属性的对象被定义为板外对象，将不出现在系统生成的"Gerber 格式"文件中。

有关"Gerber 格式"文件的更多内容请参考"8.11　生成 Gerber 文件"。

⑤ 单击"确定"按钮，完成边框线的属性设置。

2. 板形的修改

设计者也可以在设计时直接修改板形，即在工作窗口中直接看到自己所设计的板子的外观形状，然后对板形进行修改。板形的设置与修改主要通过"设计"→"板子形状"子菜单来完成的，如图 7.4.4 所示。

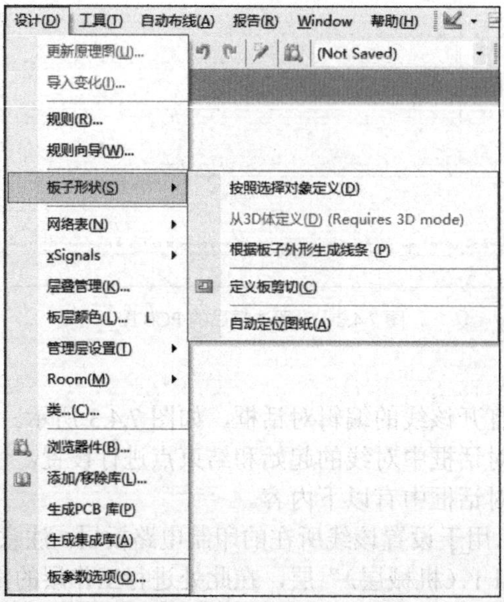

图 7.4.4　板形设计与修改菜单项图

（1）按照选择对象定义。在机械层或其他层利用线条或圆弧定义一个内嵌的边界，以新建对象为参考重新定义板形。具体的操作步骤如下所述。

① 单击"放置"→"圆弧"菜单项，在印制电路板上绘制一个圆，如图 7.4.5 所示。

② 选中刚才绘制的圆，然后单击"设计"→"板子形状"→"按照选择对象定义"菜单项，电路板将变成圆形，如图 7.4.6 所示。

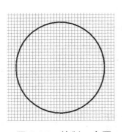

图 7.4.5　绘制一个圆　　　　　　　　图 7.4.6　改变后的板形

（2）根据板子外形生成线条。在机械层或其他层将板子边界转换为线条。具体的操作步骤如下所述。

单击"设计"→"板子形状"→"根据板子外形生成线条"选项，弹出"从板外形而来的线/弧原始数据"对话框，如图 7.4.7 所示。按照需要设置参数，单击"确定"按钮，退出对话框，板边界自动转化为线条，如图 7.4.8 所示。

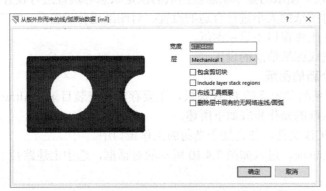

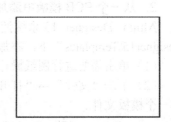

图 7.4.7　"从板外形而来的线/弧原始数据"对话框　　　　图 7.4.8　转化边界

7.4.2　PCB 图纸设置

大多数 Altium Designer 15 自带的例子将 PCB 显示在一个白色的图纸上，与原理图图纸完全相同。设计者也可以对印制电路板图纸进行设置，默认的图纸是不可见的。图纸大多被画在"Mechanical 16"上，图纸的设置主要有以下 2 种方法。

1．通过"Board Options...（电路板选项）"进行设置

单击菜单栏中的"设计"→"板参数选项"命令，或用快捷键"D＋O"，弹出"板选项"对话框，如图 7.4.9 所示。

在"板选项"对话框中有以下两个选项组。

（1）"度量单位"选项组：用于设置 PCB 中的度量单位。考虑到目前的电子元件封装尺寸以英制单位为主，以公制单位描述封装信息的元件很少，因此建议选择英制单位"Imperial（英制）"。

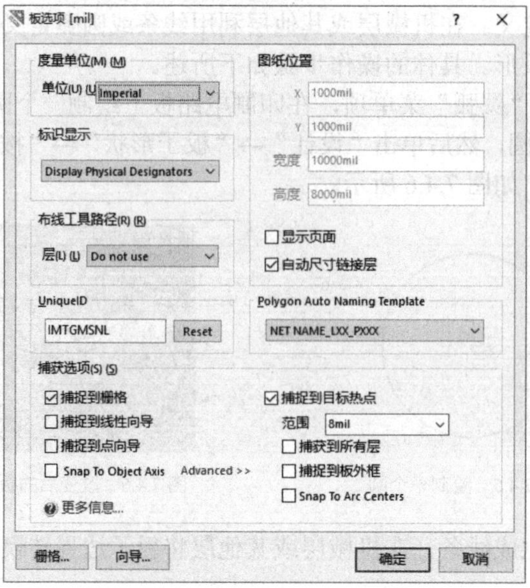

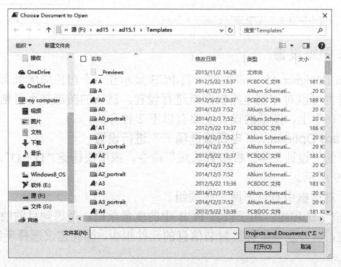

图 7.4.9　"板选项"对话框

（2）"图纸位置"选项组：用于设置 PCB 图纸。从上到下依次可对图纸在 X 轴的位置、Y 轴的位置、图纸的宽度、图纸的高度、图纸的显示状态及图纸的锁定状态等属性进行设置，参照原理图图纸的指针定位方法，对图纸的大小进行合适的设置。对图纸进行设置后，"√"勾选中"显示页面"选项框，即可在工作窗口中显示图纸。

最后单击"确定"按钮，即可完成图纸信息的设置。

2. 从一个 PCB 模板中添加一个新的图纸

Altium Designer 15 系统拥有一系列预定义的 PCB 模板，主要存放在安装目录"Altium Designer15\Templates"下，添加新图纸的操作步骤如下所述。

（1）单击需要进行图纸操作的 PCB 文件，使之处于当前的工作窗口中。

（2）单击"文件"→"打开"菜单项，进入如图 7.4.10 所示的对话框，选中上述路径下的一个模板文件。

图 7.4.10　打开 PCB 模板文件对话框

（3）单击"打开（O）"按钮，即可将模板文件导入到工作窗口中，如图 7.4.11 所示。

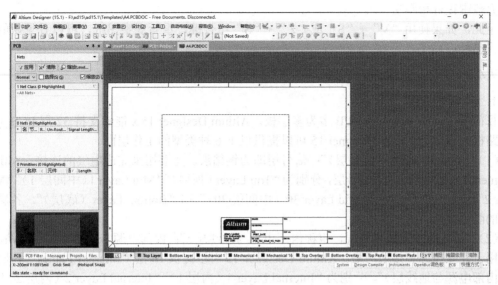

图 7.4.11 导入 PCB 模板文件

（4）用鼠标拉出一个矩形框，选中该模板文件，单击"编辑"→"拷贝"菜单项，进行复制操作，然后切换到要添加图纸的 PCB 文件，单击"编辑"→"粘贴"菜单项，进行粘贴操作，此时指针变成十字形状，同时图纸边框悬浮在指针上。

（5）选择合适的位置，然后单击鼠标左键即可放置该模板文件。新页面的内容将被放置到"Mechanical 16"层，但此时并不可见。

（6）单击"设计"→"板层颜色"选项，弹出如图 7.4.12 所示的对话框。在对话框的右上角"Mechanical 16"层上一次选中"展示""使能"和"连接到方块电路"复选框，然后单击"确定"按钮，即可完成"Mechanical 16"层与图纸的连接。

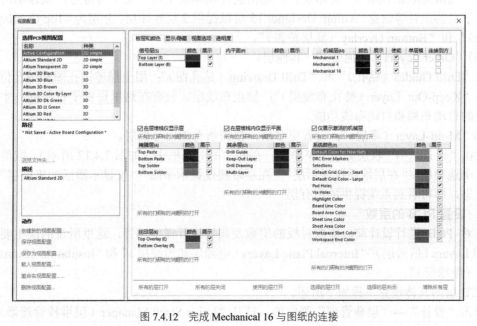

图 7.4.12 完成 Mechanical 16 与图纸的连接

（7）单击"察看"→"合适图纸"选项，此时图纸被重新定义了尺寸，与导入的 PCB 图纸边界范围正好相匹配。

至此，如果使用"V"+"S"或"Z"+"S"组合键，重新观察图纸，可以看见新的页面格式已经启用了。

7.4.3　PCB 层面设置

1. PCB 的分层

目前电子产品中使用的 PCB 多为多层板。Altium Designer 15.x 能够支持 32 层 PCB（印制电路板）设计。Altium Designer 15 可以提供以下 6 种类型的工作层面。

（1）"Signal Layers（信号层）"：信号层即为铜箔层。主要用来完成电气的连接。Altium Designer15 可以提供 32 层信号层，分别为"Top Layer（顶层）""Mid Layer 1（中间层 1）""Mid Layer 2（中间层 2）" …… "Mid Layer 30（中间层 30）"和"Bottom Layer（底层）"，各层以不同的颜色显示。

（2）"Internal Planes（内层，也称内部电源与地线层）"：内部电源与地层也属于铜箔层，主要用于建立电源和接地网络。Altium Designer 15 可以提供 16 层"Internal Planes（内层，也称内部电源与地线层）"，分别为"Internal Layer 1（内层 1）""Internal Layer 2（内层 2）" …"Internal Layer 16（内层 16）"，各层以不同的颜色显示。

（3）"Mechanical Layers（机械层）"：机械层是用于描述电路板机械结构、标注及加工等说明所使用的层面，不能完成电气连接特性。Altium Designer 15 可以提供 16 层"Mechanical Layers（机械层）"，分别为"Mechanical Layer 1""Mechanical Layer 2" …"Mechanical Layer 16"，各层以不同的颜色显示。

（4）"Mask Layers（阻焊层）"：阻焊层也称为掩模层，主要用于保护铜线，也可以防止焊锡被焊到不正确的地方。Altium Designer 15 可以提供 4 层掩模层，分别为"Top Paste（顶层锡膏防护层）""Bottom Paste（底层锡膏防护层）""Top Solder（顶层阻焊层）"和"Bottom Solder（底层阻焊层）"，分别用不同的颜色显示出来。

（5）"Silkscreen Layers（丝印层）"：通常会在丝印层上印上文字与符号，以标示出各零件在板子上的位置等信息。Altium Designer 15 可以提供 2 层丝印层，分别为"Top Overlay（顶层覆盖）"和"Bottom Overlay（底层覆盖）"。

（6）"Other Layers（其他层）"：其他层。

① "Drill Guides（钻孔）"和"Drill Drawing（钻孔图）"：用于描述钻孔图和钻孔位置。

② "Keep-Out Layer（禁止布线层）"：禁止布线层。只有在这里设置了布线框，才能启动系统的自动布局和自动布线功能。

③ "Multi-Layer（多层）"：设置更多层，横跨所有的信号板层。

单击"设计"→"板层颜色"菜单项，在弹出的对话框中（如图 7.4.12 所示），取消对中间的 3 个选项框（"在层堆栈仅显示层""在层堆栈仅显示平面""仅显示激活的机械层"）的选中状态，即可看到系统提供的所有层。

2. 设置 PCB 的层数

在对 PCB 进行设计前，需要对板的层数及属性进行详细设置，这里所说的层主要是指"Signal Layers（信号层）""Internal Plane Layers（电源层和地线层）"和"Insulation（Substrate）Layers（绝缘层）"。

PCB 层的具体设置步骤如下所述。

单击"设计"→"层叠管理"菜单项，打开"Layer Stack Manager（层堆栈管理器）"属性设置对话框，如图 7.4.13 所示。在该对话框中，可以增加层、删除层、移动层所处的位置以及对各层的属性进行编辑。

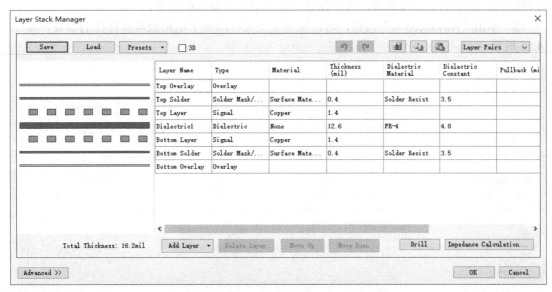

图 7.4.13 "Layer Stack Manager" 属性设置对话框

（1）对话框的中心显示了当前 PCB 图的层结构。默认的设置为双层板，即只包括 "Top Layer（顶层）" 和 "Bottom Layer（底层）" 2 层，用户可以单击 "Add Layer" 按钮添加信号层，或单击 "Add Internal Plane" 按钮添加电源层和接地层。选定一层为参考层进行添加时，添加的层将出现在参考层的下面，当选择 "Bottom Layer（底层）" 时，添加层则出现在底层的上面。

（2）用鼠标双击某一层的名称，可以直接修改该层的属性，对该层的名称及厚度进行设置。

（3）添加层后，单击 "Move up" 按钮或 "Move Down" 按钮，可以改变该层在所有层中的位置。在设计过程的任何时间都可进行添加层的操作。

（4）"√" 勾选中某一层后，单击 "Delete Layer" 按钮，即可删除该层。

（5）"√" 勾选中 "3D" 选项，对话框中的板层示意图变化如图 7.4.14 所示。

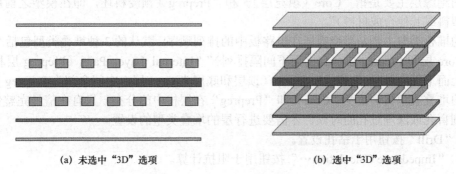

(a) 未选中 "3D" 选项   (b) 选中 "3D" 选项

图 7.4.14 板层显示示意图的变化

（6）"Presets" 下拉菜单项提供了常用不同层数的电路板层数设置，可以直接选择进行快速板层设置。

（7）PCB 设计中最多可添加 32 个信号层、16 个电源层和接地层。各层的显示与否可在"试图配置"对话框中进行设置，选中各层中的"显示"复选框即可。

（8）单击"Advanced >>"按钮，对话框发生变化，增加了电路板堆叠特性的设置，如图 7.4.15 所示。

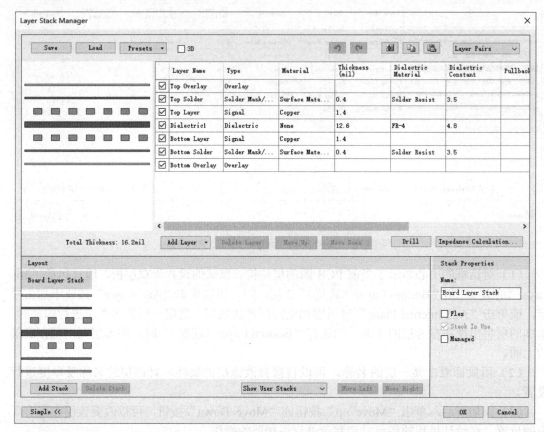

图 7.4.15　板堆叠特性设置对话框

电路板的层叠结构中不仅包括拥有电气特性的信号层，还包括无电气特性的绝缘层，2 种典型的绝缘层主要是指"Core（填充层）"和"Prepreg（预浸料坯，即在模塑之前用树脂浸饱的塑料或其他合成材料）"。

层的堆叠类型主要是指绝缘层在电路板中的排列顺序，默认的 3 种堆叠类型包括"Layer Pairs（Core 层和 Prepreg 层，自上而下间隔排列）""Internal Layer Pairs（Prepreg 层和 Core 层，自上而下间隔排列）"和"Build-up（顶层和底层为 Core 层，中间全部为 Prepreg 层）"。改变层的堆叠类型将会改变"Core"和"Prepreg"在层栈中的分布。只有在信号完整性分析需要用到盲孔或深埋过孔的时候，才需要进行层的堆叠类型的设置。

（9）"Drill"按钮用于钻孔设置。

（10）"Impedance Calculation…"按钮用于阻抗计算。

7.4.4　PCB 板层颜色设置

PCB 编辑器内显示的各个板层具有不同的颜色，以便于区分。设计者可以根据个人喜好进行设置，并且可以决定该层是否在编辑器内显示出来。进行 PCB 板层颜色的设置，首先需要打开"视图配置"设置对话框，可采用 3 种方式。

（1）执行菜单命令"设计"→"板层颜色"。

（2）在工作区单击鼠标右键，在弹出菜单中选择"选项"→"板层颜色"。

（3）按快捷键"L"。

所弹出的"视图配置"对话框（如图 7.4.12 所示）用来完成板层颜色的设置。

在该对话框中，包括有电路板层颜色设置和系统默认设置颜色的显示两部分。

在层面颜色设置栏中，有 3 个选项框，即"在层堆栈仅显示层""在层堆栈内显示平面"和"仅展示激活的机械层"，它们分别对应其上方的信号层、电源层和接地层、机械层。这 3 个选项框决定了在板层和颜色对话框中显示全部的层面，还是只显示图层堆栈中设置的有效层面。为使对话框简洁明了，一般都选中这 3 项，只显示有效层面，对未用层面可以忽略其颜色设置。

在各设置区域内，"颜色"栏用于设置对应层面和系统的显示颜色。"展示"选项框用于决定此层是否在 PCB 编辑器内显示。如果要修改某层的颜色或系统的颜色，单击其对应的"颜色"栏内的色条，即可在弹出颜色选择对话框中进行修改，如图 7.4.16 所示。

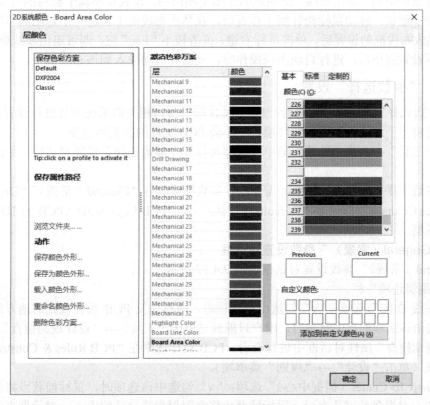

图 7.4.16 颜色选择对话框

单击"所有的层打开"按钮，则所有层的"展示"选项框都处于"√"勾选中状态。相反，如果单击"所有的层关闭"按钮，则所有层的"展示"选项框都处于未勾选状态。

单击"使用的层打开"按钮，则当前工作窗口中所有使用层的"展示"选项框处于"√"勾选中状态。在该对话框中选择某一层，然后单击"选择的层打开"按钮，即可"√"勾选中该层的"展示"选项框。单击"选择的层关闭"按钮，即可取消对该层"展示"选项框的勾选。

单击"清除所有层"按钮，即可清除对话框中所有层的勾选状态。

在"2D 系统颜色"栏中可以对系统的 2 种类型可视格点的显示或隐藏进行设置，还可以对不同的系统对象进行设置。

单击"确定"按钮，即可完成板层颜色的设置。

7.4.5　PCB 布线框设置

对 PCB 的布线框进行设置主要是为自动布局和自动布线打基础的。单击"文件（File）"→"察看（View）"→"PCB"菜单项，或通过模板创建的 PCB 文件只有一个默认的板形，并无布线框。如果要使用 Altium Designer 15 系统提供的自动布局和自动布线功能，设计者就需要自己创建一个布线框。

创建布线框的具体步骤如下所述。

（1）单击"Keep-out Layer（禁止布线层）"标签，使该层处于当前的工作窗口。

（2）单击"放置"→"禁止布线"→"线径"菜单项（这里使用的"禁止布线"与对象属性编辑对话框中的"禁止布线"选项框的作用是相同的，即表示不属于板内的对象），这时指针变成十字形状。移动鼠标指针到工作窗口，在禁止布线层上创建一个封闭的多边形。

（3）完成布线框的设置后，单击鼠标右键，或者按下"Esc"键，即可退出布线框的操作。

布线框设置完毕后，进行自动布局操作时，元器件自动导入到该布线框中。

7.4.6　"参数选择"设置

在"参数选择"对话框中可以对一些与 PCB 编辑窗口相关的系统参数进行设置。设置后的系统参数将用于这个工程的设计环境，并不随 PCB 文件的改变而改变。

单击"工具"→"优先选项"菜单项，即可打开"参数选择"设置对话框，如图 7.4.17 所示。

在"参数选择"设置对话框中，需要进行参数设置的有"General（常规）""Display（显示）""Layer Colors（层颜色）""Defaults（默认）"和"PCB Legacy 3D（PCB 的 3D 图）" 5 个设置对话框。

1.　"General（常规）"参数设置对话框

"General（常规）"参数设置对话框如图 7.4.17 所示。

（1）"编辑选项"栏。

①"在线 DRC"选项："√"勾选中该选项时，所有违反 PCB 设计规则的地方都将被标记出来。取消该选项的选中状态时，用户只能通过单击"工具"→"设计规则检查"菜单项，在"设计规则检查"属性对话框中进行查看。PCB 设计规则在"PCB Rules & Constraints"对话框中定义（单击"设计"→"规则"菜单项）。

②"Snap To Center（捕捉中心）"选项："√"勾选中该选项时，鼠标捕获点将自动移到对象的中心。对焊盘或过孔来说，鼠标捕获点将移向焊盘或过孔的中心。对元件来说，鼠标捕获点将移向元件的第 1 个引脚。对导线来说，鼠标捕获点将移向导线的一个顶点。

③"智能元件 Snap（智能元件捕捉）"选项："√"勾选中该选项，当选中元件时，指针将自动移到离点击处最近的焊盘上。取消对该选项的选中状态，当选中元件时，指针将自动移到元件的第 1 个引脚的焊盘处。

④"双击运行检查"选项："√"勾选中该选项时，在一个对象上双击，将打开该对象

的"PCB Inspector（封装检查）"对话框，如图 7.4.18 所示，而不是打开该对象的属性编辑对话框。

图 7.4.17　"参数选择"设置对话框

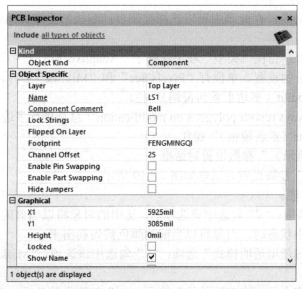

图 7.4.18　"PCB Inspector（检查）"对话框

⑤"移除复制品"选项："√"勾选中该选项，当数据进行输出时将同时产生一个通道，这个通道将检测通过的数据并将重复的数据删除。

⑥"确认全局编译"选项："√"勾选中该选项，用户在进行全局编辑的时候系统将弹出

一个对话框，提示当前的操作将影响到对象的数量。建议保持对该选项框的选中状态，除非你对 Altium Designer 15 系统的全局编辑非常熟悉。

⑦ "保护锁定的对象"选项："√"勾选中该选项后，当对锁定的对象进行操作时，系统将弹出一个对话框，询问是否继续此操作。

⑧ "确定被选存储清除"选项："√"勾选中该选项，当用户删除某一个记忆时，系统将弹出一个警告的对话框。在默认状态下，取消对该选项的选中状态。

⑨ "单击清除选项"选项：通常情况下该选项保持选中状态。用户单击选中一个对象，然后去选择另一个对象时，上一次选中的对象将恢复未被选中的状态。取消对该选项框的选中状态时，系统将不清除上一次的选中记录。

⑩ "移动点击到所选"选项："√"勾选中该选项时，用户需要在按"Shift"键的同时单击所要选择的对象，才能选中该对象。通常取消对该选项的选中状态。

（2）"其他"栏。

① "撤销重做"文本框：该项主要设置撤销/恢复操作的范围。通常情况下，范围越大，要求的存储空间就越大，这将降低系统的运行速度。但在自动布局、对象的复制和粘贴等操作中，记忆容量的设置是很重要的。

② "旋转步骤"文本框：在进行元件的放置时，单击空格键可改变元件的放置角度，通常保持默认的 90° 设置。

③ "指针类型"下拉列表：可选择工作窗口鼠标的类型，有 3 种选择，即"Large 90""Small 90"和"Small 45"。

④ "比较拖曳"下拉列表：该项决定了在进行元件的拖动时，是否同时拖动与元件相连的布线。选中"Connected Tracks（连线拖曳）"选项，则在拖动元件的同时拖动与之相连的布线。选中"None（无）"选项，则只拖动元件。

（3）"自动扫描选项"栏。

① "类型"下拉列表：在此项中可以选择视图自动缩放的类型。系统默认为"Adaptive（自适应）"。

② "速度"文本框：当在"类型"项中选择了"Adaptive（适应性）"时将出现该项。从中可以进行缩、放步长的设置，单位有"Pixels/Sec"和"Mil/Sec"2 种。

（4）"Polygon Rebuild（多边形重新覆铜）"栏。

"√"勾选中"Always repour polygons on modification（总是进行多边形重新覆铜修改）"时，总是进行"Repour（重新覆铜）"操作。

2．"Display（显示）"参数设置对话框

"Display（显示）"参数设置对话框如图 7.4.19 所示。

（1）"高亮选项"栏。

① "完全高亮"选项："√"勾选中该选项后，选中的对象将以当前的颜色突出显示出来。取消对该复选框的选中状态时，对象将以当前的颜色被勾勒出来。

② "当 Masking 时使用透明模式"选项："√"勾选中该选项，"Mask（掩模）"时会将其余的对象透明化显示。

③ "在高亮的网络上显示全部原始的"选项："√"勾选中该选项，在单层模式下，系统将显示所有层中的对象（包括隐藏层中的对象），而且当前层被高亮显示出来。取消选中状态后，在单层模式下，系统只显示当前层中的对象，多层模式下所有层的对象都会在高亮的网格颜色显示出来。

图 7.4.19　"Display" 参数设置对话框

④ "交互编辑时应用 Mask" 选项："√" 勾选中该选项，用户在交互式编辑模式下可以使用 Mask（掩模功能）"。

⑤ "交互编辑时应用高亮" 选项："√" 勾选中该选项，用户在交互式编辑模式下可以使用高亮显示功能，对象的高亮颜色在"视图设置"对话框中设置。

（2）"图像极限"栏。

① "线" 文本框：设置走线宽度极限。此项参数的设置决定了走线在拖曳时，是采用完全显示模式还是轮廓显示模式。设置等于或小于此处设置的数值时将完全显示走线，否则将只显示走线的轮廓。此处默认的单位由单击"设计"→"板选项"菜单项所打开的对话框中的单位设置决定。

② "串" 文本框：字符串像素高度极限。此项参数的设置决定了字符串是采用完全显示还是轮廓显示模式。如果 PCB 中放置的字符串等于或大于此处设置的数值时，将完全显示该字符，否则将轮廓显示该字符。

（3）"显示选项"栏。

① "重新刷新层" 选项："√" 勾选中该选项后，当用户在不同的板层间切换时，窗口将被刷新，即将以不同层所设置的颜色显示该层的对象。当此选项处于未选中的状态时，可以按快捷键"Alt+End"来刷新各层的显示，可以按数字键盘的"＋"键和"－"键在不同的层间切换。

② "使用 Alpha 混合" 选项：设置透明度混合。

（4）"其他"栏。

"跳转到激活视图配置..."：单击此按钮，弹出"视图配置"对话框，如图 7.4.20 所示。

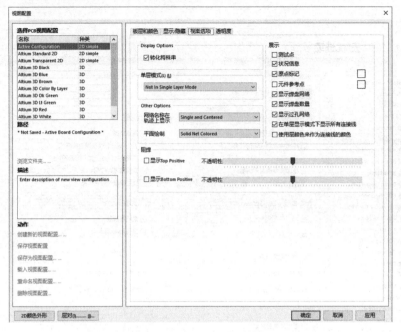

图 7.4.20 "视图配置"对话框

3. "视图配置"参数设置对话框

打开"视图配置"选项对话框如图 7.4.20 中所示。

（1）"Display Options（显示选项）"栏。

选中"转化特殊串"选项时，一些特殊的字符将被翻译显示在窗口中。

（2）"展示"栏。

①"原点标记"选项：选中此选项可显示坐标轴。

②"状况信息"选项：选中此选项，状态栏将显示当前的操作信息。通常情况下此项保持默认的选中状态。

③"显示过孔网络"选项：选中此选项，当视图处于足够的放大率时，将显示过孔的网络名称。

（3）"Other Options（其他选项）"栏。

"平面绘制"下拉列表：内电层可以被分割成多个部分，这样可以省去很多功夫去走地线和电源线，同时可以降低噪声干扰。

在单层模式下，该选项将影响分割的内电层与网络的连接关系，有以下两种不同的选择。

①"Outlined Layer Colored（分割层颜色）"：内电分割层轮廓的颜色与对应的层的颜色相同。

②"Solid Net Colored（实心网络颜色）"：内电分割层以实心网络的颜色显示。

4. "显示/隐藏"参数设置对话框

"显示/隐藏"参数设置对话框如图 7.4.21 所示。该对话框用于设置 PCB 工作区内各种类型图元的显示、隐藏状态及显示模式等。各种类型图元的显示模式共有 3 种，即"最终的""草案"和"隐藏的"。选中"最终的"，所有的对象以实心的形式显示出来。选中"草案"，所有的对象只显示其轮廓，即空心显示。选中"隐藏的"，在工作窗口中不显示任何对象。

单击"有最终结果（F）"按钮、"所有草案（D）"按钮或"有被隐藏的（H）"按钮可以分别全选相应的单选项。

单击"From To Settings&&&…"按钮，可以在弹出的 "来自显示设定"对话框中设置
"自动的"飞线和焊盘的显示模式，如图 7.4.22 所示。

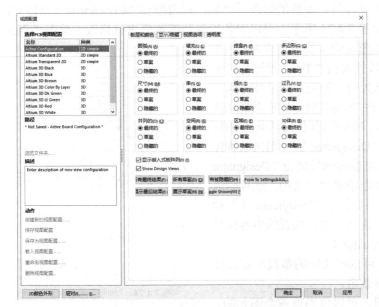

图 7.4.21 "显示/隐藏"参数设置对话框   图 7.4.22 "自动的"显示设置

5. "Defaults（默认值）"参数设置对话框

"Defaults（默认值）"参数设置对话框用于设置 PCB 设计中用到的各个对象的默认值，
如图 7.4.23 所示。通常用户不需要改变此对话框中的内容。

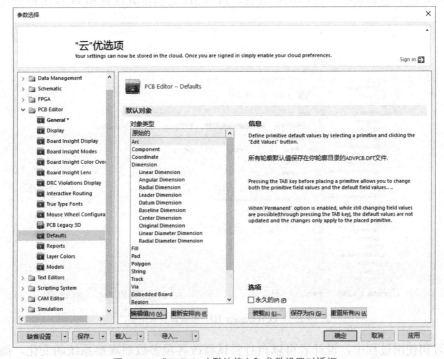

图 7.4.23 "Defaults（默认值）"参数设置对话框

"对象类型"列表框：该列表框列出了所有可以编辑的图元对象选项。双击其中一种类型的图元，或者单击选择其中一项，再单击该栏下面的"编辑值（V）"按钮，可以进入相应的属性设置对话框，在对话框中进行图元属性的修改。例如，双击图元"Coordinate（坐标）"，进入坐标属性设置对话框，如图 7.4.24 所示，可以对各项参数的数值进行修改。单击"重新安排"按钮，可以将当前选择图元的参数值重置为系统默认值。

"永久的"选项：在对象放置前按"Tab"键进行对象的属性编辑时，如果选中"永久的"选项，则系统将保持对象的默认属性。例如放置元件"Cap"时，如果系统默认的标号为"Designator 1"，则第 1 次放置时，2 个电容的标号分别为"Designator 1"和"Designator 2"。退出放置操作进行第 2 次放置时，放置的电容的标号仍为"Designator 1"和"Designator 2"。但是如取消对"永久的"选项的选中状态，第 1 次放置的电容标号为"Designator 1"和"Designator 2"。那么进行第 2 次放置时，放置的电容标号就为"Designator 3"和"Designator 4"。

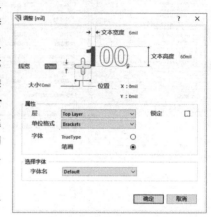

单击"装载（L）"按钮，可以将其他的参数配置文件导入，使之成为当前的系统参数值。

图 7.4.24 "调整"设置对话框

单击"保存为（S）"按钮，可以将当前各个图元的参数配置以参数配置文件*.DFT 的格式保存起来，供以后调用。

单击"重置所有（A）"按钮，可以将当前选择图元的参数值重置为系统默认值。

6. "PCB Legacy 3D"参数设置对话框

"PCB Legacy 3D"参数设置对话框如图 7.4.25 所示，用于设置 PCB 设计的 3D 效果图参数，包括高亮色的色彩选择、打印质量设置、PCB 3D 文档生成设置和 PCB 模拟所用到的库设置等。

图 7.4.25 "PCB Legacy 3D"参数设置对话框

在学习和使用过程中，设计者可以自行尝试修改各项参数后观察系统的变化，而不必担心参数修改错误后会导致设计上的障碍。如果想取消自己曾经修改过的参数设置，只要单击参数设置对话框左下角的"缺省设置"按钮，在下拉菜单中进行选择，就可以将当前参数设置对话框中的参数，或者将所有已设置的参数恢复到系统原来的默认值。另外，还可以通过"保存…"按钮将自己设置的参数保存起来，以后通过"载入…"按钮导入使用即可。

7.5 PCB 图与原理图的同步和更新

网络表是原理图与 PCB 图之间的联系纽带，原理图的信息可以通过导入网络表的形式完成与 PCB 之间的同步。在进行网络表的导入之前，需要装载元器件的封装库及对同步比较器的比较规则进行设置。

7.5.1 装载元器件封装库

由于 Altium Designer 15 系统采用的是集成的元器件库，因此对于大多数设计来说，在进行原理图设计的同时便装载了元器件的 PCB 封装模型，此时可以省略该项操作。

Altium Designer 15 系统同时也支持单独的元器件封装库，只要 PCB 文件中有 1 个元器件封装不是在集成的元器件库中，设计者就需要单独装载该封装所在的元器件库。

元器件封装库的添加与原理图中元器件库的添加步骤相同。

7.5.2 同步比较规则设置

所谓同步设计，就是在设计过程中，原理图文件和 PCB 文件在任何情况下都保持同步。也就是说，不管是先绘制原理图再绘制 PCB，还是原理图和 PCB 同时绘制，最终都要保证原理图上元器件的电气连接意义必须与 PCB 上的电气连接意义完全相同，这就是所谓的同步设计。在 Altium Designer15 系统中，可以利用同步器来实现同步设计。

在 Altium Designer15 系统的网络报表中，包含了电路设计的全部电气连接信息。Altium Designer15 系统通过同步器添加网络报表的电气连接信息，来完成原理图与 PCB 图之间的同步更新。同步器检查当前的原理图文件和 PCB 文件，并与它们各自的网络报表进行比较，将比较后得出的不同的网络信息作为更新信息，然后根据更新信息完成原理图设计与 PCB 设计的同步。更新信息的生成与同步比较规则的设置有关，因此要实现原理图与 PCB 图的同步更新，首先要设置好同步比较规则。

单击"工程"→"工程选项"选项进入"Options for PCB Project（PCB 项目选项）"设置对话框，然后单击"Comparator（比较器）"选项栏，如图 7.5.1 所示，弹出 "Comparator（比较器）"对话框，在此对话框中可以对同步比较规则进行设置。

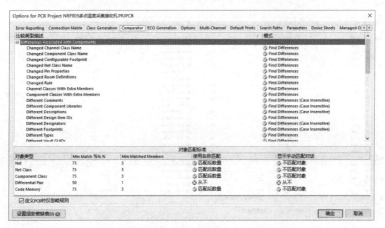

图 7.5.1 "Options for PCB Project"设置对话框

单击"设置成安装缺省"按钮，将恢复该对话框中原来的设置。

单击"确定"按钮，即可完成同步比较规则的设置。

7.5.3　导入网络表

完成同步比较规则的设置后，即可进行网络表的导入。例如，将图 7.5.2 所示的"单片机流水灯电路"原理图的网络表导入到当前的 PCB1 文件中，文件名为"单片机流水灯.SchDoc"。

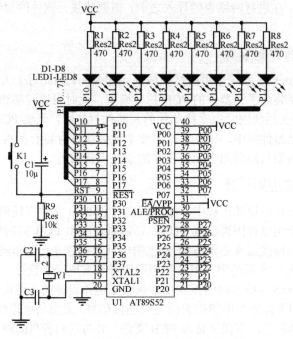

图 7.5.2　示例"单片机流水灯电路"原理图

（1）打开"单片机流水灯.SchDoc"文件，使之处于当前的工作窗口中，同时应保证 PCB1.PcbDoc 文件也处于打开状态。

（2）执行"设计"→"Update PCB Document PCB1.PcbDoc（更新 PCB 文件）"菜单命令，系统将对原理图和 PCB 图的网络报表进行比较，并弹出一个"工程更改顺序"对话框，如图 7.5.3 所示。

图 7.5.3　"工程更改顺序"对话框

（3）单击"生效更改"按钮，系统将扫描所有的改变，看能否在 PCB 上执行所有的改变。随后在每一项所对应的"检测"栏中将显示"√"标记，如图 7.5.4 所示。

"√"标记：说明这些改变都是合法的。

"×"标记：说明此改变是不可执行的，需要回到以前的步骤中进行修改，然后重新进行更新。

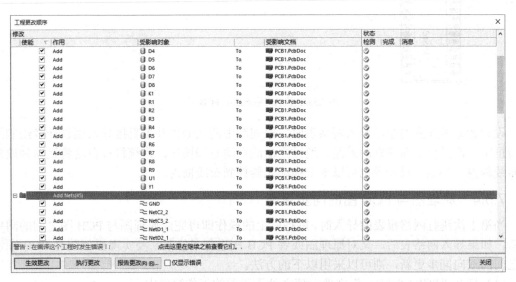

图 7.5.4   在 PCB 实现的更改

（4）进行合法性校验后，单击"执行更改"按钮，系统将完成网络表的导入，同时在每一项的"完成"栏中显示"√"标记，提示导入成功，如图 7.5.5 所示。

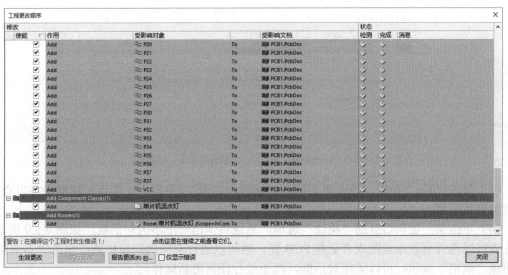

图 7.5.5   执行变更命令的结果

（5）单击"关闭"按钮，关闭该对话框，这时可以看到在 PCB 图布线框的右侧出现了导入的所有元器件的封装模型，如图 7.5.6 所示。图中的紫色边框为布线框，各元器件之间仍保持着与原理图相同的电气连接特性。

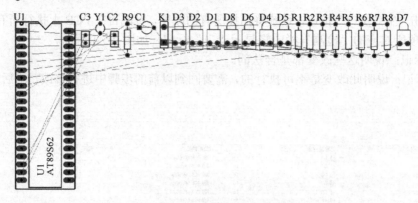

图 7.5.6　导入网络表后的 PCB 图

设计者需要注意的是，导入网络表时，原理图中的元器件并不直接导入到设计者绘制的布线框中，而是位于布线框的外面。通过之后的自动布局操作，系统将再自动将元器件放置在布线框内。当然，设计者也可以手工拖动元器件到布线框内。

7.5.4　原理图与 PCB 图的同步更新

当第 1 次进行网络报表的导入时，进行以上的操作即可完成原理图与 PCB 图之间的同步更新。如果导入网络表后，又对原理图或者 PCB 图进行了修改，要实现原理图与 PCB 图设计之间的双向同步更新，则可以采用以下的方法。

（1）打开"PCB1.PcbDoc"文件，使之处于当前的工作窗口中。

（2）执行"设计"→"Update Schematic in 单片机流水灯.PrjPcb（在"单片机流水灯"项目文件中更新原理图）菜单命令，系统将对原理图和 PCB 图的网络报表进行比较，接着弹出一个"Comparator Results（比较器结果）"对话框，如图 7.5.7 所示。

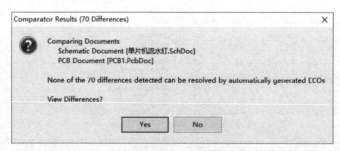

图 7.5.7　"Comparator Results（比较器结果）"对话框

（3）单击"Yes"按钮，进入更新信息对话框，如图 7.5.8 所示。在该对话框中可以查看详细的更新信息。

（4）单击某一更新信息的"决议"选项，系统将弹出一个小的对话框，如图 7.5.9 所示。设计者可以选择更新原理图或者更新 PCB 图，也可以进行双向的同步更新。单击"不更新"按钮或"取消"按钮，可以关闭对话框，而不进行任何更新操作。

（5）单击"报告差异…"按钮，系统将生成一个表格，从中可以预览原理图与 PCB 图之间的不同之处，同时可以对此表格进行导出或打印等操作。

（6）单击"探测差异…"按钮，即可打开"Differences（不同）"面板，从中可查看原理图与 PCB 图之间的不同之处，如图 7.5.10 所示。

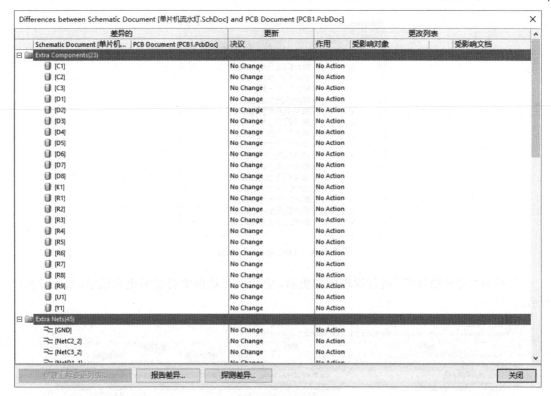

图 7.5.8 更新信息对话框

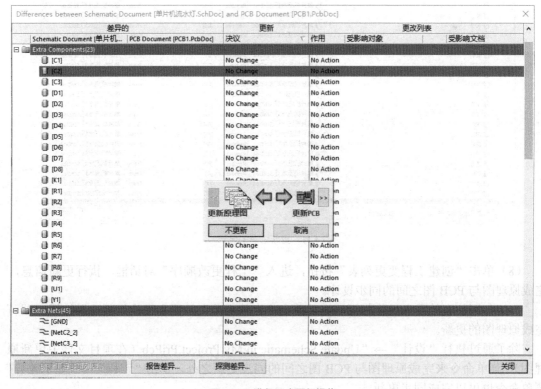

图 7.5.9 进行同步更新操作

图 7.5.10 "Differences" 面板

（7）选择"更新原理图"进行原理图的更新，更新后对话框中将显示更新信息，如图 7.5.11 所示。

图 7.5.11 更新信息的显示

（8）单击"创建工程变更列表"按钮，进入"工程更改顺序"对话框，执行更新信息，完成原理图与 PCB 图之间的同步设计。

（9）与网络表的导入操作相同，先后单击"生效更改"按钮和"执行更改"按钮，即可完成原理图的更新。

除了通过执行"设计"→"Update Schematic in My Project.PrjPcb（在项目文件中更新原理图）"菜单命令来完成原理图与 PCB 图之间的同步更新之外，单击"工程"→"显示差异"菜单命令也可以完成同步更新。

7.6　PCB 视图操作

7.6.1　视图的移动

在编辑区内移动视图，可以采用以下 3 种方法。

（1）使用鼠标指针拖动编辑区边缘的水平滚条或竖直滚条。

（2）使用鼠标滚轮，上下滚动，视图将上下移动；若按住"Shift"键，上下滚动鼠标滚轮，视图将左右移动。

（3）在编辑区内，单击鼠标右键并按住不放，指针变成手形后，可以任意拖动视图。

7.6.2　视图的放大或缩小

1．整张图纸的缩放

在编辑区内，对整张图纸的缩放可以采用以下 3 种方式。

（1）使用菜单命令"放大"或"缩小"对整张图纸进行缩放操作。

（2）使用"Page Up（放大）"和"Page Down（缩小）"快捷键。利用快捷键进行缩放时，放大和缩小是以鼠标指针为中心的，因此需要将鼠标指针放在合适位置。

（3）使用"Ctrl"键+鼠标滚轮。按住"Ctrl"键，上滚鼠标滚轮，放大视图；按住"Ctrl"键，下滚鼠标滚轮，缩小视图。

2．区域放大

（1）设定区域的放大。

执行菜单命令"察看"→"区域"，或者单击主工具栏中的"█（适合指定的区域）"按钮，指针变成十字形。在编辑区内需要放大的区域处，单击鼠标左键，拖动鼠标指针形成一个矩形区域。然后再次单击鼠标左键，则该区域被放大。

（2）以鼠标为中心的区域放大。

执行菜单命令"察看"→"点周围"，指针变成十字形。在编辑区内指定区域处，单击鼠标左键，确定放大区域的中心点，拖动鼠标指针，形成一个以中心点为中心的矩形，再次单击鼠标左键，选定的区域将被放大。

3．对象放大

对象放大分两种，一种是选定对象的放大，另一种是过滤对象的放大。

（1）选定对象的放大。

在 PCB 上选中需要放大的对象，执行菜单命令"察看"→"被选中的对象"，或者单击主工具栏中的"█（适合被选择的对象）"按钮，则所选对象被放大。

（2）过滤对象的放大。

在过滤器工具栏中选择一个对象后，执行菜单命令"察看"→"过滤的对象"，或者单击主工具栏中"█（适合过滤的对象）"按钮，则所选中的对象被放大，且该对象处于高亮状态。

7.6.3　视图的整体显示

整体显示可以选择显示整个 PCB 图图纸、显示整个 PCB 图文件和显示整个 PCB。

1．显示整个 PCB 图图纸

执行菜单命令"察看"→"合适图纸"，系统显示整个 PCB 图纸。

2．显示整个 PCB 图文件

执行菜单命令"察看"→"适合文件"，或者在主工具栏中单击按钮"█"，系统显示整个 PCB 图文件。

3. 显示整个 PCB 板

执行菜单命令"察看"→"合适板子"，系统显示整个 PCB，如图 7.6 所示。

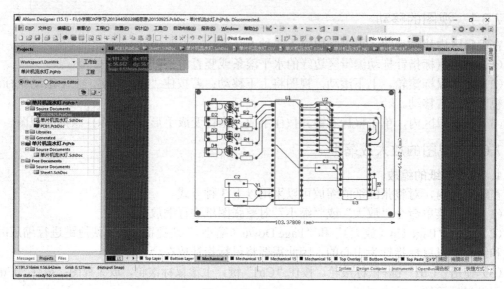

图 7.6　显示整个 PCB

7.7　元器件的手动布局

7.7.1　手动布局的菜单命令

元器件的手动布局是指手工设置元器件的位置。在 Altium Designer15 系统的 PCB 编辑器中，提供了专门用于手动布局操作的菜单命令。执行菜单命令"编辑"→"对齐"，弹出的手动布局的菜单命令如图 7.7.1 所示。

图 7.7.1　手动布局菜单命令

7.7.2 元器件的对齐操作

通过元器件的对齐操作，可以使 PCB 的布局能够更好地满足"整齐、对称"要求，"整齐、对称"的布局可以使 PCB 看起来较为美观，而且有时候也利于布线操作。

单击"对齐"菜单命令，可以同时进行水平和垂直方向上的对齐操作，具体操作如下所述。

（1）选中要进行对齐操作的多个对象。

（2）单击"编辑"→"对齐（**G**）"→"对齐（**A**）…"菜单命令，弹出"排列对象"对话框如图 7.7.2 所示。其中，"等间距"选项用于在水平或垂直方向上平均分布各元器件。如果所选择的元器件出现重叠的现象，对象将被移开当前的格点直到不重叠为止。

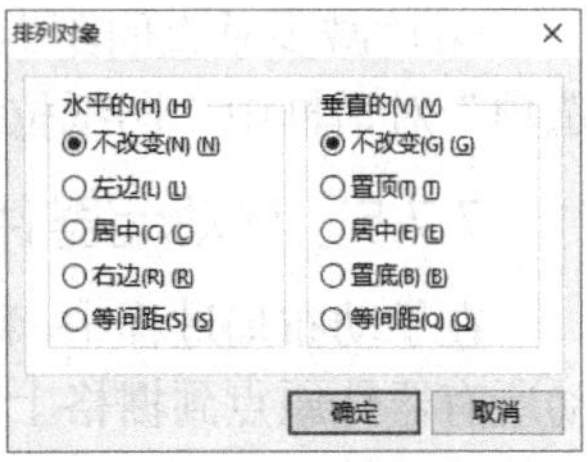

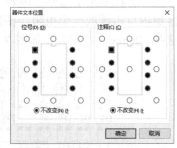

图 7.7.2 "排列对象"对话框

（3）水平和垂直 2 个方向设置完毕后单击"确定"按钮，即可完成所选元器件的对齐排列。

在如图 7.7.1 所示手动布局菜单命令中，有如下命令项。

① "左对齐"菜单命令：用于使所选的元器件按左对齐方式排列。

② "右对齐"菜单命令：用于使所选元器件按右对齐方式排列。

③ "水平中心对齐"菜单命令：用于使所选元器件按水平居中方式排列。

④ "顶对齐"菜单命令：用于使所选元器件按顶部对齐方式排列。

⑤ "底对齐"菜单命令：用于使所选元器件按底部对齐方式排列。

⑥ "垂直分布"命令：用于使所选元器件按垂直居中方式排列。

⑦ "对齐到栅格上"菜单命令：用于使所选元器件以格点为基准进行排列。

7.7.3 元器件说明文字的位置调整

元器件说明文字的位置调整，除了可以手工拖动外，也可以通过"定位器件文本"菜单命令进行。单击"编辑"→"对齐"→"定位器件文本"菜单命令，弹出"器件文本位置"对话框如图 7.7.3 所示。

在"器件文本位置"对话框中，设计者可以对元器件说明文字（标号和说明内容）的位置进行设置，该菜单命令是对所有元器件说明文字的全局编辑。每一项都有 9 种不同的摆放位置，选择合适的摆放位置后，单击"确定"按钮，即可完成元器件说明文字位置的自动调整。

图 7.7.3 "器件文本位置"对话框

7.7.4 元器件的间距调整

元器件的间距调整主要指元器件在水平方向和垂直方向上的间距调整。

（1）"水平分布"菜单命令：单击该菜单命令，系统将以最左侧和最右侧的元器件为基准，元器件的 y 坐标不变，x 坐标上的间距相等。当元器件的间距小于安全间距时，系统将以最左侧的元器件为基准，对元器件的间距进行调整，直到各个元器件间的距离满足最小安全间距的要求为止。

（2）"增加水平间距"菜单命令：用于增大被选中元器件水平方向上的间距。增大量为"板选项"对话框中"图纸位置"选项栏中的"**X**"参数。

（3）"减少水平间距"菜单命令：用于减小被选中元器件水平方向上的间距，减小量为"板选项"对话框中"图纸位置"选项栏中的"**X**"参数。

（4）"垂直分布"菜单命令：单击该菜单命令，系统将以最顶端和最底端的元器件为基准，使元器件的 x 坐标不变，y 坐标上的间距相等。当元器件的间距小于安全间距时，系统将以最底端的元器件为基准对元器件的间距进行调整，直到各个元器件间的距离满足最小安全间距的要求。

（5）"增加垂直间距"菜单命令：用于增大被选中元器件垂直方向上的间距，增大量为"板选项"对话框中"图纸位置"选项栏中的"Y"参数。

（6）"减少垂直间距"菜单命令：用于减小被选中元器件垂直方向上的间距，减小量为"板选项"对话框中"图纸位置"选项栏中的"Y"参数。

7.7.5　移动元器件到栅格上

在手动布局过程中，移动的元器件往往并不一定正好在栅格的格点处，这时可以利用"移动所有器件原点到栅格上"菜单命令。执行该菜单命令时，元器件将被移到与其最靠近的栅格的格点处。

在进行手动布局的进程中，如果所选中的对象被锁定，那么系统将弹出一个对话框询问是否继续，如果继续的话，设计者可以同时移动被锁定的对象。

7.7.6　元器件的手动布局操作示例

一个自动布局示例如图 7.7.4 所示。手动布局调整操作如下所述。

（1）选中 8 个 LED 和电阻，拖动，将其移动到 PCB 的右边重新排列，在拖动过程中按空格键，使其以合适的方向放置（如图 7.7.8 所示）。

（2）调整电阻位置，使其按标号并行排列。

由于电阻分布在 PCB 上的各个区域内，一次调整会很费劲，因此，可使用查找相似对象命令。

（3）在主菜单选择"编辑"→"查找相似对象"菜单命令，指针变成十字形状，在 PCB 区域内点击选取一个电阻，在弹出的"发现相似目标"对话框中的"Footprint（轨迹）"栏内选择"Same（相同）"，如图 7.7.5 所示。

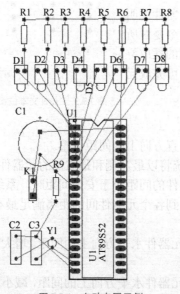

图 7.7.4　自动布局示例

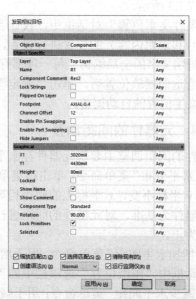

图 7.7.5　查找所有电阻

单击"应用（A）"按钮，再单击"确定"按钮，退出对话框。此时所有电阻均处于选中状态。

（4）在主菜单中执行"工具"→"器件布局"→"排列板子外的器件"菜单命令，则所有电阻元件自动排列到 PCB 外部。

（5）单击菜单栏中的"工具"→"器件布局"→"在矩形区域排列"命令，用十字指针在 PCB 外部画出一个合适的矩形，此时所有电阻自动排列到该矩形区域内，如图 7.7.6 所示。

（6）由于标号重叠，为了清晰美观，可使用"水平分布"和"增加水平间距"菜单命令，修改电阻元件之间的间距，结果如图 7.7.7 所示。

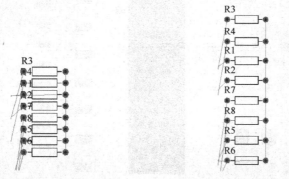

图 7.7.6　在矩形区内排列电阻　　　　图 7.7.7　调整电阻元件间距

（7）将排列好的电阻元件拖动到 PCB 合适位置。按照同样的方法，对其他元器件进行排列。

（8）使用"编辑"→"对齐"→"水平分布"命令，将各元器件排列整齐。

手工调整后的 PCB 布局如图 7.7.8 所示。

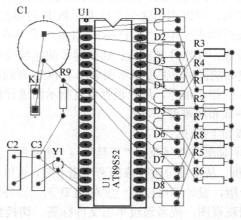

图 7.7.8　手工布局结果

手工布局完成后，如果发现原来定义的 PCB 形状偏大，可以根据需要重新定义 PCB 形状。

7.8　3D 效果图

Altium Designer 15 系统可以提供 3D 效果图。元器件布局完毕后，可以通过查看 3D 效果图，观察布局情况，以检查元器件布局是否合理。

在 PCB 编辑器内，在主菜单中执行"工具"→"遗留工具"→"3D 显示"菜单命令，则系统将生成该 PCB 布局的 3D 效果图，加入到该项目的生成文件夹内并自动打开。一个 PCB 布局的 3D 效果图示例如图 7.8.1 所示。

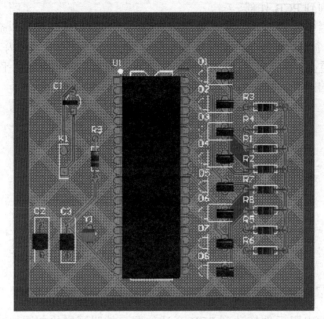

图 7.8　PCB 布局的 3D 效果图示例

7.9　网络密度分析

所谓网络密度分析就是对 PCB 的元器件放置和其连接情况进行分析。Altium Designer 15 系统提供了一个密度分析工具，可以利用这个工具进行 PCB 网络密度分析。

密度分析会生成一个临时的密度指示图（Density Map），覆盖在原 PCB 图上面。在图中，绿色的部分表示网络密度较低；元器件越密集、连线越多的区域颜色就会呈现一定的变化趋势，红色则表示网络密度较高的区域。密度指示图显示了 PCB 布局的密度特征，它可以作为各区域内布线难度和布通率的指示信息。用户根据密度指示图进行相应的布局调整，有利于提高自动布线的布通率，降低布线难度。

进行网络密度分析步骤如下所述。

（1）在 PCB 编辑器的主菜单内选择执行"工具"→"密度图"菜单命令，系统自动执行对当前 PCB 文件的密度分析。从密度分析生成的密度指示图，可以看出 PCB 布局密度状态。通过 3D 视图和网络密度分析，设计者可以进一步对 PCB 的元器件布局进行调整。

（2）按"End"键，刷新视图。或者通过单击文件标签，切换到其他编辑器视图中，即可恢复到普通 PCB 文件视图中。

7.10　PCB 设计示例

设计一块 PCB 的基本步骤如下所述。

（1）首先准备好电路原理图和网络表，确定选用的元器件及其封装形式。网络表是原理图和 PCB 连接的桥梁。没有网络表，是不能够实现 PCB 的自动布线的。示例采用在原理图设计时已经完成的"AD8367 程控增益放大电路.PrjPCB"文件。

（2）选择菜单命令"文件"→"打开"，打开"AD8367 程控增益放大电路.PrjPCB"。

（3）新建一个 PCB 文件。选择菜单命令"文件"→"New（新建）"→"PCB（印制电路板文件）"，在电路原理图所在的项目中，新建一个 PCB 文件，并保存为"AD8367 程控增益放大电路.PcbDoc"。

（4）进行 PCB 结构及环境参数设置，包括设置图纸尺寸、板层参数，布线参数等。

（5）设置 PCB 板型，确定电路板的尺寸和形状。

（6）装载元器件库。在导入网络表之前，要把电路原理图中所有元器件所在的库添加到当前库中，保证原理图中指定的元器件封装形式能够在当前库中找到。

（7）导入网络表。导入网络报表的具体步骤如下所述。

① 在原理图编辑环境下，执行菜单命令"设计"→"Update PCB Document AD8367 程控增益放大电路.PcbDoc"。或在 PCB 编辑环境下，执行菜单命令"设计"→"Import Changes From AD8367 程控增益放大电路.PrjPCB"。

② 执行以上命令后，系统弹出"工程更改顺序"对话框，如图 7.10.1 所示。

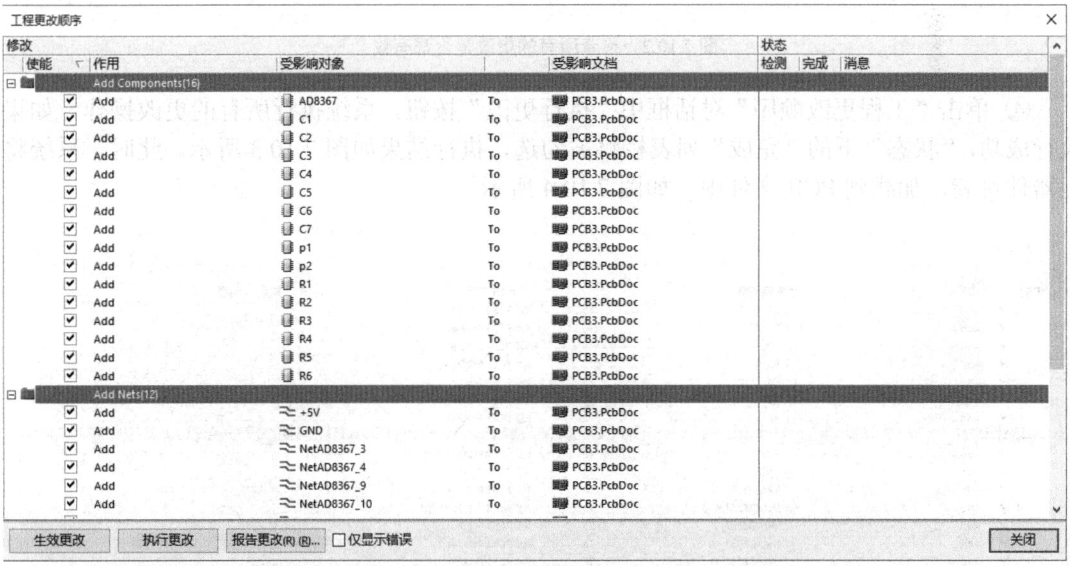

图 7.10.1　"工程更改顺序"对话框

该对话框中显示出当前对电路进行的修改内容，左边为"修改"列表，右边是对应修改的"状态"。主要的修改有"Add Components""Add Nets""Add Components Classes"和"Add Rooms"4 类。

③ 单击"工程更改顺序"对话框中的"生效更改"按钮，系统将检查所有的更改是否都有效，如图 7.10.2 所示。

如果有效，将在右边的"检查"栏对应位置打勾；若有错误，"检查"栏中将显示红色错误标识。产生错误的原因通常有 2 种，一种是元器件封装定义不正确，系统找不到给定的封装；另一种是设计 PCB 时没有添加对应的元器件集成库。此时需要返回到电路原理图编辑环境中，对有错误的元器件进行修改，直到修改完所有的错误，即"检查"栏中全为正确内容为止。

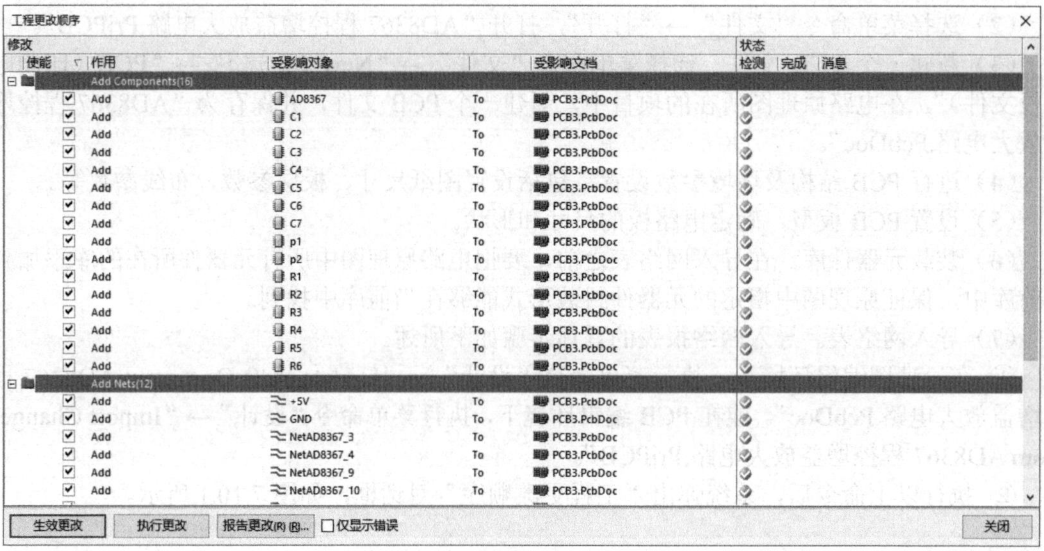

图 7.10.2 检查所有的更改是否都有效

④ 单击"工程更改顺序"对话框中"执行更改"按钮，系统执行所有的更改操作，如果执行成功，"状态"下的"完成"列表栏将被勾选，执行结果如图 7.10.3 所示。此时，系统将元器件封装、加载到 PCB 文件中，如图 7.10.4 所示。

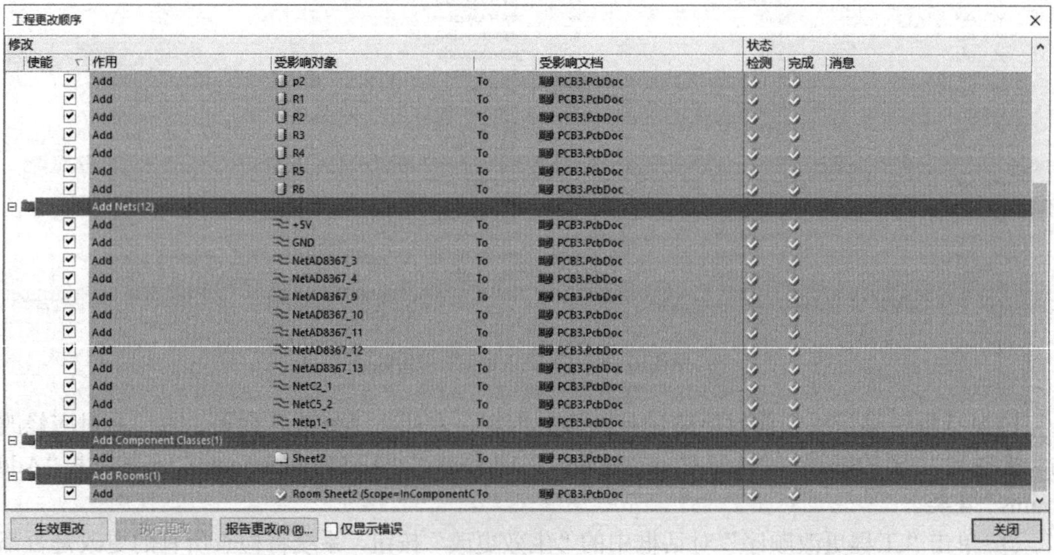

图 7.10.3 执行更改

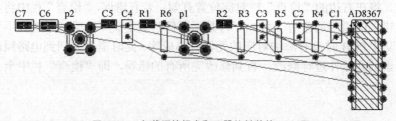

图 7.10.4 加载网络报表和元器件封装的 PCB 图

⑤ 单击"工程更改顺序"对话框中的"报告更改"按钮，系统弹出报告预览对话框，如图 7.10.5 所示，在该对话框中可以打印输出该报告。单击"输出"按钮，生成元器件信息报告。

（8）手工调整元器件布局。网络表导入后，所有元器件的封装已经加载到 PCB 上（如图 7.10.4 所示）。通常需要对这些元器件封装的位置进行调整布局。合理的元器件布局是合理的 PCB 布线的基础。手工调整后元器件的布局如图 7.10.6 所示。

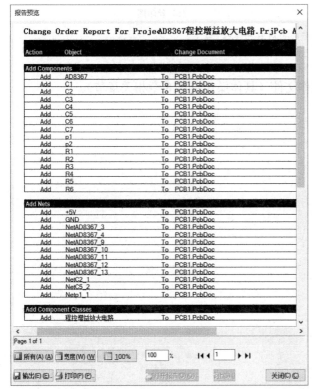

图 7.10.5　报告预览对话框

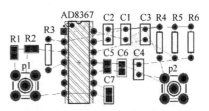

图 7.10.6　手工调整后元器件的布局

（9）完成的 PCB 布线图如图 7.10.7 所示。

（10）DRC 校验。

PCB 布线完毕，需要经过 DRC 校验无误，否则，根据错误提示进行修改（具体操作见第 8 章相关章节）。

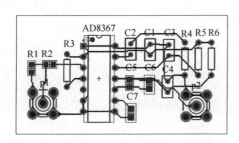

(a) PCB 布线总图

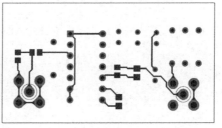

(b) 顶层 PCB 图

图 7.10.7　完成的 PCB 布线图

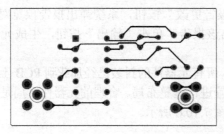

(c) 底层 PCB 图

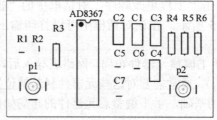

(d) 丝印图

图 7.10.7　完成的 PCB 布线图（续）

（11）保存文件，打印输出。

保存、打印各种报表文件及 PCB 制作文件（具体操作见第 8 章相关章节）。

第 8 章 PCB 的高级编辑

8.1 PCB 的设计规则

8.1.1 PCB 规则及约束编辑器

Altium Designer 15 系统在"PCB 规则及约束编辑器"中为用户提供了 10 大类几十种设计规则,这些规则涉及 PCB 设计过程中元器件的电气特性、走线宽度、走线拓扑结构、表面安装焊盘、阻焊层、电源层、测试点、电路板制作、元器件布局、信号完整性等方面。

Altium Designer 15 系统将根据这些规则进行自动布局和自动走线。自动走线能否成功,自动布线质量的高低等,取决于设计规则的合理选择和设计者的工作经验。不同的电路需要采用不同的设计规则。如果仅设计双面 PCB,很多规则可以采用系统的默认值。系统的默认值就是针对双面 PCB 设置的。

所设置的这些规则,有一部分运用在元器件和电路的自动布线中,而所有规则将运用在 PCB 的 DRC(电气规则检查)中。在对 PCB 进行 DRC 时,将检测出所有(自动布线和手动布线)违反 DRC 规则的地方。

执行菜单栏中的"设计"→"规则"命令,系统将弹出如图 8.1.1 所示的"PCB 规则及约束编辑器"对话框。在该对话框中,左边显示的是设计规则的类型,右边显示的是对应设计规则的设置属性。

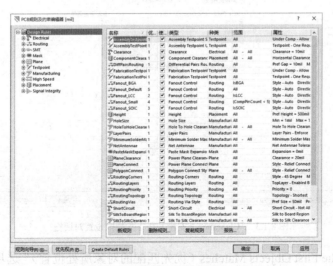

图 8.1.1 "PCB 规则及约束编辑器"对话框

8.1.2 "Electrical" 设计规则

单击对话框中 "Electrical（电气）"选项，如图 8.1.2 所示，"Electrical（电气）"设计规则显示在对话框右侧。这些规则主要针对具有电气特性的对象，用于系统的 DRC（电气规则检查）功能。当布线过程中违反电气特性规则时，DRC 检查器将自动报警提示用户。

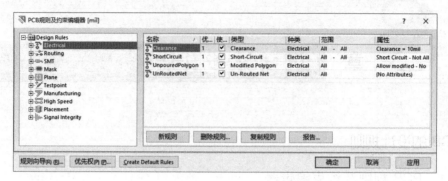

图 8.1.2 "Electrical（电气）"设计规则

1. "Clearance（安全间距）"规则

"Clearance（安全间距）"规则用于设置具有电气特性的对象之间的间距。在 PCB 上，具有电气特性的对象包括有导线、焊盘、过孔和铜箔填充区等，在间距设置中可以设置导线与导线之间、导线与焊盘之间、焊盘与焊盘之间的间距规则，在设置规则时可以选择适用该规则的对象和具体的间距值。

单击"Clearance（安全间距）"，弹出的对话框如图 8.1.3 所示。

图 8.1.3 "Clearance（安全间距）"规则设置对话框

（1）"Where The First Objects Matches（优先匹配的对象所处位置）"选项组：用于设置该规则优先应用的对象所处的位置。应用的对象范围为"所有""网络""网络类""层""网络和层"和"高级的（查询）"。选中某一范围后，可以在该选项后的下拉列表框中选择相应的对象，也可以在右侧的"全部询问语句"列表框中填写相应的对象。

通常采用系统的默认设置，选择"所有"选项。

（2）"Where The Second Objects Matches（次优先匹配的对象所处位置）"选项组：用于设置该规则次优先级应用的对象所处的位置。通常采用系统的默认设置，选择"所有"选项。

（3）"约束"选项组：用于设置进行布线的最小间距。这里采用系统的默认设置。

2."Short-Circuit（短路）"规则

"Short-Circuit（短路）"规则用于设置在 PCB 上是否可以出现短路。在其规则设置对话框中，"Where The First Objects Matches"选项组和"Where The Second Objects Matches"选项组的参数和设置方法与"Clearance（安全间距）"规则设置对话框相同。不同处在"约束"部分，如图 8.1.4 所示，系统默认不允许短路，即取消选中"允许短电流"。设置该规则后，拥有不同网络标号的对象相交时，如果违反该规则，系统将报警，并拒绝执行该布线操作。

3."Un-connected Pin（未连接引脚）"规则

"Un-connected Pin（未连接引脚）"规则用于对指定的网络检查是否所有的元器件的引脚端都连接到网络，对于未连接到的引脚端，将给与提示，显示为高亮状态。系统在默认状态下无此规则，一般不设置。

4."Un-Routed Net（取消布线网络）"规则

"Un-Routed Net（取消布线网络）"规则用于设置在 PCB 上是否可以出现未连接的网络。在其规则设置对话框中，"Where The First Objects Matches"选项组的参数和设置方法与"Clearance（安全间距）"规则设置对话框相同。不同处在"约束"部分，规则设置对话框如图 8.1.5 所示，如果未连接成功，仍保持飞线连接状态。

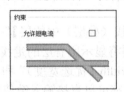
图 8.1.4 "Short-Circuit"规则设置

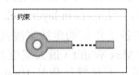
图 8.1.5 "Un-Routed Net"规则设置

8.1.3 "Routing"设计规则

单击对话框中"Routing（布线）"选项，如图 8.1.6 所示，"Routing（布线）"设计规则显示在对话框右侧。这些规则主要用于设置自动布线过程中的布线规则，包含有布线宽度、布线优先级、布线拓扑结构等。

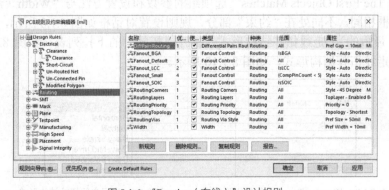
图 8.1.6 "Routing（布线）"设计规则

1. "Width（走线宽度）"规则

"Width（走线宽度）"规则用于设置走线（PCB 铜箔导线）宽度，规则设置对话框如图 8.1.7 所示。

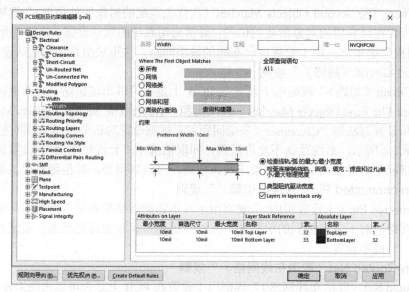

图 8.1.7 "Width（走线宽度）"规则设置对话框

（1）"Where the First Objects matches（优先匹配的对象所处位置)"选项组：用于设置走线宽度优先应用对象所处位置，与"Clearance（安全间距）"规则中相关选项功能类似。

（2）"约束"选项组：用于限制走线宽度。

① "√"勾选中"Layers in layerstack only【仅在层栈（叠层）中的层】"选项，将列出当前层栈（叠层）中各工作层的走线宽度规则设置；否则将显示所有层的走线宽度规则设置。

走线宽度有"Max Width（最大宽度）""Preferred Width（优选宽度）"和"Min Width（最小宽度）"3 个选项。系统默认值是 10mil。单击每一项都可以直接输入数值进行修改。

② "√"勾选中"典型驱动阻抗宽度"选项时，将显示走线的驱动阻抗属性，这是高频高速布线过程中很重要的一个布线属性设置。驱动阻抗属性分为"Maximum Impedance（最大阻抗）""Minimum Impedance（最小阻抗）"和"Preferred Impedance（首选阻抗）"3 种。

2. "Routing Topology（走线拓扑结构）"规则

"Routing Topology（走线拓扑结构）"规则用于选择走线的拓扑结构。在其规则设置对话框中，"Where The First Objects Matches"选项组的参数和设置方法与"Width（走线宽度）"规则设置对话框相同。不同处在"约束"部分，规则设置对话框如图 8.1.8 所示，图中显示的是"Shortest（最短的）"走线拓扑结构形式。打开"拓扑"的下拉列表（如图 8.1.9 所示），可以选择各种走线拓扑结构形式，如图 8.1.10 所示。

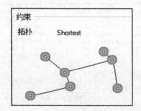

图 8.1.8 "Routing Topology"规则设置　　图 8.1.9 选择走线拓扑结构形式

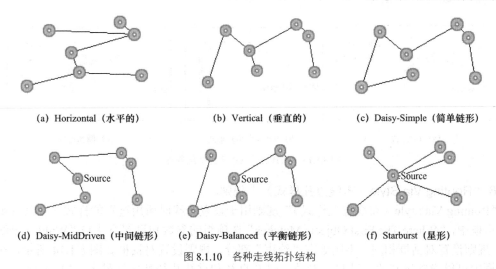

(a) Horizontal（水平的）　　　(b) Vertical（垂直的）　　　(c) Daisy-Simple（简单链形）

(d) Daisy-MidDriven（中间链形）　(e) Daisy-Balanced（平衡链形）　(f) Starburst（星形）

图 8.1.10　各种走线拓扑结构

3．"Routing Priority（布线优先级）"规则

"Routing Priority（布线优先级）"规则用于设置布线优先级，在该对话框中可以对每一个网络设置布线优先级。可以在其规则设置对话框中，选择"约束"部分的"行程优先权"的数值。PCB 上的空间是有限的，当有多根走线需要在同一块区域内通过（布线）时，通过设置各走线的优先级，可以决定其占用空间的先后。系统提供了 0～100 共 101 种优先级选择，0 表示优先级最低，100 表示优先级最高。默认的布线优先级规则为所有网络布线的优先级均为 0。设置规则时可以针对单个网络设置优先级。

4．"Routing Layers（板层布线）"规则

"Routing Layers（板层布线）"规则用于设置在自动布线过程中允许布线的层面。在其规则设置对话框中，"Where The First Objects Matches"选项组的参数和设置方法与"Width（走线宽度）"规则设置对话框相同。不同处在"约束"部分，规则设置对话框如图 8.1.11 所示。

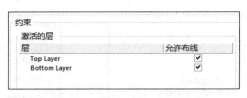

图 8.1.11　"Routing Layers"规则设置

5．"Routing Corners（导线拐角）"规则

"Routing Corners（导线拐角）"规则用于设置导线拐角形式。在其规则设置对话框中，"Where The First Objects Matches"选项组的参数和设置方法与"Width（走线宽度）"规则设置对话框相同。不同处在"约束"部分，规则设置对话框如图 8.1.12 所示。如图 8.1.13 所示，PCB 上的导线可以采取 3 种拐角方式，通过单击"约束"栏中的"类型"下拉列表选择。在高速数字电路 PCB，或者射频电路 PCB 中，通常不采用直角形式。设置规则时，可以针对每个连接、每个网络，直至整个 PCB 设置导线拐角形式。

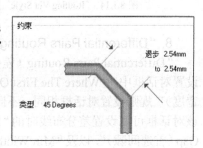

图 8.1.12　"Routing Corners"规则设置

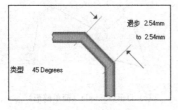
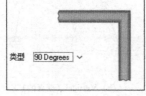
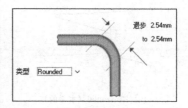

(a) 45°形式　　　　　　　　(b) 90°（直角）形式　　　　　　　(c) 圆弧形式

图 8.1.13　PCB 上导线的 3 种拐角方式

6. "Routing Via Style（布线过孔样式）" 规则

"Routing Via Style（布线过孔样式）" 规则用于设置布线时所用过孔的样式。在其规则设置对话框中，"Where The First Objects Matches" 选项组的参数和设置方法与 "Width（走线宽度）" 规则设置对话框相同。不同处在 "约束" 部分，规则设置对话框如图 8.1.14 所示，在该对话框中可以设置过孔的各种尺寸参数。过孔直径和过孔孔径都包括最大（Maximum）、最小（Minimum）和首选（Preferred）3 种定义方式。默认的过孔直径为 1.27mm（50mil），过孔孔径为 0.711 2 mm（28mil）。单击每一项都可以直接输入数值进行修改。

在 PCB 的编辑过程中，可以根据不同的元器件设置不同的过孔大小，过孔的直径和孔径尺寸应该参考实际元器件引脚的粗细进行设置。

7. "Fanout Control（扇出控制布线）" 规则

"Fanout Control（扇出控制布线）" 规则用于设置表面贴片元器件的布线方式。在其规则设置对话框中，"Where The First Objects Matches" 选项组的参数和设置方法与 "Width（走线宽度）" 规则设置对话框相同。不同处在 "约束" 部分，规则设置对话框如图 8.1.15 所示。在该规则中，系统针对不同的表面贴片元器件，提供了 Fanout-BGA，Fanout-LCC，Fanout-SOIC，Fanout-Small，Fanout-Default 5 种扇出规则，可以针对每一个引脚、每一个元件，甚至整个 PCB 设置扇出形式。每种规则中的设置方法相同。

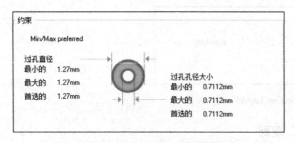
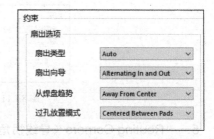

图 8.1.14　"Routing Via Style" 规则设置　　　　　　　图 8.1.15　"Fanout Control" 规则设置

8. "Differential Pairs Routing（差分对布线）" 规则

"Differential Pairs Routing（差分对布线）" 规则用于设置差分信号的布线形式。在其规则设置对话框中，"Where The First Objects Matches" 选项组的参数和设置方法与 "Width（走线宽度）" 规则设置对话框相同。不同处在 "约束" 部分，规则设置对话框如图 8.1.16 所示。在该对话框可以设置差分布线时的 "Min Gap（最小间隙）""Max Gap（最大间隙）" 和 "Preferred Gap（首选间隙）"，以及 "Min Width（最小宽度）""Max Width（最大宽度）" 和 "Preferred Width（首选宽度）" 等参数。

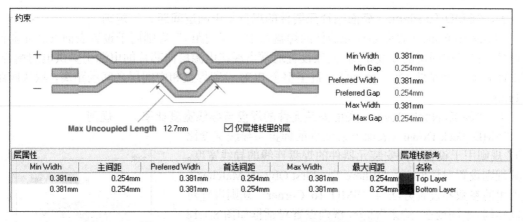

图 8.1.16　"Differential Pairs Routing" 规则设置对话框

8.1.4　"SMD" 设计规则

"SMD（表面贴片元器件）"设计规则主要用于设置表面贴片元器件的焊盘与导线的布线规则，其中包括以下 3 种设计规则。

1.　"SMD To Corner（表面贴片元器件的焊盘与导线拐角处最小间距）"规则

"SMD To Corner（表面贴片元器件的焊盘与导线拐角处最小间距）"规则用于设置表面安装元器件的焊盘出现走线拐角时，拐角和焊盘之间的距离，规则设置对话框如图 8.1.17 所示。在高速数字电路 PCB 设计时，走线时引入拐角会导致电信号的反射，引起信号之间的串扰，因此需要限制从焊盘引出的信号传输线至拐角的距离，以减小信号串扰。可以针对每一个焊盘、每一个网络，直至整个 PCB 设置拐角和焊盘之间的距离，默认间距为 0mil。

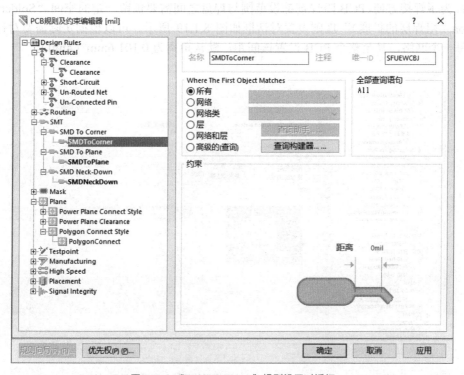

图 8.1.17　"SMD To Corner" 规则设置对话框

2. "**SMD To Plane**（表面贴片元器件的焊盘与中间层间距）"规则

"SMD To Plane（表面贴片元器件的焊盘与中间层间距）"规则用于设置表面安装元器件的焊盘连接到中间层的走线距离。该项设置通常出现在电源层向芯片的电源引脚供电的场合。可以针对每一个焊盘、每一个网络，直至整个 PCB 设置焊盘和中间层之间的距离，默认间距为 0mil。

3. "**SMD Neck Down**（表面安装元件的焊盘与导线宽度比率）"规则

"SMD Neck Down（表面安装元件的焊盘与导线宽度比率）"规则用于设置表面安装元器件的焊盘连线的导线宽度。在其规则设置对话框中，"Where The First Objects Matches"选项组的参数和设置方法与"SMD To Corner"规则设置对话框相同。不同处在"约束"部分，规则设置对话框如图 8.1.18 所示。在该规则中可以设置导线线宽上限占据焊盘宽度的百分比，通常走线总是比焊盘要小。可以根据实际需要对每一个焊盘、每一个网络，甚至整个 PCB 设置焊盘上的导线宽度与焊盘宽度之间的最大比率，默认值为 50%。

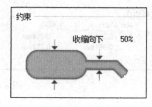

图 8.1.18 "SMD Neck Down" 规则设置

8.1.5 "Mask" 设计规则

"Mask（阻焊）"设计规则主要用于设置焊盘到阻焊层的距离。系统提供了"Top Paster（顶层锡膏防护层）""Bottom Paster（底层锡膏防护层）""Top Solder（顶层阻焊层）"和"Bottom Solder（底层阻焊层）" 4 个阻焊层，其中包括以下两种设计规则。

1. "**Solder Mask Expansion**（阻焊层的扩展）"规则

"Solder Mask Expansion（阻焊层的扩展）"规则用来设置从焊盘到阻焊层之间的延伸距离。通常，为了焊接方便，PCB 阻焊剂铺设范围与焊盘之间需要预留一定的空间。"Solder Mask Expansion（阻焊层的扩展）"规则设置对话框如图 8.1.19 所示。可以根据实际需要对每一个焊盘、每一个网络，甚至整个 PCB 设置该间距，默认距离为 0.101 6mm（4mil）。

图 8.1.19 "Solder Mask Expansion（阻焊层的扩展）"规则设置对话框

2. "Paste Mask Expansion（锡膏防护层的扩展）"规则

"Paste Mask Expansion（锡膏防护层的扩展）"规则用来设置从锡膏防护层与焊盘之间的延伸间距。在其规则设置对话框中，"Where The First Objects Matches"选项组的参数和设置方法与"Solder Mask Expansion"规则设置对话框相同。不同处在"约束"部分，规则设置对话框如图 8.1.20 所示。可以根据实际需要对每一个焊盘、每一个网络，甚至整个 PCB 设置该间距，默认距离为 0mil。

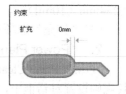

图 8.1.20 "Paste Mask Expansion"规则设置

阻焊层规则也可以在焊盘的属性对话框中进行设置，可以针对不同的焊盘进行单独的设置。在属性对话框中，设计者可以选择遵循设计规则中的设置，也可以忽略规则中的设置而采用自定义设置。

8.1.6 "Plane"设计规则

"Plane（中间层）"设计规则（也可以称为"内电层"）主要用于多层板设计中，用来设置与中间电源层布线相关的走线规则，其中包括以下 3 种设计规则。

1. "Power Plane Connect Style（电源层连接类型）"规则

"Power Plane Connect Style（电源层连接类型）"规则用于设置电源层的连接形式。规则设置对话框如图 8.1.21 所示，在该对话框中可以设置中间层的连接形式和各种连接形式的参数。

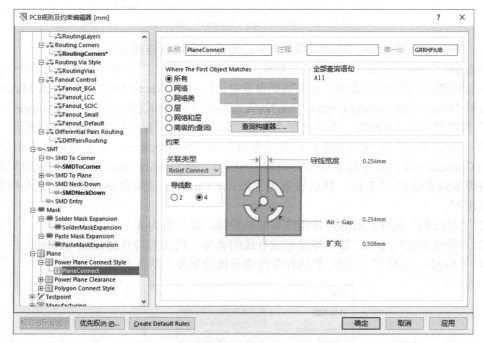

图 8.1.21 "Power Plane Connect Style（电源层连接类型）"规则设置对话框

（1）"关联类型"下拉列表框：连接类型可分为"No Connect（电源层与元器件引脚不相连）""Direct Connect（电源层与元器件的引脚通过实心的铜箔相连）"和"Relief Connect（使用散热焊盘的方式与焊盘或过孔连接）"3 种。默认设置为"Relief Connect（使用散热焊盘的方式与焊盘或过孔连接）"。

（2）"导线数"选项：散热焊盘组成导体的数目，默认值为 4。

（3）"导线宽度"选项：散热焊盘组成导体的宽度，默认值为 0.254mm（10mil）。

（4）"Air-Gap（空气间隙）"选项：散热焊盘过孔与导体之间的空气间隙宽度，默认值为 0.254mm（10mil）。

（5）"扩充"选项：过孔的边缘与散热导体之间的距离，默认值为 0.508mm（20mil）。

2. "Power Plane Clearance（电源层安全间距）"规则

"Power Plane Clearance（电源层安全间距）"规则用于设置通孔通过电源层时的间距。在其规则设置对话框中，"Where The First Objects Matches"选项组的参数和设置方法与"Power Plane Connect Style"规则设置对话框相同。不同处在于"约束"部分，规则设置对话框如图 8.1.22 所示。在该示意图中可以设置中间层的连接形式和各种连接形式的参数。通常，电源层将占据整个中间层，因此在有通孔（通孔焊盘或者过孔）通过电源层时，需要一定的间距。考虑到电源层的电流比较大，这里的间距设置也比较大。

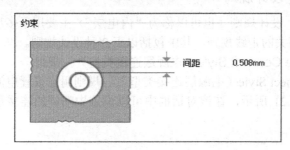

图 8.1.22 "Power Plane Clearance"规则设置

3. "Polygan Connect Style（焊盘与多边形覆铜区域的连接类型）"规则

"Polygan Connect Style（焊盘与多边形覆铜区域的连接类型）"规则用于设置元器件引脚焊盘与多边形覆铜之间的连接类型。在其规则设置对话框中，"Where The First Objects Matches"选项组和"Where The Second Objects Matches"选项组的参数和设置方法与"Clearance（安全间距）"规则设置对话框相同。不同处在"约束"部分，规则设置对话框如图 8.1.23 所示。

（1）"连接类型"下拉列表框：连接类型可分为"No Connect（覆铜与焊盘不相连）""Direct Connect（覆铜与焊盘通过实心的铜箔相连）"和"Relief Connect（使用散热焊盘的方式与焊盘或孔连接）"3 种。默认设置为"Relief Connect 使用散热焊盘的方式与焊盘或钻孔连接）"。

（2）"导线数"选项：散热焊盘组成导线的数目，默认值为 4。

（3）"导线宽度"选项：散热焊盘组成导线的宽度，默认值为 0.254mm（10mil）。

（4）"Angle（角度）"选项：散热焊盘组成导线的角度，默认值为 90°。

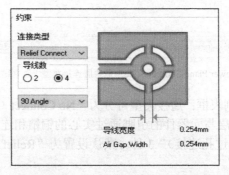

图 8.1.23 "Polygan Connect Style"规则设置

8.1.7 "Test Point"设计规则

"Test Point（测试点）"设计规则主要用于设置测试点布线规则，其中包括以下 2 种设计规则。

1. "FabricationTestpoint（装配测试点）"规则

"FabricationTestpoint（装配测试点）"规则用于设置测试点的形式，规则设置对话框如图 8.1.24 所示，在该对话框中可以设置测试点的形式和各种参数。为了方便电路板的调试，在 PCB 上引入了测试点。测试点连接在某个网络上，形式和过孔类似，在调试过程中可以通过测试点引出电路板上的信号，可以设置测试点的尺寸，以及是否允许在元器件底部生成测试点等各项选项。

该项规则主要用在自动布线器、在线 DRC 和批处理 DRC（除了首选尺寸和首选过孔尺寸外的所有属性）、Output Generation（输出阶段）等系统功能模块。其中，自动布线器使用首选尺寸和首选过孔尺寸属性来定义测试点焊盘的大小。

图 8.1.24 "Fabrication Testpoint（装配测试点）"规则设置对话框

2. "Fabrication Testpoint Usage（装配测试点使用）"规则

"Fabrication Testpoint Usage（装配测试点使用）"规则用于设置测试点的使用参数。在其规则设置对话框中，"Where The First Objects Matches"选项组的参数和设置方法与"Fabrication Testpoint（装配测试点）"规则设置对话框相同。不同处在"约束"部分，规则设置对话框如图 8.1.25 所示，在对话框中可以设置是否允许使用测试点和同一网络上是否允许使用多个测试点。

（1）"必需的（R）"选项：每一个目标网络都使用 1 个测试点。该项为默认设置。

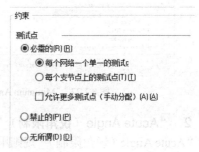

图 8.1.25 "Fabrication Testpoint Usage"规则设置

（2）"禁止的（P）"选项：所有网络都不使用测试点。

（3）"无所谓（D）"选项：每一个网络可以使用测试点，也可以不使用测试点。

（4）"允许更多测试点（手动分配）"选项："√"勾选中该选项后，系统将允许在 1 个网络上使用多个测试点。默认设置为不选择该选项。

8.1.8 "Manufacturing"设计规则

"Manufacturing（生产制造）"规则是根据 PCB 制作工艺来设置有关参数，主要用在在线 DRC 和批处理 DRC 执行过程中，其中包括图 8.1.26 所示的 11 种设计规则。

在这些规则中，"Where the First objects matches（优先匹配的对象所处位置）"选项组的设置与前面是类似的，通常采用系统的默认设置，选择"所有"选项。

1. "Minimum Annular Ring（最小环孔限制）"规则

"Minimum Annular Ring（最小环孔限制）"规则用于设置环状图元内外径间距下限，规则设置对话框如图 8.1.27 所示。在 PCB 设计时，引入的环状图元（如过孔）中，如果内径和外径之间的差很小，在工艺上可能无法制作出来，此时的设计实际上是无效的。通过该项设置，可以检查出所有工艺无法达到的环状物。默认值为 0.254mm（10mil）。

图 8.1.26 "Manufacturing"设计规则

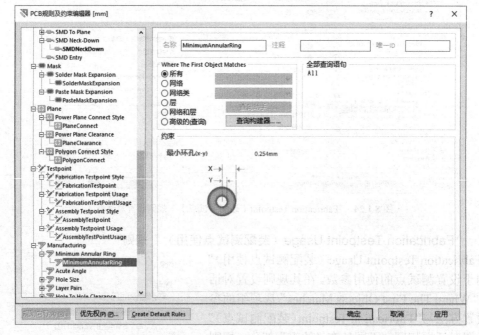

图 8.1.27 "Minimum Annular Ring（最小环孔限制）"规则设置对话框

2. "Acute Angle（锐角限制）"规则

"Acute Angle（锐角限制）"规则用于设置锐角走线角度。在其规则设置对话框中，"Where The First Objects Matches"选项组的参数和设置方法与"Minimum Annular Ring（最小环孔限制）"规则设置对话框相同。"Acute Angle"规则设置部分如图 8.1.28 所示。在 PCB 设计时如果没有规定走线角度最小值，则可能出现拐角很小的走线，工艺上可能无法做到这样的拐角，此时的设计实际上是无效的。通过该项设置可以检查出所有工艺无法达到的锐角走线。默认值为 90°。

3．"Hole Size（钻孔尺寸）"规则

"Hole Size（钻孔尺寸）"规则用于设置钻孔孔径的上限和下限。在其规则设置对话框中，"Where The First Objects Matches"选项组的参数和设置方法与"Minimum Annular Ring（最小环孔限制）"规则设置对话框相同。"Hole Size"规则设置部分如图 8.1.29 所示。与设置环状图元内外径间距下限类似，过小的钻孔孔径可能在工艺上无法制作，从而导致设计无效。通过设置通孔孔径的范围，可以防止 PCB 设计出现类似错误。

（1）"测量方法"选项：度量孔径尺寸的方法有"Absolute（绝对值）"和"Percent（百分数）"两种。默认设置为"Absolute（绝对值）"。

（2）"最小的"选项：设置孔径最小值。"Absolute（绝对值）"方式的默认值为 0.025 4mm（1mil），"Percent（百分数）"方式的默认值为 20%。

（3）"最大的"选项：设置孔径最大值。"Absolute（绝对值）"方式的默认值为 2.54mm（100mil），"Percent（百分数）"方式的默认值为 80%。

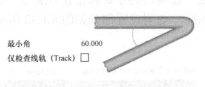

最小角　　　　60.000
仅检查线轨（Track）□

图 8.1.28　"Acute Angle"规则设置

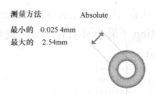

测量方法　　　　Absolute
最小的　0.025 4mm
最大的　2.54mm

图 8.1.29　"Hole Size"规则设置

4．"Layer Pairs（工作层对设计）"规则

"Layer Pairs（工作层对设计）"规则用于检查使用的"Layer-pairs（工作层对）"是否与当前的"Drill-pairs（钻孔对）"匹配。使用的"Layer-pairs（工作层对）"是由板上的过孔和焊盘决定的，"Layer-pairs（工作层对）"是指一个网络的起始层和终止层。该项规则除了应用于在线 DRC 和批处理 DRC 外，还可以应用在交互式布线过程中。

在"Layer Pairs（工作层对设计）"规则中，"加强层对设定"选项用于确定是否强制执行此项规则的检查。"√"勾选中该选项时，将始终执行该项规则的检查。

5．"Hole To Hole Clearance（孔到孔间距）"规则

"Hole To Hole Clearance（孔到孔间距）"规则用于设置孔到孔间距。在其规则设置对话框中，"Where The First Objects Matches"选项组的参数和设置方法与"Minimum Annular Ring（最小环孔限制）"规则设置对话框相同。规则设置部分如图 8.1.30 所示。默认值为 10mil。

6．"Minimum Solder Mask Sliver（最小阻焊间距）"规则

"Minimum Solder Mask Sliver（最小阻焊间距）"规则用于设置最小阻焊间隙。在其规则设置对话框中，"Where The First Objects Matches"选项组的参数和设置方法与"Minimum Annular Ring（最小环孔限制）"规则设置对话框相同。规则设置部分如图 8.1.31 所示。默认值为 10mil（0.254mm）。

7．"Silk To Solder Mask Clearance（丝印到阻焊膜的间距）"规则

"Silk To Solder Mask Clearance（丝印到阻焊膜的间距）"规则用于设置丝印到阻焊膜的间距。在其规则设置对话框中，"Where The First Objects Matches"选项组的参数和设置方法与"Minimum Annular Ring（最小环孔限制）"规则设置对话框相同。"Silk To Solder Mask

Clearance"规则设置部分如图 8.1.32 所示。默认值为 10mil。Clearance Check Mode（间距检查模式）可以选择"Check Clearance To Exposed Copper（检查到露铜的间距）"或者"Check Clearance To Solder Mask Openings（检查到焊料掩模孔间距）"。

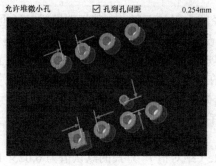

图 8.1.30 "Hole To Hole Clearance" 规则设置

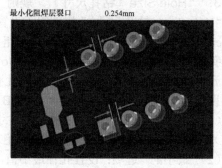

图 8.1.31 "Minimum Solder Mask Sliver" 规则设置

8. "Silk To Silk Clearance（丝印到丝印的间距）" 规则

"Silk To Silk Clearance（丝印到丝印的间距）"规则用于设置丝印到丝印的间距。在其规则设置对话框中，"Where The First Objects Matches"选项组的参数和设置方法与"Minimum Annular Ring（最小环孔限制）"规则设置对话框相同。规则设置部分如图 8.1.33 所示。默认值为 10mil。

图 8.1.32 "Silk To Solder Mask Clearance" 规则设置

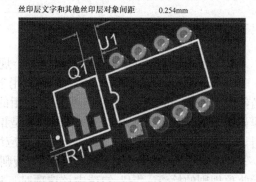

图 8.1.33 "Silk To Silk Clearance" 规则设置

9. "Net Antennae（网络卷须容忍度）" 规则

"Net Antennae（网络卷须容忍度）"规则用于设置网络卷须容忍度。在其规则设置对话框中，"Where The First Objects Matches"选项组的参数和设置方法与"Minimum Annular Ring（最小环孔限制）"规则设置对话框相同。规则设置部分如图 8.1.34 所示。默认值为 0mil。

10. "Silk To Board Region Clearance（丝印到板区域的间距）" 规则

"Silk To Board Region Clearance（丝印到板区域的间距）"规则用于设置丝印到板区域的间距，在规则设置对话框无定义。

11. "Board Outline Clearance（板外形间距）" 规则

"Board Outline Clearance（板外形间距）"规则用于设置导线、焊盘等到板边框的间距。在其规则设置对话框中，"Where The First Objects Matches"选项组的参数和设置方法与"Minimum Annular Ring（最小环孔限制）"规则设置对话框相同。规则设置部分如图 8.1.35 所示。最小间距系统默认值为 N/A（未定义），一般要求为 10mil。

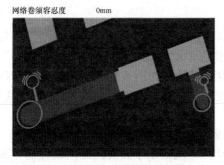

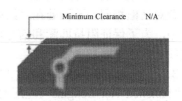

图 8.1.34　"Net Antennae"规则设置　　　　　　图 8.1.35　"Board Outline Clearance"规则设置

8.1.9　"High Speed"设计规则

"High Speed（高速信号相关）"设计规则主要用于设置高速信号线布线规则，其中包括以下 6 种设计规则。

1.　"Parallel Segment（平行导线段间距限制）"规则

"Parallel Segment（平行导线段间距限制）"规则用于设置平行走线间距限制，规则设置对话框如图 8.1.36 所示。在 PCB 的高速设计中，为了保证信号传输正确，需要采用差分线对来传输信号，与单根线传输信号相比可以得到更好的效果。在该对话框中可以设置差分线对的各项参数，包括差分线对的层、间距和长度等。

（1）"Layer Checking（层检查）"选项：用于设置两段平行导线所在的工作层面属性，有"Same Layer（位于同一个工作层）"和"Adjacent Layers（位于相邻的工作层）"2 种选择。默认设置为"Same Layer（位于同一个工作层）"。

（2）"For a parallel gap of（平行线间的间隙）"选项：用于设置两段平行导线之间的距离。默认设置为 0.254mm（10mil）。

（3）"The parallel limit is（平行线的限制）"选项：用于设置平行导线的最大允许长度（在使用平行走线间距规则时）。默认设置为 254mm（10 000mil）。

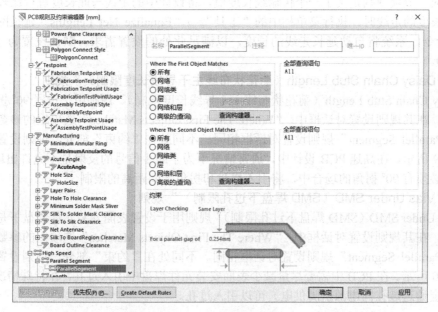

图 8.1.36　"Parallel Segment（平行导线段间距限制）"规则设置对话框

2. "Length（网络长度限制）"规则

"Length（网络长度限制）"规则用于设置传输高速信号导线的长度。在其规则设置对话框中，"Where The First Objects Matches"选项组的参数和设置方法与"Parallel Segment"规则设置对话框相同。不同处在"约束"部分，规则设置对话框如图 8.1.37 所示。在高速 PCB设计中，为了保证阻抗匹配和信号质量，对走线长度也有一定的要求。在该对话框中可以设置走线长度的下限和上限。

3. "Matched Net Lengths（匹配网络传输导线的长度）"规则

"Matched Net Lengths（匹配网络传输导线的长度）"规则用于设置匹配网络传输导线的长度。在其规则设置对话框中，"Where The First Objects Matches"选项组的参数和设置方法与"Parallel Segment"规则设置对话框相同。不同处在"约束"部分，规则设置对话框如图8.1.38 所示。在高速 PCB 设计中，通常需要对部分网络的导线进行匹配布线，在该对话框中可以设置导线匹配布线时的各项参数。

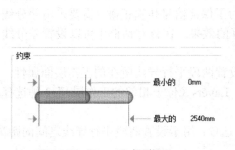

图 8.1.37 "Length"规则设置

图 8.1.38 "Matched Net Lengths"规则设置

"公差"选项：在高频电路设计中要考虑到传输线的长度问题，传输线太短将产生串扰等传输线效应。该项规则定义了一个传输线长度值，将设计中的走线与此长度进行比较，当出现小于此长度的走线时，执行菜单栏中的"工具"→"Equalize Net Lengths（延长网络走线长度）"命令，系统将自动延长走线的长度，以满足此处的设置需求。默认设置为 25.4mm（1 000mil）。

4. "Daisy Chain Stub Length（菊花状布线主干导线长度限制）"规则

"Daisy Chain Stub Length（菊花状布线主干导线长度限制）"规则用于设置 90°拐角和焊盘的距离。在其规则设置对话框中，"Where The First Objects Matches"选项组的参数和设置方法与"Parallel Segment"规则设置对话框相同。不同处在"约束"部分，规则设置对话框如图 8.1.39 所示。在高速 PCB 设计中，通常情况下为了减少信号的反射是不允许出现 90°拐角的，在必须有 90°拐角的场合中，将引入焊盘和拐角之间距离的限制。

5. "Vias Under SMD（SMD 焊盘下过孔限制）"规则

"Vias Under SMD（SMD 焊盘下过孔限制）"规则用于设置表面安装元件焊盘下是否允许出现过孔。在其规则设置对话框中，"Where The First Objects Matches"选项组的参数和设置方法与"Parallel Segment"规则设置对话框相同。不同处在"约束"部分，规则设置对话框如图 8.1.40 所示。在 PCB 中需要尽量减少表面安装元件焊盘中引入过孔，在特殊情况下（如中间电源层通过过孔向电源引脚供电）可以引入过孔。

图 8.1.39 "Daisy Chain Stub Length" 规则设置

图 8.1.40 "Vias Under SMD" 规则设置

6. "Maximun Via Count（最大过孔数量限制）" 规则

"Maximun Via Count（最大过孔数量限制）" 规则用于设置布线时过孔数量的上限。默认设置为 1 000。

8.1.10 "Placement" 设计规则

"Placement（元器件放置）" 设计规则用于设置元器件布局的规则。如图 8.1.41 所示，"Placement（元器件放置）" 设计规则有 6 个选项可以选择，在布线时可以引入元器件的布局规则。一般这些规则只在对元器件布局有严格要求的场合中使用。一些规则在前面章节中已经有介绍，这里不再赘述。

图 8.1.41 "Placement" 设计规则选项

8.1.11 "Signal Integrity" 设计规则

"Signal Integrity（信号完整性）" 规则用于设置信号完整性所涉及的各项要求，如对信号上升沿、下降沿等的要求。这里的规则设置会影响到电路的信号完整性仿真，其中包含有如下规则。

（1）"Signal Stimulus（激励信号）" 规则。
（2）"Overshoot-Falling Edge（信号下降沿的过冲约束）" 规则。
（3）"Overshoot- Rising Edge（信号上升沿的过冲约束）" 规则。
（4）"Undershoot-Falling Edge（信号下降沿的反冲约束）" 规则。
（5）"Undershoot-Rising Edge（信号上升沿的反冲约束）" 规则。
（6）"Impedance（阻抗约束）" 规则。
（7）"Signal Top Value（信号高电平约束）" 规则。
（8）"Signal Base Value（信号基准约束）" 规则。
（9）"Flight Time-Rising Edge（上升沿的上升时间约束）" 规则。
（10）"Flight Time-Falling Edge（下降沿的下降时间约束）" 规则。
（11）"Slope-Rising Edge（上升沿斜率约束）" 规则。
（12）"Slope-Falling Edge（下降沿斜率约束）" 规则。
（13）"Supply Nets（电源网络约束）" 规则。

上述规则的功能与参数设置请参考 "第 10 章信号完整性分析" 有关章节。

8.2 PCB 的 "自动布线" 策略

8.2.1 默认的 "自动布线" 策略

执行菜单栏中的 "自动布线" → "设置" 命令，系统将弹出如图 8.2.1 所示的 "Situs 布线策略（位置布线策略）" 对话框。

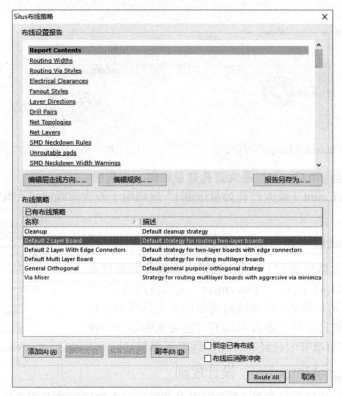

图 8.2.1 "Situs 布线策略（位置布线策略）"对话框

在该对话框中可以设置自动布线策略。布线策略是指 PCB 自动布线时所采取的策略，如探索式布线、迷宫式布线、推挤式拓扑布线等。自动布线的布通率与元器件布局有关。

在"Situs 布线策略（位置布线策略）"对话框中列出了默认的 6 种自动布线策略，对默认的布线策略不允许进行编辑和删除操作。默认的 6 种自动布线策略功能如下。

（1）"Cleanup（清除）"：用于清除布线策略。

（2）"Default 2 Layer Board（默认双面板）"：默认的双面板的布线策略。

（3）"Default 2 Layer With Edge Connectors（默认具有边缘连接器的双面板）"：默认的具有边缘连接器的双面板的布线策略。

（4）"Default Multi Layer Board（默认多层板）"：默认的多层板的布线策略。

（5）"General Orthogonal（一般正交）"：默认的正交布线策略。

（6）"Via Miser（少用过孔）"：默认的在多层板中尽量减少使用过孔的布线策略。

"√"勾选"锁定已有布线"选项后，所有先前的布线将被锁定，重新自动布线时将不改变这部分的布线。

8.2.2 添加新的"自动布线"策略

单击图 8.2.1 中"Situs 布线策略（位置布线策略）"对话框的"添加（A）"按钮，系统将弹出的"Situs 策略编辑器"对话框如图 8.2.2 所示。在该对话框中可以添加新的布线策略。

（1）在"策略名称"文本框中，可以填写添加的新建布线策略的名称，在"策略描述"文本框中填写对该布线策略的描述。

（2）可以通过拖动文本框下面的滑块来改变此布线策略允许的过孔数目，允许的过孔数目越多自动布线越快。

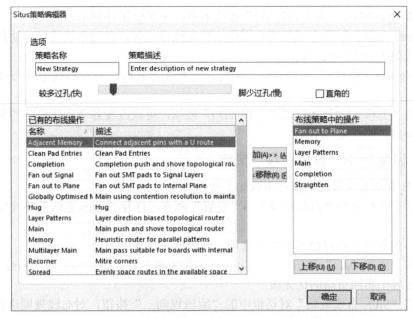

图 8.2.2　"Situs 策略编辑器" 对话框

（3）选择左边的 PCB 布线策略列表框中（已有的布线操作）的中的任一项，然后单击"应用（A）"按钮，此布线策略将被添加到右侧当前的 PCB 布线策略列表框中（布线策略中的操作），作为新创建的布线策略中的一项。如果想要删除右侧列表框中的某一项，则选择该项后，单击"移除（R）"按钮即可删除。

在 Altium Designer 15 布线策略列表框中（已有的布线操作）有多种布线策略。

①"Adjacent Memory（相邻的存储器）"布线策略：采用 U 型走线的布线方式。采用这种布线方式时，自动布线器对同一网络中相邻的元器件引脚采用 U 型走线方式。

②"Clean Pad Entries（清除焊盘走线）"布线策略：用于清除焊盘冗余走线。采用这种布线方式可以优化 PCB 的自动布线，清除焊盘上多余的走线。

③"Completion（完成）"布线策略：竞争的推挤式拓扑布线形式。采用这种布线方式时，布线器对布线进行推挤操作，以避开不在同一网络中的过孔和焊盘。

④"Fan out Signal（扇出信号）"布线策略：表面安装元器件的焊盘采用扇出形式连接到信号层。当表面安装元器件的焊盘布线跨越不同的工作层时，采用这种布线方式可以先从该焊盘引出一段导线，然后通过过孔与其他的工作层连接。

⑤"Fan out to Plane（扇出平面）"布线策略：表面安装元器件的焊盘采用扇出形式连接到电源层和接地网络中。

⑥"Globally optimized Main（全局主要的最优化）"布线策略：全局最优化拓扑布线方式。

⑦"Hug（环绕）"布线策略：采用这种布线方式时，自动布线器将采取环绕的布线方式。

⑧"Layer Patterns（层样式）"布线策略：采用这种布线方式将决定同一工作层中的布线是否采用布线拓扑结构进行自动布线。

⑨"Main（主要的）"布线策略：主推挤式拓扑驱动布线。采用这种布线方式时，自动布线器对布线进行推挤操作，以避开不在同一网络中的过孔和焊盘。

⑩"Memory（存储器）"布线策略：启发式并行模式布线。采用这种布线方式将对存储器元器件上的走线方式进行最佳的评估。对地址线和数据线一般采用有规律的并行走线方式。

⑪ "Multilayer Main（主要的多层）"布线策略：多层板拓扑驱动布线方式。

⑫ "Spread（蔓延式）"布线策略：采用这种布线方式时，自动布线器自动使位于 2 个焊盘之间的走线处于正中间的位置。

⑬ "Straighten（伸直）"布线策略：采用这种布线方式时，自动布线器在布线时将尽量走直线。

（4）单击"上移（U）"按钮或"下移（D）"按钮，可以改变各个布线策略的优先级，位于最上方的布线策略优先级最高。

8.2.3 设置 PCB "自动布线"策略

设置 PCB 自动布线策略的操作步骤如下所述。

（1）执行菜单栏中的"自动布线"→"设置"命令，打开"Situs 布线策略（位置布线策略）"对话框。

（2）"√"勾选中"锁定已有布线"选项，锁定所有先前的布线。

（3）单击"添加（A）"按钮，在"Situs 策略编辑器"对话框中添加新的布线策略。

（4）确定各个布线策略的优先级。

（5）单击"Situs 布线策略"对话框中的"编辑规则…"按钮，对布线规则进行设置。

（6）单击"确定（OK）"按钮，完成布线策略设置。

8.3 PCB 的"自动布线"操作

8.3.1 "自动布线"菜单命令的操作

1. "自动布线"菜单命令

布线规则和布线策略设置完毕后，用户即可进行自动布线操作。自动布线操作主要是通过"自动布线"菜单进行的。用户不仅可以进行整体布局，也可以对指定的区域、网络及元器件进行单独的布线。"自动布线"菜单如图 8.3.1 所示。

图 8.3.1 "自动布线"菜单命令

2. "全部…"命令操作

"全部…"命令用于全局自动布线，其操作步骤如下所述。

（1）单击菜单栏中的"自动布线"→"全部…"命令，系统将弹出"Situs 布线策略（位置布线策略）"对话框。在该对话框中可以设置自动布线策略。

（2）选择一项布线策略，然后单击"Route All（布线所有）"按钮，即可进入自动布线状态。

这里的示例选择系统默认的"Default 2 Layer Board（默认双面板）"策略。布线过程中将自动弹出"Messages（信息）"面板，如图 8.3.2 所示，提供自动布线的状态信息。从最后一条提示信息可见，此次自动布线全部布通。

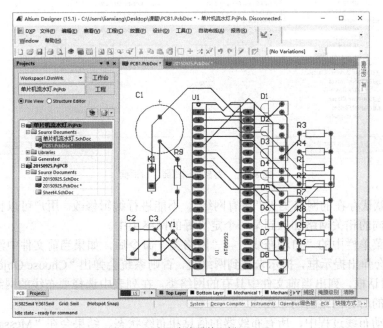

图 8.3.2 "Messages"面板

（3）全局布线后的示例 PCB 图如图 8.3.3 所示。

图 8.3.3 全局布线后的示例 PCB 图

当元器件排列比较密集，或者布线规则设置过于严格时，自动布线可能不会完全布通，即使完全布通的 PCB，仍会有部分网络走线不合理，存在如绕线过多、走线过长等问题，此时需要采用手动布线方式进行调整。

3．"网络"命令操作

"网络"命令用于为指定的网络自动布线，其操作步骤如下所述。

（1）在规则设置中对该网络布线的线宽进行合理的设置。

（2）执行菜单栏中的"自动布线"→"网络"命令，此时指针将变成十字形状。移动指针到该网络上的任何一个电气连接点（飞线或焊盘处），单击，此时系统将自动对该网络进行布线。

（3）此时，系统仍处于布线状态，可以继续对其他的网络进行布线。

（4）单击鼠标右键或者按"Esc"键，即可退出该操作。

4．"网络类…"命令操作

"网络类…"命令用于为指定的网络类自动布线，其操作步骤如下所述。

（1）"网络类…"是多个网络的集合，可以在"对象类浏览器"对话框中对其进行编辑管理。执行菜单栏中的"设计"→"类"命令，系统将弹出如图 8.3.4 所示的"对象类浏览器"对话框。

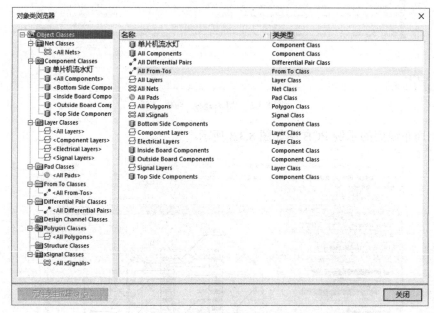

图 8.3.4 "对象类浏览器"对话框

（2）系统默认存在的网络类为"所有网络"，不能进行编辑修改。用户可以自行定义新的网络类，将不同的相关网络加入到某一个定义好的网络类中。

（3）执行菜单栏中的"自动布线"→"网络类"命令后，如果当前文件中没有自定义的网络类，系统会弹出提示框，提示未找到网络类，否则系统会弹出"Choose Objects Class（选择对象类）"对话框，列出当前文件中具有的网络类。在列表中选择要布线的网络类，系统即将该网络类内的所有网络自动布线。

（4）在自动布线过程中，所有布线器的信息和布线状态、结果会在"Messages（信息）"面板中显示出来。

（5）单击鼠标右键或者按"Esc"键，即可退出该操作。

5．"连接"命令操作

"连接"命令用于为 2 个存在电气连接的焊盘进行自动布线，其操作步骤如下所述。

（1）如果对该段布线有特殊的线宽要求，则应该先在布线规则中对该段线宽进行设置。

（2）执行菜单栏中的"自动布线"→"连接"命令，此时指针将变成十字形状。移动指针到工作窗口，单击某两点之间的飞线或单击其中的 1 个焊盘，然后选择两点之间的连接，此时系统将自动在该两点之间布线。

（3）此时，系统仍处于布线状态，可以继续对其他的连接进行布线。

（4）单击鼠标右键或者按"Esc"键，即可退出该操作。

6．"区域"命令操作

"区域"命令用于为完整包含在选定区域内的连接自动布线，其操作步骤如下所述。

（1）执行菜单栏中的"自动布线"→"区域"命令，此时指针将变成十字形状。

（2）在工作窗口中单击确定矩形布线区域的 1 个顶点，然后移动指针到合适的位置，再次单击确定该矩形区域的对角顶点。此时，系统将自动对该矩形区域进行布线。

（3）此时，系统仍处于放置矩形状态，可以继续对其他区域进行布线。

（4）单击鼠标右键或者按"Esc"键即可退出该操作。

7．"Room（空间）"命令操作

"Room（空间）"命令用于为指定 Room 类型的空间内的连接自动布线。

该命令只适用于完全位于 Room 空间内部的连接，即 Room 边界线以内的连接，不包括压在边界线上的部分。单击该命令后，指针变为十字形状，在 PCB 工作窗口中，单击选取 Room 空间即可。

8．"元件"命令操作

"元件"命令用于为指定元件的所有连接自动布线，其操作步骤如下所述。

（1）执行菜单栏中的"自动布线"→"元件"命令，此时指针将变成十字形状。移动指针到工作窗口，单击某一个元件的焊盘，所有从选定元件的焊盘引出的连接都被自动布线。

（2）此时，系统仍处于布线状态，可以继续对其他元件进行布线。

（3）单击鼠标右键或者按"Esc"键，即可退出该操作。

9．"器件类…"命令操作

"器件类…"命令用于为指定元件类内所有元件的连接自动布线，其操作步骤如下所述。

（1）"器件类…"是多个元件的集合，可以在"对象类浏览器"对话框中对其进行编辑管理。执行菜单栏中的"设计"→"类"命令，系统将弹出该对话框。

（2）系统默认存在的元件类为 All Components（所有元件），不能进行编辑修改。用户可以使用元件类生成器自行建立元件类。另外，在放置 Room 空间时，包含在其中的元件也自动生成一个元件类。

（3）执行菜单栏中的"自动布线"→"器件类"命令后，系统将弹出"Select Objects Class（选择对象类）"对话框。在该对话框中包含当前文件中的元件类别列表。在列表中选择要布线的元件类，系统即将该元件类内所有元件的连接自动布线。

（4）单击鼠标右键或者按"Esc"键，即可退出该操作。

10．"选中对象的连接"命令

"选中对象的连接"命令用于为所选元件的所有连接自动布线。单击该命令之前，要先选中欲布线的元件。

11．"选择对象之间的连接"命令

"选择对象之间的连接"命令用于为所选元件之间的连接自动布线。单击该命令之前，要先选中欲布线元件。

12. "扇出"命令

在 PCB 编辑器中，单击菜单栏中的"自动布线"→"扇出"命令，弹出的子菜单如图 8.3.5 所示。采用扇出布线方式可将焊盘连接到其他的网络中。

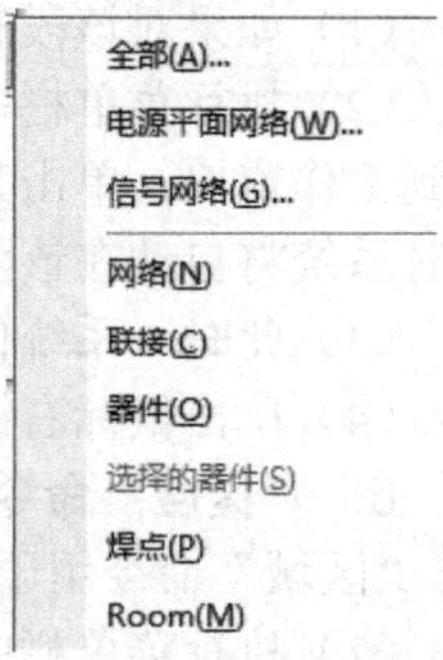

（1）"全部…"：用于对当前 PCB 设计内所有连接到中间电源层或信号层网络的表面安装元件执行扇出操作。

（2）"电源平面网络…"：用于对当前 PCB 设计内所有连接到电源层网络的表面安装元件执行扇出操作。

（3）"信号网络…"：用于对当前 PCB 设计内所有连接到信号层网络的表面安装元件执行扇出操作。

图 8.3.5 "扇出"命令子菜单

（4）"网络"：用于为指定网络内的所有表面安装元件的焊盘执行扇出操作。单击该命令后，单击指定网络内的焊盘，或者在空白处单击，在弹出的"网络选项"对话框中输入网络标号，系统即可自动为选定网络内的所有表面安装元件的焊盘执行扇出操作。

（5）"联接"：用于为指定连接内的 2 个表面安装元件的焊盘执行扇出操作。单击该命令后，单击指定连接内的焊盘或者飞线，系统即可自动为选定连接内的表面安装元件的焊盘执行扇出操作。

（6）"器件"：用于为选定的表面安装元件执行扇出操作。单击该命令后，单击特定的表面安装元件，系统即可自动为选定元件的焊盘执行扇出操作。

（7）"选择的器件"：单击该命令前，先选中要执行扇出操作的元件。单击该命令后，系统自动为选定的元件执行扇出操作。

（8）"焊点"：用于为指定的焊盘执行扇出操作。

（9）"Room（空间）"：用于为指定的 Room 类型空间内的所有表面安装元件执行扇出操作。单击该命令后，单击指定的 Room 空间，系统即可自动为空间内的所有表面安装元件执行扇出操作。

8.3.2 "自动布线"的手动调整

自动布线会出现一些如有较多的绕线、走线不美观等不合理的布线情况，此时可以通过手动布线进行调整。

1. 合理地设置网格大小

利用手动布线进行调整，设计者需要根据自动布线的情况，重新规划元件布局和走线路径，进行布线操作。布线过程往往会受到 PCB 空间和尺寸的限制。合理地设置网格大小，会更加方便设计者规划元件布局和放置导线。设计者可以在设计的不同阶段，根据需要随时调整网格的大小。例如，在元件布局阶段，可将捕捉网格设置得大一点，如 20mil；而在布线阶段，捕捉网格要设置得小一点，如 5mil，甚至更小。尤其是在走线密集的区域，视图网格和捕捉网格都应该设置得小一些，以方便观察和走线。

2. 手动拆除布线操作

在工作窗口中选中导线后，按"Delete"键，即可删除导线，拆除布线。也可以通过"工具"菜单下"取消布线"子菜单中的命令来快速地拆除布线。

单击"工具"→"取消布线"，弹出子菜单如图 8.3.6 所示。

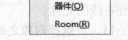

图 8.3.6 "取消布线"子菜单

（1）"全部"命令：用于拆除 PCB 上的所有导线。

执行菜单栏中的"工具"→"取消布线"→"全部"命令，即可拆除 PCB 上的所有导线。

（2）"网络"命令：用于拆除某一个网络上的所有导线。

执行菜单栏中的"工具"→"取消布线"→"网络"命令，此时指针将变成十字形状。移动指针到某根导线上，单击，该导线所属网络的所有导线将被删除。此时，系统仍处于拆除布线状态，可以继续拆除其他网络上的布线。单击鼠标右键或者按"Esc"键，即可退出该操作。

（3）"连接"命令：用于拆除某个连接上的导线。

执行菜单栏中的"工具"→"取消布线"→"连接"命令，此时指针将变成十字形状。移动指针到某根导线上，单击，该导线建立的连接将被删除。此时，系统仍处于拆除布线状态，可以继续拆除其他连接上的布线。单击鼠标右键或者按"Esc"键，即可退出该操作。

（4）"器件"命令：用于拆除某个元件上的导线。

执行菜单栏中的"工具"→"取消布线"→"器件"命令，此时指针将变成十字形状。移动指针到某个元件上，单击，该元件所有引脚所在网络的所有导线将被删除。此时，系统仍处于拆除布线状态，可以继续拆除其他元件上的布线。单击鼠标右键或者按"Esc"键，即可退出该操作。

（5）"Room（空间）"命令：用于拆除某个 Room 区域内的导线。

3．手动布线操作

手动布线也将遵循自动布线时设置的规则，其操作步骤如下。

（1）执行菜单栏中的"放置"→"交互式布线"命令，此时指针将变成十字形状。

（2）移动指针到元件的一个焊盘上，单击放置布线的起点。

手动布线模式主要有任意角度、90°拐角、90°弧形拐角、45°拐角和 45°弧形拐角 5 种。按"Shift"+"Space"键即可在 5 种模式间切换，按"Space"键可以在每一种的开始和结束 2 种模式间切换。

（3）多次单击确定多个不同的控点，完成两个焊盘之间的布线。

4．手动布线中层的切换

在进行交互式布线时，按"Shift"+"Ctrl"+鼠标滑轮可以在不同的信号层之间切换，这样可以完成不同层之间的走线。在不同的层间进行走线时，系统将自动为其添加一个过孔。

不同层间的走线颜色是不相同的，可以在"视图配置"对话框中进行设置。

8.4　PCB 的"覆铜"

8.4.1　启动"覆铜"命令

执行菜单栏中的"放置"→"多边形覆铜"命令，或者单击"连线"工具栏中的"▦（放置多边形平面）"按钮，或用快捷键"P"+"G"，即可启动放置"覆铜"命令。系统弹出的"多边形覆铜"对话框如图 8.4.1～图 8.4.3 所示。

在绘制 PCB 图时，"覆铜"就是用导线（铜箔）把 PCB 上空余的、没有走线的部分全部铺满。即"覆铜"是利用由一系列不规则的导线，完成电路板内不规则区域的填充。在大多数情况是，用铜箔铺满的部分区域和电路的 GND 网络相连。在低频信号时，利用"覆铜"接地（特别是单面 PCB）可以提高电路的抗干扰能力。另外，通过大电流的导电通路也可以采用"覆铜"来提高过电流的能力。通常，"覆铜"的安全间距应该在一般导线安全间距的 2

倍以上。需要大面积覆铜时，采用实心填充覆铜还是网格覆铜，需要考虑焊接工艺。采用大面积实心填充覆铜，如果过波峰焊时，板子就可能会翘起来，甚至会起泡。在过波峰焊时，采用网格覆铜的散热性要好些。

注意：在高速数字电路 PCB 或者射频电路 PCB 设计时，是否可以采用"覆铜"操作，采用哪种覆铜"填充模式"，需要根据实际的电路状态决定。

8.4.2 设置"敷铜"属性

启动"覆铜"命令之后，或者双击已放置的"覆铜"，系统将弹出图 8.4.1 所示"多边形覆铜"对话框。

图 8.4.1 "Solid（Copper Regions）"选项对话框

1. "填充模式"选项组

"填充模式"选项组用于选择"覆铜"的填充模式，包括"Solid（Copper Regions）""Hatched（Tracks/Arcs）"和"None（Outlines Only）"3 个填充模式。针对不同的填充模式，有不同的设置参数选项。可以在对话框中的显示图形区域，直接设置"覆铜"的具体参数。

（1）"Solid（Copper Regions）（实心填充）"选项：覆铜区域内为全铜敷设。可以设置删除孤立区域（孤岛）覆铜的面积限制值，以及删除凹槽的宽度限制值等。

（2）"Hatched（Tracks/Arcs）（网络状）"选项：覆铜区域内采用网络状的覆铜。如图 8.4.2 所示，可以设置网格线的宽度、网络的大小（尺寸）、围绕焊盘的形状及网格的类型等。

（3）"None（Outlines Only）（无填充）"选项：只保留覆铜边界，内部无填充。如图 8.4.3 所示，可以设置覆铜边界导线宽度，及围绕焊盘的形状等。

2. "属性"选项组

在"属性"选项组中，有如下内容。

（1）"层"下拉列表框：用于设定覆铜所属的工作层。

（2）"最小整洁长度"文本框：用于设置最小图元的长度。

（3）"锁定原始的"选项：用于选择是否锁定覆铜。

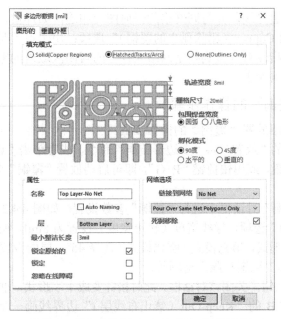

图 8.4.2　"Hatched（Tracks/Arcs）"选项对话框

图 8.4.3　"None（Outlines Only）"选项对话框

3．"网络选项"选项组

（1）"链接到网络"下拉列表框：用于选择覆铜连接到的网络。通常连接到 GND 网络。

（2）"Don't Pour Over Same Net Objects（填充不超过相同的网络对象）"选项：用于设置覆铜的内部填充不与同网络的图元及覆铜边界相连。

（3）"Pour Over Same Net Polygons Only（填充只超过相同的网络多边形）"选项：用于设置覆铜的内部填充只与覆铜边界线及同网络的焊盘相连。

（4）"Pour Over All Same Net Objects（填充超过所有相同的网络对象）"选项：用于设置

覆铜的内部填充与覆铜边界线，并与同网络的任何图元相连，如焊盘、过孔和导线等。

（5）"Remove Dead Copper（删除孤立的覆铜）"选项：用于设置是否删除孤立区域的覆铜。孤立区域的覆铜是指没有连接到指定网络元件上的封闭区域内的覆铜，若勾选该选项，则可以将这些区域的覆铜除去。

8.4.3 放置"覆铜"的操作步骤

下面以一个示例介绍放置"覆铜"的操作步骤。

（1）执行菜单栏中的"放置"→"多边形覆铜"命令，或者单击"连线"工具栏中的"▒（放置多边形平面）"按钮，或用快捷键"P+G"，即可启动放置"覆铜"命令。系统将弹出"多边形覆铜"对话框。

（2）在"多边形覆铜"对话框中进行"覆铜"参数设置。如图 8.4.2 所示，选择"Hatched（Tracks/Arcs）（网络状）"选项，导线宽度（轨迹宽度）设置为 8mil，栅格尺寸设置为 20mil，包围焊盘宽度选择圆弧形式，填充模式（孵化模式）选择 45°，层面设置为 Top Layer（顶层），链接到网络 GND，勾选"死铜移除"选项等。

（3）单击"确定"按钮，关闭该对话框。此时指针变成十字形状，准备开始"覆铜"操作。

（4）用指针沿着 PCB 的"Keep-Out（禁止布线层）"边界线画一个闭合的矩形框。单击确定起点，移动指针至拐点处，单击，直至确定矩形框的 4 个顶点，右键单击退出。设计者不必手动将矩形框线闭合，系统会自动将起点和终点连接起来构成闭合框线。

（5）系统在框线内部自动生成了 Top Layer（顶层）的覆铜。

（6）再次执行"覆铜"命令，选择层面为 Bottom Layer（底层），其他设置相同，为底层覆铜。

一个示例 PCB 的覆铜效果图如图 8.4.4 所示。

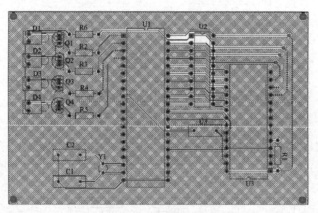

图 8.4.4　示例 PCB 的覆铜效果图

8.5 补"泪滴"

在 PCB 设计中，常在焊盘和导线之间用铜膜布置一个过渡区，去除连接处的直角，加大连接面，因其形状像泪滴，故称作补"泪滴（Tear Drops）"。这样做是为了让焊盘更坚固，防止在机械加工（如钻孔）、安装以及焊接过程中，焊盘与导线之间断裂。

执行菜单栏中的"工具"→"滴泪"命令，或用快捷键"T+E"，即可执行补泪滴命令。系统弹出的"Tear Drops（泪滴）"对话框如图 8.5.1 所示。

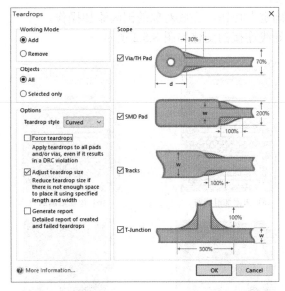

图 8.5.1　"Tear Drops（泪滴）"对话框

1. "Working Mode（工作模式）"选项组

"Working Mode（工作模式）"选项组包括如下两个选项。

（1）"Add（添加）"选项：用于添加泪滴。

（2）"Remove（删除）"选项：用于删除泪滴。

2. "Objects（对象）"选项组

"Objects（对象）"选项组包括如下两个选项。

（1）"All（全部）"选项：用于对全部对象添加泪滴。

（2）"Selected Only（仅选择对象）"选项：用于对选中的对象添加泪滴。

3. "Options（设置）"选项组

"Options（设置）"选项组包括如下内容。

（1）Teardrop style（泪滴类型）下拉列表，包含如下两个选项。

① "Curved（弧形）"选项：添加弧线形泪滴。

② "Line（导线）"选项：添加线形泪滴。

（2）"Force teardrops（强迫泪滴）"选项："√"勾选中该选项，将强制对所有焊盘或过孔添加泪滴，这样可能导致在 DRC 检测时出现错误信息。取消对此选项的勾选，则对安全间距太小的焊盘不添加泪滴。

（3）"Adjust teardrop size（校准滴泪尺寸）"选项："√"勾选中该选项，当没有足够空间放置指定长和宽的滴泪时候，将自动缩小滴泪尺寸。

（4）"Generate report（创建报告）"选项："√"勾选中该复选框，进行添加泪滴的操作后将自动生成一个有关添加泪滴操作的报表文件，同时该报表也将在工作窗口显示出来 。

4. "Scope（范围）"选项组

"Scope（范围）"选项组包括如下 4 个选项。

（1）"Via/TH Pad（过孔）"选项："√"勾选中该选项，将对所有的过孔添加泪滴。

（2）"SMD Pad（焊盘）"选项："√"勾选中该选项，将对所有的焊盘添加泪滴。

（3）"Tracks（导线）"选项："√"勾选中该选项，将对所有的导线添加泪滴。

（4）"T-junction（交叉处）"选项："√"勾选中该选项，将对所有的交叉处添加泪滴。

设置完毕，单击"确定"按钮，完成对象的泪滴添加操作。

补泪滴前后焊盘与导线连接的变化如图 8.5.2 所示。

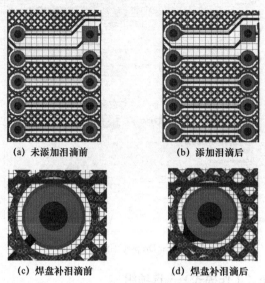

(a) 未添加泪滴前   (b) 添加泪滴后

(c) 焊盘补泪滴前   (d) 焊盘补泪滴后

图 8.5.2　补泪滴前后焊盘与导线连接的变化

8.6　添加安装孔

PCB 上的安装孔通常采用过孔形式，一般可以与接地网络 GND 连接。

添加安装孔的操作步骤如下所述。

（1）执行菜单栏中的"放置"→"过孔"命令，或者单击"连线"工具栏中的" （放置过孔）"按钮，或用快捷键"P+V"，此时指针将变成十字形状，并带有一个过孔图形。

（2）按"Tab"键，系统将弹出如图 8.6.1 所示的"过孔"对话框。

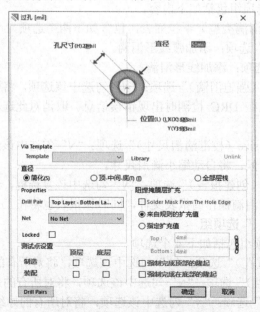

图 8.6.1　"过孔"对话框

①"孔尺寸"选项：用来设置过孔的内径。

②"直径"选项：用来设置过孔的外径。

③"位置"选项：用来设置过孔的位置，过孔的位置将根据需要确定。通常，安装孔放置在电路板的 4 个角上。

过孔起始层、网络标号、测试点等可以根据设计要求设置。

（3）设置完毕后，单击"确定"按钮，即放置了 1 个过孔（安装孔）。

（4）此时，系统仍处于放置过孔状态，可以继续放置其他的过孔（安装孔）。

（5）单击鼠标右键或按"Esc"键，可退出该操作。

一个在四角放置了安装孔的 PCB 示例如图 8.6.2 所示。

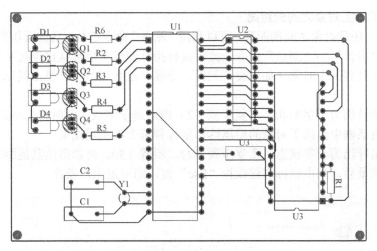

图 8.6.2　放置完安装孔的 PCB 示例

8.7　PCB 的测量

8.7.1　测量工具菜单命令

Altium Designer 15 提供了一个 PCB 的测量工具，可以用于电路设计时进行检查。测量工具菜单命令在"报告"子菜单中，如图 8.7.1 所示。

8.7.2　测量距离

1．测量 PCB 上两点之间的距离

测量 PCB 上任意两点之间的距离，可以利用"测量间距"命令进行，具体操作步骤如下所述。

（1）执行"报告"→"测量间距"命令，此时鼠标指针变成十字形状出现在工作窗口中。

（2）移动指针到某个坐标点上，单击鼠标左键，确定测量起点。如果指针移动到了某个对象上，则系统将自动捕捉该对象的中心点。

（3）此时鼠标指针仍为十字形状，重复步骤（2），确定测量终点。此时将弹出如图 8.7.2 所示的对话框，在对话框中给出了测量的结果。测量结果包含 Distance（总距离）、X Distance（X 方向上的距离）和 Y Distance（Y 方向上的距离）3 项。

（4）此时鼠标指针仍为十字状态，重复步骤（2）、步骤（3），可以继续其他测量。

（5）完成测量后，单击鼠标右键或按"Esc"键，即可退出该操作。

图 8.7.1 "报告"菜单

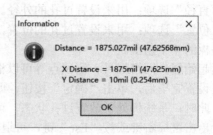

图 8.7.2 两点之间距离测量结果

2. 测量 PCB 上对象之间的距离

测量 PCB 上任意对象之间的距离，可以利用"测量"命令进行。具体操作步骤如下所述。

（1）执行"报告"→"测量"命令，此时鼠标指针变成十字形状出现在工作窗口中。

（2）移动指针到某个对象（如焊盘、元件、导线、过孔等）上，单击鼠标左键，确定测量的起点。

（3）此时指针仍为十字形状，重复步骤（2）确定测量终点。此时将弹出如图 8.7.3 所示的对话框，在对话框中给出了对象的层属性、坐标和整个的测量结果。

（4）此时指针仍为十字状态，重复步骤（2）、步骤（3），可以继续其他测量。

（5）完成测量后，单击鼠标右键或按"Esc"键，即可退出该操作。

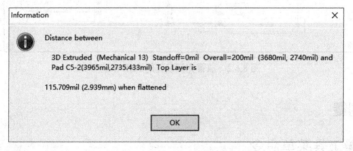

图 8.7.3 对象之间距离测量结果

8.7.3 测量导线长度

在高速数字电路 PCB 设计中，通常会需要测量 PCB 上导线长度。测量 PCB 上的导线长度，可以利用"测量选择对象"命令进行。具体操作步骤如下所述。

（1）在工作窗口中选择想要测量的导线。

（2）执行"报告"→"测量选择对象"命令，

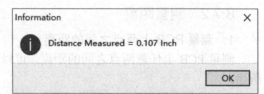

图 8.7.4 导线测量结果

即可弹出如图 8.7.4 所示的对话框，在该对话框中给出了测量结果。

8.8 DRC（设计规则检查）

8.8.1 DRC 报告选项和规则

DRC（Design Rule Check，设计规则检查）是 Altium Designer 15 系统提供的一个重要检查工具。在进行 PCB 设计时，系统会根据用户设计规则的设置，对 PCB 设计的各个方面进行检查校验，例如导线宽度、安全距离、元件间距、过孔类型等等。DRC（设计规则检查）是 PCB 设计正确性和完整性的重要保证。设计者灵活运用 DRC（设计规则检查），可以保障 PCB 设计的顺利进行和最终生成正确的输出文件。

通常在 PCB 布线完毕后，PCB 文件输出之前，还要进行一次完整的 DRC（Design Rule Check，设计规则检查）。

在 Altium Designer 15 系统中，DRC（设计规则检查）的设置和执行是通过"设计规则检测"完成的。在主菜单中选择"工具"→"设计规则检查"命令，弹出如图 8.8.1 所示的"设计规则检测"对话框，可以选择 DRC "Report Options（报告选项）"和 DRC "Rules To Check（检查规则）"。

图 8.8.1　"设计规则检测"对话框（DRC 报告选项对话框）

1. DRC "Report Options（报告选项）"

在对话框左侧列表中，单击"Report Options（报表选项）"文件夹目录，即可打开 DRC 报告选项具体内容，显示在对话框中。这些选项可以对 DRC 报告的内容和方式进行设置，一般都采用默认选择。

（1）"创建报告文件"选项：运行批处理 DRC 后会自动生成报表文件（设计名.DRC），包含有本次 DRC 运行中使用的规则、违例数量和细节描述。

（2）"创建违反事件"选项：能在违例对象和违例消息之间直接建立链接，使用户可以直接通过"Message（信息）"对话框中的违例消息进行错误定位，找到违例对象。

（3）"Sub-Net 默认（子网络详细描述）"选项：对网络连接关系进行检查并生成报告。

（4）"校验短敷铜"选项：对覆铜或非网络连接造成的短路进行检查。

2. DRC "Rules To Check（检查规则）"

在对话框左侧列表中点击"Rules To Check（检查规则）"文件夹目录，即可打开所有的可进行检查的设计规则，显示在对话框中。其中，包括了 PCB 制作中常见的规则，也包括高速数字电路板设计规则，如图 8.8.2 所示。一些参数如线宽、引线间距、过孔大小、网络拓扑结构、元件安全距离、高速数字电路设计的引线长度、等距引线等，可以根据规则的名称进行具体设置。在规则栏内，"在线"和"批量"2 个选项用来控制是否在在线 DRC 和批处理 DRC 中执行该规则检查。

单击"运行 DRC..."按钮，即运行批处理 DRC。

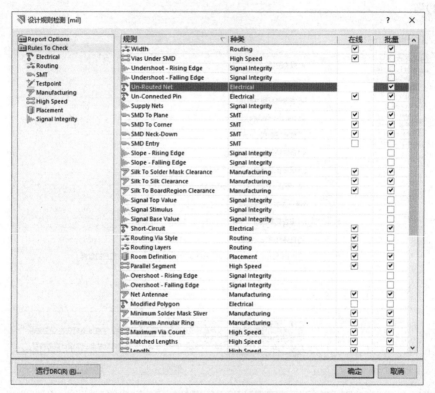

图 8.8.2 DRC "Rules To Check（检查规则）"列表

8.8.2 在线 DRC 和批处理 DRC

DRC（Design Rule Check，设计规则检查）分在线 DRC 和批处理 DRC 2 种类型。

在线 DRC 在后台运行，设计者在设计过程中，系统随时进行规则检查，对违反规则的对象做出警示，或自动限制违规操作的执行。在"PCB Editor (PCE 编辑器)"→"General（常规）"对话框中可以设置是否选择"在线 DRC"，如图 8.8.3 所示。

设计者也可以在设计过程中进行批处理 DRC。从图 8.8.2 所示的列表中可以看到，不同的规则有着不同的 DRC 运行方式。大部分的规则都是可以在在线 DRC 和批处理 DRC 2 种方式下运行。但也有一些规则只能够用于在线 DRC，或者用于批处理 DRC。

需要注意是，在不同阶段运行批处理 DRC，对其规则选项要进行不同的选择。例如，在未布线阶段，如果要运行批处理 DRC，就要将部分布线规则禁止，否则，会导致过多的错误提示，而使 DRC 失去意义。在 PCB 设计结束的时候，也要运行一次批处理 DRC，这时就要选中所有 PCB 相关的设计规则，使规则检查尽量全面。

图 8.8.3 "PCB Editor-General（PCB 编辑器-常规）"对话框

8.8.3 对未布线的 PCB 进行"批处理 DRC"

在 Altium Designer 15 系统中，可以对未布线的 PCB 设计文件，进行"批处理 DRC"。具体操作步骤如下所述。

（1）在主菜单中执行"工具"→"设计规则检查"命令。

（2）系统弹出"设计规则检测"对话框，暂不进行规则适用和禁止的设置，直接参与系统的默认设置。单击"运行 DRC..."按钮，运行批处理 DRC。

（3）系统进行批处理 DRC，运行结果在"Messages（信息）"信息框内显示出来。

本示例批处理 DRC 结果如图 8.8.4 所示。系统产生了多项 DRC 警告，其中大部分是未布线警告。这是因为未在批处理 DRC 运行之前禁止该规则的检查。显然这种 DRC 警告信息对所进行的工作并没有帮助。

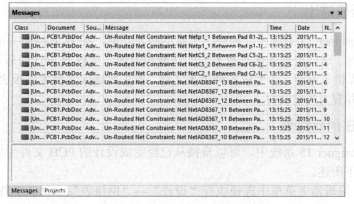

图 8.8.4 批处理 DRC 得到的违规列表

（4）再次运行"工具"→"设计规则检查"，重新配置 DRC 规则。在"设计规则检测"对话框内，单击左侧列表中"Rules To Check（检查规则）"选项。

（5）在如图 8.8.2 所示的规则列表中，禁止其中部分规则的"批量"选项。禁止项包括 Un-Routed Net（未布线网络）和 Width（宽度）。

（6）单击"运行 DRC..."按钮，运行批处理 DRC。

（7）系统再次进行批处理 DRC，运行结果在"Messages"信息框内显示出来，如图 8.8.5 所示。由图可见，本示例重新配置检查规则后，批处理 DRC 检查显示存在 0 项 DRC 违规。

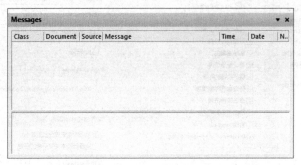

图 8.8.5　禁止部分规则选项后批处理 DRC 得到的违规列表

8.8.4　对已布线的 PCB 进行"批处理 DRC"

在 Altium Designer 15 系统中，也可以对布线完毕的 PCB 设计文件再次进行"批处理 DRC"。具体操作步骤如下所述。

（1）在主菜单中执行"工具"→"设计规则检查"命令。

（2）系统弹出"设计规则检测"对话框，点击左侧列表中"Rules To Check（检查规则）"选项，配置检查规则。

（3）在如图 8.8.2 所示的规则列表中，在涉及的设计规则中，"√"勾选中"批量"选项，允许其进行批处理 DRC。其中包含 Clearance（安全间距）、Width（宽度）、Short-Circuit（短路）、Un-Routed Net（未布线网络）、Component Clearance（元件安全间距）等规则，其规则可以使用系统默认设置。

（4）单击"运行 DRC..."按钮，运行批处理 DRC。

（5）系统执行批处理 DRC，运行结果将在"Messages"信息框内显示出来。

（6）对于批处理 DRC 中检查到的违规项，可以通过错误定位进行修改。

8.9　PCB 的报表输出

在 Altium Designer 15 系统中，提供了丰富的报表功能，在 PCB 绘制完成后，可以生成一系列的报表文件。这些报表文件具有不同的功能和用途，为 PCB 设计的后期制作、元件采购、文件交流等提供了方便。在生成各种报表之前，首先要确保需要生成报表的 PCB 设计文件已经被打开，并置为当前文件。

8.9.1　PCB 的网络表

在 Altium Designer 15 系统中，可以直接从已经完成设计的 PCB 文件生成网络表文件。具体操作步骤如下所述。

（1）在 PCB 编辑器主菜单中选择执行"设计"→"网络表"→"从 PCB 输出网络表"菜单命令，系统弹出确认对话框，如图 8.9.1 所示。

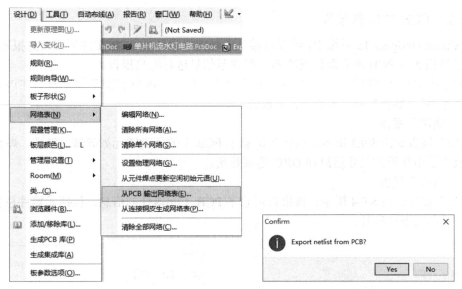

图 8.9.1　从 PCB 生成网络表文件操作

（2）单击"Yes"按钮确认，系统自动生成 PCB 网络表文件（本示例为"Exported 单片机流水灯电路.Net"），并自动打开。

（3）该网络表文件作为自由文档加入"Projects（项目）"面板中，如图 8.9.2 所示。

图 8.9.2　由 PCB 文件生成的网络表

另外，还可以根据 PCB 图内的物理连接关系建立网络表。方法是在 PCB 编辑器主菜单中执行"设计"→"网络表"→"从连接铜皮生成网络表"命令，系统自动生成名为"Generated by 设计名.Net"的网络表文件。

网络表可以根据设计需要进行修改，修改后的网络表可再次载入，以验证 PCB 设计的正确性。

8.9.2　PCB 的信息报表

在 Altium Designer 15 系统中，可以直接从已经完成设计的 PCB 文件生成信息报表文件。PCB 的信息报表对 PCB 的元器件网络和一般细节信息进行汇总报告。

在主菜单中选择"报告"→"板子信息"命令，弹出"PCB 信息"对话框。在该对话框中包含"通用""器件"和"网络"3 个报告。

1．"通用"报告

"通用"报告如图 8.9.3 所示，该报告汇总了 PCB 上的各类图元如导线、过孔、焊盘等的数量，报告了电路板的尺寸信息和 DRC 违规数量。

2．"器件"报告

"器件"报告如图 8.9.4 所示，该报告汇总了 PCB 上元器件的信息，包括元器件总数、各层放置数目和元器件标号。

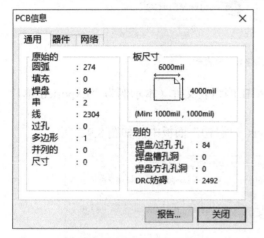

图 8.9.3　"通用"报告　　　　　　　　　　　　图 8.9.4　"器件"报告

3．"网络"报告

"网络"报告如图 8.9.5 所示，该报告内列出了电路板的网络统计，包括导入网络总数和网络名称列表。单击"*wr/Gnd"按钮，弹出"内部平面信息"对话框，如图 8.9.6 所示。对于双面板，该信息框是空白的。

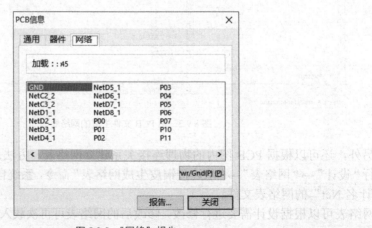

图 8.9.5　"网络"报告

在各个报告页内单击"报告…"按钮，弹出如图 8.9.7 所示的"板报告"设置对话框，通过该对话框可以生成 PCB 信息的报告文件。在对话框的列表栏内选择要包含在报告文件中的内容。选择"仅选择对象"选项时，报告中只列出当前 PCB 中已经处于选择状态下的图元信息。

图 8.9.6　"内部平面信息"对话框　　　　　　图 8.9.7　"板报告"设置对话框

设置好报告列表选项后，在"板报告"对话框中单击"报告"按钮，系统生成"设计名.REP"的报告文件，作为自由文档加入到"Projects（项目）"面板中，并自动在工作区内打开，如图 8.9.8 所示。

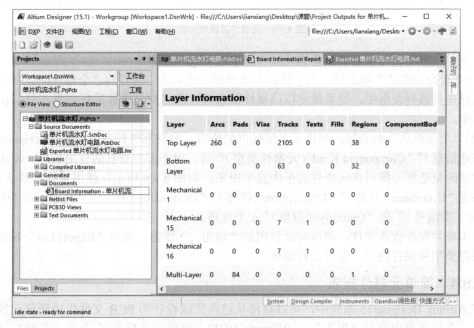

图 8.9.8　PCB 信息报告

8.9.3　元器件报表

在 Altium Designer 15 系统中，可以直接从已经完成设计的 PCB 文件生成元器件报表文件。执行"报告"→"Bill of Materials（元器件清单）"菜单命令，系统弹出相应的元器件报表对话框，如图 8.9.9 所示。

图 8.9.9　元器件报表对话框

在该对话框中，可以对要创建的元器件报表进行选项设置。

（1）"聚合的纵队"列表框：用于设置元器件的归类标准。可以将"全部纵队"中的某一属性信息拖到该列表框中，则系统将以该属性信息为标准，对元器件进行归类，显示在元器件清单中。

（2）"全部纵队"列表框：列出了系统提供的所有元器件属性信息，如"Description（元器件描述信息）""Component Kind（元器件类型）"等。对于需要查看的有用信息，勾选右侧与之对应的复选框，即可在元器件清单中显示出来。如图 8.9.9 所示，使用系统的默认设置，即只勾选"Comment（注释）""Description（描述）""Designator（指示）""Footprint（引脚）""LibRef（库编号）"和"Quantity（数量）"6 个选项。

要生成并保存报告文件，单击对话框内的"输出..."按钮，弹出"Export For"对话框。选择保存类型和保存路径，保存文件即可。

8.9.4　简单元器件报表

在 Altium Designer15 系统中，可以直接从已经完成设计的 PCB 文件生成简单元器件报表文件。在主菜单中执行"报告"→"Simple BOM（简略元件报表）"命令，系统自动生成2 份当前 PCB 文件的元器件报表，分别为"设计名.BOM"和"设计名.CSV"。这 2 个文件被加入到"Projects（项目）"面板内该项目的生成文件夹中，并自动打开，如图 8.9.10 和图 8.9.11所示。

图 8.9.10　简易元器件报表 ".BOM" 文件

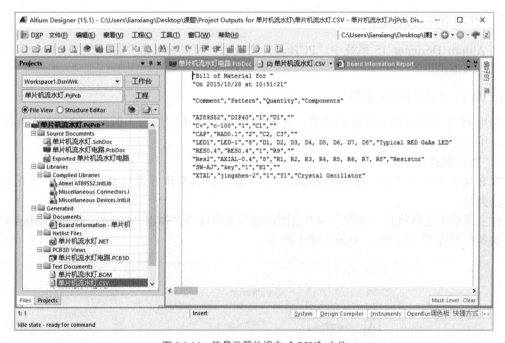

图 8.9.11　简易元器件报表 ".CSV" 文件

　　简单元器件报表将同种类型的元器件统一计数，简单明了。报表以元器件的 Comment 为依据将元器件分组，列出其 Comment（注释）、Pattern（Footprint）（样式）、Quantity（数量）、Components（Designator）（元件）和 Descriptor（描述符）等几方面的属性。

8.9.5　网络表状态报表

　　在 Altium Designer 15 系统中，可以直接从已经完成设计的 PCB 文件生成网络表状态报表文件。网络表状态报表列出了当前 PCB 文件中所有的网络，并说明了它们所在的层面和网络中导线的总长度。在主菜单中选择"报告"→"网络表状态"命令，即生成名为"设计名.REP"的网络表状态报表，其格式如图 8.9.12 所示。

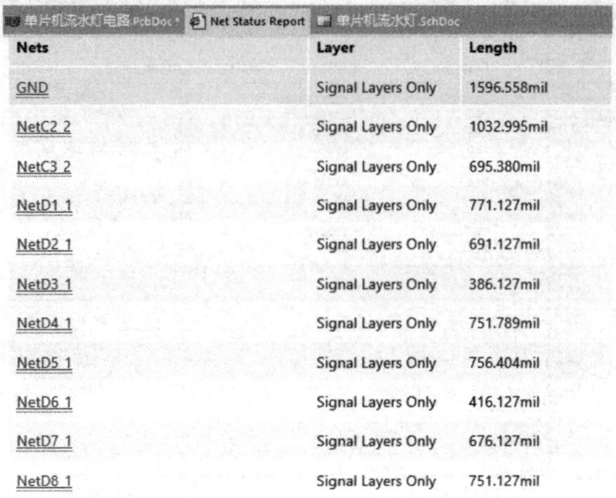

Nets	Layer	Length
GND	Signal Layers Only	1596.558mil
NetC2_2	Signal Layers Only	1032.995mil
NetC3_2	Signal Layers Only	695.380mil
NetD1_1	Signal Layers Only	771.127mil
NetD2_1	Signal Layers Only	691.127mil
NetD3_1	Signal Layers Only	386.127mil
NetD4_1	Signal Layers Only	751.789mil
NetD5_1	Signal Layers Only	756.404mil
NetD6_1	Signal Layers Only	416.127mil
NetD7_1	Signal Layers Only	676.127mil
NetD8_1	Signal Layers Only	751.127mil

图 8.9.12　网络表状态报表

8.10　PCB 的打印输出

在 Altium Designer 15 系统中，PCB 设计完成后，可以将其源文件、制作文件和各种报表文件打印输出。

8.10.1　打印 PCB 文件

利用 PCB 编辑器的文件打印功能，可以将 PCB 文件不同层面上的图元按一定比例打印输出，用以校验和存档。

1. 页面设置

PCB 文件在打印之前，要根据需要进行页面设定，其操作方式与 Word 文档中的页面设置方法类似。

在主菜单中选择执行"文件"→"页面设置"菜单命令，弹出"Composite Properties（复合页面属性设置）"对话框，如图 8.10.1 所示。

图 8.10.1　"Composite Properties"对话框

（1）"打印纸"选项组：用于设置打印纸的尺寸和打印方向。

（2）"缩放比例"选项组：用于设定打印内容与打印纸的匹配方法。系统提供了 2 种缩放模式，即"Fit Document On Page（适合文档页面）"和"Select Print（选择打印）"。前者将打印内容缩放到适合图纸大小，后者由用户设定打印缩放的比例因子。如果选择了"Selects Print（选择打印）"选项，则"缩放"文本框和"修正"选项组都将变为可用。

（3）"缩放"文本框：在该文本框中填写比例因子，设定图形的缩放比例，填写"1.0"时，将按实际大小打印 PCB 图形。

（4）"修正"选项组：通过该选项组可以在"比例"文本框参数的基础上，再进行 x，y 方向上的比例调整。

（5）"页边"选项组："√"勾选"居中"选项时，打印图形将位于打印纸张中心，上、下边距和左、右边距分别对称。取消对"居中"选项的选择后，在"水平"和"垂直"文本框中可以进行参数设置，改变页边距，即改变图形在图纸上的相对位置。选用不同的缩放比例因子和页边距参数产生的打印效果，可以通过打印预览来观察。

（6）"高级…"按钮：单击该按钮，系统将弹出如图 8.10.2 所示的"PCB Printout Properties（PCB 打印输出属性）"对话框，在该对话框中，可以设置需要打印的工作层及其打印方式。

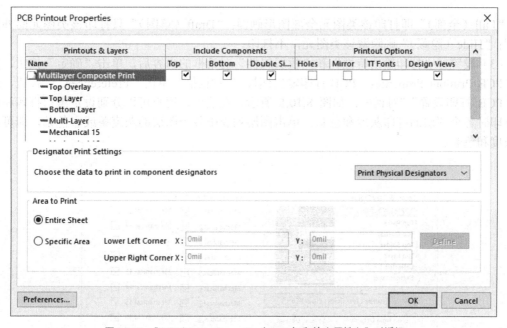

图 8.10.2　"PCB Printout Properties（PCB 打印输出属性）"对话框

2. 打印输出属性

（1）单击"高级…"按钮，出现如图 8.10.2 所示的对话框，双击"Multilayer Composite Print（多层复合打印）"，进入"打印输出特性"对话框，如图 8.10.3 所示。在该对话框内"层"列表中列出的层，即为将要打印的层面，系统默认列出所有图元的层面。通过底部的编辑按钮对打印层面进行添加、删除操作。

（2）单击"打印输出特性"对话框中的"添加"按钮或"编辑"按钮，系统将弹出"板层属性"对话框，如图 8.10.4 所示，在对话框中进行图层属性的设置。在各个图元的选择框内，提供了 3 种类型的打印方案，即"Full（全部）""Draft（草图）"和"Hide（隐藏）"。

图 8.10.3 "打印输出特性"对话框   图 8.10.4 "板层属性"对话框

"Full（全部）"即打印该类图元全部图形画面；"Draft（草图）"只打印该类图元的外形轮廓；"Hide（隐藏）"则隐藏该类图元，不打印。

（3）设置好"打印输出特性"和"板层属性"对话框的内容后，单击"确定"按钮，回到"PCB Printout Properties（PCB 打印输出属性）"对话框。单击"Preferences..."按钮，进入"PCB 打印设置"对话框，如图 8.10.5 所示。在这里，用户可以分别设定黑白打印和彩色打印时各个图层的打印灰度和色彩。单击图层列表中各个图层的灰度条或彩色条，即可调整灰度和色彩。

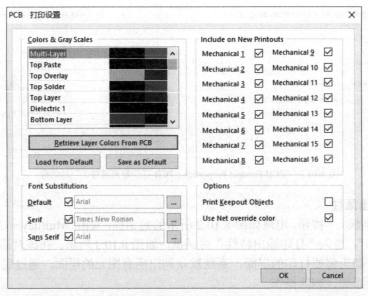

图 8.10.5 "PCB 打印设置"对话框

（4）设置好"PCB Printout Properties（PCB 打印输出属性）"对话框各选项参数后，即完成了 PCB 打印的页面设置。单击"OK"按钮，回到 PCB 工作区画面。

3. 打印

单击工具栏上的"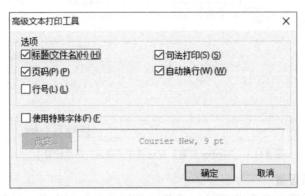（打印）"按钮，或在主菜单中选择执行"文件"→"打印"菜单命令，即可打印设置好的 PCB 文件。

8.10.2　打印报表文件

打印报表文件的操作与打印 PCB 文件类似。进入各个报表文件之后，首先进行页面设定，而后进行报表文件的"高级..."属性设置。"高级文本打印工具"对话框如图 8.10.6 所示。

图 8.10.6　"高级文本打印工具"对话框

如果需要使用特殊字体，可以选中"使用特殊字体"选项，单击"改变..."按钮，在弹出的对话框中，可以重新设置使用的字体和大小。各选项参数设置好后，就可以进行预览和打印操作。其操作与 PCB 文件打印相同。

8.11　生成 Gerber 文件

Gerber 格式最初是 EIA（电子工业联盟）RS-274-D 规格的延伸。Gerber 格式是由 Gerber 系统公司开发的，目前归 Ucamco 公司所有。Ucamco 不断的更新 Gerber 规格说明书的版本。Gerber 规格说明书可免费从 Ucamco 公司的网站上下载。现在 Gerber 有如下 3 个版本。

（1）Gerber X2：新版的 Gerber 格式，可以插入板的层叠信息及属性。

（2）扩展 Gerber 即 RS-274X，被普遍使用。

（3）标准 Gerber 即 RS-274D，是老版本，正逐渐被废弃并被 RS-274X 所取代。

Gerber 格式是 PCB 行业软件描述线路板（线路层、阻焊层、字符层等）图像及钻、铣数据的文档格式集合。它是 PCB 行业图像转换的标准格式。PCB 生产厂商用这种文件来进行 PCB 制作。各种 PCB 设计软件都支持生成 Gerber 文件的功能。

设计者可以把 PCB 文件直接交给 PCB 生产厂商，PCB 生产厂商会将其转换成 Gerber 格式。设计者也可以将 PCB 文件按自己的要求生成 Gerber 文件，交给 PCB 生产厂商。目前比较流行的做法是后者。因为在设计 PCB 时，通常会将一些元器件的参数都定义在 PCB 文件中，但又不想让这些参数显示在 PCB 成品上，如果不做说明，PCB 生产厂商会依葫芦画瓢将这些参数都留在 PCB 成品上。而将 PCB 文件转换成 Gerber 文件就可避免此类事情发生。

在 Altium15 系统中，可以直接从已经完成设计的 PCB 文件生成 Gerber 文件。具体操作步骤如下所述。

在 PCB 编辑器的主菜单中执行"文件"→"制造输出"→"Gerber Files（Gerber 文件）"命令，系统弹出"Gerber 设置"对话框，如图 8.11.1 所示。

图 8.11.1 "Gerber 设置"对话框（"通用"选项设置）

1．"通用"选项设置

"通用"选项用于指定在输出 Gerber 文件中使用的单位和格式，如图 8.11.1 所示。单位可以选英制（英寸）和公制（毫米）。"格式…"栏中 2:3，2:4，2:5 代表了文件中使用的不同数据精度，其中 2:3 表示数据含 2 位整数、3 位小数。相应的，另外 2 个分别表示数据中含有 4 位和 5 位小数。设计者根据自己在设计中用到的单位精度进行选择。精度越高，对 PCB 制造设备的要求也就越高。

2．"层"选项设置

"层"选项用于设定需要生成 Gerber 文件的层面，如图 8.11.2 所示。在左侧列表内，选择要生成 Gerber 文件的层面。如果要对某一层进行镜像，则需要选中相对应的"反射"选项。在右侧列表中，选择要加载到各个 Gerber 层的机械层尺寸信息。"包括未连接的中间层焊盘"选项被选中时，则会在 Gerber 中绘出未连接的中间层的焊盘。

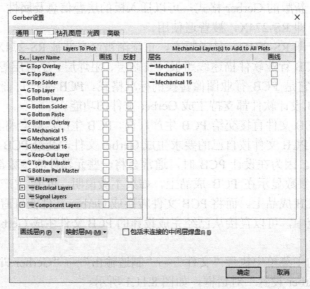

图 8.11.2 "层"选项设置对话框

3. "钻孔图层"选项设置

"钻孔图层"选项用于对钻孔绘制图和钻孔栅格图的层进行设置,并可以选择"反射区",选择"Configure Drill Symbols(设置钻孔符号)"的类型等,如图 8.11.3 所示。

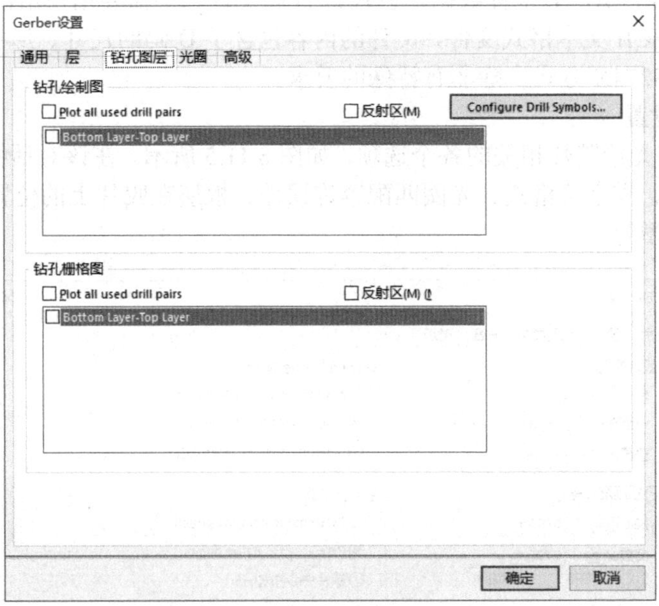

图 8.11.3 "钻孔图层"选项设置对话框

4. "光圈"选项设置

"光圈"选项用于生成 Gerber 文件时建立光圈的设置,如图 8.11.4 所示。系统默认选中"嵌入的孔径(RS274X)"选项,即生成 Gerber 文件时自动建立光圈。如果禁止该选项,则右侧的光圈表将可以使用,设计者可以自行加载合适的光圈表。

图 8.11.4 "光圈"选项设置对话框

"光圈"的设定决定了 Gerber 文件的不同格式，一般有 2 种，即 RS274D 和 RX274X，其主要区别有如下 2 点。

（1）RS274D 包含 X，Y 坐标数据，但不包含 D 码文件，需要用户给出相应的 D 码文件。

（2）RS274X 包含 X，Y 坐标数据，也包含 D 码文件，不需要用户给出 D 码文件。

D 码文件为 ASCII 文本格式文件，文件的内容包含了 D 码的尺寸、形状和曝光方式。建议用户选择使用 RS274X 方式，除非有特殊的要求。

5. "高级"设置

"高级"设置与光绘胶片相关的各个选项，如图 8.11.5 所示。在该对话框中，可以设置胶片尺寸及边框大小、零字符格式、光圈匹配容许误差、板层在胶片上的位置、制造文件的生成模式和绘图器类型等。

图 8.11.5 "高级"选项设置对话框

在"Gerber 设置"对话框中设置好各参数后，单击"确定"按钮，系统将按照设置自动生成各个图层的 Gerber 文件，并加入到"Projects（项目）"面板中该项目的生成（Generated）文件夹中。同时，系统启动 CAMtastic 编辑器，将所有生成的 Gerber 文件集成为"CAMtasticl.CAM"文件，并自动打开。在这里，可以进行 PCB 制作版图的校验、修正和编辑等工作。

利用 ViewMate 软件可以检查生成的 Gerber 文件的正确性。ViewMate 是一款 Gerber 文件查看器，不需要安装 CAM350，就能查看 Gerber 文件。ViewMate 软件提供免费版，免费版通常是不支持导出和保存文件的，只有查看功能。安装 ViewMate 软件时需要注册码，不需要填写注册码也能安装使用，直接按"下一步"就可以。

注意：Altium Designer 15 系统针对不同 PCB 层生成的 Gerber 文件有不同的扩展名，例如*.GTO，*.GBO，*.GTL，*.GBL，*.G1，*.GP1，*.GM1，*.GTS，*.GBS 等。

第 9 章 电路仿真

9.1 电路仿真的基本概念

现代仿真技术已经广泛应用于社会、经济、生物、工程等各个领域。随着计算机软/硬件技术和 EDA 技术的发展，电路仿真技术也广泛的应用在电子电路和系统设计的全过程中。目前市场上有许多优秀的电路仿真软件可以选用，例如 NI Multisim，Tina Pro，Proteus Professional（单片机模拟仿真软件）等。

这些电路仿真软件用软件的方法虚拟电子与电工元器件，虚拟电子与电工仪器和仪表，实现了"软件即元器件""软件即仪器"。

这些电路仿真软件的元器件库，提供数千种电路元器件供实验选用，同时也可以新建或扩充已有的元器件库，而且建库所需的元器件参数可以从生产厂商的产品使用手册中查到，因此也很方便的在工程设计中使用。

这些电路仿真软件的虚拟测试仪器仪表种类齐全，有一般实验用的通用仪器，如万用表、函数信号发生器、双踪示波器、直流电源；而且还有一般实验室少有或没有的仪器，如波特图仪、字信号发生器、逻辑分析仪、逻辑转换器、失真仪、频谱分析仪和网络分析仪等。

这些电路仿真软件具有较为详细的电路分析功能，可以完成电路的瞬态分析和稳态分析、时域和频域分析、器件的线性和非线性分析、电路的噪声分析和失真分析、离散傅里叶分析、电路零/极点分析、交直流灵敏度分析等电路分析方法，以帮助设计人员分析电路的性能。

这些电路仿真软件可以设计、测试和演示各种电子电路，包括电工学、模拟电路、数字电路、射频电路及微控制器和接口电路等。可以对被仿真的电路中的元器件设置各种故障，如开路、短路和不同程度的漏电等，从而观察不同故障情况下的电路工作状况。在进行仿真的同时，软件还可以存储测试点的所有数据，列出被仿真电路的所有元器件清单，以及存储测试仪器的工作状态、显示波形和具体数据等。

利用这些电路仿真软件可以实现计算机仿真设计与虚拟实验，与传统的电子电路设计与实验方法相比，具有如下 6 个特点。

（1）设计与实验可以同步进行，可以边设计边实验，修改调试方便。

（2）设计和实验用的元器件及测试仪器仪表齐全，可以完成各种类型的电路设计与实验。

（3）可方便地对电路参数进行测试和分析。

（4）可直接打印输出实验数据、测试参数、曲线和电路原理图。

（5）实验中不消耗实际的元器件，实验所需元器件的种类和数量不受限制，实验成本低，实验速度快，效率高。

（6）设计和实验成功的电路可以直接在产品中使用。

Altium Designer 15 系统可以提供强大的电路仿真功能。在电路仿真过程中，涉及的 6 个基本概念如下。

（1）仿真元器件。用户进行电路仿真时使用的元器件，要求具有仿真属性，即具有仿真模型。

（2）仿真原理图。用户根据具体电路的设计要求，使用原理图编辑器及具有仿真属性的元器件所绘制而成的电路原理图。

（3）仿真激励源。用于模拟实际电路中的激励信号。

（4）结点网络标签。对一个电路中要测试的多个结点，应该分别放置一个有意义的网络标签名，便于明确查看每一结点的仿真结果（电压或电流波形）。

（5）仿真方式。仿真方式有多种，不同的仿真方式下，相应有不同的参数设定，用户应根据具体的电路要求来选择设置仿真方式。

（6）仿真结果。仿真结果一般是以波形的形式给出，不仅仅局限于电压信号，每个元器件的电流及功率损耗波形都可以在仿真结果中观察到。

9.2 元件的仿真模式及参数

在 Altium Designer15 系统中，在对绘制好的电路仿真原理图进行电路仿真之前，需要为仿真原理图中的各个元件追加仿真模型、设置仿真参数。

Altium Designer 15 系统没有为元件提供专门的仿真模型库，而是把原理图符号、PCB 封装与仿真模型、信号完整性模型集成在一起，形成集成库文件。

9.2.1 常用元件的仿真参数设置

"Miscellaneous Devices.IntLib" 是 Altium Designer 15 系统默认提供的一个常用分离元件集成库。在这个集成库中包含了各种常用的元件，如电阻、电容、电感、晶振、二极管、三极管等，大多数都具有仿真模型。当这些元件放置在原理图中，并进行属性设置以后，相应的仿真参数也同时被系统默认设置，直接可以用于仿真。

下面以电容为例，介绍常用元件的仿真参数设置。

（1）打开"元件库"面板，在集成库"Miscellaneous Devices.IntLib"中，找到元件"Cap"，并放置在原理图中，如图 9.2.1 所示。

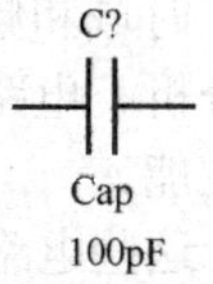

（2）双击该元件，打开元件属性对话框，在"Models"栏中，可以看到元件的仿真模型已经存在，如图 9.2.2 所示。

图 9.2.1 放置电容

（3）设定"标识符"为"C1"，设定"Parameters"栏中的"Value"为"100pF"。双击"Models"栏中类型"Simulation"，进入"Sim Model"窗口中，打开其中的"Parameters"设置对话框，如图 9.2.3 所示。

在"Parameters"对话框中有两项参数。

① "Value（数值）"：用于输入电容值。这里已被设定为 100pF。

② "Initial Voltage（初始电压）"：用于输入电容两端的初始电压，可以设置为具体值，也可以默认。

（4）单击"OK"按钮，返回元件属性对话框，再次单击"OK"按钮，关闭"元件属性"设置对话框。设置好基本属性及仿真参数的电容如图 9.2.4 所示。

电阻、电感、晶振、二极管、三极管等常用元件的仿真参数设置与电容器类似。

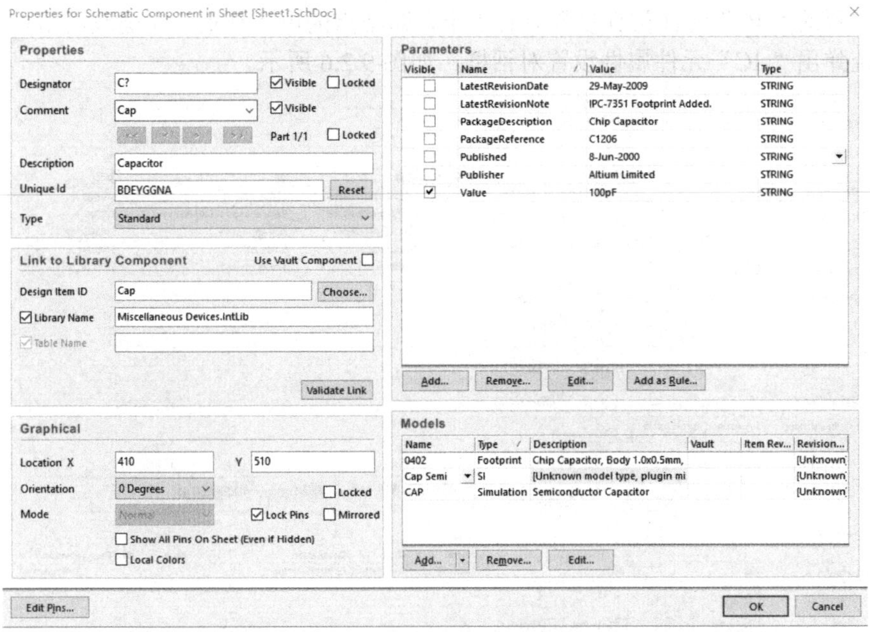

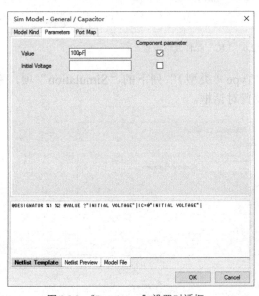

图 9.2.2 元件属性设置对话框

图 9.2.3 "Parameters"设置对话框

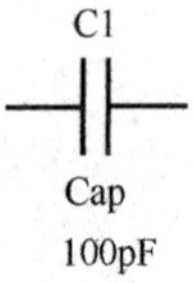

图 9.2.4 设置了仿真参数的电容

9.2.2 特殊仿真元件的参数设置

在仿真过程中，有时还会用到一些专用于仿真的特殊元件，它们存放在系统提供的"Simulation Sources.IntLib"集成库中。

1. 结点电压初值".IC"

结点电压初值".IC"主要用于为电路中的某一结点提供电压初值，与电容中的"Initial Voltage"参数的作用类似。设置方法很简单，只要把该元件放在需要设置电压初值的结点上，通过设置该元件的仿真参数，即可为相应的结点提供电压初值，如图 9.2.5 所示。

图 9.2.5 放置的".IC"元件

需要设置的".IC"元件仿真参数只有 1 个，即结点的电压初值。左键双击结点电压初值元件，系统弹出".IC"元件属性设置对话框，如图 9.2.6 所示。

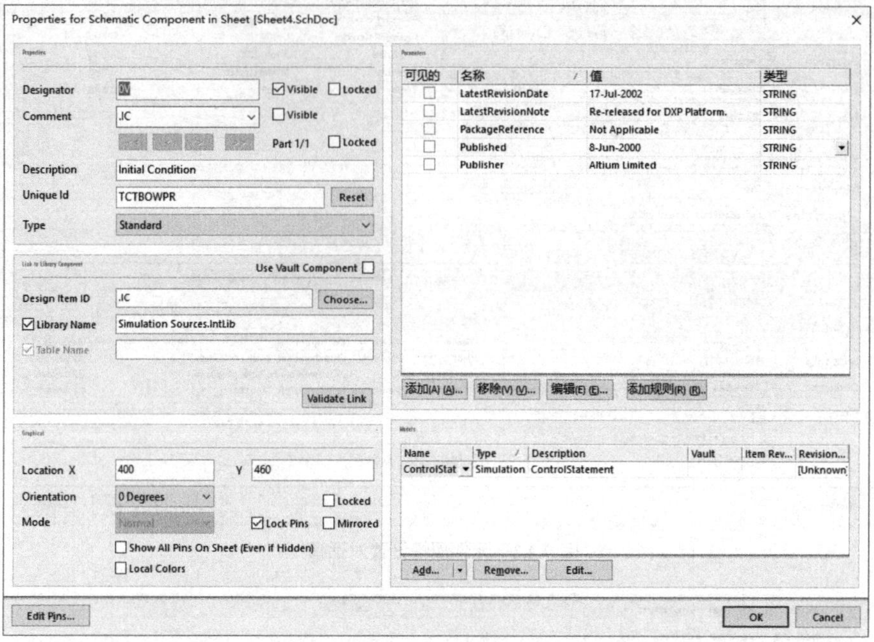

图 9.2.6 ".IC"元件属性设置

双击"Models（模式）"栏下面"Type（类型）"列下的"Simulation"项，系统弹出如图 9.2.7 所示的".IC"元件仿真参数设置对话框。

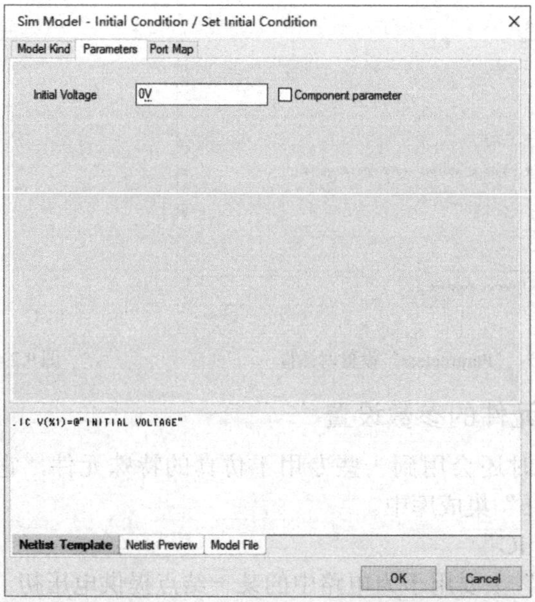

图 9.2.7 ".IC"元件仿真参数设置

在"Parameters（参数）"对话框中，只有一项仿真参数"Initial Voltage"，用于设定相应结点的电压初值，这里设置为"0V"。设置了有关参数后的".IC"
元件如图 9.2.8 所示。

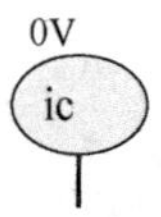

使用".IC"元件为电路中的一些结点设置电压初值后，用
户采用瞬态特性分析的仿真方式时，若选中了"Use Initial 图 9.2.8 设置了参数的".IC"元件
Conditions"复选框，则仿真程序将直接使用".IC"元件所设置的初始值作为瞬态特性分析
的初始条件。

当电路中有储能元件（如电容）时，如果在电容两端设置了电压初始值，而同时在与该
电容连接的导线上也放置了".IC"元件，并设置了参数值，那么此时进行瞬态特性分析时，
系统将使用电容两端的电压初始值，而不会使用".IC"元件的设置值，即一般元件的优先级
高于".IC"元件。

2.　结点电压".NS"

结点电压".NS"是一个与结点电压初值".IC"十分类似的特殊仿真元件。一个在对双稳
态或单稳态电路进行瞬态特性分析时，结点电压".NS"用来设定某个结点的电压预收敛值。
如果仿真程序计算出该结点的电压小于预设的收敛值，则去掉".NS"元件所设置的收敛值，
继续计算，直到算出真正的收敛值为止，即".NS"元件是求结点电压收敛值的一个辅助手段。

结点电压".NS"的设置方法很简单，只要把该元件放在需要设
置电压预收敛值的结点上，通过设置该元件的仿真参数，即可为相
应的结点设置电压预收敛值，如图 9.2.9 所示。

图 9.2.9　放置的".NS"元件

需要设置的".NS"元件仿真参数只有 1 个，即结点的电压预收
敛值。左键双击结点电压元件，系统弹出与".IC"元件属性设置对
话框（如图 9.2.6 所示）类似的属性设置对话框，如图 9.2.10 所示。

双击"Models（模式）"栏下面"Type（类型）"列下的"Simulation"项，系统弹出".NS"
元件属性设置对话框。

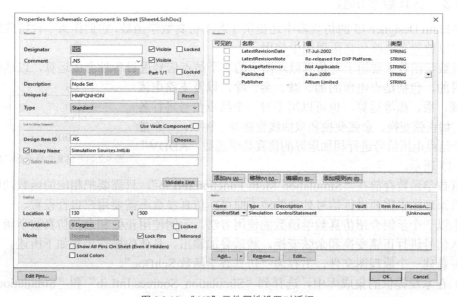

图 9.2.10　".NS"元件属性设置对话框

左键双击"Models（模式）"栏下面"Type（类型）"列下的"Simulation"项，系统弹出
".NS"元件仿真参数设置对话框，如图 9.2.11 所示。

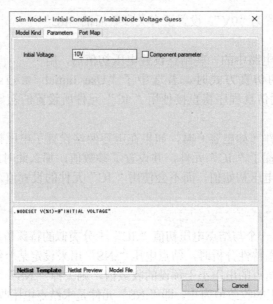

图 9.2.11　".NS" 元件仿真参数设置

在"Parameter（参数）"对话框中，只有一项仿真参数 "Initial Voltage"，用于设定相应结点的电压预收敛值。例如，设置为"10V"。设置了有关参数后的".NS"元件如图 9.2.12 所示。

图 9.2.12　设置完参数的 ".NS" 元件

注意：如果在电路的某一结点处，同时放置了".IC"元件与".NS"元件，则仿真时".IC"元件的设置优先级将高于".NS"元件。

9.2.3　仿真数学函数

在 Altium Designer 15 的仿真器中还提供了若干仿真数学函数，它们作为一种特殊的仿真元件，可以放置在电路仿真原理图中使用。

仿真数学函数主要用于对仿真原理图中的 2 个结点信号进行各种合成运算，以达到一定的仿真目的，包括结点电压的加、减、乘、除，以及支路电流的加、减、乘、除等运算，也可以用于对一个结点信号进行各种变换，如正弦变换、余弦变换和双曲线变换等。例如，一个能够对 2 个结点电压信号进行相加运算的仿真数学函数"ADDV"如图 9.2.13 所示。

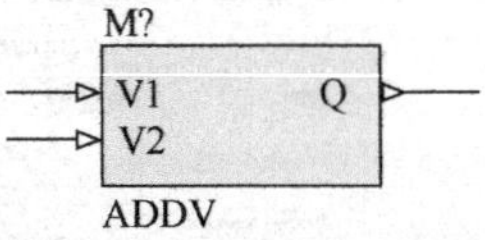

图 9.2.13　仿真数学函数 "ADDV"

仿真数学函数存放在"Simulation Math Function.IntLib"，只需要把相应的函数功能模块放到仿真原理图中需要进行信号处理的地方即可，仿真参数不需要用户自行设置。

下面以一个示例介绍仿真数学函数的使用方法。示例使用正弦和余弦仿真数学函数，对某一输入信号进行正弦变换和余弦变换，然后叠加输出。具体的操作步骤如下所述。

（1）新建一个原理图文件，另存为"仿真数学函数.SchDoc"。

（2）在系统提供的集成库中，选择到"Simulation Sources.IntLib"和"Simulation Math Function.IntLib"进行加载。

（3）在"库"面板中，打开集成库"Simulation Math Function.IntLib"，选择正弦变换函数"SINV"、余弦变换函数"COSV"及电压相加函数"ADDV"，将其分别放置到原理图中，如图 9.2.14 所示。

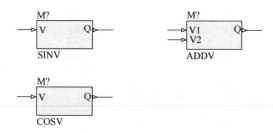

图 9.2.14 放置仿真数学函数

（4）在"库"面板中，打开集成库"Miscellaneous Devices.IntLib"，选择电阻元件 Res1，在原理图中放置 2 个接地电阻，并完成相应的电气连接，如图 9.2.15 所示。

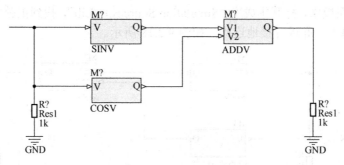

图 9.2.15 放置接地电阻并连接

（5）双击电阻，系统弹出属性设置对话框，相应的电阻值设置为 1kΩ。

（6）双击每一个仿真数学函数，进行参数设置，在弹出"Properties for Schematic Component in Sheet（电路图中的元件属性）"对话框中，只需设置标识符，如图 9.2.16 所示。

设置好的原理图如图 9.2.17 所示。

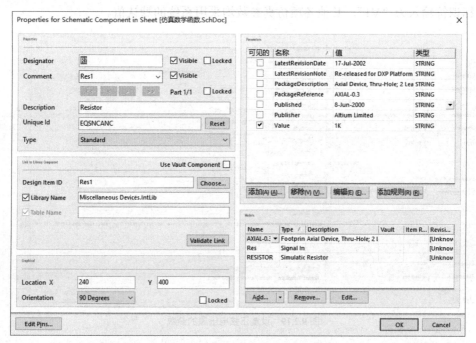

图 9.2.16 "Properties for Schematic Component in Sheet"对话框

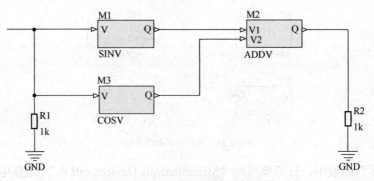

图 9.2.17　设置好的原理图

（7）在"库"面板中，打开集成库"Simulation Sources.IntLib"，找到正弦电压源"VSIN"，放置在仿真原理图中，并进行接地连接，如图 9.2.18 所示。

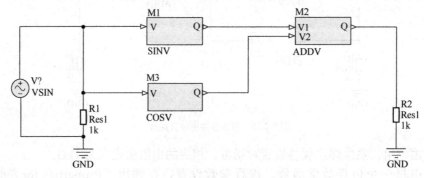

图 9.2.18　放置正弦电压源并连接

（8）双击正弦电压源，弹出相应的属性对话框，设置其基本参数及仿真参数，如图 9.2.19 所示。标识符输入为"V1"，其他各项仿真参数均采用系统的默认值。

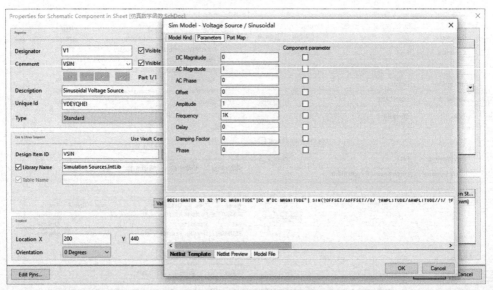

图 9.2.19　设置正弦电压源的参数

（9）单击"OK（确定）"按钮得到的仿真原理图如图 9.2.20 所示。

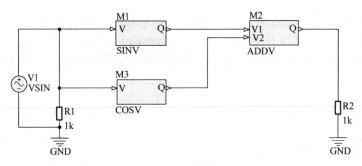

图 9.2.20　仿真原理图

（10）在原理图中需要观测信号的位置添加网络标签。在这里需要观测的信号有 4 个，即输入信号、经过正弦变换后的信号、经过余弦变换后的信号及叠加后输出的信号。因此，在相应的位置处放置 4 个网络标签，即"INPUT""SINOUT""COSOUT"和"OUTPUT"，如图 9.2.21 所示。

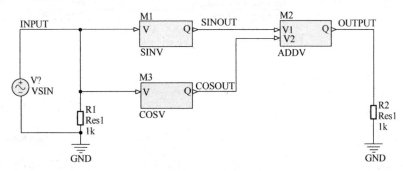

图 9.2.21　添加网络标签

（11）单击菜单栏中的"设计"→"仿真"→"Mixed Sim（混合仿真）"命令，在系统弹出的"Analyses Setup（分析设置）"对话框中设置常规参数，详细设置如图 9.2.22 所示。

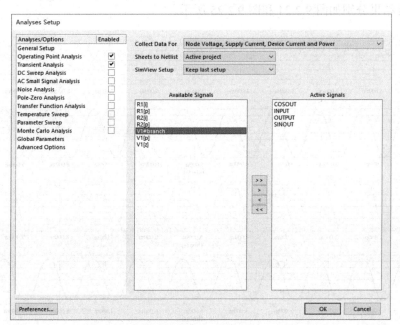

图 9.2.22　"Analyses Setup（分析设置）"对话框

（12）完成通用参数的设置后，在"Analyses/Options（分析/选项）"列表框中，勾选"Operating Point Analysis（工作点分析）"和"Transient Analysis（瞬态特性分析）"选项。"Transient Analysis（瞬态特性分析）"选项中各项参数的设置如图 9.2.23 所示。

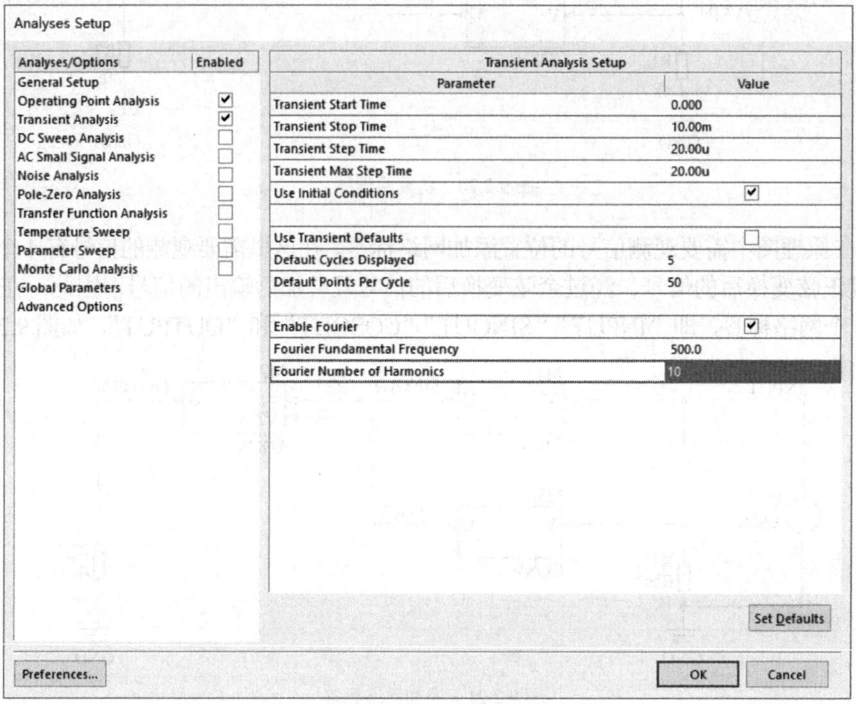

图 9.2.23 "Transient Analysis"选项的参数设置

（13）设置完毕后，单击"OK（确定）"按钮，系统进行电路仿真。瞬态仿真分析和傅里叶分析的仿真结果分别如图 9.2.24 和图 9.2.25 所示。

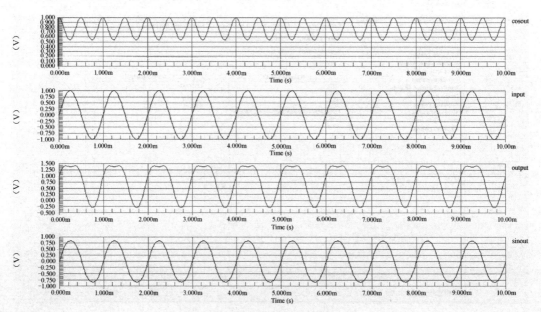

图 9.2.24 瞬态仿真分析的仿真结果

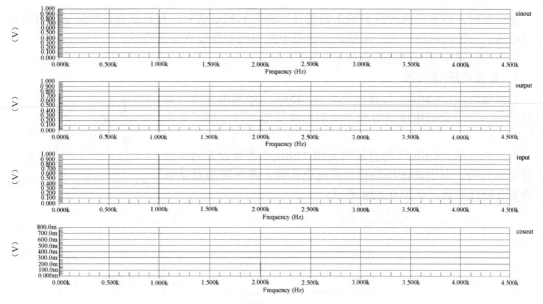

图 9.2.25　傅里叶分析的仿真结果

如图 9.2.24 和图 9.2.25 所示分别显示了所要观测的 4 个信号的时域波形及频谱组成。在给出波形的同时，系统还为所观测的结点生成了傅里叶分析的相关数据，保存在后缀名为 ".sim" 的文件中，如图 9.2.26 所示是该文件中与输出信号 "OUTPUT" 有关的数据。

图 9.2.26 表明了直流分量为 0V，同时给出了基波和 2～9 次谐波的幅值、相位，以及归一化的幅值、相位等。

傅里叶变换分析是以基频为步长进行的，因此基频越小，得到的频谱信息就越多。但是基频的设定是有下限限制的，并不能无限小，其所对应的周期一定要小于或等于仿真的终止时间。

```
Circuit: PCB_Project_2
Date:    周五 11月 13 19:42:57 2015


Fourier analysis for @v1[p]:
  No. Harmonics: 10, THD: 5.12059E006 %, Gridsize: 200, Interpolation Degree: 1

Harmonic  Frequency    Magnitude    Phase        Norm. Mag     Norm. Phase
--------  ----------   ---------    -----        ---------     -----------
0         0.00000E+000 4.99995E-004 0.00000E+000 0.00000E+000  0.00000E+000
1         5.00000E+002 9.70727E-009 -8.82000E+001 1.00000E+000 0.00000E+000
2         1.00000E+003 9.70727E-009 -8.64000E+001 1.00000E+000 1.80000E+000
3         1.50000E+003 9.70727E-009 -8.46000E+001 1.00000E+000 3.60000E+000
4         2.00000E+003 4.97070E-004 -9.00004E+001 5.12059E+004 -1.80042E+000
5         2.50000E+003 9.70727E-009 -8.10000E+001 1.00000E+000 7.20000E+000
6         3.00000E+003 9.70727E-009 -7.92000E+001 1.00000E+000 9.00000E+000
7         3.50000E+003 9.70727E-009 -7.74000E+001 1.00000E+000 1.08000E+001
8         4.00000E+003 9.70727E-009 -7.56000E+001 1.00000E+000 1.26000E+001
9         4.50000E+003 9.70727E-009 -7.38000E+001 1.00000E+000 1.44000E+001
```

图 9.2.26　输出信号的傅里叶分析数据

9.2.4　仿真电源及激励源

在 Altium Designer 15 系统的 "Simulation Sources.Intlib" 集成库中，可以提供多种仿真电源和激励源。在使用时，这些仿真源均被默认为理想的激励源，即电压源的内阻为零，而电流源的内阻为无穷大。

在仿真时，仿真激励源提供输入到仿真电路中的测试信号，根据观察这些测试信号通过仿真电路后的输出波形，用户可以判断仿真电路中的参数设置是否合理。

常用的仿真电源与激励源有如下几种。

1. 直流电压/电流源

直流电压源"VSRC"与直流电流源"ISRC"分别用来为仿真电路提供一个不变的电压信号或不变的电流信号，符号形式如图9.2.27 所示。

直流电压源"VSRC"与直流电流源"ISRC"需要设置的仿真参数是相同的。双击新添加的仿真直流电压源，在出现的对话框中设置其属性参数，如图 9.2.28 所示。

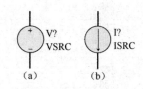

图 9.2.27 直流电压/电流源符号

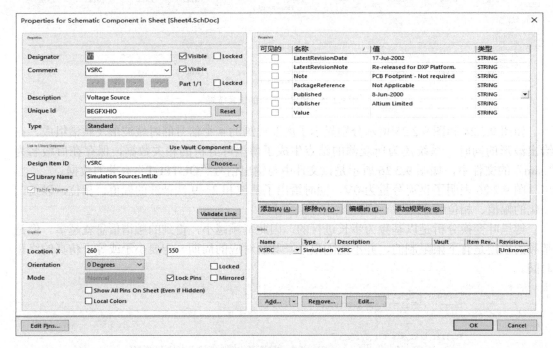

图 9.2.28 属性设置对话框

如图 9.2.28 所示的窗口，双击"Models（模型）"栏下的"Simulation（仿真）"选项，即可出现"Sim Model-Voltage Source/DC Source"对话框，通过该对话框可以查看并修改仿真模型。在打开的直流电压/电流源"Parameters（参数）"对话框中，可以设置如下参数。

（1）"Value（数值）"：直流电源值。

（2）"AC Magnitude（交流幅值）"：交流小信号分析的电流/电压值。

（3）"AC Phase（交流相位）"：交流小信号分析的电压初始相位值。

2. 正弦信号激励源

正弦信号激励源包括正弦电压源"VSIN"与正弦电流源"ISIN"，用来为仿真电路提供正弦激励信号，符号如图 9.2.29 所示，要设置的仿真参数是类似的。

在打开的正弦信号激励源"Parameters（参数）"对话框中，可以设置如下参数。

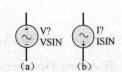

图 9.2.29 正弦电压/电流源符号

（1）"DC Magnitude"：正弦信号的直流参数，通常设置为"0"。

（2）"AC Magnitude"：交流小信号分析的电压值，通常设置为"1"，如果不进行交流小信号分析，可以设置为任意值。

（3）"AC Phase（交流相位）"：交流小信号分析的电压初始相位值，通常设置为"0"。

（4）"Offset"：正弦波信号上叠加的直流分量，即幅值偏移量。

（5）"Amplitude"：正弦波信号的幅值设置。

（6）"Frequency"：正弦波信号的频率设置。

（7）"Delay"：正弦波信号初始的延时时间设置。

（8）"Damping Factor"：正弦波信号的阻尼因子设置，影响正弦信号幅值的变化。设置为正值时，正弦波的幅值将随时间的延长而衰减。设置为负值时，正弦波的幅值则随时间的延长而增大。若设置为"0"，则意味着正弦波的幅值不随时间而变化。

（9）"Phase"：正弦波信号的初始相位设置。

3．周期脉冲源

周期脉冲源包括脉冲电压激励源"VPULSE"与脉冲电流激励源"IPULSE"，可以为仿真电路提供周期性的连续脉冲激励，其中脉冲电压激励源"VPULSE"在电路的瞬态特性分析中用得比较多。2 种激励源的符号形式如图 9.2.30 所示，要设置的仿真参数是类似的。

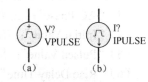

图 9.2.30　脉冲电压/电流源符号

在打开的周期脉冲源"Parameters（参数）"对话框中，可以设置如下参数。

（1）"DC Magnitude"：脉冲信号的直流参数，通常设置为"0"。

（2）"AC Magnitude"：交流小信号分析的电压值，通常设置为"1"，如果不进行交流小信号分析，可以设置为任意值。

（3）"AC Phase"：交流小信号分析的电压初始相位值，通常设置为"0"。

（4）"Initial Value"：脉冲信号的初始电压值设置。

（5）"Pulsed Value"：脉冲信号的电压幅值设置。

（6）"Time Delay"：初始时刻的延迟时间设置。

（7）"Rise Time"：脉冲信号的上升时间设置。

（8）"Fall Time"：脉冲信号的下降时间设置。

（9）"Pulse Width"：脉冲信号的高电平宽度设置。

（10）"Period"：脉冲信号的周期设置。

（11）"Phase"：脉冲信号的初始相位设置。

4．分段线性激励源

分段线性激励源所提供的激励信号是由若干条相连的直线组成，是一种不规则的信号激励源，包括分段线性电压源"VPWL"与分段线性电流源"IPWL"2 种，符号形式如图 9.2.31 所示，要设置的仿真参数是类似的。

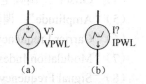

图 9.2.31　分段电压/电流源符号

在打开的分段线性激励源"Parameters（参数）"对话框中，可以设置如下参数。

（1）"DC Magnitude"：分段线性电压信号的直流参数，通常设置为"0"。

（2）"AC Magnitude"：交流小信号分析的电压值，通常设置为"1"，如果不进行交流小信号分析，可以设置为任意值。

（3）"AC Phase"：交流小信号分析的电压初始相位值，通常设置为"0"。

（4）"Time/Value Pairs"：分段线性电压信号在分段点处的时间值及电压值设置。其中时间为横坐标，电压为纵坐标，共有 5 个分段点。单击 1 次右侧的 "Add..." 按钮，可以添加 1 个分段点，而单击 1 次 "Delete" 按钮，则可以删除 1 个分段点。

5. 指数激励源

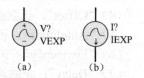

图 9.2.32　指数电压/电流源符号

指数激励源包括指数电压激励源 "VEXP" 与指数电流激励源 "IEXP"，用来为仿真电路提供带有指数上升沿或下降沿的脉冲激励信号，通常用于高频电路的仿真分析，符号形式如图 9.2.32 所示，要设置的仿真参数是类似的。

在打开的指数激励源 "Parameters（参数）" 对话框中，可以设置如下参数。

（1）"DC Magnitude"：指数电压信号的直流参数，通常设置为 "0"。

（2）"AC Magnitude"：交流小信号分析的电压值，通常设置为 "1"，如果不进行交流小信号分析，可以设置为任意值。

（3）"AC Phase"：交流小信号分析的电压初始相位值，通常设置为 "0"。

（4）"Initial Value"：指数电压信号的初始电压值。

（5）"Pulsed Value"：指数电压信号的跳变电压值。

（6）"Rise Delay Time"：指数电压信号的上升延迟时间。

（7）"Rise Time Constant"：指数电压信号的上升时间。

（8）"Fall Delay Time"：指数电压信号的下降延迟时间。

（9）"Fall TimeConstant"：指数电压信号的下降时间。

6. 单频调频激励源

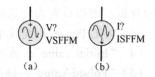

图 9.2.33　单频调频电压/电流源符号

单频调频激励源用来为仿真电路提供一个单频调频的激励波形，包括单频调频电压源 "VSFFM" 与单频调频电流源 "ISFFM" 2 种，符号形式如图 9.2.33 所示，需要设置的仿真参数是类似的。

在打开的单频调频激励源 "Parameters（参数）" 对话框中，可以设置如下参数。

（1）"DC Magnitude"：调频电压信号的直流参数，通常设置为 "0"。

（2）"AC Magnitude"：交流小信号分析的电压值，通常设置为 "1"，如果不进行交流小信号分析，可以设置为任意值。

（3）"AC Phase"：交流小信号分析的电压初始相位值，通常设置为 "0"。

（4）"Offset"：调频电压信号上叠加的直流分量，即幅值偏移量。

（5）"Amplitude"：调频电压信号的载波幅值。

（6）"Carrier Frequency"：调频电压信号的载波频率。

（7）"Modulation Index"：调频电压信号的调制系数。

（8）"Signal Frequency"：调制信号的频率。

根据以上的参数设置，输出的调频信号表达式为

$$V(t) = V_O + V_A \sin(2\pi f_C t + M \sin 2\pi f_S t)$$

式中，V_O 为 "Offset"，V_A 为 "Amplitude"，f_C 为 "Carrier Frequency"，f_S 为 "Signal Frequency"，M 为 "Modulation Index"。

在 Altium Designer 15 系统的 "Simulation Sources.Intlib" 集成库中，还有线性受控源、非线性受控源等，有关仿真参数的设置与上述的仿真激励源类似，在此不再一一介绍了。

9.3　电路仿真分析方式选择和参数设置

9.3.1　电路仿真分析方式

在原理图编辑环境中，单击菜单栏中的"设计"→"仿真"→"Mixed Sim（混合仿真）"菜单命令，系统弹出"Analyses Setup（分析设置）"对话框如图 9.3.1 所示。

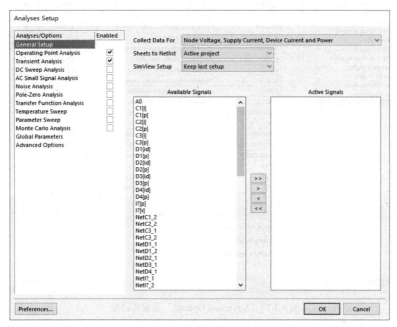

图 9.3.1　仿真分析设置对话框

在该对话框左侧的"Analyses/Option（分析/选项）"栏中，列出了若干选项供用户选择，包括各种具体的仿真分析方式。而对话框的右侧则用来显示与选项相对应的具体设置内容。系统的默认选项为"General Setup（通用参数设置）"，即仿真方式的通用参数设置。

Altium Designer 15 系统可提供如下仿真分析方式。

（1）"Operating Point Analysis"：工作点分析。

（2）"Transient Analysis"：瞬态特性分析，内部包含有 Fourier Analysis（傅里叶分析）。

（3）"DC Sweep Analysis"：直流传输特性分析。

（4）"AC Small Signal Analysis"：交流小信号分析。

（5）"Noise Analysis"：噪声分析。

（6）"Pole-Zero Analysis"：零-极点分析。

（7）"Transfer Function Analysis"：传递函数分析。

（8）"Temperature Sweep"：温度扫描分析。

（9）"Parameter Sweep"：参数扫描分析。

（10）"Monte Carlo Analysis"：蒙特卡罗分析。

在电路仿真分析中，选择合适的仿真方式，并对相应的参数进行合理的设置，是仿真能够正确运行并能获得良好的仿真效果的关键保证。

一般来说，仿真方式的设置包含两部分：一是各种仿真方式都需要的通用参数设置；二是具体的仿真方式所需要的特定参数设置。二者缺一不可。

在"Analyses/Option（分析/选项）"栏中，最后一项为"Advanced Options"设置，显示的是各种仿真方式都应该遵循的系统默认基本条件。一般来说，尽量不要去修改，以免导致某些仿真程序无法正常运行。"Advanced Options"设置对话框如图 9.3.2 所示。

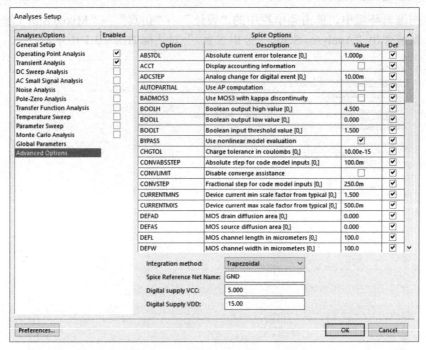

图 9.3.2 "Advanced Options"设置对话框

9.3.2 仿真通用参数设置

在图 9.3.1 所示的仿真分析"General Setup（通用参数设置）"对话框中，需要设置的通用参数选项有以下几项。

1. "Collect Data For（收集数据）"选项

"Collect Data For（收集数据）"选项用于设置仿真程序需要计算的数据类型。在下拉列表中包含如下内容。

（1）"Node Voltage and Supply Current"：用来保存每个结点电压和每个电源电流的数据。

（2）"Node Voltage，Supply and Device Current"：用来保存每一个结点电压、每个电源和器件电流的数据。

（3）"Node Voltage，Supply Current，Device Current and Power"：用来保存每个结点电压、每个电源电流以及每个器件的电源和电流的数据。

（4）"Node Voltage，Supply Current and Subcircuit VARs"：用来保存每个结点电压、来自每个电源的电流源以及子电路变量中匹配的电压/电流的数据。

（5）"Active Signals"：仅保存在 Active Signals 中列出的信号分析结果。由于仿真程序在计算上述这些数据时要占用很长的时间，因此，在进行电路仿真时，用户应该尽可能少地设置需要计算的数据，只需要观测电路中结点的一些关键信号波形即可。

单击右侧的"Collect Data For（为了收集数据）"下拉列表，可以看到系统提供了几种需要计算的数据组合，用户可以根据具体仿真的要求加以选择，系统默认为"Nude Voltage，SupplyCurrent，Device Current any Power"。

一般设置为"Active Signals（有效信号）"，这样一方面可以灵活选择所要观测的信号，另一方面也可以减少仿真的计算量，提高仿真效率。

2．"Sheets to Netlist（网表）"选项

"Sheets to Netlist（网表）"选项用于设置仿真程序作用的范围。在下拉列表中含有如下 2 个选项。

（1）"Active sheet"：选择当前的电路仿真原理图。

（2）"Active project"：选择当前的整个项目。

3．"SimView Setup（仿真视图设置）"选项

"SimView Setup（仿真视图设置）"用于设置仿真结果的显示内容。在下拉列表中包含如下两个选项。

（1）"Keep last setup"：按照上一次仿真操作的设置在仿真结果图中显示信号波形，忽略"Active Signals"栏中所列出的信号。

（2）"Show active signals"：按照"Active Signals"栏中所列出的信号，在仿真结果图中进行显示。一般应设置为"Show active signals"。

4．"Available Signals（可用的信号）"列表框

"Available Signals（可用的信号）"列表框中列出了所有可供选择的观测信号，具体内容随着"Collect Data For"列表框的设置变化而变化，即对于不同的数据组合，可以观测的信号是不同的。

5．"Active Signals（有效信号）"列表框

"Active Signals（有效信号）"列表框列出了仿真程序运行结束后，能够立刻在仿真结果图中显示的信号。

在"Active Signals（有效信号）"列表框中选中某一个需要显示的信号后，如选择"IN"单击" > "按钮，可以将该信号加入到"Active Signals（有效信号）"列表框，以便在仿真结果图中显示。单击" < "按钮则可以将"Active Signals（有效信号）"列表框中某个不需要显示的信号移回"Available Signals（可用的信号）"列表框。或者，单击" >> "按钮，直接将全部可用的信号加入到"Active Signals（有效信号）"列表框中。单击" << "按钮，则将全部活动信号移回"AvailableSignals（可用的信号）"列表框中。

上面讲述的是在仿真运行前需要完成的通用参数设置。而对于用户具体选用的仿真方式，还需要进行一些特定参数的设定。

9.3.3 工作点分析

"Operating Point Analysis（工作点分析）"就是静态工作点分析。在进行"Operating Point Analysis（工作点分析）"时，电路中的交流源将置零，电容开路，电感短路，分析提供各个结点的对地电压及流过每一元件的电流。使用该方式时，通常不需要用户进行特定参数的设置，只需要选中即可运行，如图 9.3.3 所示。

一般来说，在进行瞬态特性分析和交流小信号分析时，仿真程序都会先执行工作点分析，以确定电路中非线性元件的线性化参数初始值。因此，在通常情况下应选中该选项。

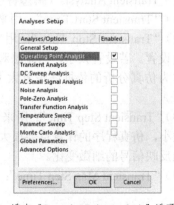

图 9.3.3 选中"Operating Point Analysis"选项对话框

9.3.4　瞬态特性分析

在"TransientAnalysis（瞬态特性分析）"内部包含有"Fourier Analysis（傅里叶分析）"。"Transient/FourierAnalysis（瞬态特性分析和傅里叶分析）"是电路仿真中经常使用的仿真方式。

瞬态特性分析是一种时域仿真分析方式，分析所选定的电路结点的时域响应。即观察该结点在整个显示周期中每一时刻的电压波形，通常是从零时间开始，到规定的终止时间结束。在进行瞬态分析时，直流电源保持常数，交流信号源随着时间而改变，电容和电感都是能量储存模式元件。

傅里叶分析则可以与瞬态特性分析同时进行，属于频域分析。傅里叶分析方法用于分析一个时域信号的直流分量、基频分量和谐波分量的振幅和相位，即把被测结点处的时域变化信号作离散傅里叶变换，求出它的频域变化规律。在进行傅里叶分析时，必须首先选择被分析的结点，一般将电路中的交流激励源的频率设定为基频，若在电路中有几个交流激励源时，可以将基频设定在这些频率的最小公因数上。譬如有一个 10.5kHz 和一个 7kHz 的交流激励源信号，则基频可取 0.5kHz。

在"Analyze Setup（仿真分析设置）"对话框中，选择"Transient Analysis"选项，对应的参数设置对话框如图 9.3.4 所示。

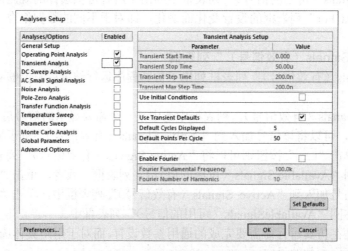

图 9.3.4　"Transient Analysis"参数设置对话框

在"Transient Analysis（瞬态特性分析）"参数设置对话框中包含如下选项。

（1）"Transient Start Time"：用来设置瞬态仿真分析的起始时间，通常设置为"0"。

（2）"Transient Stop Time"：用来设置瞬态仿真分析的终止时间，需要根据具体的电路来调整设置。若设置太小，则无法观测到完整的仿真过程，仿真结果中只显示一部分波形，不能作为仿真分析的依据；设置太大，则有用的信息会被压缩在一小段区间内，同样不利于分析。

（3）"Transient Step Time"：用来设置仿真的时间步长，同样需要根据具体的电路来调整。设置太小，仿真程序的计算量会很大，运行时间会很长；设置太大，则仿真结果粗糙，无法真切地反映信号的细微变化。

（4）"Transient Max Step Time"：用来设置仿真的最大时间步长，通常设置与时间步长值相同。

（5）"Use Initial Conditions"：该选项用于设置电路仿真时，是否使用初始设置条件，通常选中。

（6）"Use Transient Conditions"：该选项用于设置电路仿真时，是否采用系统的默认设置。若选中了该选项，则所有的参数选项颜色都将变成灰色，不再允许用户修改设置，通常情况下，为了获得较好的仿真效果，应对各参数进行手工调整配置，不选中该选项。

（7）"Default Cycles Displayed"：用来设置电路仿真时显示的波形周期数。

（8）"Default Points Per Cycles"：用来设置每次显示周期中的点数，其数值多少决定了曲线的光滑程度。

（9）"Enable Fourier"：该选项用于设置电路仿真时，是否同时进行傅里叶分析。

（10）"Fourier Fundamental Frequency"：用来设置傅里叶分析中基波频率。

（11）"Fourier Number of Harmonics"：用来设置傅里叶分析中的谐波次数，通常使用系统默认值"10"。

9.3.5　直流扫描分析

"DC Sweep Analysis（直流扫描分析）"用来分析电路的直流传输特性。分析时，利用一个或 2 个直流电源，分析电路中某一结点上的直流工作点的数值变化的情况。即在一定的范围内，通过改变输入信号源的电压值，对结点的静态工作点进行分析。根据所获得的一系列直流传输特性曲线，可以确定输入信号、输出信号的最大范围及噪声容限等。

注意：在对 2 个结点的输入信号进行扫描分析时，计算工作量会相当大。

在"Analyse Setup（仿真分析设置）"对话框中，选择"DC Sweep Analysis（直流扫描分析）"选项，对应的参数设置对话框如图 9.3.5 所示。

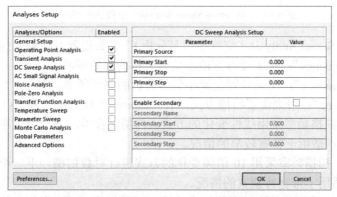

图 9.3.5　"DC Sweep Analysis"参数设置对话框

在"DC Sweep Analysis（直流扫描分析）"参数设置对话框中包含如下选项。

（1）"Primary Source"：用来设置直流传输特性分析的第 1 个输入激励源。选择该选项后，其右边出现一个下拉菜单，供用户选择输入激励源。

（2）"Primary Start"：用来设置激励源信号幅值的初始值。

（3）"Primary Stop"：用来设置激励源信号幅值的终止值。

（4）"Primary Step"：用来设置激励源信号幅值变化的步长，通常设置为幅值变化范围的 1%或 2%。

（5）"Enable Secondary"：用于选择是否设置进行直流传输特性分析的第 2 个输入激励源。选中该选项后，就可以对第 2 个输入激励源的相关参数进行设置，设置内容及方式都与上面的相同。

9.3.6 交流小信号分析

"AC Small Signal Analysis（交流小信号分析）"主要用于分析电路的频率响应特性，即输出信号随着输入信号频率变化而变化的情况。利用该仿真分析方式，可以得到电路的幅频特性和相频特性。

在分析电路的频率响应特性时，需先选定被分析的电路结点，在分析时，电路中的直流源将自动置零，交流信号源、电容、电感等均处在交流模式，输入信号也设定为正弦波形式。若把函数信号发生器的其他信号作为输入激励信号，在进行交流频率分析时，会自动把它作为正弦信号输入。因此输出响应也是该电路交流频率的函数。

在"Analyze Setup（仿真分析设置）"对话框中选择"AC Small Signal Analysis（交流小信号分析）"选项，对应的参数设置对话框图 9.3.6 所示。

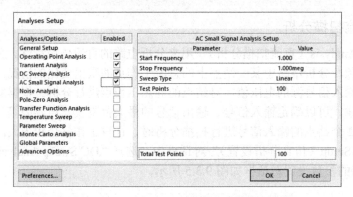

图 9.3.6 "AC Small Signal Analysis"参数设置对话框

在"AC Small Signal Analysis（交流小信号分析）"参数设置对话框中包含如下选项。

（1）"Start Frequency"：用来设置交流小信号分析的起始频率。

（2）"Stop Frequency"：用来设置交流小信号分析的终止频率。

（3）"Sweep Type"：用来设置扫描方式，有"Linear""Decade"和"Octave"3 种选择。

① "Linear"：扫描频率采用线性变化的方式。扫描过程中，下一个频率值是由当前值加上一个常量而得到，适用于带宽较窄的情况。

② "Decade"：扫描频率采用 10 倍频变化的方式进行对数扫描。下一个频率值是当前值乘以 10 而得到，适用于带宽特别宽的情况。

③ "Octave"：扫描频率以倍频变化的方式进行对数扫描。下一个频率值是由当前值乘以一个大于 1 的常数而得到，适用于带宽较宽的情况。

（4）"Test Points"：用来设置交流小信号分析的测试点的数目。

（5）"Total Test Points"：用来设置交流小信号分析的总测试点的数目，通常使用系统的默认值。

9.3.7 噪声分析

"Noise Analysis（噪声分析）"用于检测电路输出信号的噪声功率幅度，用于计算、分析电阻或晶体管的噪声对电路的影响。在实际的电路中，存在着各种各样的噪声，这些噪声分布在很宽的频带内，每个元件对于不同频段上的噪声敏感程度是不同的。在分析时，假定电路中各噪声源是互不相关的，因此它们的数值可以分开各自计算。在噪声分析时，电容、电感和受控源应被视为无噪声的元件。对交流小信号分析中的每一个频率，电路中的每一个噪声源的噪声电平都会被计算出来，它们对输出结点的贡献通过将各方均值相加而得到。

"Noise Analysis（噪声分析）"通常与"AC Small Signal Analysis（交流小信号分析）"一起进行的。

使用"Noise Analysis（噪声分析）"可以测量和分析以下 3 种噪声。

（1）输出噪声：在某一个特定的输出结点处测量得到的噪声。

（2）输入噪声：在输入结点处测得到的噪声。

（3）元件噪声：每个元件对输出噪声的贡献。输出噪声的大小就是所有产生噪声的元件噪声的叠加。

在"Analyze Setup（仿真分析设置）"对话框中，选择"Noise Analysis（噪声分析）"选项，对应的参数设置对话框如图 9.3.7 所示。

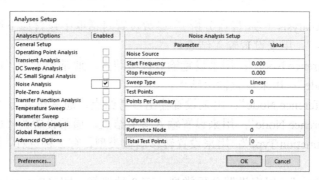

图 9.3.7 "Noise Analysis"参数设置对话框

在"Noise Analysis（噪声分析）"参数设置对话框中包含如下选项。

（1）"Noise Source"：用来选择一个用于计算噪声的参考信号源。选中该项后，其右边会出现一个下拉菜单，供用户进行选择。

（2）"Start Frequency"：用来设置扫描起始频率。

（3）"Stop Frequency"：用来设置扫描终止频率。

（4）"Sweep Type"：用来设置扫描方式，与交流小信号分析中的扫描方式选择设置相同。

（5）"Test Points"：用来设置噪声分析的测试点的数目。

（6）"Points Per Summary"：用来设置噪声分析的扫描测试点的数目。

（7）"Output Node"：用来设置噪声分析的输出点。选中该项后，其右边出现一个下拉菜单，供用户选择需要的噪声输出结点。

（8）"Reference Node"：用来设置噪声分析的参考结点，通常设置为"0"，表示以接地点作为参考点。

（9）"Total Test Points"：用来设置噪声分析的总测试点的数目。

9.3.8 零-极点分析

"Pole-Zero Analysis（零-极点分析）"是一种对电路的稳定性分析相当有用的工具。该分析方法可以用于交流小信号电路传递函数中零点和极点的分析。通常先进行直流工作点分析，对非线性器件求得线性化的小信号模型。在此基础上再分析传输函数的零点、极点。零-极点分析主要用于模拟小信号电路的分析，对数字器件将被视为高阻接地。

在"Analyze Setup（仿真分析设置）"对话框中，选择"Pole-Zero Analysis（零-极点分析）"选项，对应的参数设置对话框如图 9.3.8 所示。

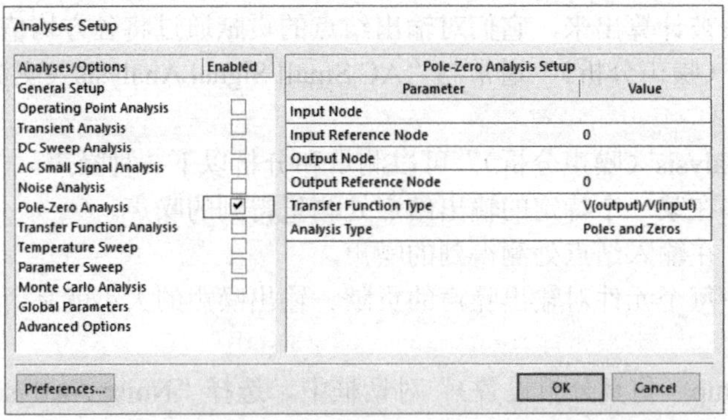

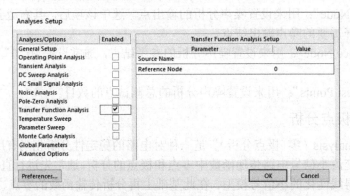

图 9.3.8 "Pole-Zero Analysis"参数设置对话框

在"Pole-Zero Analysis（零-极点分析）"参数设置对话框中包含如下选项。

（1）"Input Node"：用来设置输入结点。

（2）"Input Reference Node"：用来设置输入参考结点，通常设置为"0"。

（3）"Output Node"：用来设置输出结点。

（4）"Output Reference Node"：用来设置输出参考结点，通常设置为"0"。

（5）"Input Reference Node"：用来设置输入参考结点，通常设置为"0"。

（6）"Transfer Function Type"：用来设置转移函数类型，有2种选择，即电压数值比和阻抗函数两种。

（7）"Analysis Type"：用来设置分析类型，有3种选择，即"Poles Only""Zeros Only"和"Poles and Zeros"。

9.3.9 传递函数分析

"Transfer Function Analysis（传递函数分析）"可以分析1个源与2个结点的输出电压，或1个源与1个电流输出变量之间的直流小信号传递函数。也可以用于计算输入和输出阻抗。需先对模拟电路或非线性器件进行直流工作点分析，求得线性化的模型，然后再进行小信号分析。输出变量可以是电路中的结点电压，输入必须是独立源。

在"Analyze Setup（仿真分析设置）"对话框中，选择"Transfer Function Analysis（传递函数分析）"选项，对应的参数设置对话框如图9.3.9所示。

图 9.3.9 "Transfer Function Analysis"参数设置对话框

在"Transfer Function Analysis（传递函数分析）"参数设置对话框中包含如下两个选项。

（1）"Source Node"：用来设置参考的输入信号源。

（2）"Reference Node"：用来设置参考结点。

9.3.10 温度扫描分析

"Temperature Sweep（温度扫描分析）"是指在一定的温度范围内，通过对电路的参数进行各种仿真分析，如瞬态特性分析、交流小信号分析、直流传输特性分析、传递函数分析等，从而确定电路的温度漂移等性能指标。采用"Temperature Sweep（温度扫描分析）"，可以同时观察到在不同温度条件下的电路特性，相当于该元件每次取不同的温度值进行多次仿真。需注意的是，温度扫描只有与其他的仿真方式中的一种或几种同时运行时才有意义。

在"Analyze Setup（仿真分析设置）"对话框中，选择"Temperature Sweep（温度扫描分析）"选项，对应的参数设置对话框如图 9.3.10 所示。

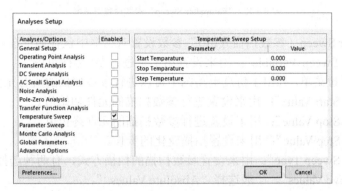

图 9.3.10 "Temperature Sweep"参数设置对话框

在"Temperature Sweep（温度扫描分析）"参数设置对话框中包含如下 3 个选项。

（1）"Start Temperature"：用来设置扫描起始温度。

（2）"Stop Temperature"：用来设置扫描终止温度。

（3）"Step Temperature"：用来设置扫描步长温度。

仿真时，如果仅仅选择了温度扫描的分析方式，则系统会弹出如图 9.3.11 所示的提示框，因此，温度扫描是必须与其他的扫描方式相配合应用的。

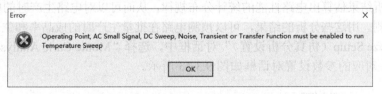

图 9.3.11 "与温度扫描相配合的仿真方式选择"提示框

9.3.11 参数扫描分析

采用"Parameter Sweep（参数扫描分析）"方法分析电路，可以较快地获得某个元件的参数，在一定范围内变化时对电路的影响。相当于该元件每次取不同的值，进行多次仿真。借助于该仿真方式，可以确定某些关键元件的最优化参数值，以获得最佳的电路性能。该分析方式与上述的温度扫描分析类似，只有与其他的仿真方式中的一种或几种同时运行时才有意义。对于数字器件，在进行参数扫描分析时将被视为高阻接地。

在"Analyze Setup（仿真分析设置）"对话框中，选择"Parameter Sweep（参数扫描分析）"选项，对应的参数设置对话框如图 9.3.12 所示。

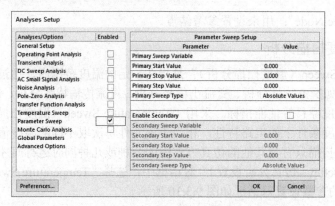

图 9.3.12　"Parameter Sweep" 参数设置对话框

在 "Parameter Sweep（参数扫描分析）" 参数设置对话框中包含如下选项。

（1）"Primary Sweep Variable"：用来设置第 1 个进行参数扫描的元件。选中该项后，其右边会出现一个下拉菜单，列出了仿真电路图中可以进行参数扫描的所有元件，供用户选择。

（2）"Primary Start Value"：用来设置进行参数扫描的元件初始值。

（3）"Primary Stop Value"：用来设置进行参数扫描的元件终止值。

（4）"Primary Step Value"：用来设置扫描变化的步长。

（5）"Primary Sweep Type"：用来设置参数扫描的扫描方式，有两种选择，即 "Absolute Values" 和 "Relative Values"。一般选择 "Absolute Values"。

（6）"Enable Secondary"：用于选择是否设置进行参数扫描分析的第 2 个元件。选中该选项后，就可以对第 2 个元件的相关参数进行设置，设置内容及方式都与上面相同。仿真过程中，设计者可以同时选择 2 个元件进行参数扫描分析。

9.3.12　蒙特卡罗分析

"Monte Carlo Analysis（蒙特卡罗分析）" 采用统计分析方法来观察给定电路中的元件参数，按选定的误差分布类型在一定的范围内变化时，对电路特性的影响。该方式借助于随机数发生器，按元件的概率分布来选择元件，然后对电路进行直流、交流小信号、瞬态特性等仿真分析。通过多次的分析结果估算出电路性能的统计分布规律，从而可以对电路生产时的成品率，以及成本等进行预测。用这些分析的结果，可以预测电路在批量生产时的成品率和生产成本。

在 "Analyze Setup（仿真分析设置）" 对话框中，选择 "Monte Carlo Analysis（蒙特卡罗分析）" 选项，对应的参数设置对话框如图 9.3.13 所示。

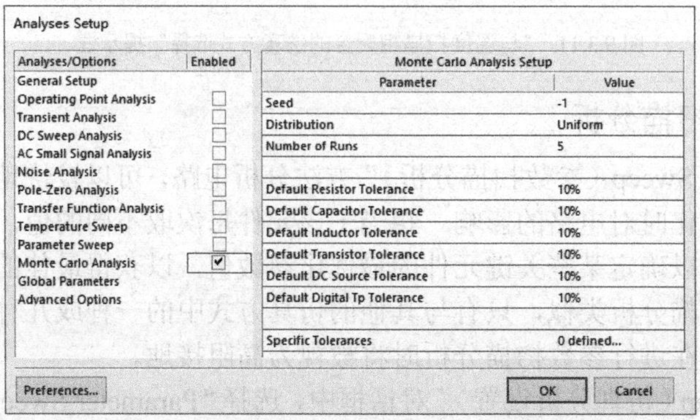

图 9.3.13　"Monte Carlo Analysis" 参数设置对话框

在"Monte Carlo Analysis（蒙特卡罗分析）"参数设置对话框中包含如下选项。

（1）"Seed"：用来设置随机数发生器的种子数，系统默认为"1"。

（2）"Distribution"：用来设置元件分布规律，有"Uniform""Gaussian"和"Worst Case"3种选择。

（3）"Numbers of Runs"：用来设置仿真运行次数，系统默认为"5"。

（4）"Default Resistor Tolerance"：用来设置电阻容差，默认为10%，可以单击更改，输入可以是绝对值，也可以是百分比，但含义不同。如一电阻的标称值为1kΩ，若用户输入的电阻容差为15，则表示该电阻将在985～1015Ω之间变化；若输入为15%。则表示该电阻的变化范围为850～1 150Ω。

（5）"Default Capacitor Tolerance"：用来设置电容容差，默认为10%，同样可以单击更改。

（6）"Default Inductor Tolerance"：用来设置电感容差，默认为10%。

（7）"Default Transisitor Tolerance"：用来设置晶体管容差，默认为10%。

（8）"Default DC Source Tolerance"：用来设置直流电源容差，默认为0%。

（9）"Default Digital Tp Tolerance"：用来设置数字元件的传播延迟容差，默认为10%。

（10）"Specific Tolerance"：用来设置特定元件的单独容差。

9.3.13　仿真波形管理

执行仿真并且成功运行以后，系统进入了仿真编辑环境中。单击窗口右下方面板控制中心处的"Sim Data"标签页，打开"Sim Data"面板，如图9.3.14所示，有一个完整的仿真编辑环境。

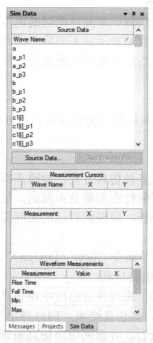

图 9.3.14　"Sim Data"面板

在该环境中，用户可以方便地查看各种仿真的显示波形及精确的数据。此外，利用系统提供的一些与仿真信号有关的操作命令，还可以对仿真波形进行有效的管理，如调整波形的显示范围，局部放大仿真波形，对仿真波形进行叠加及数学运算，添加新的有效信号波形等。

9.4 电路仿真示例

9.4.1 电路仿真方法和步骤

电路仿真的基本方法和步骤如下所述。

1．电路仿真原理图的绘制及编辑

电路仿真原理图的编辑环境就是前面已经介绍过的电路原理图编辑环境，绘制方法也与普通电路原理图一样，具体操作参考前面的有关章节。

需要特别注意的是，在仿真电路原理图中放置的每一个元件都应该有相应的仿真模型，这一点是与普通电路原理图的区别，否则仿真过程中将出现错误。

2．设置仿真元件的参数

由于进行仿真的目的是为了给元件选择合适的电路参数，因此，在绘制好电路仿真原理图以后，必须设置好每一个元件的参数。

3．放置电源和仿真激励源

在电路仿真原理图中，电源与仿真激励源并不是同一个概念。电源是固定用来对电路进行供电的，以保证整个电路的正常工作；而仿真激励源则是在仿真过程中，提供给电路的一种特殊的激励信号，专用于对电路的测试，也可以看作是一种比较特殊的仿真元件。

根据不同的测试要求，可以选择不同的仿真激励源。对于所添加的电源和仿真激励源，同样也要进行相应的参数设置，特别是仿真激励源，一定要认真设置其各项参数。

4．选择测试点并放置网络标签

由于仿真程序中一般只自动提供每一个元件两端的电压、流过的电流，以及消耗功率的仿真显示，面对于电路中的结点位置的表示并不明确。因此，应该在需要观测的电路关键位置添加明确的网络标签，以便于在仿真结果中清晰查看，放置方法与电路原理图中放置网络标签的方法是一样的。

5．对电路进行 ERC 校验

在电路仿真运行之前，应对绘制好的电路仿真原理图进行 ERC 校验，以确保电气连接的正确性。

6．设置仿真方式及相应参数

Altium Designer 为用户提供了多种仿真方式，如瞬态特性分析、交流小信号分析、参数扫描等，不同的仿真方式需要设置的特定参数是不同的，显示的仿真结果也是不一样的，可以从不同的角度对电路进行检测分析，应根据自己的实际需要加以选择。

7．执行仿真命令

完成以上各项设置后，执行菜单命令"设计（Design）"→"仿真（Simulate）"→"Mixed Sim（混合仿真）"，系统即可开始电路仿真。

如果电路仿真原理图没有错误，系统就会给出电路仿真的结果，并把该结果存放在后缀名为".sdf"的文件中；若有错误，则仿真结束，同时弹出"Message"窗口显示出电路仿真原理图中的错误信息，可以进行查看，并返回电路仿真原理图中进行修改。

8．分析仿真结果

在后缀名为".sdf"的文件中，可以查看仿真波形及数据，并对电路的性能进行分析。如果没有达到预定的指标要求，应查找原因，有针对性地去修改电路中的有关参数来改正。

9.4.2 电路仿真示例

下面结合一个实例介绍电路仿真的基本方法和步骤。

电路仿真示例

（1）启动 Altium Designer 15 系统，打开一个仿真示例电路图，如图 9.4.1 所示。

（2）在电路原理图编辑环境中，激活"Projects（工程）"面板，鼠标右键单击面板中的电路原理图，在弹出的右键快捷菜单中，单击"Compile Document（编译文件）"命令，如图 9.4.2 所示。单击该命令后，将自动检查原理图文件是否有错，如有错误应该予以纠正。

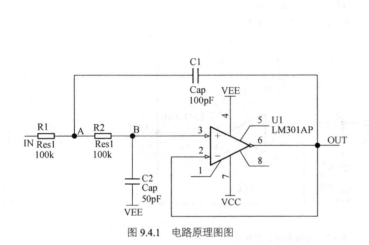

图 9.4.1 电路原理图图

9.4.2 右键快捷菜单

（3）激活"库"面板，单击其中的"Libraries（库）"按钮，系统将弹出"可用库"对话框。

（4）单击"添加库"按钮，在弹出的"打开"对话框中，选择 Altium Designer 15 安装目录"AD15/Library/Simulation"中所有的仿真库，如图 9.4.3 所示。

图 9.4.3 选择仿真库

（5）单击"打开"按钮，完成仿真库的添加。

（6）在"库"面板中选择"Simulation Sources.IntLib"集成库，该仿真库包含了各种仿真电源和激励源。选择名为"VSIN"的激励源，然后将其拖到原理图编辑区中，如图 9.4.4 所示。

选择放置导线工具，将激励源和电路连接起来，并接上电源地，如图 9.4.5 所示。

（7）双击新添加的仿真激励源，在弹出的"Properties for Schematic Component in Sheet（电路图中的元件属性）"对话框中，设置仿真激励源的参数，如图 9.4.6 所示。

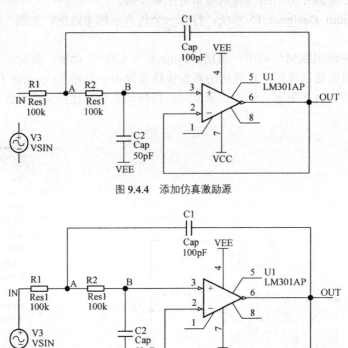

图 9.4.4　添加仿真激励源

图 9.4.5　连接激励源并接地

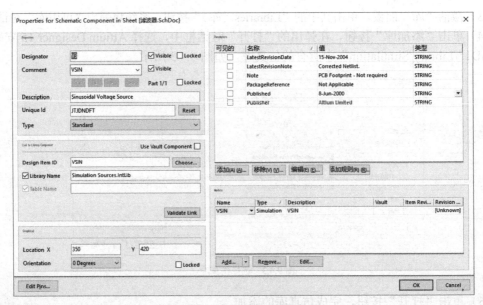

图 9.4.6　设置仿真激励源的参数

（8）在"Properties for Schematic Component in Sheet（电路图中的元件属性）"对话框中，双击"Models（模型）"栏"Type（类型）"列下的"Simulation（仿真）"选项，弹出如图 9.4.7

所示的"Sim Model-Voltage Source/Sinusoidal（仿真模型-电压源/正弦曲线）"对话框。通过
该对话框可以查看并修改仿真模型。

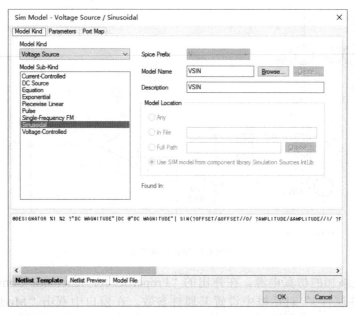

图 9.4.7　"Sim Model-Voltage Source/Sinusoidal"对话框

（9）单击"Model Kind（模型种类）"选项卡，可查看器件的仿真模型种类。

（10）单击"Port Map（端口图）"选项卡，可显示当前元件的原理图引脚和仿真模型引
脚之间的映射关系，并进行修改。

（11）对于仿真电源或激励源，也需要设置其参数。在"Sim Model-Voltage Source/
Sinusoidal（仿真模型-电压源/正弦曲线）"对话框中，单击"Parameters（参数）"选项，弹出
"Parameters（参数）"选项对话框如图 9.4.8 所示，按照电路的实际需求设置有关参数。

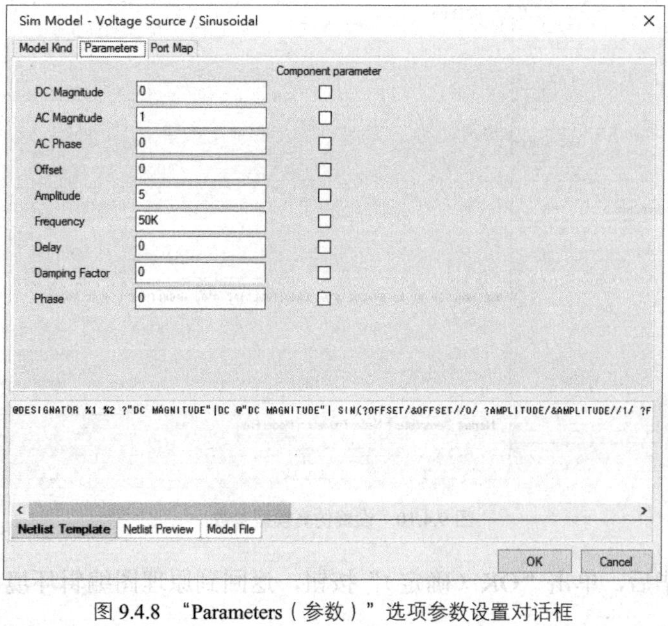

图 9.4.8　"Parameters（参数）"选项参数设置对话框

（12）设置完毕后，单击"OK（确定）"按钮，返回到电路原理图编辑环境。

（13）采用相同的方法，再添加 2 个仿真电源，如图 9.4.9 所示。

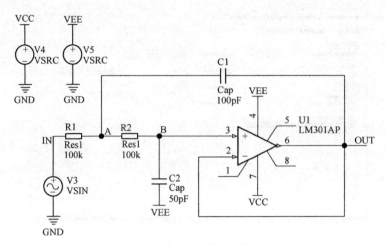

图 9.4.9　添加仿真电源

（14）双击已添加的仿真电源，在弹出的"Properties for Schematic Component in Sheet（电路图中的元件属性）"对话框中设置其属性参数。在窗口中双击"Model for V2（V2模型）"栏"Type（类型）"列下的"Simulation（仿真）"选项，在弹出的"Sim Model-Voltage Source/DC Source（仿真模型–电压源/直流电源）"对话框中设置仿真模型参数，如图 9.4.10所示。

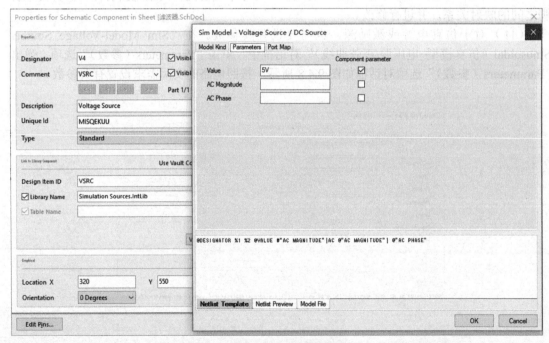

图 9.4.10　设置仿真模型参数

（15）设置完毕后，单击"OK（确定）"按钮，返回到原理图编辑环境。

（16）单击菜单栏中的"工程"→"Compile Document（编译文件）"命令，编译当前的原理图，编译无误后分别保存原理图文件和项目文件。

（17）单击菜单栏中的"设计"→"仿真"→"Mixed Sim（混合仿真）"命令，系统将弹出"Analyses Setup（分析设置）"对话框。在左侧的列表框中选择"General Setup（常规设置）"选项，在右侧设置需要观察的结点，即要获得的仿真波形，如图 9.4.11 所示。

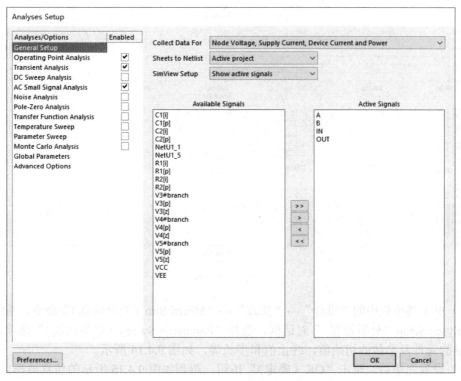

图 9.4.11　设置需要观察的结点

（18）选择合适的分析方法并设置相应的参数。例如图 9.4.12 所示，选择"Transient Analysis（瞬态特性分析）"选项。

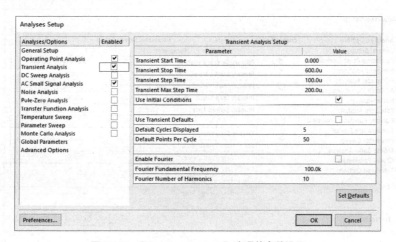

图 9.4.12　"Transient Analysis"选项的参数设置

（19）设置完毕后，单击"OK（确定）"按钮，得到如图 9.4.13 所示的仿真波形。

（20）保存仿真波形图，然后返回到原理图编辑环境。

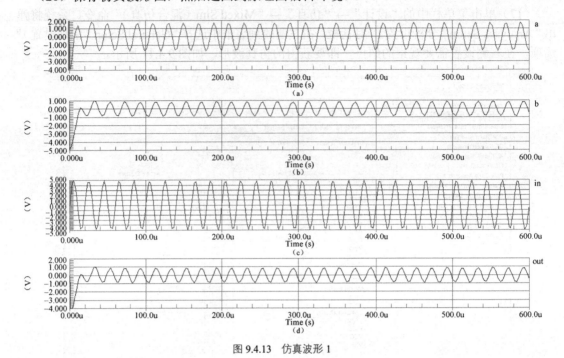

图 9.4.13　仿真波形 1

（21）单击菜单栏中的"设计"→"仿真"→"Mixed Sim（混合仿真）"命令，系统将弹出"Analyses Setup（分析设置）"对话框。选择"Parameter Sweep（参数扫描）"选项，设置需要扫描的元件及参数的初始值、终止值和步长等，如图 9.4.14 所示。

（22）设置完毕后，单击"OK（确定）"按钮，得到如图 9.4.15 所示的仿真波形。

（23）选中 OUT 波形所在的图表，在"Sim Data（仿真数据）"面板的"Source Data（数据源）"中双击 out_p1，out_p2 和 out_p3，将其导入到 OUT 图表中，如图 9.4.16 所示。

（24）还可以修改仿真模型参数，保存后再次进行仿真。

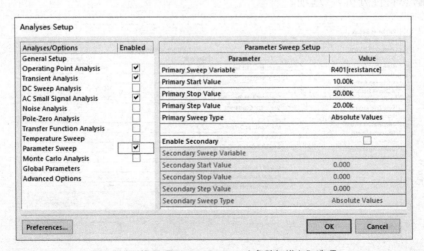

图 9.4.14　设置"Parameter Sweep（参数扫描）"选项

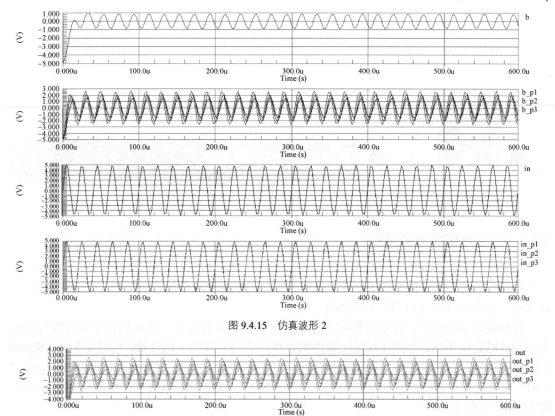

图 9.4.15 仿真波形 2

图 9.4.16 导入数据源

第10章 信号完整性分析

10.1 信号完整性分析基础

信号完整性，就是指一个信号通过信号线或者电路传输后，仍能保持信号特性完整。在一个电路中，信号能够以正确的时序、要求的持续时间和电压幅度进行传送，并到达输出端，则说明这个电路具有良好的信号完整性。

在高速数字电路中，由于时钟频率、数据速率等参数的提高，PCB 的设计重点将与低速电路设计时完全不同，不再仅仅是元器件的合理放置与导线的正确连接。信号完整性（Signal Integrity，SI）、电源完整性（Power Integrity，PI）和电磁完整性（Electromagnetic Integrity，EMI）是高速数字系统设计需要解决的 3 个重要问题。高速数字系统设计必须同时保证 SI，PI 和 EMI 三者完整性。

而对于一个刚刚进入高速数字电路设计领域的工程技术人员而言，高速数字电路设计所涉及的 SI，PI，EMI 的内容和问题实在太多，需要面对复杂的理论推导、建模和仿真分析，以及名目繁多的高速现象，大量的、甚至矛盾的经验法则和设计原则。一些软件，如 HSPICE，U1traCAD，HyperLynx，ADS 等，提供的信号完整性分析功能可以有效帮助设计者解决这方面的问题。

Altium Designer 15 系统可以提供具有较强功能的信号完整性分析器，以及实用的 SI 专用工具，能够在软件上模拟出整个电路板各个网络的工作情况，同时还提供了多种补偿方案，帮助设计者优化自己的设计。

10.1.1 上升时间与带宽

1. 上升时间

一个非理想的脉冲（数字）信号波形如图 10.1.1 所示，各参数定义如图 10.1.1 中所示。脉冲宽度 t_w 表示脉冲作用的时间。脉冲上升沿是指信号由 10%上升到最大幅度的 90%时所需要的时间，称为上升时间，用 t_r 表示。而脉冲下降沿则是从 90%下降到 10%所需要的时间，称为下降时间，用 t_f 表示。在高速数字电路中，上升时间和下降时间典型值为纳秒（ns）级。

注意，脉冲上升沿也有是指信号由 20%上升到最大幅度的 80%时所需要的时间。

如果在脉冲信号的上升沿（边）叠加一个正弦波，那么分析可知，此脉冲信号的上升时间 t_r 大约是正弦波一个周期的 1/3（大约是正弦波周期的 30%）[18]。

许多人认为在高速数字系统设计中需要考虑的关键问题是频率，其实这是误解，上升时间 t_r 才是引起信号完整性问题的最关键因素。

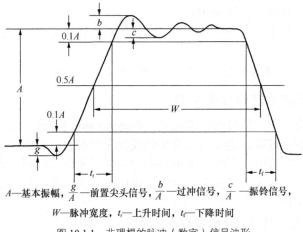

A—基本振幅，$\dfrac{g}{A}$—前置尖头信号，$\dfrac{b}{A}$—过冲信号，$\dfrac{c}{A}$—振铃信号，

W—脉冲宽度，t_r—上升时间，t_f—下降时间

图 10.1.1 非理想的脉冲（数字）信号波形

假设在一个高速数字电路中需要一个变化很快的电流或者电压（比如需要电流在 1ns 之内从 0mA 变化到 10mA），可以用"电流变化和时间变化之比 $\Delta i/\Delta t$"来表示。如果 Δt 是一个特别小的时间间隔，在数学上就可以用 di/dt 来表示 $\Delta i/\Delta t$。di/dt 是一个微分表达式，表示当时间变化为无限小时，电流变化与时间变化之比。在高速数字电路中，dt 可以等于信号的上升时间 t_r（或者下降时间 t_f），正是这个 di/dt 会引起信号完整性的问题。

通常使用上升时间 t_r 来描述对一个电路的要求。其实，下降时间 t_f 与上升时间 t_r 同样重要，关键是看两者中哪一个更快一些，两者中快的一个更为重要。

2. 带宽

对于高速数字电路，决定其所需之带宽（也称频宽）的是时钟脉冲信号上升时间 t_r，而不是时钟脉冲信号的频率。对于频率相同的时钟信号，如果它们的上升时间 t_r 不同，所需电路的带宽（频宽）也是不同的[24]。

带宽（频宽）与信号的上升时间 t_r 有关。一个有价值的经验法则，信号的带宽（频宽）与上升时间 t_r 的关系[51]表达式为

$$BW=(0.3\sim0.35)/t_r \tag{10.1.1}$$

式中，BW 为信号的带宽（频宽）。

例如，一个上升时间 t_r 为 0.5ns 的方波信号，其带宽（频宽）大约为 600～700MHz。从式（10.1.1）可见，一个信号的带宽（频宽）与它的上升时间 t_r 成反比，它们之间差了一个 0.3～0.35 的常数，当某个信号的的上升时间 t_r 发生变化时，它的带宽（频宽）亦会随即改变。

在实际的时钟信号波形中，上升时间 t_r 一定小于时钟信号周期 T 的 50%。上升时间 t_r 可以是时钟信号周期 T 的 50%内的任意百分比，如 25%，10%，5%，1 %等。

如果假设上升时间 t_r 是时钟信号周期 T 的 7%（上升时间 t_r 是周期 T 的 7%，这个假设是具有挑战性的，在许多系统中上升时间 t_r 更接近于周期 T 的 10%），那么周期 T 就是 1/0.07 或 15 倍的上升时间 t_r，可以将带宽近似表示为 $0.35/t_r$。频率 f 和周期 T 互为倒数，所以可以把两者联系起来，用时钟频率 f_{clock} 代替时钟周期 T 可以得出最终的关系式[24]为

$$BW_{clock}=5f_{clock} \tag{10.1.2}$$

式中，BW_{clock} 是时钟信号的带宽（频宽），f_{clock} 是时钟信号的频率。

从式（10.1.2）可见，时钟信号的带宽（频宽）BW_{clock} 是时钟信号频率 f_{clock} 的 5 倍。如果时钟频率 f_{clock} 是 100 MHz，则时钟信号的带宽就是 500 MHz。如果时钟频率 f_{clock} 是 1GHz，

那么时钟信号的带宽（频宽）就是 5GHz。

这个公式可以在不知道信号的上升时间 t_r 时，仅从信号的时钟频率就可以估算出它的带宽（频宽）。

注意：必须记住的是，不是时钟频率决定带宽（频宽），而是上升时间 t_r 决定带宽（频宽）。

10.1.2 传播速度与材料介电常数

在高速数字电路设计中，信号的传输延迟（Transmission Delay）是一个无法完全避免的问题。信号延迟是由驱动过载、走线过长的传输线效应引起的，传输线上的等效电容、电感会对信号的数字切换产生延时，影响集成电路的建立时间和保持时间。集成电路只能按照规定的时序来接收数据，信号延时过长时会导致集成电路无法正确判断数据，则电路将工作不正常，甚至完全不能工作。

信号的传播速度 V_p 与材料的介电常数 ε_r 之间的关系为

$$V_p = \frac{C}{\sqrt{\varepsilon_r}} \tag{10.1.3}$$

式中，C 为光速（3×10^8m/s），ε_r 为材料的介电常数。

从式（10.1.3）可见，信号的传播速度和材料的介电常数平方根成反比。

PCB 的传播延迟时间取决于电路材料的介电常数和通路的几何结构。通路的几何结构会影响电路板上电场的分布情形。如果整个电力线都包覆于 PCB 里面的话，则其有效的介电常数会变大，因而导致传播速度变慢。

对于典型的 FR-4 印制电路板材料来说，如果一个电路通路采用所谓的 "Strip Line（微带线）" 结构，其电场及电力线的分布只存在于上、下 2 个接地层中间，所产生的有效介电常数 ε_r 为 4.5。而位于印制电路板外层的通路，所形成的电场一端在空气中，另一端则在电路板材料里面，其所产生的有效的介电常数 ε_r 约为 1～4.5。

氧化铝是一种用来组成高密度电路板的陶瓷材料，优点是具有非常低的热膨胀系数，容易形成较薄的电路层，但它的制造成本较高，常在微波电路系统中使用。

进入 "离散模型" 的最小通路长度，以 PCB 为例，当其介电常数为 3 时，对于一个 100MHz 的信号，通路长度超过 106mm 就会进入 "离散模型"。而陶瓷材料，其介电常数为 10，对于一个 100MHz 的信号，通路长度超过 64mm 就会进入 "离散模型"。

10.1.3 反射

1. 反射的产生

传输线反射（Reflection）就是传输线上的回波。

信号沿传输线传播时，如果阻抗匹配（源端阻抗、传输线阻抗与负载阻抗相等），则反射不会发生。反之，若负载阻抗与传输线阻抗失配就会导致接收端的反射。如图 10.1.2 所示，如果信号沿互连线传播时所受到的瞬态阻抗发生变化（阻抗突变），则一部分信号将被反射，另一部分发生失真并继续传播下去。

反射的信号量由瞬态阻抗的变化量决定。如果第 1 个区域的瞬态阻抗 Z_1，第 2 个区域的是 Z_2，则反射信号与入射信号的幅值之比[24]为

$$\frac{V_{reflected}}{V_{incident}} = \frac{Z_2 - Z_1}{Z_2 + Z_1} = \Gamma \tag{10.1.4}$$

式中，$V_{reflected}$（$V_{反射}$）表示反射电压，$V_{incident}$（$V_{入射}$）表示入射电压，Z_1 表示信号最初所在区域的瞬态阻抗，Z_2 表示信号进入区域 2 时的瞬态阻抗，Γ 表示反射系数。

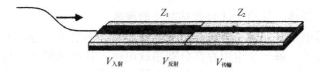

图 10.1.2　信号在阻抗突变处发生反射

2 个区域的阻抗差异越大，反射信号量就越大。例如，如果 1V 信号沿特性阻抗为 50Ω 的传输线传播，则其所受到的瞬态阻抗为 50Ω，当它进入特性阻抗为 75Ω 的区域时，反射系数为（75-50）/（75+50）=20%，反射电压为 20%×1 V=0.2 V。

PCB 布线的某些几何形状、不适当的端接、经过连接器的传输及电源平面不连续等因素都会导致信号的反射。由于反射，会导致传送信号出现严重的过冲（Overshoot）或下冲（Undershoot）现象，致使波形变形、逻辑混乱。

只要信号遇到瞬态阻抗突变，反射就会发生，这可能是在线末端，或者是互连线拓扑结构发生改变的任何地方，如拐角、过孔、T 型结构、接插件和封装处。

在实际设计中，存在着如桩线及分支线、过孔、封装引脚、连接器等很多不可避免的不连续，在这些不连续处将产生反射。对于这些不连续，不能像匹配传输线那样去匹配它们，需要分析这些不连续是否对信号时序造成不可接受的影响，并设法减小这些不连续，使得它们的影响降低到可以接受的程度。4 种典型的不连续类型分别为串联突变、并联桩线/分支线、并联电容和串联电感。

反射是在单网络中多数 SI（信号完整性）问题产生的主要原因。通过掌握反射的源头和使用各种软件工具（如 ADS，Hyperlynx 等）来预测反射的大小，可以完成满足系统性能要求的设计。

2．利用"终端匹配（端接匹配）"的方法改善反射现象

"终端匹配（端接匹配）"的目的旨在提供一个完全阻抗匹配的传输线环境以及保持电位的稳定。在 PCB 的设计阶段，利用"终端匹配"，可以有效的抑制反射现象。常见的"终端匹配"结构形式有串联终端（端接）、并联终端（端接）、戴维宁终端（端接）、交流终端（端接）和二极管终端（端接）。

不同系列的数字电路 IC 所拥有的逻辑"1"和逻辑"0"输出电阻不尽相同，因此所选择的"终端匹配"结构形式也会不一样。举例如下。

（1）TTL 系列 IC 拥有不同的逻辑"1"和逻辑"0"输出电阻，其逻辑"1"的输出电阻为 60Ω，逻辑"0"的输出电阻为 15Ω，上升时间为 2～25ns，适合采用戴维宁终端或者二极管终端结构形式。

（2）ECL 系列 IC 的逻辑"1"和逻辑"0"输出电阻相同，非常的低，只有 6Ω，同时它的上升时间也非常短，只有 0.2～3ns，适合采用并联终端结构形式。

（3）CMOS 系列 IC 的逻辑"1"和逻辑"0"输出电阻相同，都为 60Ω，非常接近传输线的特性阻抗（50 Ω），它的上升时间为 3～50ns，适合采用串联终端结构形式。

应注意有以下 3 点。

（1）不同的 IC 系列需要采用不同的"终端匹配"结构形式，如果选择了不适宜的"终端匹配"结构形式，不仅会影响反射现象，同时也会造成更恶劣的电源层噪声，噪声容限和串扰等问题。

（2）在"终端匹配"结构形式中，都使用了终端电阻，特别是在并联终端和戴维宁终端结构形式中都是将终端电阻接到一个直流电源上，因此设计时必须计算出每一个终端电阻在最差的情况下的功率消耗。在较高温的 PCB 布局环境下，应选择较大的电阻功率值，以防止电阻过热造成其阻值漂移，导致无法有效抑制反射现象。

（3）在选择终端电阻时，除了考虑其阻值、误差和功率之外，分布串联电感也是必须考虑的另一个重要的参数。每一个电阻存在分布串联电感，其电感量大小与电阻本体内部结构和外部引线形式，以及组装架构有关，同时 PCB 导线电感也可以视为终端电阻的串联电感的一部分。终端电阻的串联电感是频率的函数，会减缓高速数字信号前沿的上升速率，也就是会增加它的上升时间。另外串联电感也会影响终端电阻的阻抗值，造成反射现象抑制失效。

10.1.4 串扰

串扰（Crosstalk）是没有电气连接的信号线之间的感应电压和感应电流所导致的电磁耦合。"串扰"主要是源自两相邻导体之间所形成的互感与互容。串扰会随着印制电路板的导线布局密度增加而越显严重，尤其是长距离总线的布局，更容易发生串扰的现象。这种现象是经由互容与互感将能量由一个传输线耦合到相邻的传输线上，依发生位置的不同可以区分成"近端串扰"和"远端串扰"。

1．互阻抗模型

PCB 上 2 根走线之间的互阻抗模型如图 10.1.3 所示。互阻抗沿着 2 条走线呈均匀分布。串扰在数字"门"电路向串扰线输出脉冲信号的上升沿时产生，并沿着走线进行传播。

（1）互电容 C_m 和互感 L_m 都会向相邻的被干扰线上耦合或"串扰"一个电压。

（2）串扰电压以宽度等于干扰线上脉冲上升时间的窄脉冲形式出现在被干扰线上。

（3）在被干扰线上，串扰脉冲一分为二，然后开始向 2 个相反的方向传播。这就将串扰分成了两部分，即沿原干扰脉冲传播方向传播的前向串扰和沿相反方向向信号源传播的反向串扰。

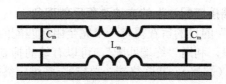

图 10.1.3　PCB 上 2 根走线之间的互阻抗模型

2．电容耦合产生的串扰（容性串扰）

所有两相邻导线之间都存在电容。当在一条线（攻击线或主动线）加上一个脉冲信号（v_s）时，脉冲信号会通过电容 C_m 向另一条线（受害线或被动线）耦合一个窄脉冲。也就是两相邻导线之间的电容 C_m 允许位移电流穿过导线之间的间隙注入到受害线上。由于在受害线上前向阻抗与后向阻抗相等，电流将被等分，并分别向前与向后沿线传播。

一旦受害线上产生串扰信号，它可能也反过来对攻击线产生串扰。它能扰乱攻击线上的波形，导致串扰计算的进一步复杂化。当第二次串扰可以忽略时，称之为弱耦合；否则为强耦合。

攻击线与受害线的前向波沿传输线一起分别传向各自的负载端、远端。随着电压向前传播，攻击线的边沿将使得受害线的脉冲幅度增加，耦合距离越长，受害线的脉冲幅度增加就越大。

容性串扰使得受害线的远端产生一个短脉冲信号，而在近端产生一个宽脉冲信号。耦合传输线越长，远端噪声脉冲的幅度越高，而近端噪声的宽度越宽。当攻击线上波的边沿为从低到高变化时，串扰噪声为正。当攻击线上波的边沿为从高向低变化时，串扰噪声为负。

3．电感耦合产生的串扰（感性串扰）

所有两相邻导线之间都存在互感。当攻击线上的电流发生变化时，在受害线上将产生串扰电压。容性串扰是把攻击线上的电流注入到受害线，受害线中的净电流为零。与容性串扰相反，感性串扰中的攻击线在受害线沿线激励出电流，导致前向与后向串扰的极性不同。

攻击信号在受害线上产生脉冲，它的宽度等于边沿时长，并在受害线上分别向前与向后传播。攻击线上从低到高变换的波，在受害线上产生一个正的后向脉冲与一个负的前向脉冲，而从高到低变化产生脉冲的符号相反。

感性串扰与容性串扰相似。感性串扰使得受害线的远端产生一个短脉冲信号，而在近端产生一个宽脉冲信号。注意，前向感性串扰与前向容性串扰的符号相反。

4．减小 PCB 上串扰的一些措施

由于实际设计中各种因素的影响，串扰是一个非常普遍的现象。串扰不能消除，只能减小。特别需要注意的是，所有减小串扰的措施都可能带来负面影响。减小串扰的措施基本上都会对系统的布线效率产生不利影响。因此，在控制串扰的同时，还必须注意减小这些负面影响[14~25]。在 PCB 上减小串扰的一些措施如下所述。

（1）通过合理的布局使各种连线尽可能的短。在封装和连接器中避开共用返回路径。如果可能，则应把信号走线布为带状线或嵌入式微带线，以消除奇/偶模传播速度差异。传输线设计中，在保证特性阻抗的前提下，使走线尽量靠近参考平面。这样能增加走线与参考平面的耦合，从而减小与邻近走线的耦合程度。采用差分对技术。

（2）由于串扰程度与施扰信号的频率成正比，因此布线时应使高频信号线（上升沿很短的脉冲）远离敏感信号线。

（3）在布线限制允许的条件下，尽可能增加走线的间距。应可能增加攻击线与受害线之间的距离，而且需要避免它们平行。

（4）在多层板中，使施扰线和受扰线与接地平面相邻。在叠层中使用介电常数较低的介质材料。

（5）在多层板中，使攻击线与受害线分别设计在接地平面或电源平面的相对面。在同一电源/地平面对内部的不同信号层，如果耦合严重，可以采用正交布线减小耦合。当 2 条走线正交时，不会产生串扰。

（6）尽量使用输入阻抗较低的敏感电路，必要时可以用旁路电容降低敏感电路的输入阻抗。

（7）地线对串扰具有非常明显的抑制作用，在攻击线与受害线之间布 1 根地线，可以将串扰降低 6～12dB。如图 10.1.4 所示，采用地线和接地平面可减少串扰电压的影响

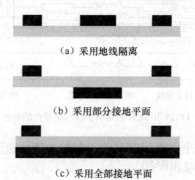

（a）采用地线隔离

（b）采用部分接地平面

（c）采用全部接地平面

图 10.1.4　采用地线和接地平面可减少串扰电压的影响

（8）利用防止走线之间串扰的 3W 规则。3W 规则的含义是，当有接地平面时，对于宽度是 3W 的信号线，如果其他走线的中心与它的中心之间的距离>3W，就能避免串扰。

（9）在 PCB 上，走线之间的电容和互感与走线的几何尺寸、位置及电路板材料的介电常数有关。由于这些参数都比较确定，因此可以对电路板上导线之间的串扰进行比较精确的计算。借助现有的仿真工具，如 HSPICE，UltraCAD，HyperLynx，ADS 等，可以很容易实现对串扰的精确仿真。

（10）虽然通过仔细的 PCB 设计可以减少串扰，并削弱或消除其影响，但电路板上仍可能有一些串扰残留。因此，在进行电路设计时，还应采用合适的线端负载，因为线端负载会影响串扰的大小和串扰随时间的弱化程度。

（11）要改善互容所产生的串扰干扰，可以从两方面着手，一是减少互容 C_m，其做法是在两相邻的传输线中间加进屏蔽措施。例如，可以在 2 个铜箔通路中间加装 1 个接地屏蔽通路，用以改善互容的干扰；二是在时序规格允许的情况下，增加状态转换较频繁的信号之上升时间。

（12）互感会受两导线与接地平面间的距离的影响，两导线之间的互感量，不仅与两导线之间的距离成反比，而且和导线与接地平面间的距离成正比。降低导线与接地平面之间的距离（亦即能减少电流的回路面积），可以减少两导线间的互感量；另外也可以将两相邻的平行导线布局成垂直形式，这种方式可以减少两导线间相互交链的区域，可以减少两导线间的互感量。

（13）耦合通过互容和互感产生，耦合的大小与信号的边沿速率（压摆率）成正比。在满足系统时序要求的情况下，尽量采用边沿率较慢的元器件。

10.1.5　同时开关噪声（SSN）

1. 同时开关噪声（SSN）的成因

一个 FPGA 和 PCB 包含有封装和接插件的寄生电感的示意图[52] 如图 10.1.5 所示。一个快速变化的电流在元器件封装的电源和地引脚上的寄生电感上会产生一个有害电压 $dV = L\dfrac{di}{dt}$，这对一个高速数字系统来说将会产生严重的问题。

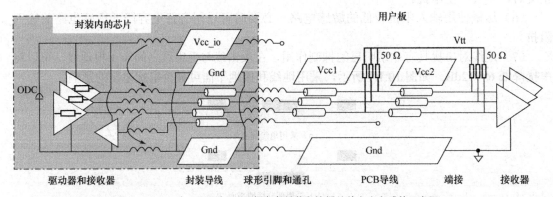

图 10.1.5　一个 FPGA 和 PCB 包含有封装和接插件的寄生电感的示意图

SSN 是指数字系统中由多个电路同时开关引起的电流快速变化而产生的噪声，又称为同时开关输出（SSO）噪声、ΔI 噪声[25,53]。

SSN 噪声一般都发生在信号的返回路径上（地线或者电源线），返回路径的寄生电感将导致 SSN 噪声产生。信号以地线为返回路径，SSN 将发生在地线上，因此是产生地弹的主要原因。在某些场合，信号也以电源线为返回路径，因此 SSN 也可以发生在电源线上，此时也称为电源弹。

对 PDN（电源分配网络）而言，SSN 实际上就是在 PDN 电源走线或地走线上产生的压降，这个压降是电流快速变化在寄生电感上产生的电压（$L\dfrac{\mathrm{d}i}{\mathrm{d}t}$），而产生这个压降的同时，也对信号和元器件供电造成不利影响。当 SSN 严重时，就会造成电路供电电压严重下降，超出容限允许范围，此时对于电路的供电系统而言，SSN 引起了电源供电轨道塌陷，造成系统故障。由于信号都是以 PDN 为返回路径和参考点的，因此该噪声必然会影响信号回路。

注意：SSN、SSO、ΔI 噪声、地弹、电源弹、轨道塌陷以及电源噪声等概念密切联系，但有不同，SSN、SSO、ΔI 噪声、地弹、电源弹是对信号回路而言的，而轨道塌陷和电源噪声是对 PDN 的功率传输而言的。

电路中有多种机制可以产生 SSN，针对各种机制将有不同的降噪策略。对于发生在芯片内和封装内的片上或模块内 SSN，可以通过减小互连寄生参数和增加去耦电容来降低 SSN。由位于不同封装的驱动器和接收器产生的片外 SSN，则是通过降低封装寄生参数和增加去耦电容器来减小 SSN。SSN 主要来源于芯片键合、封装、连接器的寄生电感，平面结构的优良性能总是受到这些寄生参数的限制。

SSN 主要源自电源分布系统中封装和接插件的寄生电感。电源分布网络中会出问题的薄弱环节是芯片和电源平面的接合处（封装及接插件）。通常认为电源地中的封装和接插件电感是集总元件。

SSN 密切依赖于数字系统中电路的物理几何结构，量化 SSN 是非常困难的。SSN 产生的噪声电压 ΔV_{SSN} 正比于同时开关的驱动器数目 N、回路的总电感 L_{total} 和电流的变化率 $\mathrm{d}i/\mathrm{d}t$，其关系式为

$$V_{\mathrm{SSN}} = N L_{\mathrm{total}} \frac{\mathrm{d}i}{\mathrm{d}t} \tag{10.1.5}$$

从式（10.1.5）可见，同时开关的驱动器的数目 N 越大，SSN 就越严重。

2. 降低 SSN 的一些措施[25,53]

降低电感 L 或电流的变化率 $\mathrm{d}i/\mathrm{d}t$ 是减小轨道塌陷的有效方法。降低 $\mathrm{d}i/\mathrm{d}t$，当对最大时钟频率有要求时，此方法不可行。

在电路设计时，可以要求电源与地平面尽可能地靠近，从而使得从电源到电路的电感最小，达到减小电源电感的目的。可以通过增加电源和地的引脚数目，缩短电源、地的路径长度来降低封装局部自感，利用电源和地平面还可以减小局部自感。

可以给电路加上去耦（旁路）电容器 C_{supply}，旁路电源引脚电感 L_{supply}。利用去耦电容器，使得那些电流快速变化的元器件在靠近电路处得到及时供电补偿。也可以在电源平面和接地平面之间采用嵌入式电容器。

最近提出的一些电磁带隙（Electromagnetic Bandgap，EBG）结构，为抑制 SSN 提供了新的有效途径。减小 SSN 的 EBG 结构形式各异，用 EBG 表面替代 PCB 中形成平行板波导的 2 个导体平面之一来抑制平行板波导噪声，在 <6GHz 的频带内，噪声抑制可达 53%。有关 EBG 的更多内容，请参阅 EBG 相关文献。

也可以将去耦（旁路）电容置于封装中或芯片内，旁路封装电感 $L_{\mathrm{pkg\text{-}VCC}}$。这样旁路电容 C_{chip} 更加靠近驱动器，可以提供更快速变化的电流，使轨道塌陷降到一个很低的水平。采用片上旁路使得电源和地路径都能被利用。附加的通路使得电源和地共同分担噪声。在系统中，位于片外和封装外的去耦（旁路）电容并不能降低由于片外开关信号在封装中产生的地弹。这需要通过改进 PDN 系统来实现。

电源弹同样可以导致轨道塌陷，其解决方法与地弹相同。

也可以采用直接芯片互连（Direct Chip Attach，DCA）技术，直接把芯片连接到系统板上来完全消除封装电感。这个做法可以提高电路性能，但也会引起如测试、装运、拿取、装配、可靠性等其他方面的问题。

10.1.6 PDN 与 SI，PI 和 EMI

1. PDN 是 SI，PI 和 EMI 的公共基础互连

高速数字系统设计需要解决 SI，PI 和 EMI 3 个重要问题，且必须同时保证三者的完整性。

SI 用来保证数字电路的正常工作和芯片或系统间的正常通信，需要解决的主要问题是高速信号互连的设计。PI 用来保证高速数字系统拥有可靠的系统供电和良好的噪声抑制，直接影响和制约 SI 和 EMI，需要解决的问题不仅仅是一个功率传输。EMI 特指高速数字系统电路级互连的电磁兼容（EMC）品质，保证 PCB 级电路系统不干扰其他系统或者被其他系统所干扰。与传统 EMC 设计大多以宏观电路的电磁辐射为研究对象不同，高速数字系统的 EMI 研究对象只限于 PCB 及封装以下电路的高速信号及对应的高速互连。高速数字系统需要在电路和互连设计阶段解决潜在的 EMC 问题。

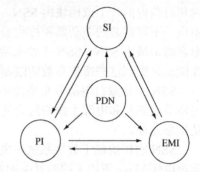

SI，PI 和 EMI 设计紧密关联，而 PDN（Power Distribution Network，电源分配网络）是 SI，PI 和 EMI 的公共基础互连，相互关系[22,25]如图 10.1.6 所示。而 SI，PI 和 EMI 协同设计是高速数字系统设计的唯一有效途径。

图 10.1.6　SI，PI 和 EMI 与 PDN 的相互关系

2. 优良的 PDN 设计是 SI，PI 和 EMI 的基本保证

SI 问题主要是高速信号互连的设计问题，优良的 SI 设计建立在优良的 PDN 设计基础之上[4,33]。PDN 的设计严重影响 SI 原因，一是所有的收发器都是由 PDN 供电的，PDN 为这些器件提供了参考电压。供电电压的波动严重影响收发器的时序问题，例如驱动器上升沿的提前或滞后，接收器参考电位的漂移等；二是电源/地平面构成了所有信号的返回路径，其设计的好坏直接影响高速信号传输的质量。

从电路理论知道，在电子电路中电流永远都是 1 个回路；电流总是流向阻抗最低的通路。这是电子电路的两个基本定律。根据电流是 1 个回路的概念，在高速数字电路中，这意味着所有信号必须有返回路径。不考虑返回路径的设计，问题将是十分严重的。在高速数字电路中，不考虑信号的返回路径是不可能获得高速信号传输的。

根据电流总是流向阻抗最低的通路的概念，在高速数字电路中，需要注意"阻抗"的状态，返回路径往往并不是像想当然的那样。在 PCB 和封装中，走线拐角，走线尺寸/介质变化，走线分支、过孔、焊盘、封装引脚、键合线、连接器、电源/地平面上的开槽等，这些结构都将导致高速信号感受的瞬时阻抗发生突变。PDN 的重要组成部分，即电源/地平面（包括电源/地过孔、去耦电容器、稳压器等）也是高速信号的返回路径，电源/地平面上的开槽和信号切换参考平面都将造成返回路径的偏离，导致信号回路阻抗的突变，从而造成 SI，PI 和 EMI 问题。

PDN 上的高频噪声，尤其是电源/地平面之间的高频电源噪声和高速信号回路是影响 PCB 和封装 EMI 及宏观 EMC 的 2 个源头[22,25]。这两点都与 PDN 的设计密切相关，如果能够通过设计，严格控制或抑制 PDN 的电源噪声，就可以大幅度减小由电源噪声引起的电磁辐射。通过恰当设计高速信号的返回路径，使其紧邻信号路径分布，使得形成的回路面积最小，保持电流通路的阻抗连续不变，从而可以减小潜在的辐射威胁。

电源/地平面为所有信号提供返回路径。在高速设计中，必须使得传输线的阻抗突变控制在一定范围内。当高速走线经过带有开槽的参考平面或是经由过孔切换到其他参考平面时，由于返回路径被强制流向离信号路径较远的地方，导致回路面积增大，进而导致辐射增强。由于电磁辐射的强度与频率成正比，减小信号的边沿率能降低造成的辐射。因此在设计中应该选择满足系统性能指标的速度最低的元器件，采用边沿控制器件能在一定程度上减缓 EMI 问题。另外，采用小电流信令标准和差分信令都能改善 EMI。对于传输路径而言，应尽量减少传输线的不连续，使返回路径紧邻信号路径分布。如采用匹配传输线、避免信号横跨凹槽等。对于敏感电路而言，采用电源/地隔离、增加去耦电容器和电磁屏蔽等措施，切断电磁场的传播路径。

作为 PDN 的重要组成部分，即电源/地平面对，如果设计不好将可能成为一个严重的辐射源。例如，当信号切换参考平面时，整个电源/地平面对构成了返回路径，高速切换的返回电流将注入到电源/地平面对中。由于电源/地平面对形成了一个平面谐振腔，因此具有固有的谐振频率。当信号的频率分量落在平面对的谐振频率上时，平面谐振腔就会被激励，从而产生谐振。在谐振频率上，由电源/地平面产生的电磁辐射是最严重的。减小这种辐射是 PDN 设计的一个重要内容。

PDN 的电源/地平面构成了所有信号的返回路径。良好的电源/地平面设计是获得良好的 SI，PI 和 EMI 的基本保证。

3. PDN 的拓扑结构

PDN 的拓扑结构如图 10.1.7 所示，主要包括 DC-DC 稳压器（VRM）、去耦电容器（包括体电容器（大容量电容器）、表贴（SMT）电容器和嵌入式电容（板电容器））、PCB 电源/地平面、IC 封装内电源/地平面、IC 芯片内电源分配网络等。

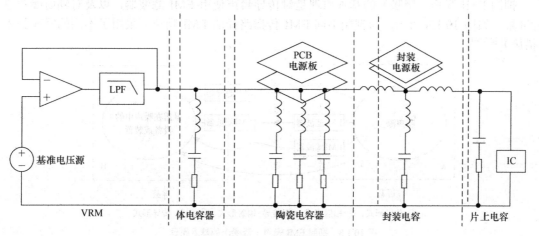

图 10.1.7 PDN 的拓扑结构

PDN 中的各组成部分从提供电荷的能力和速度来看，可以划分为不同的等级。VRM 是 PDN 中最大的电荷储存和输送源，它为整个高速数字系统提供电能，包括储存在去耦电容器和电源/地平面中的电荷，以及 IC 消耗的功率。由于 VRM 的结构特点（如存在很大的接入电感），它的反应速度很慢，不能提供变化率在 1MHz 以上的变化电流，其反应速度在整个 PDN 中是最慢的。体电容器（Bulk Capacitors）构成了 PDN 中的第二大电荷储存和输送源，其电容量范围一般在几十 μF 到几十 mF。体电容器能够为系统提供大于数百 ns 的变化电流，由于受到自身电感和 PCB 等电感的影响，其反应速度次慢。SMT 去耦电容器其容量在几十

nF 到几百 μF 之间，紧靠芯片安装，能提供小于数十 ns 的高速变化电流，反应速度第二快。电源/地平面它能提供数 ns 以下的快速变化电流，反应速度最快。

10.1.7　EMI 噪声与控制

在高速数字电路中存在着电磁干扰（Electromagnetic Interference，EMI）。

EMI 的发生需要 3 个条件或要素。

（1）源（EMI 发生器，噪声源），发射（产生）噪声的源。

（2）受扰者（EMI 接收器），接受噪声影响的设备（或者电路、器件）。

（3）连接源和受扰者的耦合通道（EMI 的传播路径），即产生的 EMI 到达 EMI 接收器的路径。

从噪声源（EMI 发生器）发射出的噪声会通过许多复杂的路径传导或辐射。就某个具体的耦合而言，可以是以传导（辐射）为主，而在其他情况下则通过空间传播（传导）耦合[27,54]。

在高速数字电子系统中的辐射干扰源主要来自于 PCB 上的数字电路。PCB 上的数字逻辑组件本身除了是干扰源以外，同时也是个受扰源。高速数字电路的辐射干扰有共模辐射和差模辐射 2 种形式。其中，差模辐射主要是发生在高速数字电路的磁场回路，而共模辐射则在 I/O 带状电缆或者控制线等构成双电极时产生。磁场回路的辐射形式为磁场式的，而电子偶极的辐射形式则是电场式的。由于来自高速数字电路的 EMI 噪声发射、传导和辐射的过程十分复杂，因此抑制这种 EMI 噪声非常困难。

为了妥当地抑制 EMI 噪声，必须知道噪声源及其传导方法。如果不能够准确检测和确定噪声源及其传导方法，那么就不能断定该降噪技术（措施）是否有效，或者该降噪技术（措施）是否应用在了不正确的噪声源上。

抑制 EMI 噪声（降噪）的基本原理是对传导噪声使用 EMI 滤波器，以及对辐射噪声进行屏蔽。如图 10.1.8 所示，为抑制不同 EMI 传播路径的 EMI 噪声，采用了不同的降噪技术（措施）[27,54]。

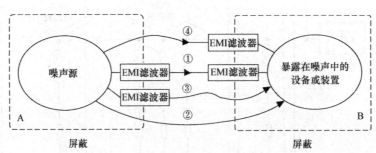

① 传导形式，② 辐射形式，③ 传导-辐射形式，④ 辐射-传导形式

图 10.1.8　抑制 EMI 噪声（降噪）的基本原理

注意：在一些高速数字系统信号完整性的书籍中，EMI（Electromagnetic Integrity）表示电磁完整性。在这些书籍中，电磁完整性（EMI）这一术语，用于特指高速数字系统电路级互连的电磁兼容（EMC）品质，电磁完整性（EMI）保证 PCB 板级电路系统不干扰其他系统或者被其他系统所干扰。与传统 EMC 设计大多以宏观电路的电磁辐射为研究对象不同，高速数字系统的电磁完整性（EMI）研究对象只限于 PCB 及封装以下电路的高速信号及对应的高速互连。解决高速数字系统需要在电路和互连设计阶段解决的潜在的 EMC 问题。

电磁完整性（EMI）是微观电路级的 EMC，其缩写与电磁干扰（Electromagnetic Interference，EMI）相同，注意不要混淆。

10.1.8 利用 PCB 分层堆叠设计抑制 EMI 辐射

解决 PCB 的 EMI 问题的办法很多，可以利用 EMI 抑制涂层、选用合适的 EMI 抑制元器件和 EMI 仿真设计等现代的 EMI 抑制方法，也可以利用 PCB 分层堆叠设计技巧控制 EMI 辐射[55]。

1. 共模 EMI 的抑制

在 IC 的电源引脚附近合理地安置适当容量的电容，可使滤除 IC 输出电压的跳变产生的谐波。但由于电容器有限的频率响应特性，使得电容器无法在全频带上干净地除去 IC 输出所产生的谐波。除此之外，电源汇流排上形成的瞬态电压在去耦路径的电感两端会形成电压降，这些瞬态电压是主要的共模 EMI 干扰源。

对电路板上的 IC 而言，IC 周围的 PCB 电源层（电源平面）可以看成是一个优良的高频电容器，它可以吸收分立电容器所泄漏的那部份 RF 能量。此外，优良的电源层的电感较小，因此电感所合成的瞬态信号也小，从而可进一步降低共模 EMI。对于高速数字 IC，数字信号的上升沿越来越快，电源层到 IC 电源引脚的连线必须尽可能短，最好是直接连到 IC 电源引脚所在的焊盘上。

为了抑制共模 EMI，电源层要有助于去耦和具有足够低的电感，这个电源层必须是一个设计相当好的电源层的配对。一个好的电源层的配对与电源的分层、层间的材料以及工作频率（即 IC 上升时间的函数）有关。通常，电源分层的间距是 6mil，夹层是 FR-4 材料，则每平方英寸电源层的等效电容约为 75pF。显然，层间距越小电容越大。

按照目前高速数字 IC 的发展速度，上升时间在 100～300ps 范围的器件将占有很高的比例。对于 100～300ps 上升时间的电路，3mil 层间距对大多数应用将不再适用。有必要采用层间距>1mil 的分层技术，并用介电常数很高的材料（如陶瓷和加陶塑料）代替 FR-4 介电材料。现在，陶瓷和加陶塑料可以满足 100～300ps 上升时间电路的设计要求。

对于常见的 1～3ns 上升时间电路，PCB 采用 3～6mil 层间距和 FR-4 介电材料，通常能够处理高频谐波，并使瞬态信号足够低，就是说，可以使共模 EMI 降得很低。本书给出的 PCB 分层堆叠设计实例将假定层间距为 3～6mil。

2. 设计多电源层抑制 EMI

如果同一电压源的 2 个电源层需要输出大电流，则电路板应布成两组电源层和接地层。在这种情况下，每对电源层和接地层之间都放置了绝缘层。这样就得到所期望的等分电流的两对阻抗相等的电源汇流排。如果电源层的堆叠造成阻抗不相等，则分流就不均匀，瞬态电压将大得多，并且 EMI 会急剧增加。

如果电路板上存在多个数值不同的电源电压，则相应地需要多个电源层，要牢记为不同的电源创建各自配对的电源层和接地层。在上述 2 种情况下，确定配对电源层和接地层在电路板的位置时，切记制造商对平衡结构的要求。

注意：鉴于大多数工程师设计的电路板是厚度 62mil、不带盲孔或埋孔的传统印制电路板，上述关于电路板分层和堆叠的讨论都局限于此。厚度差别太大的电路板，上述推荐的分层方案可能不理想。此外，带盲孔或埋孔的电路板的加工工艺不同，上述的分层方法也不适用。电路板设计中厚度、过孔工艺和电路板的层数不是解决问题的关键，优良的分层堆叠是保证电源汇流排的旁路和去耦，使电源层或接地层上的瞬态电压最小，并将信号和电源的电磁场屏蔽起来的关键。理想情况下，信号走线层与其回路接地层之间应该有一个绝缘隔离层，配对的层间距（或 1 对以上）应该越小越好。根据这些基本概念和原则，才能设计出总能达到设计要求的电路板。现在，IC 的上升时间已经很短并将更短，在 PCB 叠层设计时，利用好的 PCB 叠层设计方案解决 EMI 屏蔽问题是必不可少的。

10.1.9　高速数字电路的差模辐射与控制

1. PCB 的差模辐射

如图 10.1.9 所示，差模辐射是由电路中传送电流的导线所形成的环路产生的，这些环路相当于可产生磁场辐射的小型天线。尽管电流环路是电路正常工作所必需的，但为了限制差模辐射发射，必须在设计过程中对环路的尺寸与面积进行控制。

图 10.1.9　PCB 的差模辐射

可以用一个小型环状天线来模拟差模辐射的情况。但是，大多数电子产品的辐射测量都不是在所谓的自由空间进行的，而是在地平面上的开阔场地上进行的。过多的地面反射可能使辐射发射的测量结果变大，最大可达 6dB。考虑到这个因素的影响，对于一个环路面积为 A，电流为 I 的小型天线，在自由空间中距离 r 处（远场区）测量到的电场 E 的大小[23]可以表示为

$$E = 263 \times 10^{-16} f^2 A I \frac{1}{r} \tag{10.1.6}$$

式（10.1.6）表明，辐射发射大小与电流 I，信号频率 f 的平方以及环路面积 A 成正比。所以，要控制差模辐射发射，可以减小天线上的电流大小，减小电流信号的频率或电流的谐波分量，减小环路面积。如果电流波形不是正弦波，计算之前必须首先确定该电流的傅里叶级数（即确定其谐波成分）。

2. 不超过标准发射限值水平的最大环路面积

在设计高速数字系统时，控制差模辐射的有效方法之一是使电流所包围的环路面积最小化。

利用式（10.1.6）解环路面积 A，可以得到不超过标准发射限值水平的最大环路面积

$$A = \frac{380 E r}{f^2 I} \tag{10.1.7}$$

式中，E 表示的辐射限值，单位 mV/m；r 表示环路与测量天线之间的距离，单位 m；f 表示电流信号频率，单位 MHz；I 表示电流，单位 mA；A 表示环路面积，单位 cm²。

例如，对于电流为 25mA，频率为 30MHz，在 3m 距离处的辐射发射限值为 $100\mu V/m$，则允许的最大环路面积等于 5cm²。

3. 减少电流回路面积的常用方法

减少电流回路面积常用的方法有以下 9 种。

（1）采用较小尺寸的 IC 封装，例如用 μBGA 或 PLCC 封装的 IC 来取代采用 PDIP 封装的 IC。

（2）采用多层板来替代单层或双层的印制电路板。通常每减少 10 倍的回路面积就可以降低 20dB 的辐射电平。

（3）在多层印制电路板中采用条状结构和微带结构，其回路面积通常比单层板小 30～40 倍，所以相对可以有 30～40dB 以上的辐射改善。

（4）适当的配置多层板的接地层也可以有效降低信号回路的面积，例如可以在每 2 个信号层之间都摆放 1 个接地层。

（5）由于电流回路面积和电流大小以及频率是有相乘的效果，在高速数字系统 PCB 布线时，首先必须减少电流回路面积的电流频率很高的时钟脉冲信号回路与电流值很大的电源电流回路。

假若想通过 PCB 的布局来控制发射，首先应该设法使信号路径所形成的环路面积最小。努力控制信号与瞬态电源电流形成的每一个环路的面积是一项强制性要求。

由于时钟是一种周期性信号，通常也是系统中频率最高的信号。时钟信号所有的能量都集中在基波与其谐波组成的窄频带内。几乎在所有应用中，时钟信号产生的发射都大于其他所有电路产生的发射。因此最关键的环路是那些传输系统时钟的线路，它们是主要的辐射源。所有时钟线都应该有毗邻的地回流线。一个单层或者双层板的时钟脉冲回路布线方式如图 10.1.10 所示，时钟脉冲信号线与接地线相互靠近布局。

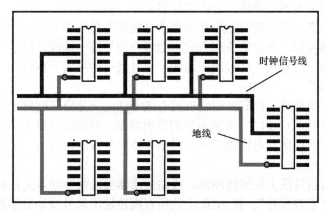

图 10.1.10　理想的时钟脉冲信号回路的布线方式

对于多层板的布线方式，通常会为时钟脉冲信号提供一个接地层。为了使串扰最小，时钟导线不能与数据总线或其他信号导线长距离平行布放。

因为电源回路上载有为数极多的电流脉冲（例如"地弹"所产生的地端噪声电流），这些电流脉冲是正比于"逻辑'门'电平转态的速率"，而与"地弹的改善程度"成反比的。减少电源回路的面积，不仅可以减少差模辐射的干扰，而且也能够降低 PCB 上线路之间的共模阻抗所引起的耦合。对于多层板的布线方式，通常一定会采用一个接地层来提供一个"返回路径"到电源。

（6）对于由"地弹"所产生的电流脉冲，由于它们的频率很高，所可能产生的辐射量是不可忽视的。在没有办法完全消除"地弹"所造成的电流脉冲情况下，最直接的改善措施就是减少电源回路的电流脉冲回路面积。

一个有效的解决办法是，在每个 IC 封装的电源引脚与地端引脚之间加装了一个旁路电容，利用旁路电容给高频电流脉冲提供一个低阻抗的路径，减小高频电流脉冲的回路面积。

数字逻辑"门"电路开关时，器件需要的瞬态电源电流是一个辐射源。瞬态电源电流应当局限在电路板上，同时避免靠近背板与互连电缆。在尽可能靠近 IC 的位置设置去耦电容可以解决这个问题。假如额外需要滤波，可以采用铁氧体磁珠与电容构成的滤波器

（7）对于高速的数字电路，在 PCB 的元器件布局时，高速的数字 IC 应该放置在最邻近金手指或是 I/O 接头的区域，以达到减少其回路面积的目的，而低速的电子组件则可以摆放在离金手指和 I/O 接头较远的位置。

（8）对于背板插槽的布线，在高速数字系统中，背板上常常有很多时钟线与信号线共用一个信号地回流线。而且，即使是使用了多条地线，这些线也经常簇拥在一个邻近的引脚上。这种设计往往会使信号的环路面积很大，导致很强的辐射发射。背板所产生的辐射往往是高速数字系统中最主要的差模辐射源。通常采用信号线和接地线间隔的布线方式，在每一个信号线的旁边布置一个接地线。

（9）板间或单元内的电缆布线也是一种差模辐射源。信号回流（地）的端接方式直接决定着电缆减小辐射的能力。不合理端接的回路会破坏本来设计良好的电缆的使用效果。

使用屏蔽电缆时需要注意屏蔽层的端接形式。同轴电缆的屏蔽层在两端良好的接地，可以使它在高频时的环路面积几乎接近于零。如果采用错误的屏蔽层端接方式（例如"猪尾巴"方式）就会使差模转化为共模，使电缆产生共模辐射。

假如导线在线缆的末端不分开，那么屏蔽双绞线形成的环路面积也非常小。但高频时，由于双绞线的特性阻抗有不一致性，会产生反射。

如果使用扁平电缆，那么需要在扁平电缆中分配多个接地的导线，并分散在各信号线之间，以减小信号环路面积。推荐的排列方式有地线－信号线－地线—信号线……地线—信号线－地线；或者地线－信号线－信号线－地线－信号线－信号线－地线。

4．减少环路电流

在设计高速数字系统时，控制差模辐射的有效方法之一是降低回路电流。如果已知环路电流的大小，可以利用式（10.1.7）来预测辐射发射状况，但实际上很难准确知晓环路电流的大小。电流大小与驱动环路的电路源阻抗、终结环路的负载阻抗有关。降低回路电流的方法有如下两个。

（1）在高速输出信号线上加装缓冲器。线路驱动器与总线驱动器上往往有大电流信号，所以它们往往也是"罪魁祸首"。替 PCB 上的所有高速输出信号线加装缓冲器，这绝对是最佳的设计准则。总线驱动器和线路驱动器应当靠近它们所驱动的线路。在负载的输入端附近加装缓冲器，可以降低驱动 IC 器件的输出电流，可以增加扇出数，而且也能够降低输入电容。

如果线路离开电路板，驱动器就应当靠近连接器。线路驱动器和总线驱动器如果用于驱动不在电路板上的负载，就不能再用于驱动电路板上的其他电路。

（2）选用电流较小的数字逻辑电路 IC 系列。在几种常见数字逻辑电路 IC 中，CMOS 逻辑电路的电流比 TTL 逻辑电路小，相较于其他的逻辑电路，具有较小的辐射电平。另外，ECL-10K 和 ECL-100K 逻辑电路的频宽最大，典型门电流也不大，辐射电平也很小，所以 ECL 逻辑家族是高速数字系统的最佳选择。

10.1.10 高速数字电路的共模辐射与控制

1．共模辐射模型

共模辐射是由数字逻辑电路系统中的接地系统的电压降（接地噪声电压）产生的。"地弹"可以产生这个接地噪声电压 u_n，任何 2 个装置接线间，因接地不良所形成的地端回路电流也

会产生接地噪声电压 u_n。这种电压降使系统的某些部件
与"真正"的地之间形成一个共模电位差，使得电路的
接地电位不再是零电位，如图 10.1.11 所示。这个电位
差的能量可以直接经由 PCB 的 I/O 带状电缆或者是经由
空中传送出去。

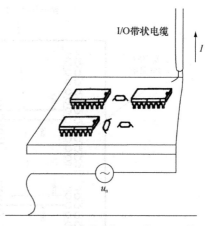

图 10.1.11　接地噪声电压 u_n 使得 PCB 的
接地层不再是零电位

　　差模辐射可以在产品的设计和 PCB 布局的阶段进
行控制。而相比之下，共模辐射控制却相对较难。共模
辐射决定产品的整体发射性能，辐射发射的频率由共模
电势（通常是地电压）决定。

　　共模发射可以模拟成一个短的（$<\lambda/4$）单极子天线
（电缆），天线由共模电压（地电压）驱动。对于一个地
平面上的长度等于 l 的短的单极子天线，在距离为 r 的
点测量到的电场强度 E 的大小可以用公式[23]表示为

$$E = \frac{4\pi \times 10^{-7} fIl \sin\theta}{r} \tag{10.1.8}$$

式中，E 为电场强度，单位 V/m；f 为频率，单位 Hz；I 为电缆（天线）上的共模电流，单位
A；l 为长度，r 为距离，单位 m。

　　分析共模发射的频谱可以知道，随着频率的增大，共模辐射会逐渐减弱。

　　产生大小相等的辐射场所需要的差模电流 I_d 与共模电流 I_c 之比为

$$\frac{I_d}{I_c} = \frac{48 \times 10^6 l}{fA} \tag{10.1.9}$$

式中，I_d 和 I_c 分别是产生同等大小辐射场所需要的差模电流与共模电流。

　　分析表明，产生同等大小辐射场，差模电流至少比共模电流大 3 个数量级。也就是说，
几微安的共模电流产生的辐射场与几毫安差模电流产生的辐射场相等。

2. 共模辐射的控制

共模辐射的控制方法有以下 7 种。

（1）与控制差模辐射的方法类似，通常希望能够同时限制信号的上升沿时间与频率，
达到减小共模发射的目的。为减小共模辐射发射，设计者唯一可以控制的参数就是共模
电流。

（2）使驱动辐射天线（电缆）的共模电压最小。大多数减小差模发射的方法同样也适用
于减小共模发射。例如，使用接地网格或接地平面减小接地系统上的电压降的方法就非常有
效。合理的选择设备选择与外部地（大地）连接点也有助于减小共模电压。设备的外部接地
点距离接口电缆的位置越远，这两点之间就越容易产生较大的共模电压。即使采用了接地网
格或接地平面，共模电压也不一定能够小到足以减小发射的程度。因此，还需要再采取其他
一些抑制发射的控制技术。

（3）为了使用电缆去耦或屏蔽技术来抑制共模噪声，在 PCB 设计时，需要考虑为电缆的
去耦（将电流分流到地）和屏蔽提供没有受到数字逻辑电路噪声污染的"无噪声"或者"干
净"的地。

　　如图 10.1.12 所示，在 PCB 设计布局时，将所有的 I/O 线都布放在 PCB 上的某一个区域，
并为这个区域提供专门分割出来的低电感的 I/O 地，并将 I/O 地单点连接到数字逻辑电路的
地，使数字逻辑地电流不能够流到"无噪声"的 I/O 地。

　　时钟电路和时钟信号线应当远离 I/O 接口区域。

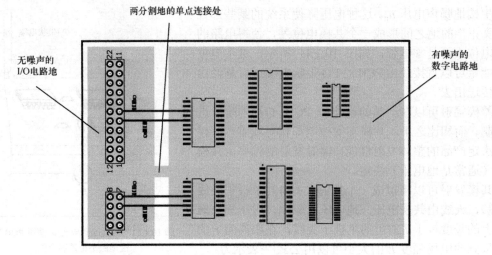

图 10.1.12　PCB 采用"无噪声"的 I/O 地与"有噪声"的数字地分割设计

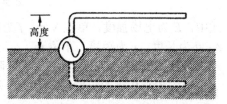

图 10.1.13　反转 L 型天线结构

（4）为了减少共模辐射的干扰，可以将 I/O 带状电缆贴着接地面（如作为接地端的机壳）来布线，构成一个反转 L 型天线结构形式，如图 10.1.13 所示。反转 L 形天线的辐射效果与天线贴近接地面之间的距离有关，当 I/O 电缆紧贴着接地面时，辐射电平几乎会为零。

（5）电缆去耦电容的使用效果取决于驱动电路的共模源阻抗。在有些场合，除了去耦电容之外，采用与电缆串联的电阻或电感也能够获得较好的效果。内嵌并联电容器或串联电感类元件的引脚滤波型连接器也是一种用于电缆共模抑制的技术。

（6）采用共模抗流圈可以有效抑制经由 I/O 带状电缆所传递出去的共模辐射，可以采用磁珠、磁环、夹钳（磁夹）等形式。应注意的是，所使用的共模抑制元器件必须能够影响共模电流（通常指时钟信号谐波），但是绝不能影响系统功能所需要的差模信号。

（7）作为抑制共模噪声的一种方法，可以考虑改进 GND 的 PCB 布局情况。当信号的回流流经 GND 线时，作用于 GND 端子的电压将导致共模噪声。为了抑制 GND 端子的此类电压，必须注意电路中的高速信号，减小该信号发送与接收 IC 之间的 GND 阻抗。为了阻止电路块之间出现噪声干扰，必须减小各个电路块之间的 GND 阻抗，以使来自各个电路块的 GND 电流不会互相干扰。

如图 10.1.14 所示，通过加宽和缩短信号 IC 的输入端与输出端之间的接地布局，可减小接地阻抗，这将减小对地势差[56]。

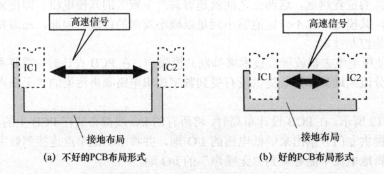

（a）不好的PCB布局形式　　　　　　（b）好的PCB布局形式

图 10.1.14　加宽和缩短信号 IC 的输入端与输出端之间的 PCB 布局形式

如图 10.1.15 所示，通过加宽接地布局，可减小共模阻抗，从而可抑制信号线之间的串扰[58]。

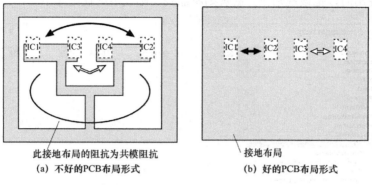

此接地布局的阻抗为共模阻抗　　　　　　　　接地布局

（a）不好的PCB布局形式　　　　　　　　（b）好的PCB布局形式

图 10.1.15　加宽接地的 PCB 布局形式

10.2　信号完整性分析工具简介

Altium Designer 15 系统包含有一个高级信号完整性分析工具，能分析 PCB 设计并检查设计参数，测试过冲、下冲、线路阻抗和信号斜率。如果在所设计的 PCB 上存在信号完整性问题，即可利用 PCB 进行反射或串扰分析，以确定问题所在。

Altium Designer 15 系统的信号完整性分析工具和 PCB 设计过程是无缝连接的，该分析工具提供了极其精确的板级分析。能检查整板的串扰、过冲、下冲、上升时间、下降时间和线路阻抗等问题。在 PCB 制造前，用最小的代价来解决高速数字电路设计带来的问题和 EMC/EMI（电磁兼容性/电磁抗干扰）等问题。

Altium Designer 15 系统的信号完整性分析工具的特性如下所述。

（1）设置简单，可以像在 PCB 编辑器中定义设计规则一样定义设计参数。

（2）通过运行 DRC，可以快速定位不符合设计需求的网络。

（3）无需特殊的经验，可以从 PCB 中直接进行信号完整性分析。

（4）提供快速的反射和串扰分析。

（5）利用 I/O 缓冲器宏模型，无需额外的 SPICE 或模拟仿真知识。

（6）信号完整性分析的结果采用示波器形式显示。

（7）采用成熟的传输线特性计算和并发仿真算法。

（8）用电阻和电容参数值对不同的终止策略进行假设分析，并可对逻辑块进行快速替换。

（9）提供 IC 模型库，包括校验模型。

（10）宏模型逼近使得仿真更快、更精确。

（11）自动模型连接。

（12）支持 I/O 缓冲器模型的 IBIS2 工业标准子集。

（13）利用信号完整性宏模型可以快速地自定义模型。

10.3　信号完整性分析规则参数设置

10.3.1　"Signal Integrity" 规则选择

在 Altium Designer 15 系统的 PCB 编辑环境中，执行"设计"→"规则"菜单命令，系统将弹出"PCB 规则及约束编辑器"对话框，如图 10.3.1 所示。

在"PCB 规则及约束编辑器"对话框中，列出了 Altium Designer 15 系统所能够提供的设计规则，但是这仅仅是列出可以使用的规则，要想在 DRC 校验时真正使用这些规则，还需要在第一次使用时，把该规则作为新规则添加到实际使用的规则库中。

图 10.3.1 "PCB 规则及约束编辑器"对话框

在需要使用的规则上单击鼠标右键，弹出快捷菜单，在该菜单中选择"新规则"命令，即可把该规则添加到实际使用的规则库中。如果需要多次用到该规则，可以为它建立多个新的规则，并用不同的名称加以区别。

要想在实际使用的规则库中删除某个规则，可以选中该规则，并在右键快捷菜单中执行"删除规则"命令，即可从实际使用的规则库中删除该规则。

在右键快捷菜单中执行"Export Rules（输出规则）"命令，可以把选中的规则从实际使用的规则库中导出。在右键快捷菜单中执行"Import Rules（输入规则）"命令，系统弹出"选择设计规则类型"对话框如图 10.3.2 所示，可以从设计规则库中导入所需的规则。在右键快捷菜单中执行"报告"命令，则可以为该规则建立相应的报告文件，并可以打印输出。

在"PCB 规则及约束编辑器"对话框中，单击"Design Rules"前面的"+"按钮，再打开"Signal Integrity"规则设置选项，如图 10.3.1 所示，"Signal Integrity"规则设置选项包含有 13 条信号完整性分析规则，这些规则可以用于在 PCB 设计中检测一些潜在的信号完整性问题，设计者可以根据设计工作的要求选择所需的规则。

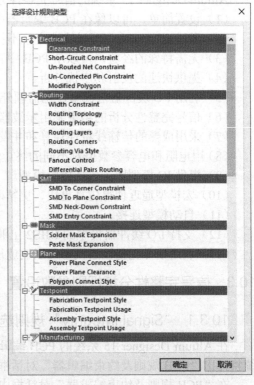

图 10.3.2 "选择设计规则类型"对话框

10.3.2 "Signal Stimulus"规则

在"Signal Integrity"上单击鼠标右键,系统弹出右键快捷菜单。选择"New Rule"项,生成"Signal Stimulus(激励信号)"规则选项,单击该规则,则出现如图 10.3.3 所示的激励信号设置对话框,可以在该对话框中设置激励信号的各项参数。

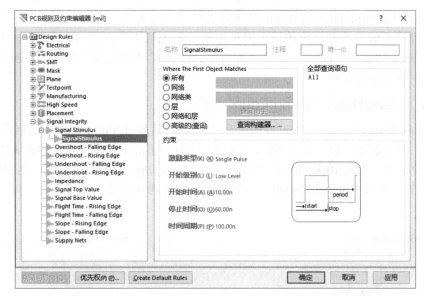

图 10.3.3 "Signal Stimulus(激励信号)"规则参数设置对话框

(1)"名称":参数名称,用来为该规则设立一个便于理解的名字,这里默认为"Signal Stimulus"。在 DRC 校验中,当电路板布线违反该规则时,就将以该参数名称显示此错误。

(2)"注释":该规则的注释说明。

(3)"唯一 ID":为该参数提供的一个随机的 ID 号。

(4)"Where The First Object Matches(优先匹配对象的位置)":第一类对象的设置范围,用来设置激励信号规则所适用的范围,一共有 6 个选项。

① "所有":规则在指定的 PCB 上都有效。

② "网络":规则在指定的电气网格中有效。

③ "网络类":规则在指定的网络类中有效。

④ "层":规则在指定的某一电路板层上有效。

⑤ "网络和层":规则在指定的网络和指定的电路板层上有效。

⑥ "高级的(查询)":高级设置选项,选择该单选按钮后,可以单击其右边的"Query Builder"按钮,自行设计规则使用范围。

(5)"约束":用于设置激励信号规则。共有 5 个选项,其含义如下。

① "激励类型":用来设置激励信号的种类,包括 3 种选项,即"Constant Level(固定电平)"表示激励信号为某个常数电平。"Single Pulse(单脉冲)"表示激励信号为单脉冲信号。"Periodic Pulse(周期脉冲)"表示激励信号为周期性脉冲信号。

② "开始级别":用来设置激励信号的初始电平,仅对"Single Pulse(单脉冲)"和"Periodic Pulse(周期脉冲)"有效,设置初始电平为低电平选择"Low Level(低电平)",设置初始电平为高电平选择"High Level"。

③ "开始时间":用来设置激励信号高电平脉宽的起始时间。

④ "停止时间"：用来设置激励信号高电平脉宽的终止时间。

⑤ "时间周期"：用来设置激励信号的周期。

设置激励信号的时间参数，在输入数值的同时，要注意添加时间单位，以免设置出错。

10.3.3 "Overshoot–Falling Edge" 规则

"Overshoot-Falling Edge（信号过冲的下降沿）"定义了信号下降边沿允许的最大过冲位，也即信号下降沿上低于信号基值的最大阻尼振荡，系统默认单位是 V，如图 10.3.4 所示。"Where The First Object Matches（优先匹配对象的位置）"参数设置，参考 "Signal Stimulus（激励信号）"规则参数设置。

10.3.4 "Overshoot–Rising Edge" 规则

"Overshoot-Rising Edge（信号过冲的上升沿）"与"信号过冲的下降沿"是相对应的，它定义了信号上升边沿允许的最大过冲值，以及信号上升沿上高于信号上位值的最大阻尼振荡，系统默认单位是 V，如图 10.3.5 所示。"Where The First Object Matches（优先匹配对象的位置）"参数设置，参考 "Signal Stimulus（激励信号）"规则参数设置。

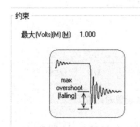 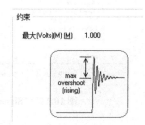

图 10.3.4 "Overshoot-Falling Edge"参数设置   图 10.3.5 "Overshoot- Rising Edge"参数设置

10.3.5 "Undershoot–Falling Edge" 规则

"Undershoot-Falling（信号下冲）"与信号过冲略有区别。"Undershoot-Falling Edge（信号下冲的下降沿）"定义了信号下降边沿允许的最大下冲值，以及信号下降沿上高于信号基值的阻尼振荡，系统默认单位是 V，如图 10.3.6 所示。"Where The First Object Matches（优先匹配对象的位置）"参数设置，参考 "Signal Stimulus（激励信号）"规则参数设置。

10.3.6 "Undershoot–Rising Edge" 规则

"Undershoot-Rising Edge（信号下冲的上升沿）"与"信号下冲的下降沿"是相对应的，它定义了信号上升边沿允许的最大下冲值，以及信号上升沿上低于信号上位值的阻尼振荡，系统默认单位是 V，如图 10.3.7 所示。"Where The First Object Matches（优先匹配对象的位置）"参数设置，参考 "Signal Stimulus（激励信号）"规则参数设置。

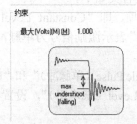 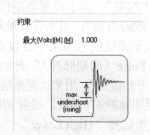

图 10.3.6 "Undershoot-Falling Edge"参数设置   图 10.3.7 "Undershoot-Rising Edge"参数设置

10.3.7 "Impedance" 规则

"Impedance（阻抗约束）"用来定义电路板上所允许的电阻的最大和最小值。阻抗与导体的几何外观和电导率、导体外的绝缘层材料、在电路板的几何物理分布形状等相关。绝缘层材料包括板的基本材料、多层间的绝缘层以及焊接材料等。

单击"Impedance（阻抗约束）"规则，在弹出的对话框中可以设置电阻的最大和最小值，系统默认单位是 Ω。"Where The First Object Matches（优先匹配对象的位置）"参数设置，参考"Signal Stimulus（激励信号）"规则参数设置。

10.3.8 "Signal Top Value" 规则

"Signal Top Value（信号高电平）"定义了线路上信号在高电平状态下所允许的最小稳定电压值，是信号上位值的最小电压，系统默认单位是 V，如图 10.3.8 所示。"Where The First Object Matches（优先匹配对象的位置）"参数设置，参考"Signal Stimulus（激励信号）"规则参数设置。

10.3.9 "Signal Base Value" 规则

"Signal Base Value（信号基值）"与"信号高电平"是相对应的，它定义了线路上信号在低电平状态下所允许的最大稳定电压值，是信号的最大基值，系统默认单位是 V，如图 10.3.9 所示。"Where The First Object Matches（优先匹配对象的位置）"参数设置，参考"Signal Stimulus（激励信号）"规则参数设置。

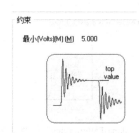

图 10.3.8 "Signal Top Value"参数设置

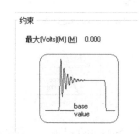

图 10.3.9 "Signal Base Value"参数设置

10.3.10 "Flight Time-Rising Edge" 规则

"Flight Time-Rising Edge（上升沿的上升时间）"是信号上升边沿到达信号设定值的 50%时所需的时间，系统默认单位是 s，如图 10.3.10 所示。规则可以设定信号上升边沿允许的最大上行时间。"Where The First Object Matches（优先匹配对象的位置）"参数设置，参考"Signal Stimulus（激励信号）"规则参数设置。

10.3.11 "Flight Time-Falling Edge" 规则

"Flight Time-Falling Edge（下降沿的下降时间）"是相互连接的结构的输入信号延迟，它是实际的输入电压到门限电压之间的时间，小于这个时间将驱动一个基准负载，该负载直接与输出相连接。

下降沿的下降时间是指信号下降边沿到达信号设定值的 50%时所需的时间，系统默认单位是 s，如图 10.3.11 所示。规则可以设定信号下降边沿允许的最大下降时间。"Where The First Object Matches（优先匹配对象的位置）"参数设置，参考"Signal Stimulus（激励信号）"规则参数设置。

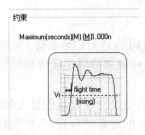

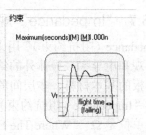

图 10.3.10 "Flight Time-Rising Edge" 参数设置　　　　图 10.3.11 "Flight Time-Falling Edge" 参数设置

10.3.12 "Slope–Rising Edge" 规则

"Slope-Rising Edge（上升沿斜率）"定义了信号从门限电压上升到一个有效的高电平时所允许的最大时间，系统默认单位是 s，如图 10.3.12 所示。"Where The First Object Matches（优先匹配对象的位置）"参数设置，参考"Signal Stimulus（激励信号）"规则参数设置。

10.3.13 "Slope–Falling Edge" 规则

"Slope-Falling Edge（下降沿斜率）"与"上升沿斜率"是相对应的，它定义了信号从门限电压下降到一个有效的低电平时所允许的最大时间，系统默认单位是 s，如图 10.3.13 所示。"Where The First Object Matches（优先匹配对象的位置）"参数设置，参考"Signal Stimulus（激励信号）"规则参数设置。

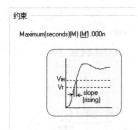

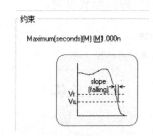

图 10.3.12 "Slope-Rising Edge" 参数设置　　　　图 10.3.13 "Slope-Falling Edge" 参数设置

10.3.14 "Supply Nets" 规则

信号完整性分析器需要了解电源网络标号的名称和电压位。电源网络定义了电路板上的电源网络标号。单击"Supply Nets（电源网络）"，在弹出的对话框中可以设置电压值。"Where The First Object Matches（优先匹配对象的位置）"参数设置，参考"Signal Stimulus（激励信号）"规则参数设置。

在设置好完整性分析的各项规则后，在工程文件中，打开某个 PCB 设计文件，系统即可根据信号完整性的规则设置进行 PCB 印制电路板的板级信号完整性分析。

10.4 设定元件的信号完整性模型

利用 Altium Designer 15 系统进行信号完整性分析，需要建立在 Signal Integrity 模型（简称 SI 模型）基础之上。与元件的封装模型和仿真模型一样，SI 模型也是元件的一种表现形式。很多元件的 SI 模型与相应的原理图符号、封装模型、仿真模型一起，被系统存放在集成库文件中。与设定仿真模型类似，在进行信号完整性分析时，也需要对元件的 SI 模型进行设定。

元件的 SI 模型可以在信号完整性分析之前设定，也可以在信号完整性分析的过程中进行设定。

10.4.1 在信号完整性分析之前设定元件的 SI 模型

在 Altium Designer 15 系统中，提供了若干种可以设定 SI 模型的元件类型，如 IC（集成电路）、Resistor（电阻类元件）、Capacitor（电容类元件）、Connector（连接器类元件）、Diode（二极管类元件）以及 BJT（双极性三极管类元件）等，对于不同类型的元件，其设定方法是不同的。单个的无源元件，如电阻、电容等，设定比较简单。

1. 无源元件的 SI 模型设定

（1）在电路原理图中，双击所放置的某一无源元件，打开相应的元件属性对话框。例如，这里打开前面章节的"单片机流水灯.SchDoc"原理图文件，双击一个电阻。

（2）单击元件属性对话框下方的"Add..."按钮，在系统弹出的模型添加对话框中，选择"Signal Integrity（信号完整性）"，如图 10.4.1 所示。

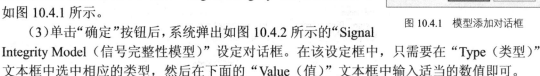

图 10.4.1 模型添加对话框

（3）单击"确定"按钮后，系统弹出如图 10.4.2 所示的"Signal Integrity Model（信号完整性模型）"设定对话框。在该设定框中，只需要在"Type（类型）"文本框中选中相应的类型，然后在下面的"Value（值）"文本框中输入适当的数值即可。

若在"Model（模型）"栏的类型中，元件的"Signal Integrity（信号完整性）"模型已经存在，则双击后，系统同样弹出如图 10.4.2 所示的对话框。

（4）单击"OK"按钮，即可完成该无源器件的 SI 模型设定。

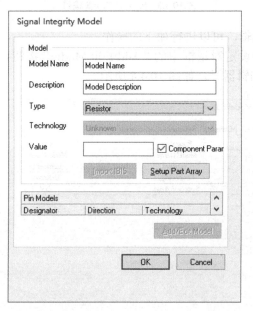

图 10.4.2 "Signal Integrity Model"设定对话框

2. 新建引脚模型

对于 IC 类的元件，其 SI 模型的设定同样是在信号完整性模型设定框中完成的。一般说来，只需要设定其技术特性就够了，如 CMOS，TTL 等。但是在一些特殊的应用中，为了更为准确地描述引脚的电气特性，还需要进行一些额外的设定。

在信号完整性模型设定框的"Pin Models"部分，列出了元件的所有引脚，在这些引脚中，电源性质的引脚是不可编辑的。而对于其他引脚，则可以直接用后面的下拉列表框完成简单功能的编辑。例如，如图 10.4.3 所示，将某一 IC 类元件的某一输入引脚的技术特性，即工艺类型设定为 "AS（Advanced Schottky Logic，高级肖特基晶体管逻辑）"。

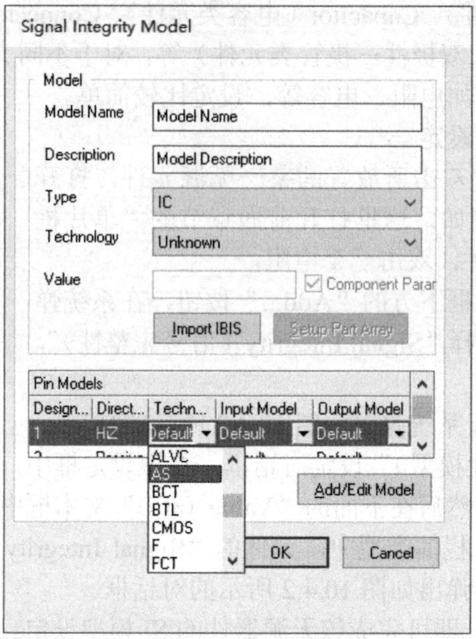

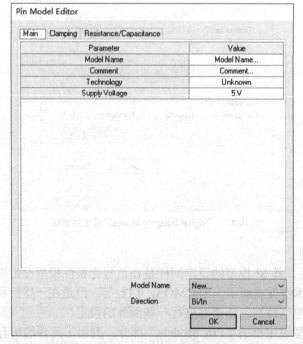

图 10.4.3　IC 元件的引脚编辑

如果需要进一步的编辑，可以进行如下的操作。

（1）单击信号完整性设定对话框中的 "Add/Edit Modle" 按钮，系统会打开相应的 "Pin Mode Editor（引脚模型编辑器）"，如图 10.4.4 所示。

图 10.4.4　引脚模型编辑器

（2）单击"OK"按钮后，返回信号完整性模型设定框，可以看到添加了一个新的输入引脚模型供用户选择。

另外，为了简化设定 SI 模型的操作，以及保证输入的正确性，对于 IC 类元件，一些公司提供了现成的引脚模型供用户选择使用，即 IBIS（Input/Output Buffer Information Specification，输入输出缓冲器信息规范）文件，扩展名为".ibs"。

使用 IBIS 文件的方法很简单，在 IC 类元件的信号完整性模型设定框中，单击"Import IBIS"按钮，打开已下载的 IBIS 文件就可以了。

3．同步更新

对元件的 SI 模型设定之后，执行"设计"→"Update PCB Document（更新 PCB 文件）"命令，即可完成相应 PCB 文件的同步更新。

10.4.2　在信号完整性分析过程中设定元件的 SI 模型

具体操作步骤如下所述。

（1）打开一个要进行信号完整性分析的项目。例如，这里打开一个简单的设计项目"PCB_Project_3.PrjPcb"，打开"PCB1.PcbDoc"如图 10.4.5 所示。

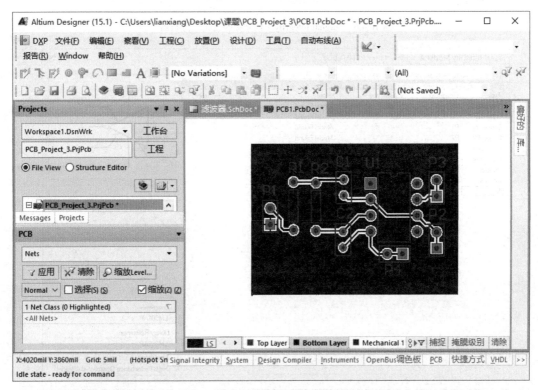

图 10.4.5　打开的项目文件

（2）执行"工具"→"Signal Integrity（信号完整性）"菜单命令后，系统开始运行信号完整性分析器，弹出图 10.4.6 所示的"Signal Integrity（信号完整性）"分析器，其具体设置在"10.5 信号完整性分析器设置"中介绍。

（3）单击对话框下面的"Model Assignments..."按钮后，系统会打开 SI 模型参数设定对话框，显示所有元件的 SI 模型设定情况，供设计者参考或修改，如图 10.4.7 所示。

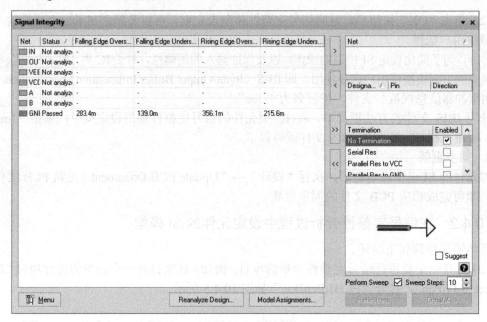

图 10.4.6 "Signal Integrity（信号完整性）"分析器

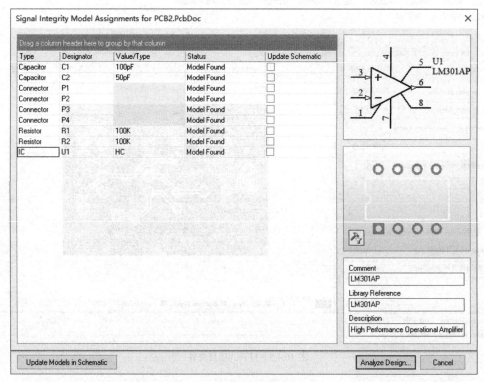

图 10.4.7 元件的 SI 模型设定对话框

显示框中左边第 1 列"Type"显示的是已经为元件选定的 SI 模型的类型，用户可以根据实际的情况，对不合适的模型类型直接单击进行更改。

对于 IC 类型的元件，即集成电路，在对应的"Value/Type"列中显示了其工艺类型，该项参数对信号完整性分析的结果有着较大的影响。

在"Status"列中，则显示了当前模型的状态。实际上，在执行"Tools"→"Signal Integrity"命令，开始运行信号完整性分析器的时候，系统已经为一些没有设定 SI 模型的元件添加了模型，这里的状态信息就表示了这些自动加入的模型的可信程度，供用户参考。状态信息一般有如下 7 种。

（1）"Model Found（找到模型）"：已经找到元件的 SI 模型。

（2）"High Confidence（高可信度）"：自动加入的模型是高度可信的。

（3）"Medium Confidence（中等可信度）"：自动加入的模型可信度为中等。

（4）"Low Confidence（低可信度）"：自动加入的模型可信度较低。

（5）"No Match（不匹配）"：没有合适的 SI 模型类型。

（6）"User Modified（用修改的）"：用户可修改元件的 SI 模型。

（7）"Model Saved（保存模型）"：原理图中的对应元件已经保存了与 SI 模型相关的信息。

在显示框中完成了需要的设定以后，这个结果应该保存到原理图源文件中，以便下次使用。选中要保存元件后面的复选框后，单击"Update Model in Schematic"按钮，即可完成 PCB 与原理图中 SI 模型的同步更新保存。保存了的模型状态信息均显示为"Model Saved"。

10.5　信号完整性分析器设置

信号完整性分析器是进行信号完整性分析的一种重要工具。Altium Designer 15 提供了一个高级的信号完整性分析器，能精确地模拟分析已布好线的 PCB，可以测试网络阻抗、下冲、过冲、信号斜率等。

进行信号完整性分析，可以分为两步进行。首先对所有可能需要进行分析的网络进行一次初步的分析，从中可以了解到哪些网络的信号完整性最差；第二步是筛选出一些信号进行进一步的分析。这些操作都可以在 Altium Designer 15 系统提供的信号完整性分析器中完成。

打开某一项目的某一 PCB 文件，执行"工具"→"Signal Integrity（信号完整性）"菜单命令，系统开始运行信号完整信分析器。

信号完整性分析器的界面如图 10.4.6 所示。

1. "Net（网络）"栏

"Net（网络）"栏中列出了 PCB 文件中所有可能需要进行分析的网络。在分析之前，可以选中需要进一步分析的网络，单击">"按钮，添加到右边的"Net"栏中。

2. "Status（状态）"栏

"Status（状态）"栏用来显示相应网络进行信号完整性分析后的状态，有 3 种可能。

（1）"Passed"：表示通过，没有问题。

（2）"Not analyzed"：表明由于某种原因导致对该信号的分析无法进行。

（3）"Failed"：分析失败。

3. "Designator（标识符）"栏

"Designator（标识符）"栏显示"Net（网络）"栏中所选中网络的连接元件引脚及信号的方向。

4. "Termination（终端补偿）"栏

在 Altium Designer 15 中，对 PCB 进行信号完整性分析时，还需要对线路上的信号进行终端补偿的测试，目的是测试传输线中信号的反射与串扰，以便使 PCB 中的线路信号达到最优。

在"Termination（终端补偿）"栏中，系统提供了 8 种信号终端补偿方式（端接方式），相应的图示则显示在下面的图示栏中。

（1）"No Termination（无终端补偿）"方式。

"No Termination（无终端补偿）"方式如图 10.5.1 所示，即直接进行信号传输，对终端不进行补偿，是系统的默认方式。

（2）"Serial Res（串联电阻补偿）"方式。

"Serial Res（串联电阻补偿）"方式如图 10.5.2 所示，即在点对点的连接方式中，直接串入 1 个电阻，以减少外来电压波形的幅值，合适的串联电阻补偿将使得信号正确终止，消除接收器的过冲现象。

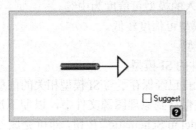

图 10.5.1 "No Termination"补偿方式

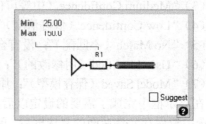

图 10.5.2 "Serial Res"补偿方式

（3）"Parallel Res to VCC（电源 VCC 端并联电阻补偿）"方式。

"Parallel Res to VCC（电源 VCC 端并联电阻补偿）"方式如图 10.5.3 所示。在电源 VCC 输入端并联的电阻是和传输线阻抗相匹配的，对于抑制线路的信号反射，这是一种比较好的补偿方式。只是，由于该电阻上会有电流流过，因此，将增加电源的损耗，导致低电平阈值的升高，该阈值会根据电阻值的变化而变化，有可能会超出在数据区定义的操作条件。

（4）"Parallel Res to GND（接地 GND 端并联电阻补偿）"方式

"Parallel Res to GND（接地 GND 端并联电阻补偿）"方式如图 10.5.4 所示，在接地输入端并联的电阻是和传输线阻抗相匹配的，与电源 VCC 端并联电阻补偿方式类似，这也是终止线路信号反射的一种比较好的方法。同样，由于有电流流过，会导致高电平阈值的降低。

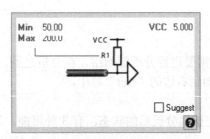

图 10.5.3 "Parallel Res to VCC"补偿方式

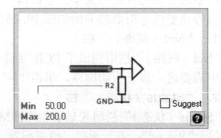

图 10.5.4 "Parallel Res to GND"补偿方式

（5）"Parallel Res to VCC & GND（电源端与地端同时并联电阻补偿）"方式。

"Parallel Res to VCC & GND（电源端与地端同时并联电阻补偿）"方式如图 10.5.5 所示，将电源端并联电阻补偿与接地端并联电阻补偿结合起来使用，适用于 TTL 总线系统，而对于 CMOS 总线系统则一般不建议使用。

由于该方式相当于在电源与地之间直接接入了 1 个电阻，流过的电流将比较大，因此，对于两电阻的阻值分配应折中选择，以防电流过大。

（6）"Parallel Cap to GND（并联电容到接地端）"方式。

"Parallel Cap to GND（并联电容到接地端）"方式如图 10.5.6 所示，即在接收输入端对地并联 1 个电容，可以减少信号噪声。该补偿方式是制作 PCB 时最常用的方式，能够有效地消除铜膜导线在走线的拐弯处所引起的波形畸变。最大的缺点是，波形的上升沿或下降沿会变得太平坦，导致上升时间和下降时间的增加。

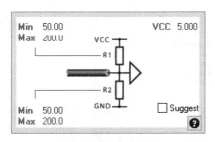

图 10.5.5 "Parallel Res to VCC & GND"补偿方式

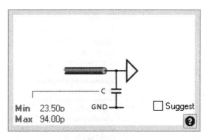

图 10.5.6 "Parallel Cap to GND"补偿方式

（7）"Res and Cap to GND（并联电阻和电容到接地端）"方式。

"Res and Cap to GND（并联电阻和电容到接地端）"方式如图 10.5.7 所示，即在接收输入端对地并联 1 个电容和 1 个电阻（电阻和电容器串联连接），与地端仅仅并联电容的补偿效果基本一样，只不过在终结网络中不再有直流电流流过。而且与地端仅仅并联电阻的补偿方式相比，能够使得线路信号的边沿比较平坦。

在大多数情况下，当时间常数 RC 大约为延迟时间的 4 倍时，这种补偿方式可以使传输线上的信号被充分终止。

（8）"Parallel Schottky Diode（并联肖特基二极管补偿）"方式。

"Parallel Schottky Diode（并联肖特基二极管补偿）"方式如图 10.5.8 所示，在传输线终结的电源和地端并联肖特基二极管可以减少接收端信号的过冲和下冲值。大多数标准逻辑集成电路的输入电路都采用了这种补偿方式。

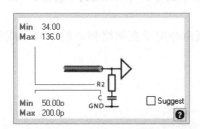

图 10.5.7 "Res and Cap to GND"补偿方式

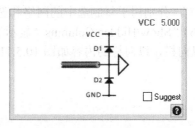

图 10.5.8 "Parallel Schottky Diode"补偿方式

5．"Perform Sweep（执行扫描）"选项

如果选中"Perform Sweep（执行扫描）"选项，则信号分析时会按照用户所设置的参数范围，对整个系统信号完整性进行扫描，类似于电原理图仿真中的参数扫描方式。扫描步数可以在后面进行设置，一般应选中该选项，扫描步数采用系统默认值即可。

6．"Menu（菜单）"按钮

单击"Menu（菜单）"按钮，则系统会弹出如图 10.5.9 所示的菜单命令。

（1）"Select net（选择网络）"：单击该命令，系统会将选中的网络添加到右侧的网络栏内。

（2）"Details（详细资料）"：执行该命令，系统会打开如图 10.5.10

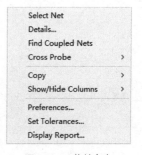

图 10.5.9 菜单命令

所示的窗口，用来显示在网络列表中所选中的网络详细情况，包括元件数、导线数，以及根

据所设定的分析规则得出的各项参数等。

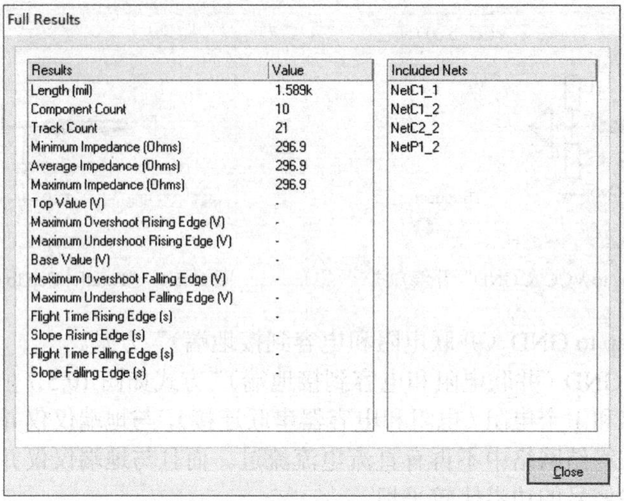

Full Results
Results
Value
Included Nets
Length (mil)
1.589k
NetC1_1
Component Count
10
NetC1_2
Track Count
21
NetC2_2
Minimum Impedance (Ohms)
296.9
NetP1_2
Average Impedance (Ohms)
296.9
Maximum Impedance (Ohms)
296.9
Top Value (V)
Maximum Overshoot Rising Edge (V)
Maximum Undershoot Rising Edge (V)
Base Value (V)
Maximum Overshoot Falling Edge (V)
Maximum Undershoot Falling Edge (V)
Flight Time Rising Edge (s)
Slope Rising Edge (s)
Flight Time Falling Edge (s)
Slope Falling Edge (s)
Close

图 10.5.10　所选中网络的全部分析结果

（3）“Find Coupled Nets（找到关联网络）”：执行该命令可以查找所有与选中的网络有关联的网络，并高亮显示。

（4）“Cross Probe（通过探查）”：包括两个子命令，即“To Schematic（到原理图）”和“To PCB（到 PCB）”，分别用于在原理图中或者在 PCB 文件中查找所选中的网络。

（5）“Copy（复制）”：复制所选中的网络，包括两个子命令，即“Select（选择）”和“All（所有）”，分别用于复制选中的网络和选中所有。

（6）“Show/Hidden Columns（显示/隐藏纵队）”：该命令用于在网络列表栏中显示或隐藏一些纵向栏，纵向栏的内容如图 10.5.11 所示。

Select Net
Details...
Find Coupled Nets
Cross Probe
Copy
Show/Hide Columns
Preferences...
Set Tolerances...
Display Report...
Analysis Errors
Base Value
Falling Edge Flight Time
Falling Edge Overshoot
Falling Edge Slope
Falling Edge Undershoot
Length
Impedance
Rising Edge Flight Time
Rising Edge Overshoot
Rising Edge Slope
Rising Edge Undershoot
Routed
Status
Top Value

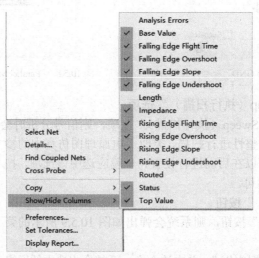

图 10.5.11　“Show/Hidden Columns”栏

（7）“Preferences（参数）”：执行该命令，用户可以在弹出的信号完整性优先选项对话框种设置信号完整性分析的相关选项，如图 10.5.12 所示。

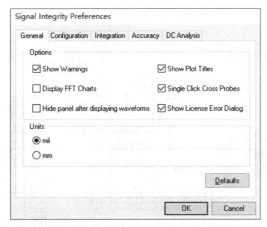

图 10.5.12 "Preferences" 对话框

该对话框中有若干标签页，不同的标签页中设置内容是不同的。在信号完整性分析中，用到的主要是"Configuration（配置）"标签页，用于设置信号完整性分析的时间及步长。

（8）"Set Tolerances（设置公差）"：执行该命令后，系统会弹出如图 10.5.13 所示的设置屏蔽分析公差对话框。

Type	Priority	Scope	Attributes	Enabled
Falling Edge Overshoot	1	All	Max = 1.000	☑
Falling Edge Overshoot	1000	All	Tolerance as % of top value = 20.00	☑
Falling Edge Undershoot	1	All	Max = 1.000	☑
Falling Edge Undershoot	1000	All	Tolerance as % of top value = 20.00	☑
Rising Edge Overshoot	1	All	Max = 1.000	☑
Rising Edge Overshoot	1000	All	Tolerance as % of top value = 20.00	☑
Rising Edge Undershoot	1	All	Max = 1.000	☑
Rising Edge Undershoot	1000	All	Tolerance as % of top value = 20.00	☑
Impedance	1	All	Min = 1.000 Max = 10.00	☑
Base Value	1	All	Max = 0.000	☑
Top Value	1	All	Min = 5.000	☑
Falling Edge Slope	1	All	Max = 1.000n	☑
Falling Edge Flight Time	1	All	Max = 1.000n	☑
Rising Edge Slope	1	All	Max = 1.000n	☑
Rising Edge Flight Time	1	All	Max = 1.000n	☑

图 10.5.13 "Set Tolerances" 对话框

公差（Tolerance）被用于限定一个误差范围，代表了允许信号变形的最大值和最小值。将实际信号的误差值与这个范围相比较，就可以查看信号的误差是否合乎要求。

对于显示状态为"Failed"的信号，其主要原因就是信号超出了误差限定的范围。因此，在做进一步分析之前，应先检查一下公差限定是否太过严格。

（9）"Display Report（显示报表）"：显示信号完整信分析报表。

10.6 信号完整性分析示例

10.6.1 PCB 信号完整性分析示例

下面以系统提供的"SL1 Xilinx Spartan-IIE PQ208 Rev1.01"电路为例，进一步介绍信号完整性分析方法和步骤。示例对该电路中的一个"SL_Config.SchDoc"电路进行完整性分析，其电路原理图如图 10.6.1 所示。

PCB 信号完整性分析示例

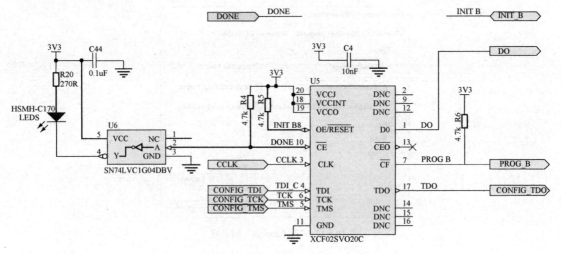

图 10.6.1 "SL_Config.SchDoc" 电路

（1）打开系统提供的"SpiritLevel-SL1"文件夹目录下的"SL_Config-ZE.SchDoc"电路的设计工程文件和 PCB 设计文件。

（2）执行"工具"→"Signal Integrity（信号完整性）"菜单命令，系统将弹出如图 10.6.2 所示的"SI Setup Options（SI 设置选项）"对话框，和图 10.6.3 所示的"Message（信息）"对话框，取消"Use Manhattan length（使用曼哈顿长度）"选项，单击"Analyze Design（设计分析）"按钮，系统将弹出如图 10.6.4 所示的"Signal Integrity（信号完整性）"对话框。（若文件已经进行过信号完整性分析，将跳过图 10.6.2 所示内容，直接弹出图 10.6.3、图 10.6.4 所示内容）在该对话框左侧列表框中列出电路板中的网络和对它们进行信号完整性规则检查的结果。

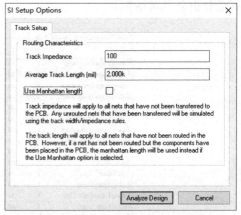

图 10.6.2 "SI Setup Options" 对话框

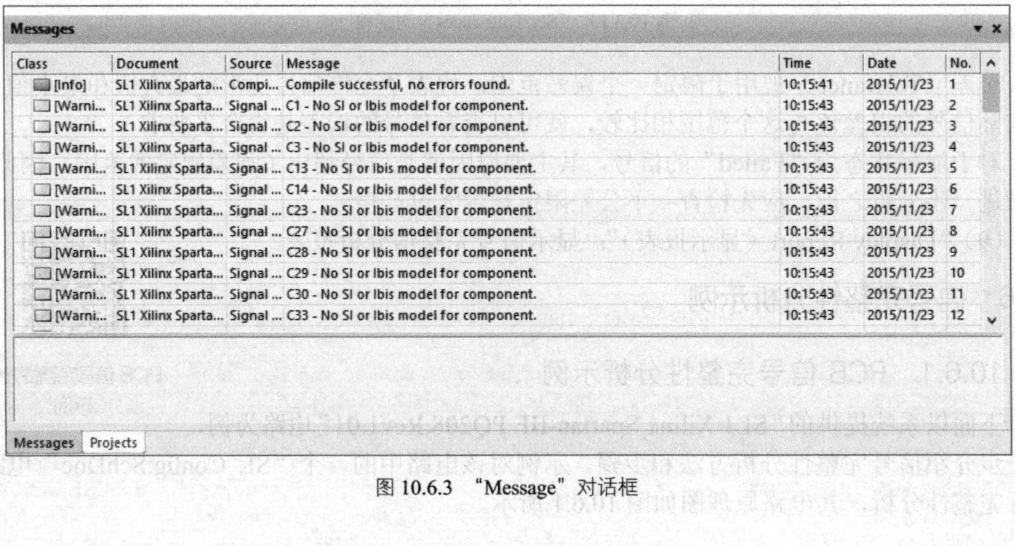

Class	Document	Source	Message	Time	Date	No.
[Info]	SL1 Xilinx Sparta...	Compi...	Compile successful, no errors found.	10:15:41	2015/11/23	1
[Warni...	SL1 Xilinx Sparta...	Signal ...	C1 - No SI or Ibis model for component.	10:15:43	2015/11/23	2
[Warni...	SL1 Xilinx Sparta...	Signal ...	C2 - No SI or Ibis model for component.	10:15:43	2015/11/23	3
[Warni...	SL1 Xilinx Sparta...	Signal ...	C3 - No SI or Ibis model for component.	10:15:43	2015/11/23	4
[Warni...	SL1 Xilinx Sparta...	Signal ...	C13 - No SI or Ibis model for component.	10:15:43	2015/11/23	5
[Warni...	SL1 Xilinx Sparta...	Signal ...	C14 - No SI or Ibis model for component.	10:15:43	2015/11/23	6
[Warni...	SL1 Xilinx Sparta...	Signal ...	C23 - No SI or Ibis model for component.	10:15:43	2015/11/23	7
[Warni...	SL1 Xilinx Sparta...	Signal ...	C27 - No SI or Ibis model for component.	10:15:43	2015/11/23	8
[Warni...	SL1 Xilinx Sparta...	Signal ...	C28 - No SI or Ibis model for component.	10:15:43	2015/11/23	9
[Warni...	SL1 Xilinx Sparta...	Signal ...	C29 - No SI or Ibis model for component.	10:15:43	2015/11/23	10
[Warni...	SL1 Xilinx Sparta...	Signal ...	C30 - No SI or Ibis model for component.	10:15:43	2015/11/23	11
[Warni...	SL1 Xilinx Sparta...	Signal ...	C33 - No SI or Ibis model for component.	10:15:43	2015/11/23	12

Messages   Projects

图 10.6.3 "Message" 对话框

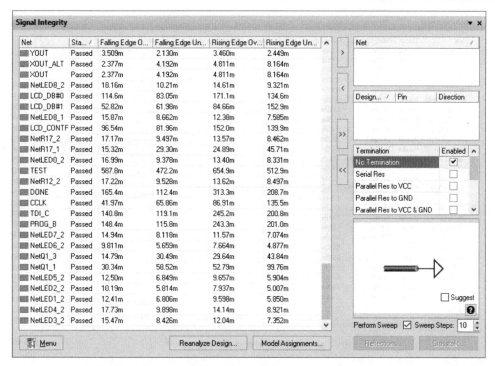

图 10.6.4 "Signal Integrity" 对话框

（3）右键单击对话框中通过验证的网络，然后在弹出的快捷菜单中选择"Details（细节）"命令，打开"Full Results（整个结果）"对话框，在该对话框中列出了该网络各个不同规则的分析结果，如图 10.6.5 所示。

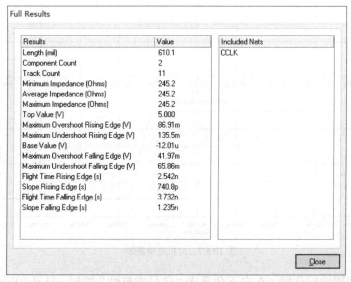

图 10.6.5 网络各个规则分析的结果

（4）在图 10.6.6 所示的"Signal Integrity（信号完整性）"对话框中，选中网络"CCLK"，然后单击">"按钮，将该网络添加到右边的"Net"列表框中，此时在"Net"列表框下的列表框中列出了该网络中含有的元件，如图 10.6.6 所示。

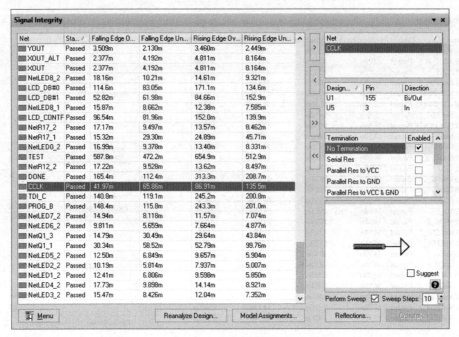

图 10.6.6 选中需要分析的网络

（5）单击"Reflections..."按钮，系统就会进行该网络信号的反射分析，最后生成如图
10.6.7 所示的分析结果波形。

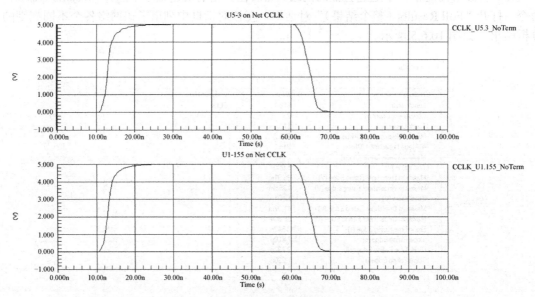

图 10.6.7 分析结果波形

（6）返回原理图编辑环境，在右下角单击"信号完整性"按钮，打开"Signal Integrity（信
号完整性）"对话框。在右边的"Net"列表框中显示选中网络"CCLK"，此时在"Net"列
表框下的列表框中列出了该网络中含有的元件，如图 10.6.8 所示。在该对话框右侧的"标识"
列表框中右键单击元件 U5，然后在弹出的快捷菜单中选择"Edit Buffer（编辑缓冲器）"菜单
命令，打开"Integrated Circuit（集成电路）"对话框，如图 10.6.9 所示。

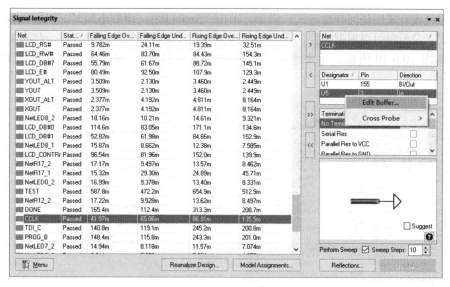

图 10.6.8　选中需要分析的网络

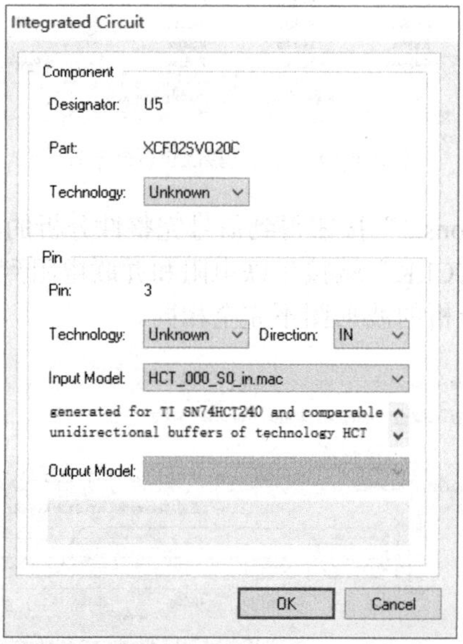

图 10.6.9　"Integrated Circuit" 对话框

注意：在 Altium Designer 15 中可以提供多种缓冲器形式，其中包括集成电路缓冲器、按插件缓冲器、二极管缓冲器、晶体管缓冲器、电阻缓冲器、电感缓冲器、电容缓冲器等，每一种缓冲器的设置环境都有所不同，通过设置它们可以以不同的宏模型来逼近各类元件。

（7）在图 10.6.9 所示 "Interated Circuit（集成电路）" 对话框中，显示了该元件的参数及编号信息。在 "Pin" 选择区域中显示了该缓冲器对应元件引脚的信息。在 "Technology" 下拉列表框中可以选择元件的制造工艺。在 "Input Model" 下拉列表框中，可以选择该缓冲器的输入模型，然后在 "Direction" 下拉列表中可以为缓冲器指定该引脚的电气方向。最后在 "Output Model" 下拉列表框中可以选择输出模型。

在本示例中选择默认对话框设置。

（8）在 "Signal Integrity（信号完整性）" 对话框右下角列出了 7 种不同的阻抗匹配方式。一般来说，系统没有采用任何补偿方式。例如，单击"Serial Res（串联电阻）"选项，表示选中串联电阻方式。分析时可以根据需要，选择 1 种匹配方式，也可以几种匹配方式一起搭配使用。

（9）如图 10.6.10 所示，示例选中"Parallel Res to GND（并联电阻到接地端 GND）"选项。

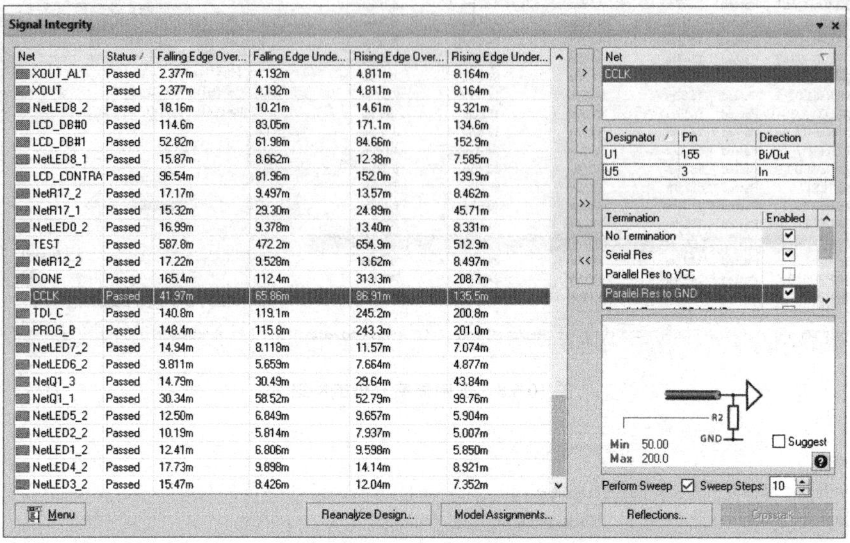

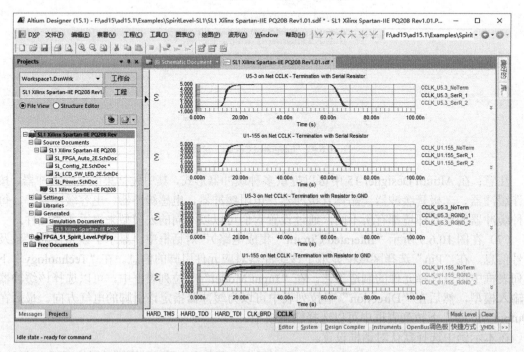

图 10.6.10　设置端接阻抗匹配方式

（10）然后单击"Reflections..."按钮得到信号完整性分析的波形图，如图 10.6.11 所示。图中显示了在"US-3 on Net CCLK"端接串联电阻和并联电阻到地的波形。采用不同端接方式进行补偿得到信号完整性分析的波形图不完全相同。

图 10.6.11　采用不同端接阻抗匹配方式的波形

10.6.2　PCB 信号串扰分析示例

下面以系统提供的"SL1 Xilinx Spartan-IIE PQ208 Rev1.01"电路为例，进一步介绍 进行信号完整性分析中的串扰分析方法和步骤。

（1）打开系统提供的"SL1 Xilinx Spartan-IIE PQ208 Rev1.01"电路的设计工程文件和 PCB 设计文件。

（2）在 PCB 编辑环境，选择"工具"→"Signal Intergrity（信号完整性）"菜单命令，打 开的"Signal Integrity（信号完整性）"对话框。

（3）在"Signal Integrity（信号完整性）"对话框中，选中网络"CCLK"单击鼠标右键， 在右建快捷菜单中选择"Find Coupled Nets（寻找匹配网络）"命令，之后系统会将相互间有 串扰影响的所有信号都选中，如图 10.6.12 所示。

Net	Stat... /	Falling Edge Ove...	Falling Edge Und...	Rising Edge Ove...	Rising Edge Und...
XOUT	Passed	2.377m	4.192m	4.811m	8.164m
NetLED8_2	Passed	18.16m	10.21m	14.61m	9.321m
LCD_DB#0	Passed	114.6m	83.05m	171.1m	134.6m
LCD_DB#1	Passed	52.82m	61.98m	84.66m	152.9m
NetLED8_1	Passed	15.87m	8.662m	12.38m	7.585m
LCD_CONTRA	Passed	96.54m	81.96m	152.0m	139.9m
NetR17_2	Passed	17.17m	9.497m	13.57m	8.462m
NetR17_1	Passed	15.32m	29.30m	24.89m	45.71m
NetLED0_2	Passed	16.99m	9.378m	13.40m	8.331m
TEST	Passed	587.8m	472.2m	654.9m	512.9m
NetR12_2	Passed	17.22m	9.528m	13.62m	8.497m
DONE	Passed	165.4m	112.4m	313.3m	208.7m
CCLK	Passed	41.97m	65.86m	86.91m	135.5m
TDI_C	Passed	140.8m	119.1m	245.2m	200.8m
PROG_B	Passed	148.4m	115.8m	243.3m	201.0m
NetLED7_2	Passed	14.94m	8.118m	11.57m	7.074m
NetLED6_2	Passed	9.811m	5.659m	7.664m	4.877m
NetQ1_3	Passed	14.79m	30.49m	29.64m	43.84m

图 10.6.12　选择有串扰的网络

（4）在本示例中，分析"CCLK""TDI_C""PROG_B"和"DONE"，因此需要将它们 添加到"Net"列表框中。

（5）设置信号。在"Net"列表框中右键单击"CCLK"。然 后在弹出的快捷菜单中选择"Set Victim（设置被干扰信号）"命 令，将该网络设置为被干扰信号。接着右键单击"TDI_C" "PROG_8"和"DONE"，在弹出的快捷菜单中选择"Set Aggressor （设置干扰源）"命令将网络"TDI_C""PROG_8"和"DONE"， 设置为干扰源，如图 10.6.13 所示。

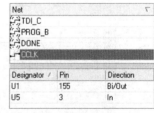

图 10.6.13　设置网络

注意：干扰源和被干扰源都可以设置不止一个，因为可以是几个网络同时对一个网络产 生串扰，也可以是一个网络同时对几个网络产生串扰。

（6）单击"Signal Integrity"对话框右下角的"Crosstalk Waveforms..."按钮，生成串扰 分析波形，如图 10.6.14 所示。从得到的波形可以看到，当网络上有脉冲出现时，在被干扰的 信号中会产生较大的振荡。

（7）要改变电路板的信号串扰，就要改变 PCB 的布局和布线。

（8）返回原理图编辑环境，在右下角单击"信号完整性"按钮，打开"Signal Intergrity （信号完整性）"对话框。

（9）在"Signal Intergrity（信号完整性）"对话框中，单击选中"Serial Res（串联电阻）" "Parallel Res to VCC & GND"（并联电阻到 VCC & GND）选项，如图 10.6.15 所示。

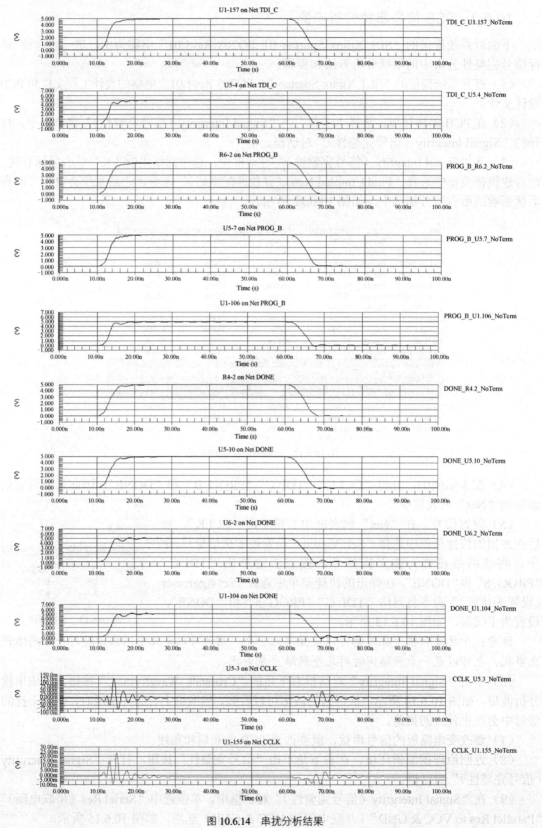

图 10.6.14　串扰分析结果

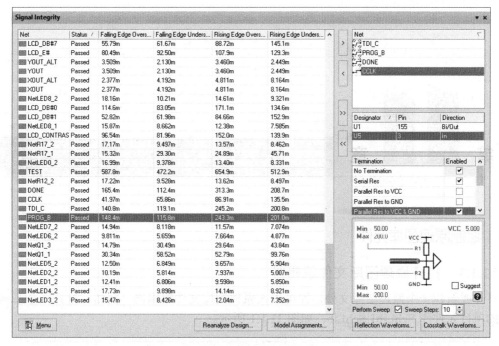

图 10.6.15　设置端接阻抗匹配方式

（10）然后单击"Reflections…"按钮，得到信号完整性分析的波形图，如图 10.6.16 所示。

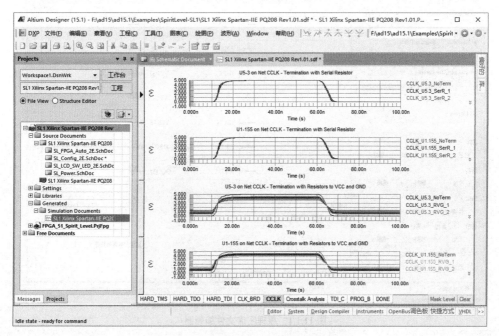

图 10.6.16　采用端接阻抗匹配补偿得到的波形

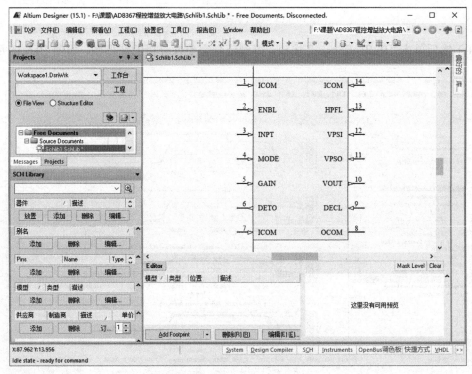

第 **11** 章　绘制元器件

11.1 绘制原理图库元件

11.1.1 打开原理图库文件编辑器

打开或新建一个原理图库文件，即可进入原理图库文件编辑器。例如，打开一个示例工程中的项目元件库 SchLib1.SchLib，如图 11.1.1 所示。

图 11.1.1　原理图库文件编辑器

11.1.2 工具栏

原理图库文件编辑环境中的主菜单栏及标准工具栏，其功能和使用方法与原理图编辑环境中基本一致，在此不再赘述。下面主要介绍在实用工具栏中的原理图符号绘制工具栏、IEEE符号工具栏及模式工具栏。

1．原理图符号绘制工具栏

单击实用工具栏中的"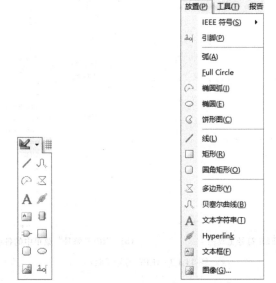"图标，则会弹出相应的原理图符号绘制工具栏，如图 11.1.2 所示。原理图符号绘制工具栏中的各个图标的功能与"放置（P）"菜单中的绘图工具命令具有对应关系。

(a) 原理图符号绘制工具栏　　　(b) "放置（P）"菜单中的绘图工具命令

图 11.1.2　原理图符号绘制工具

（1）"/"：绘制直线。

（2）"⊠"：绘制多边形。

（3）"⌒"：绘制椭圆弧线。

（4）"ⵗ"：绘制贝塞尔曲线。

（5）"A"：添加说明文字。

（6）"▣"：放置文本框。

（7）"▢"：绘制矩形。

（8）"▢"：绘制圆角矩形。

（9）"◯"：绘制椭圆。

（10）"◖"：绘制扇形。

（11）"▨"：插入图片。

（12）"▤"：在当前库文件中添加 1 个元件。

（13）"▷"：在当前元件中添加 1 个元件子部分。

（14）"▨"：放置引脚。

这些绘图工具，除"添加"元件等少数几个工具，大部分与原理图编辑器中的绘图工具功能相似，操作方法也相似。详细介绍请参考"2.4 绘图工具的使用"内容。

2．IEEE 符号工具栏

单击实用工具栏中的"▣"图标，则会弹出相应的 IEEE 符号工具栏，如图 11.1.3 所示，是一些符合 IEEE 标准的图形符号。IEEE 符号工具栏中的各个符号与"放置"→"IEEE 符号"级联菜单中的各项命令具有对应关系。

(a) IEEE 符号工具栏　　　　(b) "IEEE 符号"菜单中的各项命令

图 11.1.3　IEEE 符号工具栏

IEEE 符号工具栏中各个工具功能说明如下。

（1）"○"：放置低电平触发符号。

（2）"←"：放置信号左向传输符号，用来指示信号传输的方向。

（3）"▷"：放置时钟上升沿触发符号。

（4）"⊣"：放置低电平输入有效符号。

（5）"△"：放置模拟信号输入符号。

（6）"✳"：放置无逻辑连接符号。

（7）"⌐"：放置延迟输出符号。

（8）"◇"：放置集电极开路输出符号。

（9）"▽"：放置高阻抗符号。

（10）"▷"：放置大电流输出符号。

（11）"Ⅎ"：放置脉冲符号。

（12）"⊢"：放置延迟符号。

（13）"]"：放置总线符号。

（14）"}"：放置二进制总线符号。

（15）"⊥"：放置低电平有效输出符号。

（16）"π"：放置 π 形符号。

（17）"≥"：放置大于等于符号。

（18）"◇"：放置具有上拉电阻的集电极开路输出符号。

（19）"▽"：放置发射极开路输出符号。

（20）"◇"：放置具有上拉电阻的发射极开路输出符号。

（21）"#"：放置数字信号输入符号。

（22）"▷"：放置反相器符号。

（23）"⅁"：放置"或门"符号。

（24）"◁▷"：放置双向（输入/输出）信号流符号。

（25）"▷"：放置"与门"符号。

（26）"⅀"：放置"异或门"符号。

（27）"◁"：放置数字信号左移符号。

（28）"≤"：放置小于等于符号。

（29）"∑"：放置 Σ 求和符号。

（30）"◻"：放置带有施密特触发的输入符号。

（31）"▷"：放置数字信号右移符号。

（32）"◇"：放置端口开路符号。

（33）"▷"：放置信号右向传输符号。

（34）"◁▷"：放置信号双向传输符号。

3．"模式"工具栏

"模式"工具栏如图 11.1.4 所示，用来控制当前元器件的显示模式。

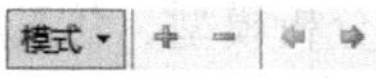

（1）"模式▾"：用来为当前元器件选择一种显示模式。系统默认为

模式▾ ➕ ➖ ⬅ ➡

图 11.1.4　模式工具栏

"Normal（正常）"。

（2）"➕"按钮：用来为当前元器件添加一种显示模式。

（3）"➖"按钮：用来删除元器件的当前显示模式。

（4）"⬅"按钮：用来切换回到前一种显示模式。

（5）"➡"按钮：用来切换回到后一种显示模式。

11.1.3　"工具"菜单的库元器件管理命令

在原理图库文件编辑环境中，系统为用户提供了一系列管理库元器件的命令。执行菜单命令"工具"，弹出库元器件管理菜单命令，如图 11.1.5 所示。

（1）新器件：用来创建一个新的库元器件。

（2）移除器件：用来删除当前元器件库中选中的元器件。

（3）移除重复：用来删除元器件库中重复的元器件。

（4）重新命名器件：用来重新命名当前选中的元器件。

（5）拷贝器件：用来将选中的元器件复制到指定的元器件库中。

（6）移动器件：用来把当前选中的元器件移动到指定的元器件库中。

（7）新部件：用来放置元器件的子部件。

（8）移除部件：用来删除子部件。

（9）模式：用来管理库元器件的显示模式，其功能与模式工具栏相同。

（10）转到：用来对库元器件以及子部件进行快速切换定位。

（11）发现器件：用来查找元器件。其功能与"库"面板中的"查找"按钮相同。

（12）器件属性：用来启动元器件属性对话框，进行元器件属性设置。

（13）参数管理器：用来进行参数管理。执行该命令后，弹出"参数编辑选项"对话框，如图 11.1.6 所示。

图 11.1.5　"工具"菜单

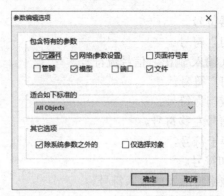

图 11.1.6　"参数编辑选项"对话框

在该对话框中，"包含特有的参数"选项区域中有 7 个选项，主要用来设置所要显示的参数，如元器件、网络（参数设置）、页面符号库、管脚、模型、端口、文件。单击"确定"按钮后，系统会弹出当前原理图库文件的参数编辑器。

（14）模式管理：用来为当前选中的库元器件添加其他模型，包括 PCB 模型、信号完整性分析模型、仿真模型以及 PCB 3D 模型等。

（15）XSpice Model Wizard：用来引导用户为所选中的库元器件添加一个 XSpice 模型。

（16）更新原理图：用来将当前库文件在原理图元器件库文件编辑器中所做的修改，更新到打开的电路原理图中。

11.1.4　设置库编辑器工作区参数

在原理图库文件的编辑环境中，执行"工具"→"文档选项"菜单命令，则弹出如图 11.1.7 所示的库编辑器工作区对话框，可以根据需要设置相应的参数。

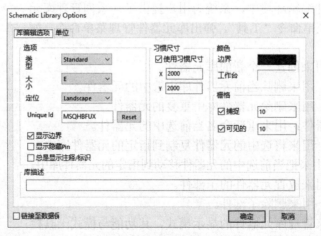

图 11.1.7　设置工作区参数

库编辑器工作区对话框的选项与原理图编辑环境中的"文档选项"对话框的选项大多数都是相似，请参考"2.3 原理图的图纸参数设置"内容。其中个别不同选项的含义如下。

（1）"显示隐藏 Pin（显示隐藏引脚）"选项：用于设置是否显示库元件的隐藏引脚。隐藏引脚被显示出来，并没有改变引脚的隐藏属性。要改变其隐藏属性，只能通过引脚属性对话框来完成。

（2）"习惯尺寸"选项组：用于用户自定义图纸的大小。

（3）"库描述"文本框：用于输入原理图元器件库文件的说明。在该文本框中输入必要的说明，可以为系统进行元器件库查找提供相应的帮助。

另外，执行"工具"→"设置原理图参数"菜单命令，则弹出"参数选择"对话框，可以对其他的一些有关选项进行设置，设置方法与原理图编辑环境中完全相同，请参考"2.5.1 'General'（常规）参数设置"内容。

11.1.5 "SCH Library"面板

单击"原理图库文件编辑器"工作面板标签栏中的"SCH Library（SCH 元件库）"，即可显示"SCH Library（SCH 元件库）"面板。"SCH Library（SCH 元件库）"面板是原理图库文件编辑环境中的专用面板，几乎包含了用户创建的库文件的所有信息，用来对库文件进行编辑管理，如图 11.1.8 所示。

图 11.1.8　原理图库文件面板

1．"器件"栏

"器件"栏列出了当前所打开的原理图库文件中的所有库元件，包括原理图符号名称及相应的描述等。各按钮功能如下。

（1）"放置"：将选定的元件放置到当前原理图中。

（2）"添加"：在该库文件中添加 1 个元件。

（3）"删除"：删除选定的元件。

（4）"编辑..."：编辑选定元件的属性。

2．"别名"栏

在"别名"栏中可以为同一个库元件的原理图符号设定另外的名称。比如，有些库元件的功能、封装和引脚形式完全相同，但由于产自不同的厂家，其元件型号并不完全一致。对于这样的库元件，没有必要再单独创建一个原理图符号，只需要为已经创建的其中一个库元件的原理图符号添加一个或多个别名就可以了。各按钮功能如下。

（1）"添加"：为选定元件添加一个别称。

（2）"删除"：删除选定的别称。

（3）"编辑..."：编辑选定的别称。

3．"Pins（引脚）"栏

在元件栏中选定一个元件，将在"Pins（引脚）"栏中列出该元件的所有引脚信息，包括引脚的编号、Name（名称）和 Type（类型），各个按钮功能如下。

（1）"添加"：为选定元件添加一个引脚。

（2）"删除"：删除选定的引脚。

（3）"编辑..."：编辑选定引脚的属性。

4．"模型"栏

在元件栏中选定一个元件，将在面板最下面的模型栏中列出该元件的其他模型信息，如 PCB 封装、信号完整性分析模型、VHDL 模型等。在这里，由于只需要库元件的原理图符号，相应的库文件是原理图文件，所以该栏一般不需要。

（1）"添加"：为选定的元件添加其他模型。

（2）"删除"：删除选定的模型。

（3）"编辑..."：编辑选定模型的属性。

11.1.6　绘制库元件

下面以绘制美国 ADI 公司的一款增益可控放大芯片 AD8367 为例，介绍原理图符号的绘制过程。

1．绘制库元件的原理图符号

（1）执行"文件"→"新建"→"库"→"原理图库"菜单命令，启动原理图库文件编辑器，并创建一个新的原理图库文件，命名为"SchLib1.SchLib"，如图 11.1.9 所示。

图 11.1.9　创建原理图库文件

（2）执行"工具"→"文档选项"菜单命令，在弹出的库编辑器工作区对话框中进行工作区参数设置。

（3）为新建的库文件原理图符号命名。

在创建了一个新的原理图库文件的同时，系统已自动为该库添加了一个默认原理图符号名为"Component-1"的库文件，打开"SCH Library（SCH 元件库）"面板可以看到。通过下面两种方法，可以为该库文件重新命名。

① 单击原理图符号绘制工具栏中的创建新元件按钮"⬚"，则弹出原理图符号名称对话框，可以在此对话框内输入自己要绘制的库文件名称。

② 在"SCH Library（SCH 元件库）"面板上，直接单击原理图符号名称栏下面的"添加"按钮，也会弹出同样的原理图符号名称对话框。

在这里的示例，输入"AD8367"，单击"确定"按钮，关闭对话框。

（4）单击原理图符号绘制工具栏中的放置矩形按钮，则指针变成十字形状，并附有一个矩形符号。

（5）两次单击鼠标左键，可以在编辑窗口的第四象限内绘制一个矩形（第一次确定矩形的起点，拖曳鼠标。第 2 次确定矩形的终点）。单击鼠标右键退出矩形框绘制。矩形用来作为库元件的原理图符号外形，其大小应根据要绘制的库元件引脚数来决定。通常会画得大一些，以便于引脚的放置，引脚放置完毕后，可以再调整为合适的尺寸。

2．放置引脚

（1）单击原理图符号绘制工具栏中的放置引脚按钮 "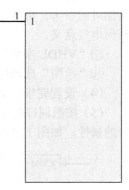（放置引脚）"，或者选择菜单栏中的"放置"→"管脚"命令，则指针变成十字形状，并附有一个引脚符号。

（2）移动该引脚到矩形边框处，单击左键完成放置，如图 11.1.10 所示。

注意：放置引脚时，一定要保证具有电气特性的一端，即带有"×"号的一端朝外。在放置引脚时，引脚方向可以通过按空格键旋转来实现。

（3）在放置引脚时，按下"Tab"键，或者双击已放置的引脚，系统弹出如图 11.1.11 所示的元件引脚属性对话框，在该对话框中可以完成引脚的各项属性设置。

图 11.1.10　放置元件的引脚

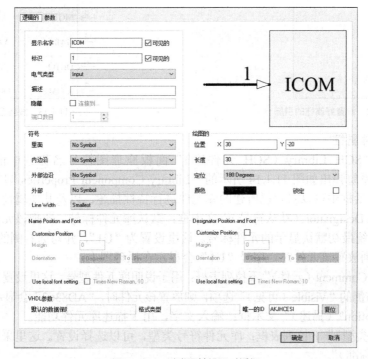

图 11.1.11　引脚属性设置对话框

在引脚属性对话框中，各项属性含义如下。

①"显示名称"文本框：用于设置库元件引脚的名称。

②"标识"文本框：用于设置库元件引脚的编号，应该与实际的引脚编号相对应。

③"电气类型"下拉列表框：用于设置库元件引脚的电气特性。有 Input（输入）、I/O（输入/输出）、Output（输出）、Open Collector（集电极开路）、Passive（中性的、无源的）、Hiz（脚）、Emitter（发射极）和 Power（电源）8 个选项。在这里，选择"Passive（中性的、无源的）"选项，表示不设置电气特性。

④"描述"文本框：用于描述库元件引脚的特性。

⑤"隐藏管脚"选项：用于设置引脚是否为隐藏引脚。若"√"勾选中该选项，则引脚将不会显示出来。此时，应在右侧的"连接到"文本框中输入与该引脚连接的网络名称。

⑥"符号"选项组：根据引脚的功能及电气特性为该引脚设置不同的 IEEE 符号，作为读图时的参考。可放置在原理图符号的内部、内部边沿、外部边沿或外部等不同位置，没有任何电气意义。

⑦"VHDL 参数"选项组：用于设置库元件的 VHDL 参数。

⑧"绘图"选项组：用于设置该引脚的位置、长度、方向、颜色等基本属性。

（4）设置完毕，单击"确定"按钮，关闭对话框，设置好属性的引脚如图 11.1.12 所示。

（5）按照同样的操作，或者使用队列粘贴功能，完成其余 13 个引脚的放置，并设置好相应的属性，如图 11.1.13 所示。

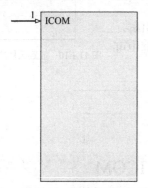

图 11.1.12　设置好属性的引脚

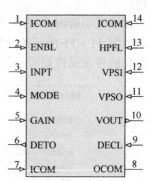

图 11.1.13　放置全部引脚

3. 编辑元件属性

（1）双击"SCH Library（SCH 元件库）"面板原理图符号名称栏中的库元件名称"AD8367"，则系统弹出如图 11.1.14 所示的"Library Component Properties（库元件属性）"对话框。在该对话框中可以对自己所建的库元件进行特性描述，以及其他属性参数设置。

①"Default Designator（默认符号）"文本框：默认库元件标号，即把该元件放置到原理图文件中时，系统最初默认显示的元件标号。这里设置为"U1"，并勾选右侧的"Visible（可用）"复选框，则放置该元件时，序号"U1"会显示在原理图上。

②"Default Comment（元件）"下拉列表框：用于说明库元件型号。这里设置为"AD8367"，并"√"勾选中右侧的"Visible（可见）"选项，则放置该元件时，"AD8367"会显示在原理图上。

③"Description"（描述）"文本框：输入文字，用于描述库元件功能。

④"Type（类型）"下拉列表框：库元件符号类型，可以选择设置。这里采用系统默认设置"Standard（标准）"。

⑤"Library Link（元件库线路）"选项组：库元件在系统中的标识符。

⑥"Show All Pins On Sheet（Even if Hidden）（在原理图中显示全部引脚）"选项："√"勾选中该选项后，在原理图上会显示该元件的全部引脚。

⑦"Lock Pins（锁定引脚）"选项："√"勾选中该选项后，所有的引脚将和库元件成为一个整体，不能在原理图上单独移动引脚。建议用户"√"勾选中该选项，这样对电路原理图的绘制和编辑会有很大好处，以减少不必要的麻烦。

⑧ 在"Parameters"列表框中，单击"添加"按钮，可以为库元件添加其他的参数，如版本、作者等。

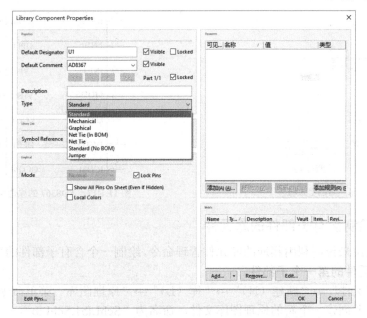

图 11.1.14 "Library Component Properties"设置对话框

⑨ 在"Models（模型）"列表框中，单击"Add..."按钮，可以为该库元件添加其他的模型，如 PCB 封装模型、信号完整性模型、仿真模型、PCB 3D 模型等。

⑩ 单击左下角的"Edit Pins..."按钮，则会打开元件引脚编辑器，可以对该元件所有引脚进行一次性的编辑设置，如图 11.1.15 所示。

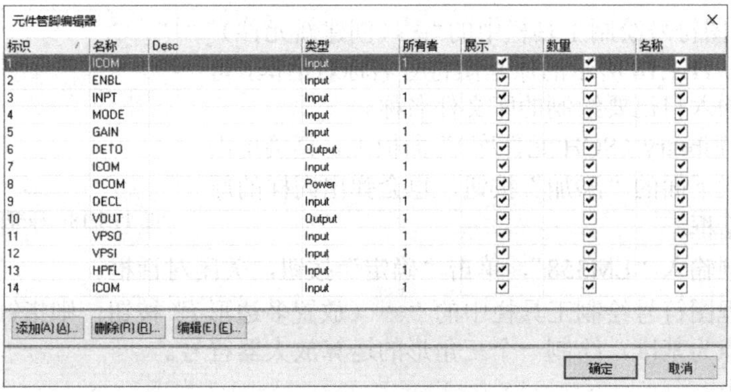

图 11.1.15 设置所有引脚

（2）设置完毕，单击"OK（确定）"按钮，关闭对话框。

（3）执行"放置"→"文本字符串"菜单命令，或者单击原理图符号绘制工具栏中的放置文本字符串按钮"A（放置文本字符串）"，指针变成十字形状，并带有一个文本字符串。

（4）移动指针到原理图符号中心位置处，此时按"Tab"键或双击字符串，则系统会弹出文本字符串注释对话框。在该对话框内输入"AD8367"，如图 11.1.16 所示。

（5）单击"确定"按钮，关闭对话框。到此，完成 1 个库元件的绘制。绘制完成的库元件 AD8367 的原理图符号，如图 11.1.17 所示。

（6）保存绘制完成的库元件 AD8367 的原理图符号，这样，在以后绘制电路原理图时，只需打开该元件所在的库文件，就可以随时调用这个元件了。

图 11.1.16　添加文本标注

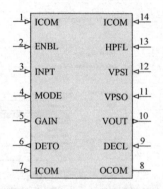

图 11.1.17　AD8367 的原理图符号

11.1.7　绘制含有子部件的库元件

下面的示例用来说明利用相应的库元件管理命令，绘制一个含有子部件的库元件的过程。

1. 绘制库元件的第一个子部件

（1）执行"文件"→"新建（N）"→"库（L）"→"原理图库"菜单命令，启动原理图库文件编辑器，并创建一个新的原理图库文件，命名为"SchLib1.SchLib"。

（2）执行"工具"→"文档选项"菜单命令，在弹出的库编辑器工作区对话框中进行工作区参数设置。

（3）为新建的库文件原理图符号命名。

在创建了一个新的原理图库文件的同时，系统已自动为该库添加了一个默认原理图符号名为"Component-1"的库文件，打开"SCH Library（SCH 元件库）"面板可以看到。通过下面 2 种方法，可以为该库文件重新命名。

① 单击原理图符号绘制工具栏中的"   （创建新元件）"按钮，则弹出如图 11.1.18 所示的原理图符号名称对话框，可以在此对话框内输入自己要绘制的库文件名称。

② 在"SCH Library（SCH 元件库）"面板上，直接单击原理图符号名称栏下面的"添加"按钮，也会弹出同样的原理图符号名称对话框。

图 11.1.18　原理图符号名称对话框

在这里的示例输入"LM358"，单击"确定"按钮，关闭对话框。

（4）单击原理图符号绘制工具栏中的"   （放置多边形）"按钮，则指针变成十字形状，以编辑窗口的原点为基准，绘制一个三角形的运算放大器符号。

2. 放置引脚

（1）单击原理图符号绘制工具栏中的"   （放置引脚）"按钮，则指针变成十字形状，并附有一个引脚符号。

（2）移动指针到多边形边框处，单击鼠标左键，完成放置。同样的方法，放置引脚 1、引脚 2、引脚 3、引脚 4、引脚 8 在三角形符号上，并设置好每一个引脚的相应属性，如图 11.1.19 所示。这样就完成了 LM358 中的一个运算放大器原理图符号的绘制。

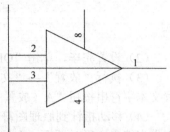

图 11.1.19　绘制完成的第 1 个子部件

其中，LM358 的引脚 1 为输出引脚"OUT1"，引脚 2、引脚 3 为输入引脚"IN1（-）""IN1（+）"，引脚 8、引脚 4 则为公共的电源引脚"VCC +""VCC-"。对这 2 个电源引脚的属性可以设置为"隐藏"，这样，执行菜单命令"View（视图）"→"Show Hidden Pins（显示隐藏引脚)",可以切换进行显示查看或隐藏。

3．创建库元件的第 2 个子部件

(1) 执行"编辑"→"选中"→"内部区域"菜单命令,或者单击标准工具栏中的"▣(区域内选择对象)"按钮,将图 11.1.19 中所示的子部件原理图符号选中。

(2) 单击标准工具栏中的"▥(复制)"按钮,复制选中的子部件原理图符号。

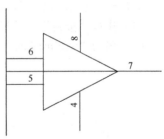

(3) 执行"工具"→"新部件"菜单命令。执行该命令后,在"SCH Library(SCH 元件库)"面板上库元件"LM358"的名称前多了一个"＋"符号,单击"＋"符号打开,可以

图 11.1.20 绘制完成的第 2 个子部件

看到该元件中有 2 个子部件,刚才绘制的子部件原理图符号系统已经命名为"Part A",还有一个子部件"Part B"是新创建的。

(4) 单击标准工具栏中的"▥(粘贴)"按钮,将复制的子部件原理图符号粘贴在"Part B"中,并改变引脚序号,引脚 7 为输出引脚"OUT2",引脚 6、引脚 5 为输入引脚"IN2(−)""IN2(＋)",引脚 8、引脚 4 仍为公共的电源引脚"VCC ＋""VCC−",如图 11.1.20 所示。

这样,一个含有 2 个子部件的库元件就建立好了。使用同样的方法,可以创建含有多于 2 个子部件的库元件。

11.1.8 元件报告

建立一个显示当前元件所有可用信息列表的报告。

(1) 执行"报告"→"器件"命令。

(2) 名为"Schlib1.cmp"的报告文件显示在文本编辑器中,报告包括元件中的子件编号以及子件相关引脚的的详细信息,如图 11.1.21 所示。

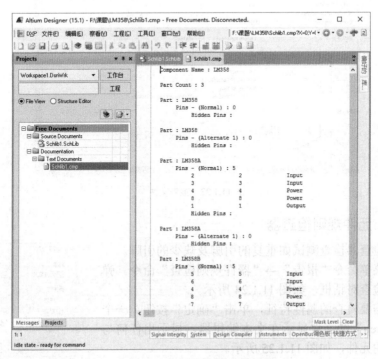

图 11.1.21 元件报告文件

11.1.9 库报告

创建一个显示库中元件及元件描述的报告步骤如下。

（1）执行"报告"→"库报告"命令，出现图 11.1.22 所示对话框。

（2）名为"Schlib1.doc"的报告显示在文本编辑器中，如图 11.1.23 所示。

图 11.1.22　库报告设置对话框

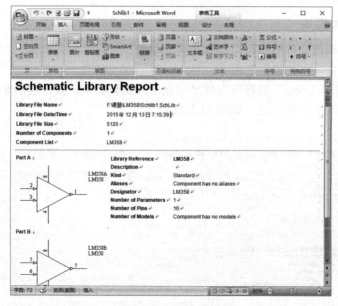

图 11.1.23　报告文件

11.1.10　元件规则检查器

元件规则检查器检查测试如重复的引脚及缺少的引脚。

（1）执行菜单命令"报告"→"器件规则检查"命令。弹出库元件规则检查对话框，如图 11.1.24 所示。

（2）设置需要检查的属性特征，单击"确定"按钮。一个名为"Schlib1.rep"的文件显示在文本编辑器，显示出任何与规则检查冲突的元件，如图 11.1.25 所示。

（3）根据报告建议，对库作必要的修改，再执行该报告。

图 11.1.24　库元件规则检查对话框

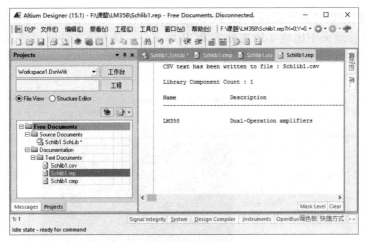

图 11.1.25　元件规则检查器运行结果

11.2　绘制 PCB 库元器件封装

11.2.1　PCB 库编辑器

随着元器件的发展，面对不断出现的新型元器件封装，Altium Designer 15 系统提供了强大的封装绘制功能，能够满足各种各样的封装绘制的需要，所提供的封装库管理功能，能够方便地保存和引用绘制好的新封装。

新建一个 PCB 库文件，或者打开一个现有的 PCB 库文件，即可进入 PCB 库文件编辑器。

执行"文件"→"新建（N）"→"库（L）"→"PCB 元件库"菜单命令，如图 11.2.1 所示，即可打开 PCB 库编辑环境，并新建一个空白 PCB 库文件"PcbLibl.PcbLib"。

图 11.2.1　新建 PCB 库文件

保存（可以根据设计需要更改）该 PCB 库文件名称，可以看到在"Project（工程）"面板的 PCB 库文件管理夹中出现了所需要的 PCB 库文件，双击该文件即可进入 PCB 库文件编辑器，如图 11.2.2 所示。

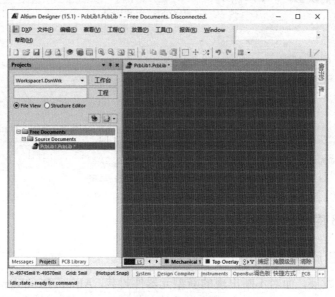

图 11.2.2　PCB 库编辑器

PCB 库编辑器的设置和 PCB 编辑器基本相同。在 PCB 库编辑器中，独有的"PCB Library"面板，提供了对封装库内元件封装同一编辑、管理的接口。

打开的"PCB Library（PCB 元件库）"面板如图 11.2.3 所示，面板共分成 4 个区域，即"面具""元件""元件的图元"和"缩略图显示框"。

（1）"面具"栏用于对该库文件内的所有元件封装进行查询，并根据输入内容将符合条件的元件封装列出。

图 11.2.3　"PCB Library"面板

（2）"元件"栏列出该库文件中所有符合"面具"栏输入内容条件的元件封装名称，并注明其焊盘数、图元数等基本属性。单击元件列表内的元件封装名，工作区内显示该封装，即可进行编辑操作。双击元件列表内的元件封装名，工作区内显示该封装，并且弹出图 11.2.4 所示的"PCB库元件"对话框，在对话框内修改元件封装的名称和高度。高度是供 PCB 3D 仿真时用的。

在元件列表中单击鼠标右键，弹出右键快捷菜单如图 11.2.5 所示。通过该菜单可以进行元件库的各种编辑操作。

图 11.2.4　"PCB 库元件"对话框　　　　　　　图 11.2.5　元件列表右键快捷菜单

11.2.2　PCB 库编辑器环境设置

进入 PCB 库编辑器后，需要根据要绘制的元件封装类型对编辑器环境进行相应的设置。PCB 库编辑环境设置包括"器件库选项""板层颜色""Layer Stack Manager（叠层管理）"和"优先选项"。

1．"器件库选项"设置

在主菜单中执行"工具"→"器件库选项"菜单命令，或在工作区单击右键，在弹出的右键快捷菜单中选择"器件库选项"命令，即可打开"板选项"设置对话框（如图 7.4.9 所示）。

（1）"度量单位"栏：PCB 中单位的设置。

（2）"标识显示"选项组：用于进行显示设置。

（3）"布线工具路径"选项组：用于设置布线所在层。

（4）"捕获选项"选项组：用于进行捕捉设置。

（5）"图纸位置"选项组：用于设置 PCB 图纸的 X，Y 坐标和宽度、高度。

其他保持默认设置，单击"确定"按钮，退出对话框，完成"板选项"对话框的属性设置。

2．"板层和颜色"设置

在主菜单中执行"工具"→"板层和颜色"菜单命令，或在工作区单击右键，在弹出的右键快捷菜单中选择"板层和颜色"命令，即可打开"视图配置"设置对话框（如图 7.4.12 所示）。

在机械层内，将 Mechanical 1 的"连接到方块电路"选中。在系统颜色栏内，将"Visible Grid 1（可见网格）"的"显示"一项选中。其他保持默认设置不变。单击"确定"按钮，退出对话框，完成"视图配置"对话框的属性设置。

3．"层叠管理"设置

在主菜单中执行"工具"→"层叠管理"菜单命令，或在工作区单击右键，在弹出的右键快捷菜单中选择"Layer Stack Manager（层叠管理）"命令，即可打开"Layer Stack Manager（层叠管理）"设置对话框（如图 7.4.13 所示）。

4．"参数选择"设置

在主菜单中执行"工具"→"优先选项"菜单命令，或在工作区单击右键，在弹出的右键快捷菜单中选择"选项"→"优先选项"命令，即可打开"参数选择"设置对话框（如图 7.4.17 所示）。

相关参数的设置请参考"7.4　PCB 结构及环境参数设置"。

11.2.3　利用 PCB 器件向导创建规则的 PCB 元件封装

利用 Altium Designer 15 系统提供的"Component Wizard（PCB 器件向导）"，可以创建规则的 PCB 元件封装。设计者在"Component Wizard（PCB 器件向导）"提供的一系列对话框中输入参数，系统根据这些参数自动创建一个元件封装。具体操作步骤如下所述。

例如，这里要创建的封装尺寸信息为，外形轮廓为矩形 10mm×10mm，引脚数为 16×4，引脚宽度为 0.22mm，引脚长度为 1mm，引脚间距为 0.5mm，引脚外围轮廓为 12mm×12mm。

（1）执行"工具"→"元器件向导"菜单命令，系统弹出"Component Wizard（PCB 器件向导）"对话框，如图 11.2.6 所示。

（2）单击"下一步（N）"按钮，进入元件封装模式选择对话框，如图 11.2.7 所示。在模式类表中列出了各种封装模式。

这里选择"Quad Packs（QUAD）"封装模式。另外，在下面的选择单位栏内，选择公制单位"Metric（mm）"。

图 11.2.6　"Component Wizard"对话框

图 11.2.7　选择元件封装模式

（3）单击"下一步（N）"按钮，进入焊盘尺寸设置对话框，如图 11.2.8 所示。在这里输入焊盘的尺寸值，长为 1mm，宽为 0.22mm。

（4）单击"下一步（N）"按钮，进入焊盘形状设置对话框，如图 11.2.9 所示。在这里使用默认设置，令引脚 1 为圆形，其余引脚为方形，以便于区分。

图 11.2.8　设置焊盘尺寸

图 11.2.9　设置焊盘形状

（5）单击"下一步（N）"按钮，进入轮廓宽度设置对话框，如图 11.2.10 所示。这里使用默认设置"0.2mm"。

（6）单击"下一步（N）"按钮，进入焊盘间距设置对话框，如图 11.2.11 所示。在这里将焊盘间距设置为"0.5mm"，根据计算，将行列间距均设置为"1.75mm"。

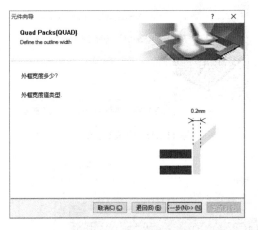

图 11.2.10 设置轮廓宽度

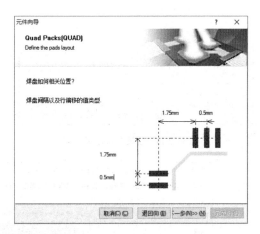

图 11.2.11 设置焊盘间距

（7）单击"下一步（N）"按钮，进入焊盘起始位置和命名方向设置对话框，如图 11.2.12 所示。单击单选框可以确定焊盘起始位置，单击箭头可以改变焊盘命名方向。采用默认设置，将第一个焊盘设置在封装左上角，命名方向为逆时针方向。

（8）单击"下一步（N）"按钮，进入焊盘数目设置对话框，如图 11.2.13 所示。将 X，Y 方向的焊盘数目均设置为 16。

图 11.2.12 选择第一焊盘位置

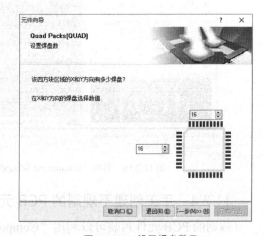

图 11.2.13 设置焊盘数目

（9）单击"下一步（N）"按钮，进入封装命名画面，如图 11.2.14 所示。将封装命名为"TQFP64"。

（10）单击"下一步（N）"按钮，进入封装制作完成对话框，如图 11.2.15 所示。单击"完成（F）"按钮，退出"Component Wizard（PCB 器件向导）"。

一个制作完成 TQFP64 封装显示在工作区内，如图 11.2.16 所示。

图 11.2.14　设置封装命名　　　　　　　　　　　图 11.2.15　完成封装制作

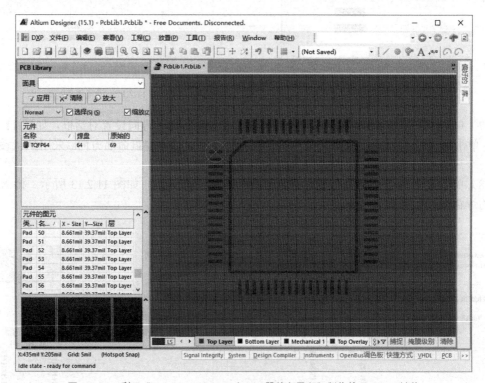

图 11.2.16　利用 "Component Wizard（PCB 器件向导）" 制作的 TQFP64 封装

11.2.4　手工创建不规则的 PCB 元件封装

规则的 PCB 元件封装可以利用 "Component Wizard（PCB 器件向导）" 创建，而一些不规则的 PCB 元件封装往往需要手工制作。

用手工创建元件引脚封装，需要根据该元件的实际参数，用直线或曲线来表示元件的外形轮廓，然后添加焊盘来形成引脚连接。元件封装的参数可以放置在 PCB 的任意层上，但元件的轮廓只能放在顶层丝印层上，焊盘则只能放在信号层上。

手工创建不规则的 PCB 元件封装步骤如下所述。

1. 创建一个新的空元件文档

打开 PCB 元件库 NewPcbLib.PcbLib，执行 "工具" → "器件库选项" 菜单命令，这时

在"PCB Library （PCB 元件库）"操作界面的元件
框内会出现一个新的 PCBCOMPONENT_1 空文件。
双击 PCBCOMPONENT_1，在弹出的命名对话框中
将元件名称改为"New-NPN"，如图 11.2.17 所示。

图 11.2.17　重新命名元件

2．编辑工作环境设置

在主菜单中执行"工具"→"器件库选项"菜
单命令，或在工作区单击右键，在弹出的右键快捷
菜单中选择"器件库选项"命令，即可打开"板选
项"设置对话框（如图 7.4.9 所示）。按图示设置参数，其他保持默认设置，单击"确定"按
钮，退出对话框，完成"板选项"对话框的属性设置。

3．工作区颜色设置

参考前面章节，完成颜色设置。

4．"参数选择"属性设置

执行"工具"→"优先选项"菜单命令，或在工作区单击右键，在弹出的右键快捷菜单
中选择"选项"→"优先选项"命令，即可打开"参数选择"设置对话框（如图 7.4.17 所示）。
通常选择默认设置。

单击"确定"按钮，退出对话框。这样在工作区的坐标原点就会出现一个原点标志。

5．放置焊盘

在"Top-Layer（顶层）"执行"放置"→"焊盘"菜单命令，指针上悬浮一个十字光标
和一个焊盘，单击鼠标左键确定焊盘的位置。按照同样的方法放置另外 2 个焊盘。

6．编辑焊盘属性

双击焊盘即可进入设置焊盘属性对话框，如图 11.2.18 所示。

这里"指示"编辑框中的引脚名称分别为 b，c 和 e，3 个焊盘的坐标分别为 b（0，100）；
c（-100，0）；e（100，0），设置完毕后如图 11.2.19 所示。

图 11.2.18　焊盘属性设置对话框

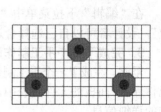

图 11.2.19　放置的 3 个焊盘

7. 绘制元件的轮廓线

所谓元件轮廓线，是指该元件封装在电路板上占据的空间位置大小。轮廓线的形状和大小与实际元件的尺寸有关，可以参考实际元件的产品数据手册，或者通过实际测量元件获得。

（1）绘制一段直线。单击工作区窗口下方标签栏中的"Top Overlay（顶层覆盖）"项，将活动层设置为顶层丝印层。执行"放置"→"走线"菜单命令，指针变为十字形状，单击鼠标左键，确定直线的起点，并移动指针就可以拉出一条直线。用指针将直线拉到合适位置，在此单击鼠标左键确定直线终点。单击鼠标右键或按"Esc 键"，结束绘制直线，结果如图 11.2.20 所示。

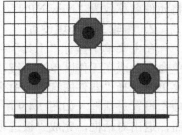

图 11.2.20　绘制直线轮廓线

（2）绘制一条弧线。执行"放置"→"圆弧（中心）"菜单命令，指针变为十字形状，将指针移至坐标原点，单击鼠标左键，确定弧线的圆心，然后将指针移至直线的任一个端点，单击鼠标左键，确定圆弧的直径。再在直线 2 个端点 2 次单击鼠标左键确定该弧线，结果如图 11.2.21 所示。单击鼠标右键或按"Esc"键，结束绘制弧线。

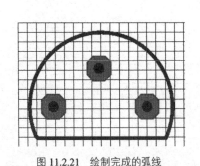

图 11.2.21　绘制完成的弧线

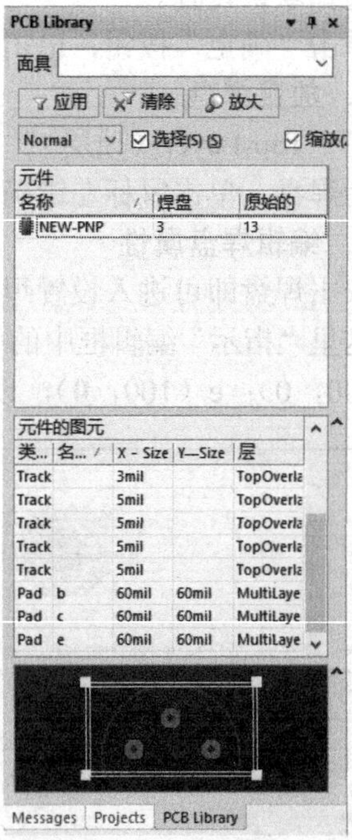

图 11.2.22　"PCB Library"面板

8. 设置元件参考点

在"编辑"下拉菜单中"设置参考"菜单下有 3 个选项，分别为"1 脚""中心"和"定位"，设计者可以自己选择合适的元件参考点。

9. 完成了一个手工制作的元件封装

至此，完成了一个手工制作的元件封装。如图 11.2.22 所示，在打开的"PCB Library（PCB 元件库）"面板的元件列表中，可以看到多出了一个"NEW-PNP"的元件封装，和该元件封装的详细信息。

11.2.5 元件封装检错和元件封装库报表

在 Altium Designer 15 PCB 库编辑器的"报告"菜单中，可以提供元件封装和元件库封装的系列报表。通过报表可以了解某个元件封装的信息，对元件封装进行自动检查，也可以了解整个元件库的信息。"报告"菜单如图 11.2.23 所示。

为了检查绘制好的元件封装，菜单中提供了"测量"功能。对元件封装的测量和在 PCB 上的测量相同，请参考"8.7 PCB 的测量"。

1. 元件封装信息报表

图 11.2.23 "报告"菜单

在"PCB Library"面板的元件封装列表中选中一个元件后，单击执行"报告"→"器件"菜单命令，系统将自动生成该元件符号的信息报表，工作窗口中将自动打开生成的报表，以便用户马上查看报表。如图 11.2.24 所示为查看元件封装信息时的界面。在该界面中给出了元件名称、所在的元件库、创建日期和时间，并给出了元件封装中的各个组成部分的详细信息。

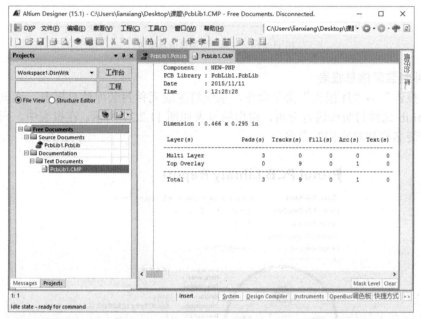

图 11.2.24 查看元件封装信息时的界面

2. 元件封装错误信息报表

Altium Designer 15 提供了元件封装错误的自动检测功能。单击执行"报告"→"元件规则检查"菜单命令，系统将弹出如图 11.2.25 所示的对话框，在该对话框中可以设置元件符号错误检测的规则。

（1）"副本"选项组。

① "焊盘"选项：用于检查元件封装中是否有重名的焊盘。

② "原始的"选项：用于检查元件封装中是否有重名的边框。

图 11.2.25 元件封装检错规则设置对话框

③“封装”选项：用于检查元件封装库中是否有重名的封装。

（2）“约束”选项组。

①“丢失焊盘名”选项：用于检查元件封装中是否缺少焊盘名称。

②“镜像的元件”选项：用于检查元件封装库中是否有镜像的元件封装。

③“元件参考点偏移量”选项：用于检查元件封装中元件参考点是否偏离元件实体。

④“短接铜”选项：用于检查元件封装中是否存在导线短路。

⑤“非相连铜”选项：用于检查元件封装中是否存在未连接铜箔。

⑥“检查所有元件”选项：用于确定是否检查元件封装库中的所有封装。

保持默认设置，单击“确定”按钮，将自动生成图 11.2.26 所示的元件符号错误信息报表。从报表可见，绘制的元件封装有没有错误。

```
Altium Designer System: Library Component Rule Check
PCB File : PcbLib1
Date     : 2015/11/11
Time     : 12:32:26


Name                Warnings
----------------------------------------------------------------
```

图 11.2.26 元件符号错误信息报表

3. 元件封装库信息报表

执行“报告”→“库报告”菜单命令，系统将生成元件封装库信息报表。这里对创建的 PcbLib1.PcbLib 元件封装库进行分析，得出的报表如图 11.2.27 所示。在报表中，列出了封装库所有的封装名称和对它们的命名。

Protel PCB Library Report

Library File Name	C:\Users\lianxiang\Desktop\课题\PcbLib1.PcbLib
Library File Date/Time	2015 年 11 月 11 日 4:28:20
Library File Size	96768
Number of Components	2
Component List	NEW-PNP, TQFP64

Library Reference	NEW-PNP
Description	
Height	0mil
Dimension	398.973mil x 287.298mil
Number of Pads	3
Number of Primitives	6

Library Reference	TQFP64
Description	
Height	0mil
Dimension	480.44mil x 480.44mil
Number of Pads	64
Number of Primitives	69

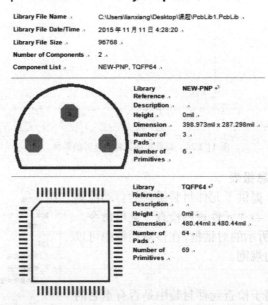

图 11.2.27 元件封装库信息报表

[1] 宁耘，李建昌．PROTEL 3.31 实用技术精解[M]．西安：西安电子科技大学出版社，1998.4.

[2] 陈爱弟．Protel 99 实用培训教程[M]．北京：人民邮电出版社，2000.7.

[3] 赵艳华．Altium DXP2004 电路设计[M]．北京：电子工业出版社，2011.10.

[4] 谢龙汉，鲁力，张桂东．Altium Designer 原理图与 PCB 设计及仿真[M]．北京：电子工业出版社，2012.1.

[5] 王渊峰，戴旭辉．Altium Designer 10 电路设计标准教程[M]．北京：科学出版社，2012.1.

[6] 李瑞，耿立明．Altium Designer 14 电路设计与仿真从入门到精通[M]．北京：人民邮电出版社，2014.11.

[7] 高雪飞，安永丽，李涧．Altium Designer 10 原理图与 PCB 设计教程[M]．北京：北京希望电子出版社，2014.8.

[8] 解璞，闫聪聪．详解 Altium Designer 电路设计[M]．北京：电子工业出版社，2014.4.

[9] 何宾．Altium Designer 13.0 电路设计、仿真与验证权威指南[M]．北京：清华大学出版社，2014.1.

[10] 黄杰勇．Altium Designer 实战攻略与高速 PCB 设计[M]．北京：电子工业出版社，2015.7.

[11] IPC.IPC-SM-782A Includes: Amendment 1 and 2 Surface Mount Design and Land Pattern Standard[EB/OL]. www.ipc.org.

[12] 姜雪松，等．印制电路板设计[M]．北京：机械工业出版社，2005.1.

[13] 曾峰，等．印制电路板（PCB）设计与制作[M]．北京：电子工业出版社，2002.11.

[14] Howard Johnson 等．高速数字设计[M]．北京：电子工业出版社，2004.

[15] Xilinx, Inc. Mark Alexander. Power Distribution System (PDS) Design: Using Bypass/Decoupling Capacitors[EB/OL]. www.xilinx.com.

[16] 王守三．PCB 的电磁兼容设计技术、技巧与工艺[M]．北京：机械工业出版社，2008.

[17] 黄智伟．印制电路板（PCB）设计技术与实践（第 2 版）[M]．北京：电子工业出版社，2013.

[18] Douglas Brooks．信号完整性问题和印制电路板设计[M]．北京：机械工业出版社，2006.

[19] Mark I. Montrose．电磁兼容和印制电路板理论、设计和布线[M]．北京：人民邮电出版社，2002.12.

[20] Mark I. Montrose. 电磁兼容的印制电路板设计[M]. 北京：机械工业出版社，2008.

[21] 黄智伟. 高速数字电路设计入门[M]. 北京：电子工业出版社，2012.

[22] 张木水. 高速电路电源分配网络设计与电源完整性分析[D]. 西安电子科技大学，2009.

[23] Henry W.Ott. 电子系统中噪声的抑制与衰减技术[M]. 北京：电子工业出版社，2003.

[24] Eric Bongatin. 信号完整性分析[M]. 北京：电子工业出版社，2008.5.

[25] 张木水，等. 信号完整性分析与设计[M]. 北京：电子工业出版社，2010.4.

[26] Texas Instruments Inc. TechDay 09cn.Rick Downs._Analog_Signal_1_Precision_Analog_Designs_Demand_Good_PCB_Layouts[EB/OL]. www.ti.com.

[27] Michel Mardinguian. 辐射发射控制设计技术[M]. 北京：科学出版社，2008.3.

[28] 久保寺忠. 高速数字电路设计与安装技巧[M]. 北京：科学出版社，2006.

[29] 田广锟，等. 高速电路 PCB 设计与 EMC 技术分析[M]. 北京：电子工业出版社，2008.

[30] 江思敏. PCB 和电磁兼容设计[M]. 北京：机械工业出版社，2006.

[31] 顾海洲. PCB 电磁兼容技术——设计实践[M]. 北京：清华大学出版社，2004.

[32] Texas Instruments. Low-Voltage Differential Signaling (LVDS) Design Notes SLLA014A [EB/OL]. www.ti.com.

[33] National Semiconductor.Channel Link Design Guide[EB/OL]. www.national.com.

[34] National Semiconductor.LVDS Owner's Manual. www[EB/OL].national.com/LVDS.

[35] 姜培安. 印制电路板的可制造性设计[M]. 北京：中国电力出版社 2007.

[36] 杨克俊. 电磁兼容原理与设计技术[M]. 北京：人民邮电出版社，2004.

[37] murata Inc. c39c[1] 数字 IC 电源静噪和去耦应用手册[EB/OL]. www.murata.com.

[38] Maxim Integrated Products, Dallas Semiconductor.MAX1953, MAX1954, MAX1957 低成本、高频、电流模式 PWM buck 控制器[EB/OL]. www.maxim-ic.com.cn.

[39] Maxim Integrated Products, Inc. APPLICATION NOTE 2997 Basic Switching-Regulator-Layout Techniques[EB/OL]. www.maxim-ic.com.cn.

[40] 杨恒. 开关电源印制电路板（PCB）工程设计[M]. 北京：中国电力出版社，2009.

[41] 钱振宇. 开关电源的电磁兼容性设计与测试[M]. 北京：电子工业出版社，2006.5.

[42] Texas Instruments Inc. sbaa052 ANALOG-TO-DIGITAL CONVERTER GROUNDING PRACTICES AFFECT SYSTEM PERFORMANCE[EB/OL]. www.ti.com.

[43] Texas Instruments Inc. Signal Acquisition and Conditioning With Low Supply Voltages [EB/OL]. www.ti.com.

[44] Intersil Americas Inc. MMIC Silicon Bipolar Differential Amplifier[EB/OL]. www.intersil.com.

[45] Texas Instruments Inc. Xavier Ramus. Ti sbaa113 PCB Layout for Low Distortion High-Speed ADC Drivers[EB/OL]. www.ti.com.

[46] 李缉熙. 射频电路与芯片设计要点[M]. 北京：高等教育出版社，2007.6.

[47] 余建祖，等. 电子设备热设计及分析技术[M]. 北京：北京航空航天大学出版社，2008.

[48] Texas Instruments Inc. Using Thermal Calculation Tools for Analog Components[EB/OL]. www.ti.com.

[49] Texas Instruments Inc.PowerPAD™ Thermally Enhanced Package[EB/OL]. www.ti.com.

[50] Analog Devices, Inc.Rob Reeder. 高速 ADC PCB 布局布线技巧[EB/OL]. www.analog.com.

[51] 谢金明．高速数字电路设计与噪声控制技术[M]．北京：电子工业出版社，2003.4.

[52] Altera Corporation.an472 Stratix II GX SSN Design Guidelines[EB/OL]. www.altera.com.

[53] Brian Young．数字信号完整性：互连、封装的建模与仿真[M]．北京：机械工业出版社，2009.1.

[54] murata Inc. c38c[1] Noise Suppression by EMIFILr Basics of EMI Filters[EB/OL]. www.murata.com.

[55] Rick Hartley. Applied Innovation Inc. 通过 PCB 分层堆叠设计控制 EMI 辐射[EB/OL]. www.eetchina.com/ART_8800060530_480101_TA_43cfb7d4.HTM.

[56] murata Inc. c33c[1] Noise Suppression by EMIFILr Digital Equipment Application Manual[EB/OL]. www.murata.com.

[57] 黄智伟．射频与微波功率放大器工程设计[M]．北京：电子工业出版社，2015.5.

[58] 黄智伟．电子系统的电源电路设计[M]．北京：电子工业出版社，2014.5.

[59] 黄智伟．嵌入式系统中的模拟电路设计（第 2 版）[M]．北京：电子工业出版社，2014.3.

[60] 黄智伟．全国大学生电子设计竞赛 基于 TI 器件的模拟电路设计[M]．北京：北京航空航天大学出版社，2014.7.

[61] 黄智伟．LED 驱动电路设计[M]．北京：电子工业出版社，2014.5.

[62] 黄智伟．理解放大器的参数——放大器电路设计入门[M]．北京：北京航空航天大学出版社，2016.5.

[63] 黄智伟，等．ARM9 嵌入式系统基础教程（第 2 版）[M]．北京：北京航空航天大学出版社，2013.

[64] 黄智伟，王兵，朱卫华．STM32F 32 位微控制器应用设计与实践[M]．北京：北京航空航天大学出版社，2012.

[65] 黄智伟．低功耗系统设计——原理、器件与电路[M]．北京：电子工业出版社，2011.

[66] 黄智伟．超低功耗单片无线系统应用入门[M]．北京：北京航空航天大学出版社，2011.

[67] 黄智伟，等．32 位 ARM 微控制器系统设计与实践[M]．北京：北京航空航天大学出版社，2010.

[68] 黄智伟．基于 NI mulitisim 的电子电路计算机仿真设计与分析（修订版）[M]．北京：电子工业出版社，2011.

[69] 黄智伟．全国大学生电子设计竞赛 系统设计（第 2 版）[M]．北京：北京航空航天大学出版社，2011.

[70] 黄智伟．全国大学生电子设计竞赛 电路设计（第 2 版）[M]．北京：北京航空航天大学出版社，2011.

[71] 黄智伟．全国大学生电子设计竞赛 技能训练（第 2 版）[M]．北京：北京航空航天大学出版社，2011.

[72] 黄智伟．全国大学生电子设计竞赛 制作实训（第 2 版）[M]．北京：北京航空航天大学出版社，2011.

[73] 黄智伟．全国大学生电子设计竞赛 常用电路模块制作[M]．北京：北京航空航天大学出版社，2011.

[74] 黄智伟，等．全国大学生电子设计竞赛 ARM 嵌入式系统应用设计与实践[M]．北京：北京航空航天大学出版社，2011.

[75] 黄智伟. 全国大学生电子设计竞赛培训教程（修订版）[M]. 北京：电子工业出版社，2010.

[76] 黄智伟. 射频小信号放大器电路设计[M]. 西安：西安电子科技大学出版社，2008.

[77] 黄智伟. 锁相环与频率合成器电路设计[M]. 西安：西安电子科技大学出版社，2008.

[78] 黄智伟. 混频器电路设计[M]. 西安：西安电子科技大学出版社，2009.

[79] 黄智伟. 射频功率放大器电路设计[M]. 西安：西安电子科技大学出版社，2009.

[80] 黄智伟. 调制器与解调器电路设计[M]. 西安：西安电子科技大学出版社，2009.

[81] 黄智伟. 单片无线发射与接收电路设计[M]. 西安：西安电子科技大学出版社，2009.

[82] 黄智伟. 无线发射与接收电路设计（第 2 版）[M]. 北京：北京航空航天大学出版社，2007.

[83] 黄智伟. 通信电子电路[M]. 北京：机械工业出版社，2007.

[84] 黄智伟. 凌阳单片机课程设计[M]. 北京：北京航空航天大学出版社，2007.

[85] 黄智伟. GPS 接收机电路设计[M]. 北京：国防工业出版社，2005.

[86] 黄智伟. 单片无线收发集成电路原理与应用[M]. 北京：人民邮电出版社，2005.

[87] 黄智伟. 无线通信集成电路[M]. 北京：北京航空航天大学出版社，2005.

[88] 黄智伟. 蓝牙硬件电路[M]. 北京：北京航空航天大学出版社，2005.

[89] 黄智伟. FPGA 系统设计与实践[M]. 北京：电子工业出版社，2005.

[90] 黄智伟. 单片无线数据通信 IC 原理应用[M]. 北京：北京航空航天大学出版社，2004.

[91] 黄智伟. 射频集成电路原理与应用设计[M]. 北京：电子工业出版社，2004.

[92] 黄智伟. 无线数字收发电路设计[M]. 北京：电子工业出版社，2004.